500kV变电站断路器二次回路辨识手册

国网福建省电力有限公司检修分公司 编

中国电力出版社
CHINA ELECTRIC POWER PRESS

内 容 提 要

为满足变电一、二次检修人员及变电运维人员全面掌握各种典型型号断路器的二次回路构成，进一步提升专业技术人员对断路器二次回路的认知应用水平，国网福建省电力有限公司检修分公司组织多年从事变电运维、检修专业的技术骨干、专家编写本手册。

本手册分为 4 章，主要内容包括变电站高压断路器二次回路典型设计、500kV 断路器二次回路辨识、220kV 断路器二次回路辨识、35kV 断路器二次回路辨识等，手册翔实汇编了北京 ABB、德国西门子、杭州西门子、西安西电、河南平高、江苏如高等公司各种常用型号断路器二次回路原理图、二次回路功能模块化分解辨识、二次回路内元器件辨识及其异动说明（含功能元器件名称编号、元器件异动说明及其异动后果、异动后触发光字牌信号情况）等实用性内容。本手册尝试通过对断路器二次回路展开图文并茂的模块化分解，系统性地提升各专业人员对断路器二次回路的辨识应用能力。

本手册可供从事断路器设计、调试、运维、检修的技术人员使用，也可作为电力培训中心进行技能培训的参考用书。

图书在版编目（CIP）数据

500kV 变电站断路器二次回路辨识手册 / 国网福建省电力有限公司检修分公司编 .
—北京：中国电力出版社，2019.9
ISBN 978-7-5198-3713-6

Ⅰ . ① 5… Ⅱ . ① 国… Ⅲ . ① 变电所－断路器－二次系统－系统辨识－手册
Ⅳ . ① TM645.2-62

中国版本图书馆 CIP 数据核字（2019）第 206529 号

出版发行：中国电力出版社		印　　刷：三河市百盛印装有限公司	
地　　址：北京市东城区北京站西街 19 号		版　　次：2019 年 11 月第一版	
邮政编码：100005		印　　次：2019 年 11 月北京第一次印刷	
网　　址：http://www.cepp.sgcc.com.cn		开　　本：889 毫米 ×1194 毫米　横 16 开本	
责任编辑：陈　丽（010-63412348）		印　　张：29.25	
责任校对：黄　蓓　朱丽芳　闫秀英		字　　数：869 千字	
装帧设计：郝晓燕　赵丽媛		印　　数：0001—1000 册	
责任印制：石　雷		定　　价：148.00 元	

编 委 会

前　言

为满足变电一、二次检修人员及变电运维人员全面掌握各种典型型号断路器的二次回路构成，进一步提升专业技术人员对断路器二次回路的认知应用水平，国网福建省电力有限公司检修分公司组织多年从事变电运维、检修专业的技术骨干、专家编写本手册。

本手册分为4章，主要内容包括变电站高压断路器二次回路典型设计、500kV断路器二次回路辨识、220kV断路器二次回路辨识、35kV断路器二次回路辨识等，手册翔实汇编了北京ABB、德国西门子、杭州西门子、西安西电、河南平高、江苏如高等公司各种常用型号断路器二次回路原理图、二次回路功能模块化分解辨识、二次回路内元器件辨识及其异动说明（含功能元器件名称编号、元器件异动说明及其异动后果、异动后触发光字牌信号情况）等实用性内容。

本手册二次回路涉及的断路器厂家包含北京ABB高压开关设备有限公司（文中简称北京ABB公司）、德国西门子公司、西门子（杭州）高压开关有限公司（文中简称杭州西门子公司）、西安西开高压电气股份有限公司（文中简称西安西电公司）、河南平高电气股份有限公司（文中简称河南平高公司）、江苏省如高高压电器有限公司（文中简称江苏如高公司）等。

本手册编制过程中得到了国网福建省电力有限公司本部黄巍、林匹，国网福建泉州供电公司苏东青、中国电建集团福建省电力勘察设计院陈晓捷等专家以及国网福建电力检修公司各级领导、同事的大力支持和帮助，在此表示衷心感谢！

本手册可供从事断路器设计、调试、运维、检修的技术人员使用，也可作为电力培训中心进行技能培训的参考用书。由于编者水平所限，手册存在疏漏之处，敬请广大读者批评指正，在此深表谢意。

作者

2019年8月

目　录

第一节　断路器操作箱与二次回路的配合

断路器是电力系统非常重要的电气设备，正常运行方式调整及保护动作切除故障设备均是由断路器控制，断路器分合由其电气二次回路控制实现，因此保障断路器二次回路的可靠性与稳定性尤为重要。随着微机保护和综合自动化系统的发展，断路器二次回路逐渐形成操作箱回路与机构箱二次回路配合或保护测量一体装置与机构箱二次回路配合的两种模式。但由于厂家和设计院在回路设计上的差异，造成二次回路功能上存在重复或缺漏。自2007年国家电网公司推出《国家电网公司输变电工程典型设计》（简称《典型设计》）以来，规范了断路器二次回路的典型设计，优化功能配置和简化二次回路，从而提高了断路器二次回路运行的可靠性。下面对500kV变电站高压断路器二次回路的典型设计及功能配置进行介绍。

一、操作箱的选用与配置情况

根据《典型设计》原则，500kV变电站500kV系统采用3/2接线，断路器均为分相操作，每个断路器配置一套分相操作箱，与断路器保护单独组屏。220kV一般采用双母线双分段接线方式，线路断路器采用分相操动机构，选用分相操作箱与线路保护的其中一套组屏；变压器220kV侧断路器、母联/分段断路器通常采用三相联动机构，选用三相操作箱，但对配置分相操动机构的变压器220kV侧、母联/分段断路器仍需配置分相操作箱，变压器220kV侧断路器操作箱一般与变压器保护屏，母联/分段断路器操作箱则与各自的断路器保护单独组屏；35kV断路器采用单母线分段接线方式，变压器35kV侧断路器采用三相联动断路器，配置三相操作箱，与变压器保护组屏；其余35kV断路器采用保护测量一体装置，不单独配置操作箱。图1-1为操作箱的选用与配置示意图。

500kV断路器操作箱配置

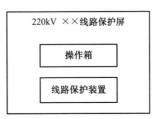
220kV线路断路器操作箱配置

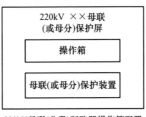
220kV母联(分段)断路器操作箱配置

变压器220kV及35kV侧断路器操作箱配置

图1-1　操作箱的选用与配置示意图

二、断路器控制电源的配置

220kV及以上断路器控制电源均采用双重化配置。分别取自两段直流母线的两路电源。两组进线空开配置于操作箱所在屏上，第Ⅰ组控制电源用于断路器合闸、第一组跳闸、合闸回路监视、第一组跳闸回路监视和跳位监视等，对于配置电压切换功能的操作箱，其电压切换回路采用第一组控制电源；第Ⅱ组控制电源用于断路器第二组跳闸、第二组跳闸回路监视。正常运行时两组电源相互独立，不得并列运行。另外操作箱通常设置电源切换回路，切换电源正常由第Ⅰ组控制电源供电，当该组电源失去时，自动切换至第Ⅱ组控制电源供电，该切换电源早期用于压力闭锁等公共回路，这种回路一旦出现短路情况，将造成两组控制电源均跳闸，断路器无法操作，因此目前分合闸压力闭锁回路已分成两组，由各自的电源供电，但重合闸压力低闭锁回路仍采用切换电源，如图 1-2 所示。

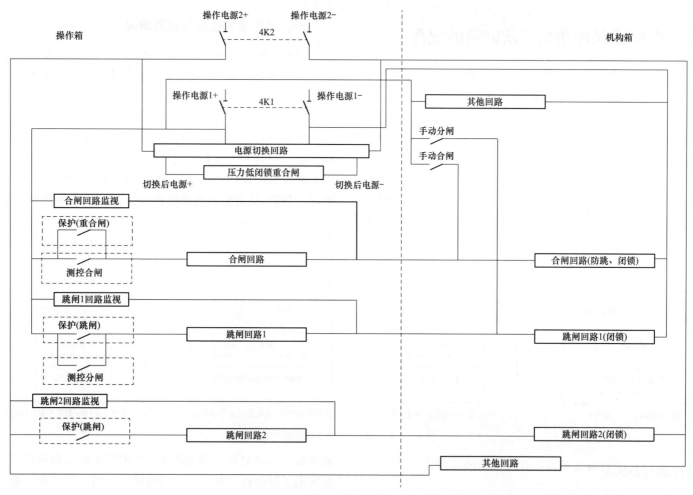

图 1-2　220kV 及以上断路器控制电源配置示意图

35kV 断路器通常只配置一个跳闸线圈，由第I组控制电源实现断路器分合闸及其监视功能，控制电源空气开关配置于保测一体装置所在屏上（见图 1-3），但变压器 35kV 断路器侧断路器通常配置两个跳闸线圈，分别与变压器两套电量保护配合，其控制电源配置同上述的 220kV 及以上断路器。

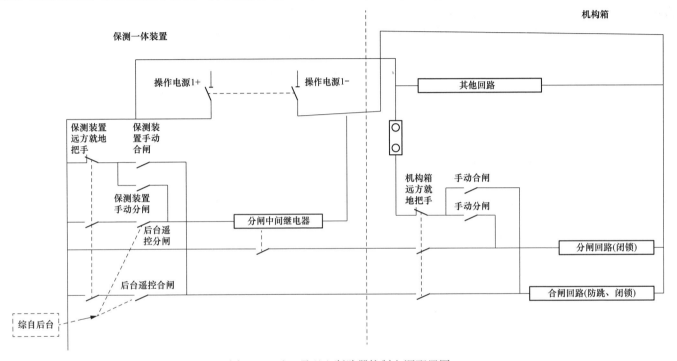

图 1-3　35kV 及以上断路器控制电源配置图

三、远方遥控及就地分合闸功能的实现

高压断路器的远方遥控和就地分合闸通常都用第一组控制电源，远方遥控操作与就地分合闸操作由机构箱或汇控箱内的远方/就地切换把手控制。正常时机构箱或汇控箱内的远方/就地切换把手置远方位置，断路器只能远方遥控操作，仅当断路器停役检修时，才可将机构箱或汇控箱内的远方/就地切换把手置就地位置，在现场对断路器进行操作。

220kV 与 500kV 分相断路器远方遥控分合闸操作是由第一组控制电源通过测控装置提供分合闸操作触点控制，启动操作箱中的分合闸中间继电器励磁去实现断路器分合闸；当测控装置合闸触点导通，合闸中间继电器励磁后，提供三对触点，分别去导通三相的合闸回路，从而实现断路器的遥控三相合闸；当测控装置分闸触点导通，分闸中间继电器励磁后，分闸中间继电器提供每组跳闸回路每相两对触点，分别去启动第一组各相跳闸回路，第二组各相跳闸回路，从而实现断路器的遥控三相分闸。就地遥控分合闸操作，控制电源是第一组控制回路经过"五防"触点控制接入现场，分闸回路采用第一组跳闸回路，一般有两种方式，一种是采用分合闸中间继电器，即经就地分合闸闸按钮或把手启动分合闸中间继电器，中间继电器开出三对触点，启动各相的跳合闸回

3

路；另一种是不设中间继电器，就地操作分相进行，每相均设置分合闸闸按钮或把手去直接启动本相的跳合闸回路。

220kV操动机构三相联动的断路器遥控分合闸操作，也是由测控装置提供启动触点，只是合闸中间继电器只需提供一对触点去启动合闸回路，分闸中间继电器每组跳闸回路提供两对触点分别去启动第一组、第二组跳闸回路；就地分合闸操作时，回路电源是第一组控制回路经过"五防"触点控制接入现场，由就地分合闸闸按钮或把手直接启动分闸回路，实现就地分合闸操作，其中分闸操作通过第一组跳闸回路实现。

35kV联变低压侧断路器遥控操作，合闸由测控装置提供启动触点，直接启动合闸回路实现断路器合闸，分闸由测控装置提供一对触点，启动操作箱的分闸中间继电器，分闸继电器励磁后其两对触点分别去启动两组跳闸回路，实现遥控分闸操作；就地操作控制电源是第

一组控制回路经过跳点控制接入现场，由就地分合闸闸按钮或把手直接启动跳合闸回路，实现就地分合闸操作，其中分闸操作通过第一组跳闸回路实现。

上述三种断路器的远方就地分合闸示意图如图1-4所示，当断路器为分相操动机构时，仅以A相为例。

35kV电容器、电抗器和站用变压器间隔断路器，遥控合闸操作时，由保护测量一体装置或测控屏上的把手提供一对启动触点，直接启动合闸回路，实现合闸操作；分闸操作时由保测一体装置或测控屏上的把手提供一对启动触点，启动保护测量一体装置中的分闸中间继电器，分闸中间继电器励磁后，其一对触点导通跳闸回路，实现断路器分闸；就地操作控制电源经过"五防"触点控制接入现场，由就地分合闸闸按钮或把手直接启动跳合闸回路，如图1-5所示。

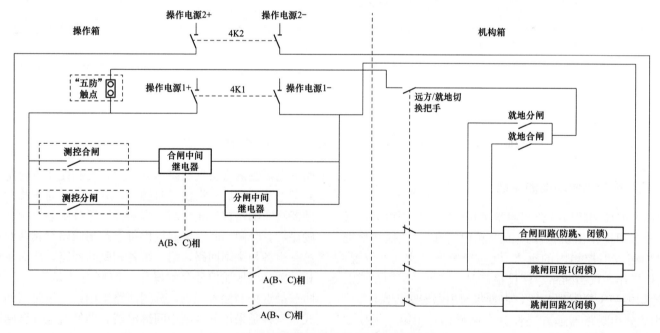

图 1-4　断路器的远方就地分合闸示意图 1

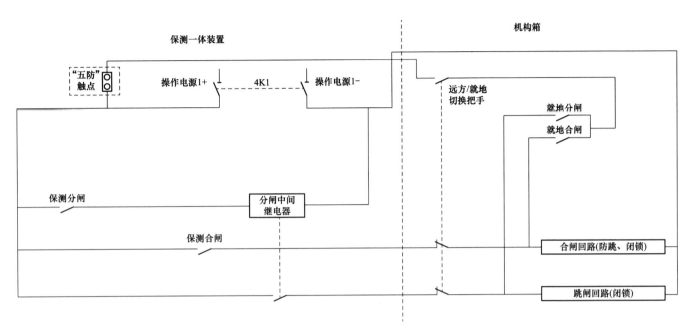

图 1-5　断路器的远方就地分合闸示意图 2

四、保护分合闸功能的实现

早期的 500kV 变电站，为了可靠的跳闸，对于双重化配置的保护，采用每套保护均启动两组跳闸回路的设计方案，自《典型设计》颁布后，对于双重化配置保护，通常采用每套保护启动各自对应的一组跳闸回路，一一对应，即第一套保护跳闸只启动第一组跳闸回路，第二套保护跳闸只启动第二组跳闸回路。以下配置保护情况的均用第一组进行介绍。

如图 1-6 所示，线路保护采用双重化配置，单相故障时，直接开出触点，启动线路所接断路器故障相跳闸回路，出口跳闸；故障为两相、三相时，有些保护采用直接开出触点，分别启动线路所接断路器三相跳闸回路，有些保护采用永跳出口，即保护开出触点启动操作箱内的不启动重合闸启动失灵的中间继电器，由该继电器开出触点，启动各相的跳

闸回路，实现三相跳闸。220kV 线路保护配置重合闸，当线路保护重合闸动作时，一对触点动作闭合启动操作箱的重合闸中间继电器，重合闸中间继电器励磁后，开出三对触点，分别启动各相合闸回路，从而实现跳闸相的重合。

母线保护按双重化配置时，保护动作时直接启动操作箱中的不启动重合闸启动失灵的中间继电器，由中间继电器的辅助触点去启动各相的跳闸回路。

变压器保护一般配置两套电量保护加一套非电量保护，电量保护动作后，动合触点闭合分别启动高、中压侧断路器操作箱的不启动重合闸启动失灵中间继电器，由中间继电器触点去启动对应的高中、压侧断路器的各相跳闸回路，对于 35kV 侧断路器保护动作则是开出触点直接启动跳闸回路。非电量保护动作后，动合触点闭合启动高、中压侧断路器

5

操作箱两组电源对应的不启动重合闸不启动失灵中间继电器，由中间继电器触点去启动对应的高、中压侧断路器的各相两组跳闸回路，对于35kV侧断路器则是开出触点直接启动两组跳闸回路（见图1-7）。另外，变压器电量后备保护动作跳开220kV侧的母联母分断路器，也是通过启动母联母分断路器的操作箱中不启动重合闸不启动失灵中间继电器实现的。

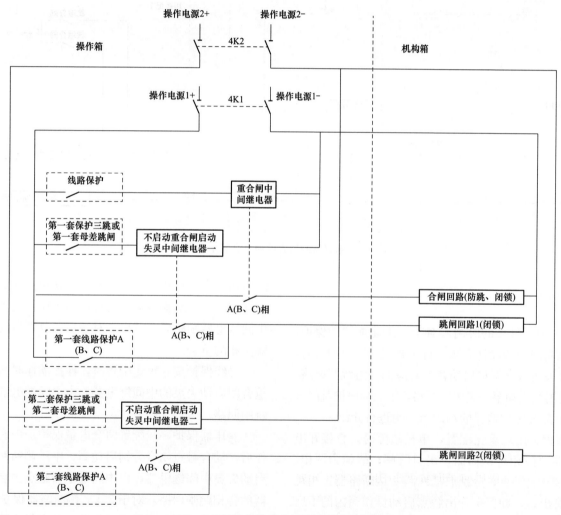

图1-6　线路保护分合闸功能实现示意图

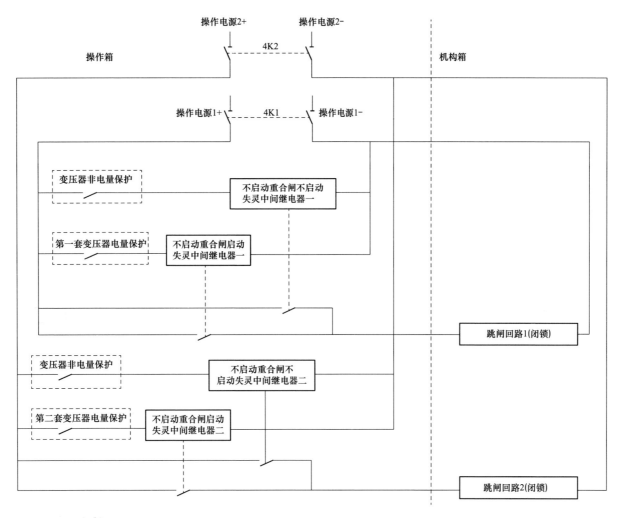

图 1-7 变压器保护分合闸功能实现示意图

500kV 断路器保护跟跳动作，直接启动保护动作相的两组跳闸回路出口跳闸，相邻断路器失灵保护动作则启动两组电源对应的不启动重合闸启动失灵中间继电器，由其对应触点去启动两组跳闸回路实现跳闸，重合闸动作时，保护开出触点动作启动重合闸中间继电器，中间继电器辅助触点动作向各相发合闸令，从而实现跳闸相重合，如图 1-8 所示。

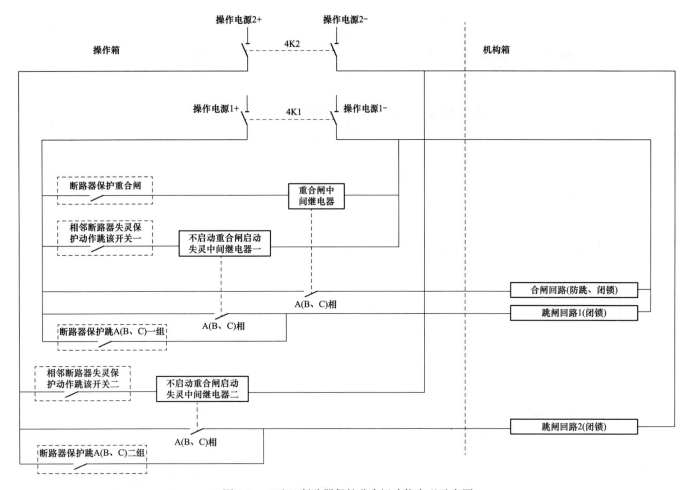

图 1-8　500kV 断路器保护分合闸功能实现示意图

如图 1-9 所示，220kV 母联、母分断路器保护动作时，保护出口触点动作启动两组电源对应的不启动重合闸启动失灵中间继电器，由中间继电器辅助触点启动两组跳闸回路直接跳闸。

35kV 电容器、电抗器、站用变压器保护均配置单套保护，保护动作时，直接启动保测一体中的跳闸中间继电器，由中间继电器辅助触点去启动跳闸回路。无功自投切保护装置动作时，合闸是直接启动合闸回路，跳闸则是经过中间继电器来启动跳闸回路，如图 1-10 所示。

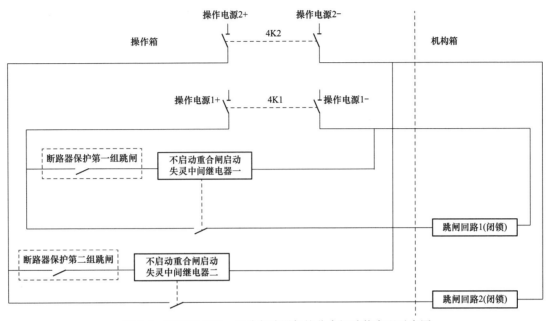

图 1-9 220kV 母联、母分断路器保护分合闸功能实现示意图

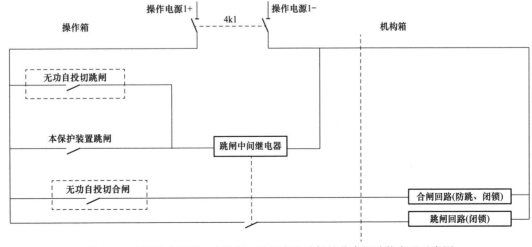

图 1-10 35kV 电容器、电抗器、站用变电站保护分合闸功能实现示意图

第二节　断路器本体二次回路典型设计及应用

一、断路器压力闭锁功能操作回路

断路器压力闭锁功能主要在断路器操作动力或 SF₆ 断路器 SF₆ 压力不足时，断开断路器控制回路实现闭锁操作，同时发出告警信号，如图 1-11 所示。

SF₆ 压力不足时，第一组控制电源经 SF₆ 压力触点启动闭锁分合闸中间继电器，由中间继电器的辅助触点，分别断开断路器的合闸和第一组跳闸回路，若有配置两组跳闸回路的断路器，则由第二组控制电源经 SF₆ 压力触点启动闭锁第二组分闸中间继电器，由其辅助触点断开第二组跳闸回路。

储能压力不足时，因断路器机构不同相应的闭锁回路构成也不相同。弹簧操动机构的断路器，由于其合闸操作过程就已经给分闸弹簧储能，因此其储能不足时只闭锁合闸回路，弹簧未储能时对应触点导通启动合闸闭锁中间继电器，由中间继电器辅助触点断开合闸回路实现闭锁，且不设置压力低闭锁重合闸回路。液压机构的断路器，根据压力的降低，依次闭锁重合闸、合闸、分闸回路，闭锁重合闸通常是压力触点启动闭锁重合闸中间继电器，其辅助触点使操作箱中的压力低闭锁重合闸继电器失磁，压力闭锁重合闸继电器的动断触点闭合，重合闸装置放电，实现闭锁重合闸；当压力低至闭锁合闸时，第一组控制电源经闭锁合闸压力触点启动闭锁合闸中间继电器，其辅助触点变位断开断路器合闸回路；当压力降低至闭锁分闸时，控制电源经闭锁分闸压力触点启动闭锁分闸中间继电器，其辅助触点变位断开断路器跳闸回路，有两组跳闸回路的断路器，其回路中的压力低闭锁分闸中间继电器，由需闭锁的跳闸回路对应的控制电源分别启动。

有部分厂家则是通过 SF₆ 压力闭锁中间继电器辅助触点或压力闭锁中间继电器辅助触点变位启动分合闸总闭锁继电器，由分合闸总闭锁继电器辅助触点实现闭锁分合闸。

二、断路器防跳功能实现

采用操作箱防跳回路，现场就地操作将失去防跳功能，因此目前断路器防跳回路均采用机构箱的防跳回路，如图 1-12 所示，机构箱的防跳回路主要是在远方遥控与就地操作的合闸公共回路上，并联一个断路器常开辅助触点与防跳继电器的串联回路，当合闸命令触点粘死时，断路器合上后其辅助触点导通，防跳继电器励磁，由防跳继电器的触点去断开合闸回路或启动中间继电器，由中间继电器的辅助触点断开合闸回路，避免出现断路器合于故障时保护跳闸，而合闸命令触点粘死又让断路器合闸，使断路器数次分合导致爆炸。

三、断路器非全相保护

断路器非全相保护是指分相断路器出现非全相运行时，使断路器三相跳闸的保护，实现方式有两种，断路器机构箱的非全相保护和操作箱的非全相保护，操作箱的非全相保护是采用三相合位继电器动断辅助触点与三相跳位继电器动断辅助触点先并联后串联的方式，外加零序电流判据实现，该方式最大的问题在于当某相断路器控制回路断线时，三相合位继电器动断辅助触点与三相跳位继电器动断辅助触点先并联后串联回路导通，此时若区外故障产生零序电流，该非全相保护可能动作，而实际断路器并没有真正的非全相运行，因此目前除因主变压器中压侧的非全相保护时间定值与线路断路器非全相时间定值不一致，导致旁代线路采用本体的非全相保护，旁代变压器中压侧断路器时采用操作箱非全相保护，其他断路器基本采用断路器机构箱的非全相保护，如图 1-13 所示，机构箱的非全相保护是用断路器自身的三相分闸辅助触点与三相合闸辅助触点并联后串联的方式作为启动回路，去启动非全相的时间继电器，时间继电器计时完成后对应的辅助触点导通启动非全相中间继电器，由其提供三对触点去分别跳开三相；通常会设置两套非全相跳闸回路，第一组非全相跳闸回路接第一组操作电源，动作后启动第一组跳闸回路，第二组非全相跳闸回路接第二组操作电源，动作后启动第二组跳闸回路。

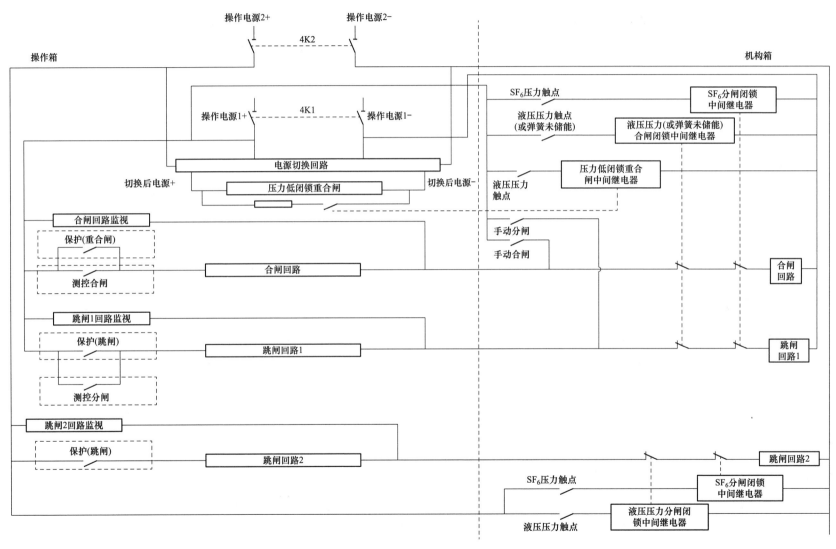

图 1-11　断路器压力闭锁功能操作回路示意图

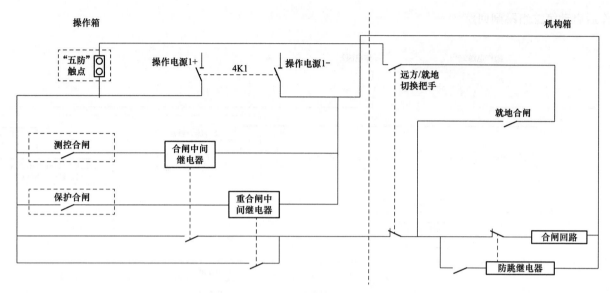

操作箱　　　　　　　　　　　　　　　　　　　　　　　　　　　　　　机构箱

"五防"触点　　操作电源1+　4K1　操作电源1-　　远方/就地切换把手

就地合闸

测控合闸　　　合闸中间继电器

保护合闸　　　重合闸中间继电器

合闸回路

防跳继电器

图 1-12　断路器防跳功能实现示意图

四、断路器储能回路

因厂家和机构的不同,断路器储能回路有较大差异,但通常都可以分为储能控制回路和电机回路,且电源均采用交流系统。弹簧机构断路器,能量属于瞬间释放,因此其储能回路,是合闸操作时能量释放,储能触点即导通,启动储能控制回路中间继电器,由其辅助触点启动电机,当电机储能完成满足合闸要求时,储能触点断开,储能控制回路中间继电器失磁,电机停止运转。对于液压操动机构的断路器,当压力降低至启动储能值时,辅助触点启动储能控制回路中间继电器导通其辅助触点启动电机,储能的结束一般采用两种方式,一种是由一对压力触点来控制,即启动储能压力触点动作后启动储能控制回路中间继电器,由停止储能压力触点串接中间继电器辅助触点形成自保持回路,当达到停止储能压力时,其辅助触点断开,中间继电器失磁,电机停止储能,如图 1-14 所示。

另一种是用时间继电器来控制,即启动储能压力触点导通后启动一个时间继电器,其瞬时导通延时断开触点,启动储能控制回路中间继电器励磁,由中间继电器辅助触点启动电机回路,触点延时时间一到即断开回路,中间继电器失磁触点断开,电机停止储能,如图 1-15 所示。

为保护储能电机同时告知现场储能可能出现某些异常,一般厂家会设置储能超时回路,通常是在启动储能中间继电器的同时,启动一个时间继电器,当超过整定时间值时,其串接在储能控制回路上的动断触点断开使控制回路中间继电器失磁,断开电机回路,并发出储能超时告警信号,如图 1-14 所示;也有厂家是用压力值过高触点来实现这个功能,通过该压力值过高触点与储能电机中间继电器动合串联去启动一个中间继电器,即当压力到过高值,电机仍然在运转,则使该中间继电器励磁,其辅助动断触点断开储能控制回路停止储能,并发出告警信号,如图 1-16 所示。

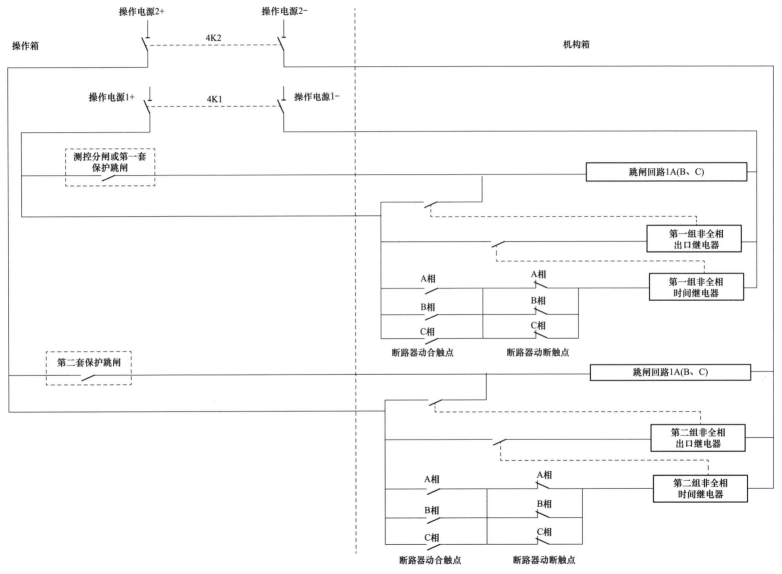

图 1-13　断路器非全相保护示意图

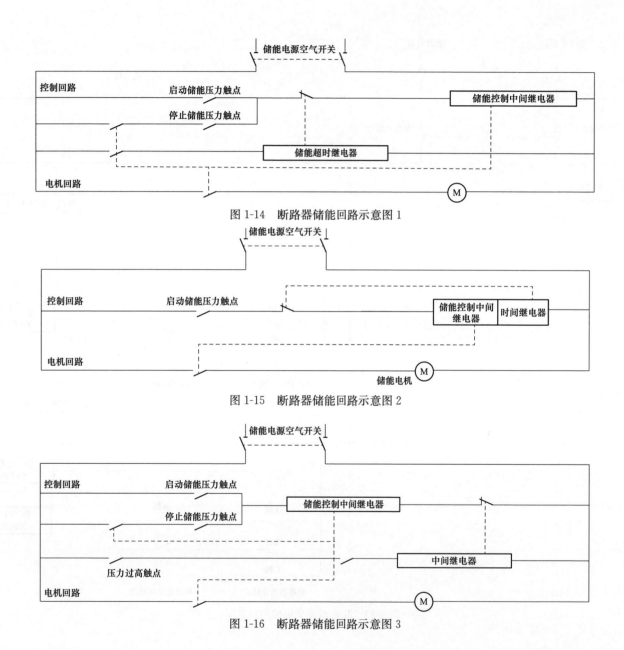

图 1-14　断路器储能回路示意图 1

图 1-15　断路器储能回路示意图 2

图 1-16　断路器储能回路示意图 3

第一节 杭州西门子公司 3AT2-EI 型 500kV 高压断路器二次回路辨识

一、二次回路功能模块化分解原理图

1. 合闸回路 1 原理接线图

杭州西门子公司 3AT2-EI 型 500kV 高压断路器合闸回路 1 原理接线图如图 2-1 和图 2-2 所示。

2. 分闸回路 1 原理接线图

杭州西门子公司 3AT2-EI 型 500kV 高压断路器分闸回路 1 原理接线图如图 2-3 和图 2-4 所示。

3. 分闸回路 2 原理接线图

杭州西门子公司 3AT2-EI 型 500kV 高压断路器分闸回路 2 原理接线图如图 2-5 和图 2-6 所示。

4. 非全相保护回路 1 及计数器回路原理接线图

杭州西门子公司 3AT2-EI 型 500kV 高压断路器非全相保护回路 1 及计数器回路原理接线图如图 2-7 和图 2-8 所示。

5. 闭锁继电器回路 1 原理接线图

杭州西门子公司 3AT2-EI 型 500kV 高压断路器闭锁继电器回路 1 原理接线图如图 2-9 和图 2-10 所示。

6. 储能电机回路原理接线图

杭州西门子公司 3AT2-EI 型 500kV 高压断路器储能电机回路原理接线图如图 2-11 和图 2-12 所示。

7. 加热器回路原理接线图

杭州西门子公司 3AT2-EI 型 500kV 高压断路器加热器回路原理接线图如图 2-13 所示。

8. 非全相保护回路 2 原理接线图

杭州西门子公司 3AT2-EI 型 500kV 高压断路器非全相保护回路 2 原理接线图如图 2-14 和图 2-15 所示。

9. 闭锁继电器回路 2 原理接线图

杭州西门子公司 3AT2-EI 型 500kV 高压断路器闭锁继电器回路 2 原理接线图如图 2-16 和图 2-17 所示。

10. 信号回路原理接线图

杭州西门子公司 3AT2-EI 型 500kV 高压断路器信号回路原理接线图如图 2-18 和图 2-19 所示。

11. 指示灯回路原理接线图

杭州西门子公司 3AT2-EI 型 500kV 高压断路器指示灯回路原理接线图如图 2-20 所示。

12. 断路器备用辅助开关触点图

杭州西门子公司 3AT2-EI 型 500kV 高压断路器备用辅助开关触点图如图 2-21 和图 2-22 所示。

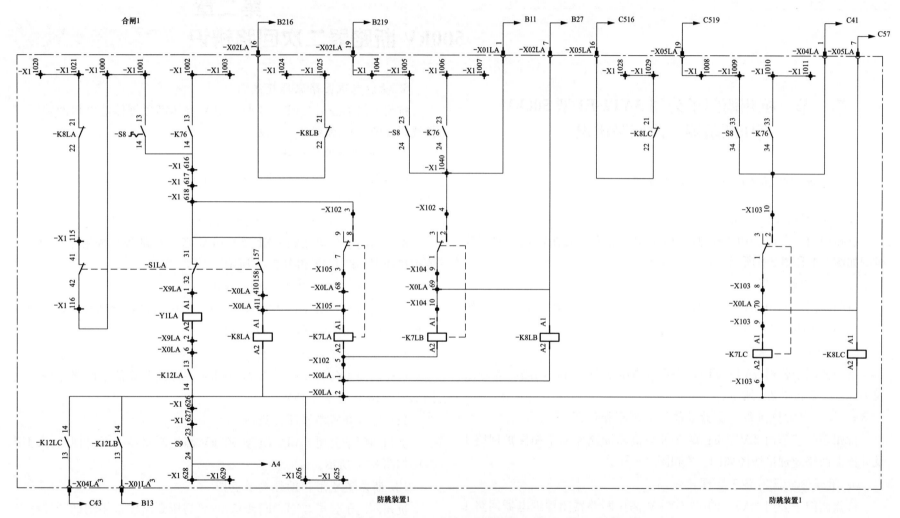

图 2-1　杭州西门子公司 3AT2-EI 型 500kV 高压断路器合闸回路 1 原理接线图 1

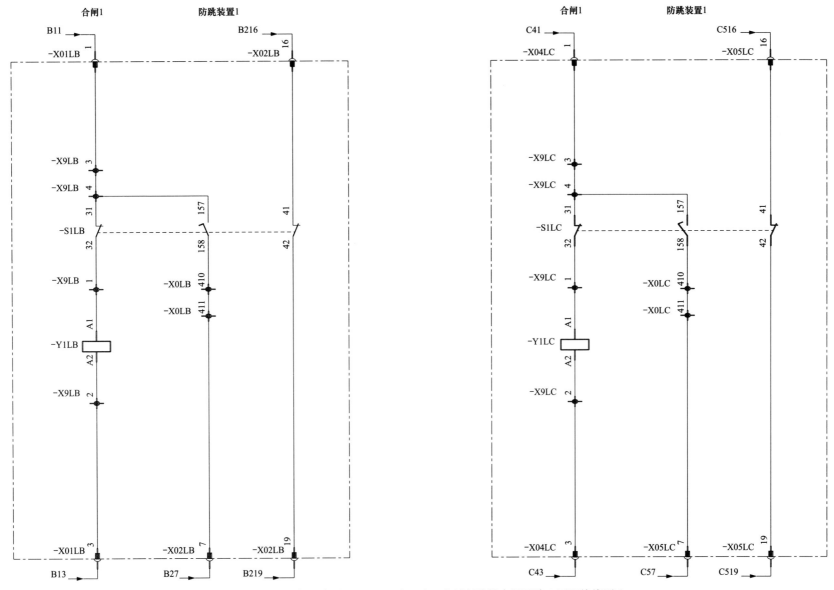

图 2-2　杭州西门子公司 3AT2-EI 型 500kV 高压断路器合闸回路 1 原理接线图 2

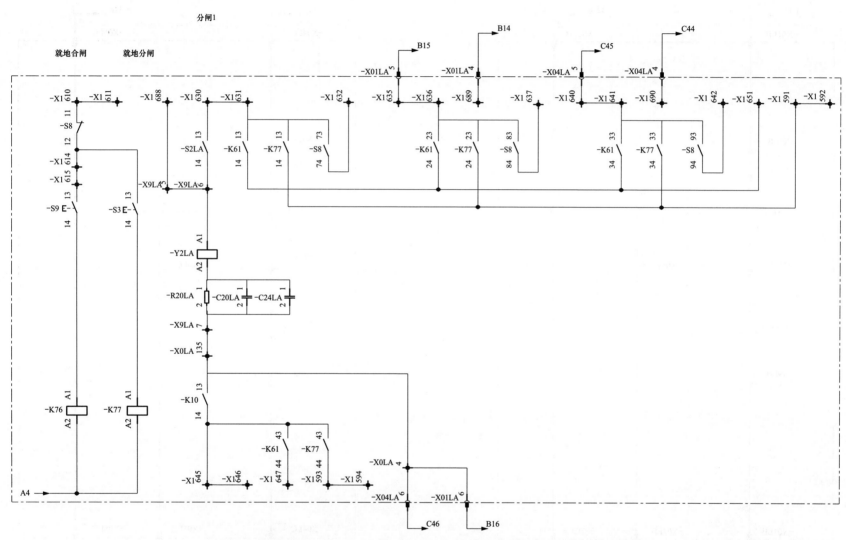

图 2-3　杭州西门子公司 3AT2-EI 型 500kV 高压断路器分闸回路 1 原理接线图 1

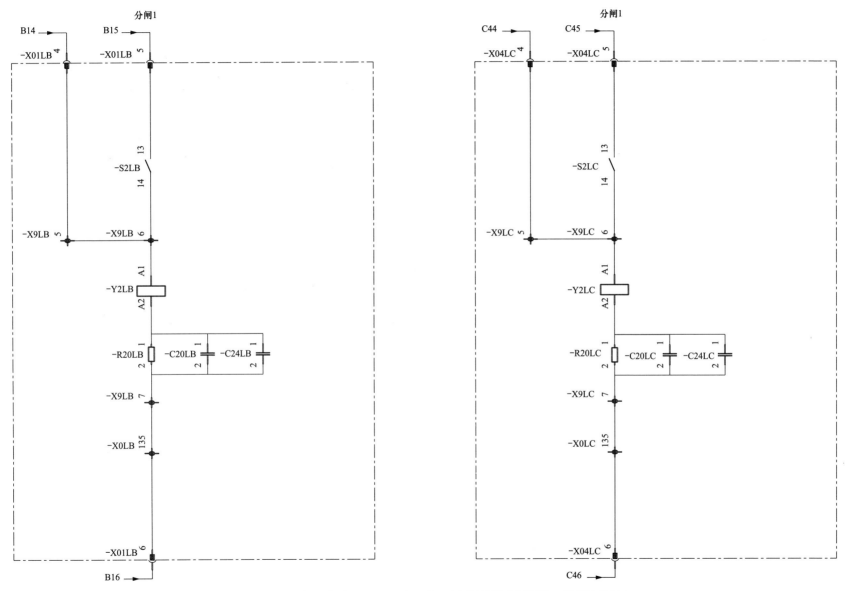

图 2-4　杭州西门子公司 3AT2-EI 型 500kV 高压断路器分闸回路 1 原理接线图 2

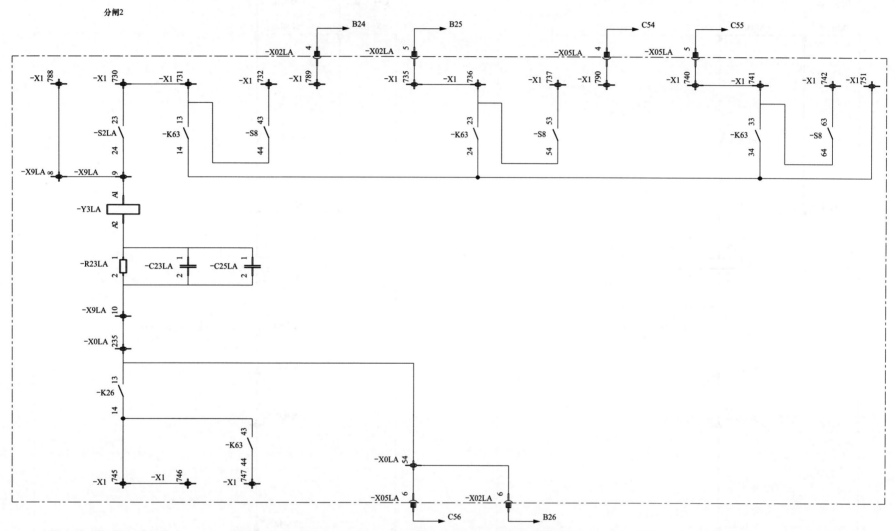

图 2-5　杭州西门子公司 3AT2-EI 型 500kV 高压断路器分闸回路 2 原理接线图 1

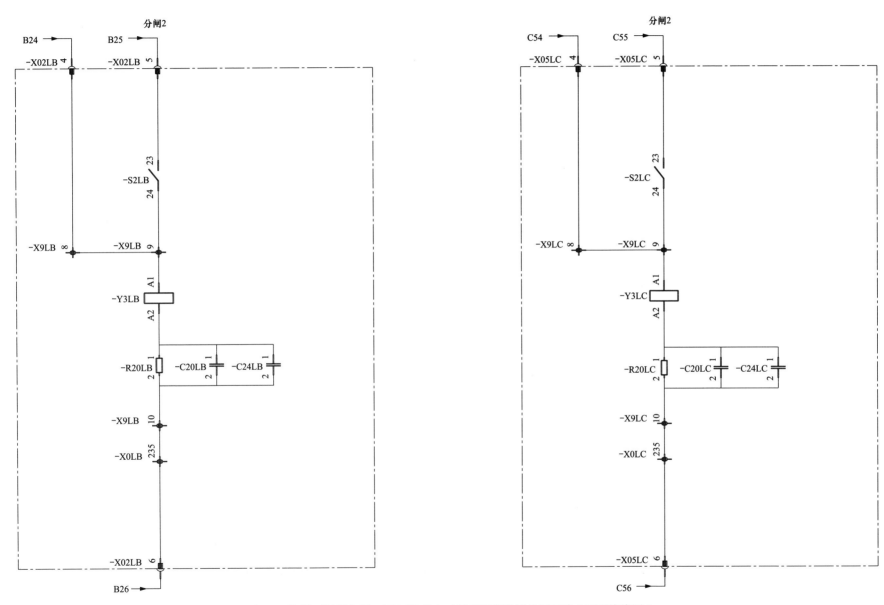

图 2-6　杭州西门子公司 3AT2-EI 型 500kV 高压断路器分闸回路 2 原理接线图 2

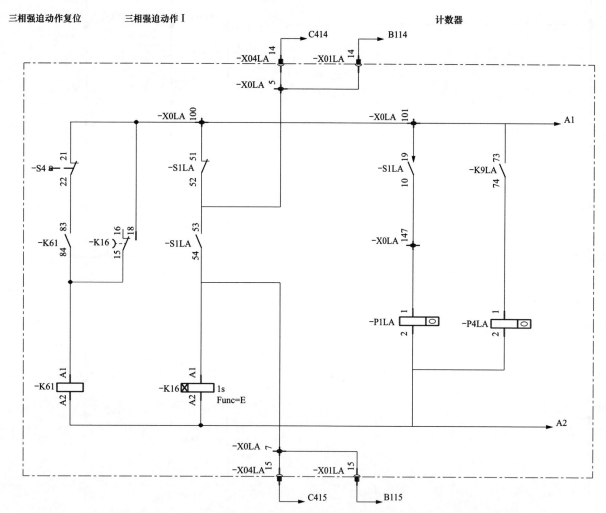

三相强迫动作复位 三相强迫动作Ⅰ 计数器

图 2-7 杭州西门子公司 3AT2-EI 型 500kV 高压断路器非全相保护回路 1 及计数器回路原理接线图 1

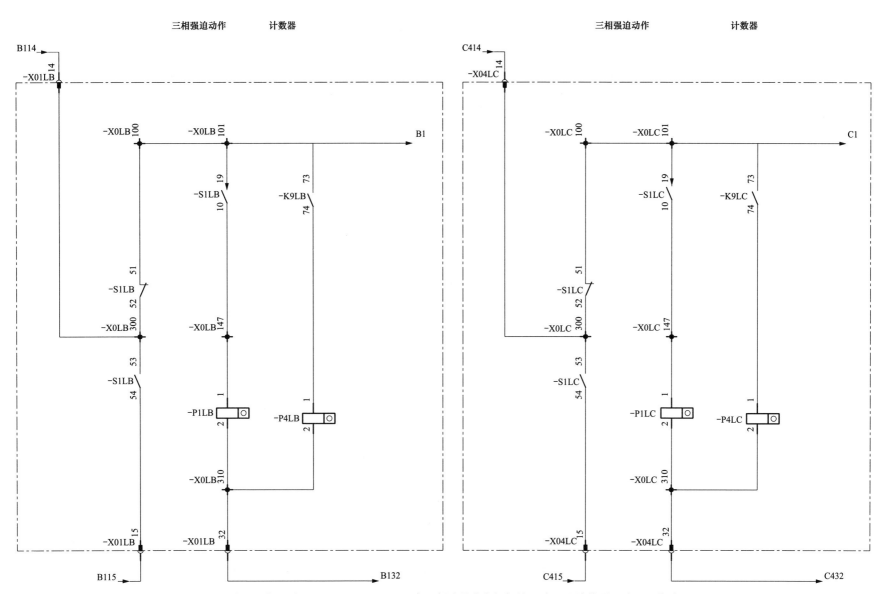

图 2-8　杭州西门子公司 3AT2-EI 型 500kV 高压断路器非全相保护回路 1 及计数器回路原理接线图 2

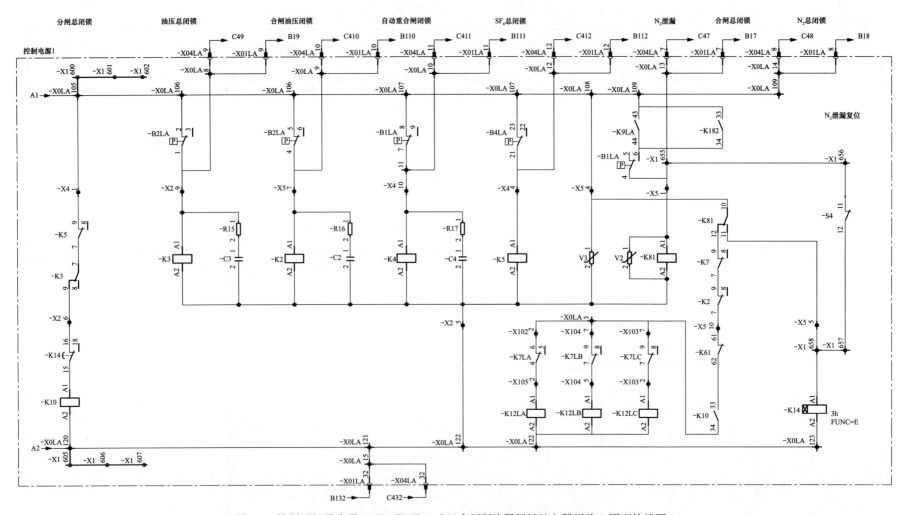

图 2-9　杭州西门子公司 3AT2-EI 型 500kV 高压断路器闭锁继电器回路 1 原理接线图 1

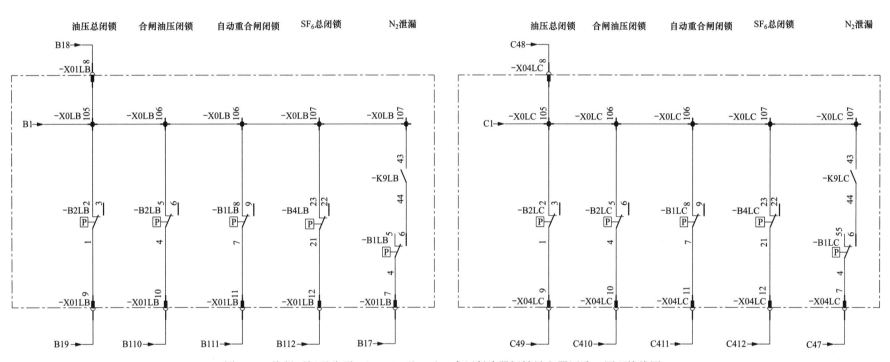

图 2-10　杭州西门子公司 3AT2-EI 型 500kV 高压断路器闭锁继电器回路 1 原理接线图 2

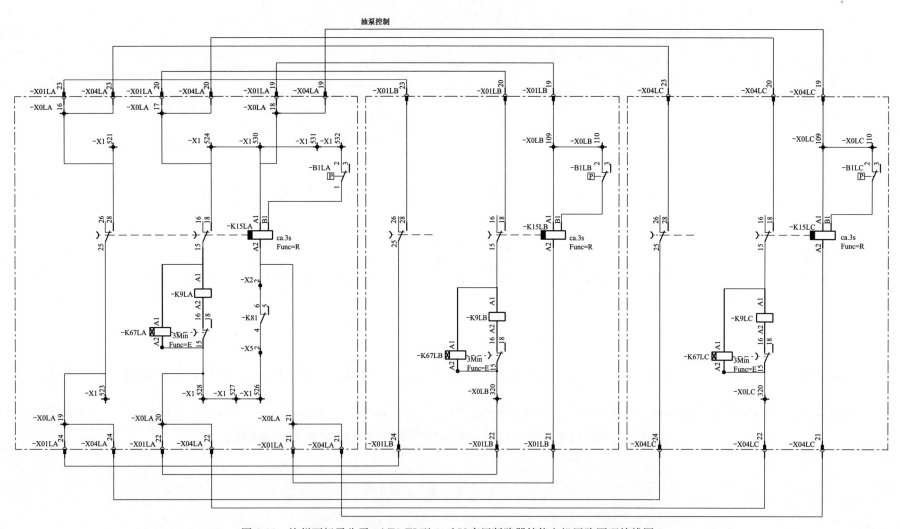

图 2-11　杭州西门子公司 3AT2-EI 型 500kV 高压断路器储能电机回路原理接线图 1

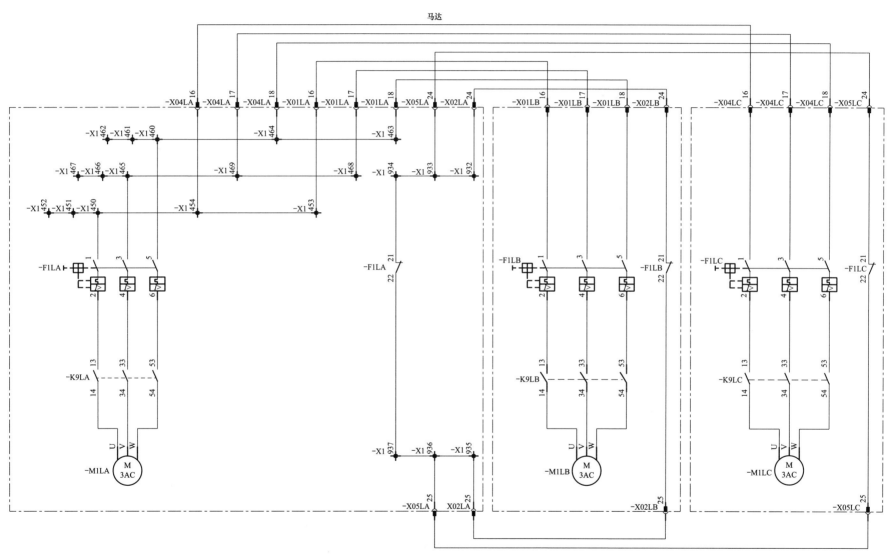

图 2-12　杭州西门子公司 3AT2-EI 型 500kV 高压断路器储能电机回路原理接线图 2

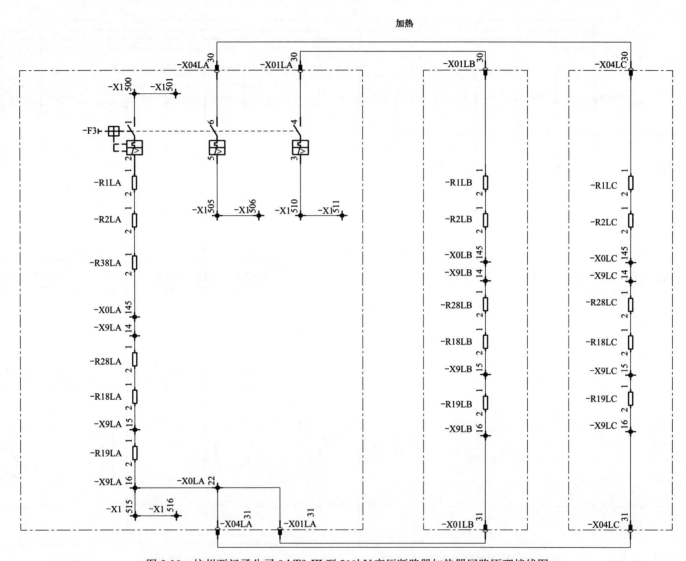

图 2-13 杭州西门子公司 3AT2-EI 型 500kV 高压断路器加热器回路原理接线图

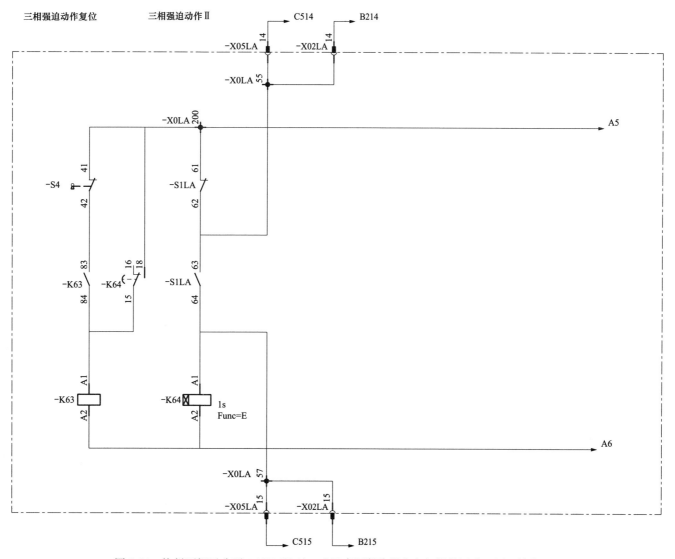

图 2-14 杭州西门子公司 3AT2-EI 型 500kV 高压断路器非全相保护回路 2 原理接线图 1

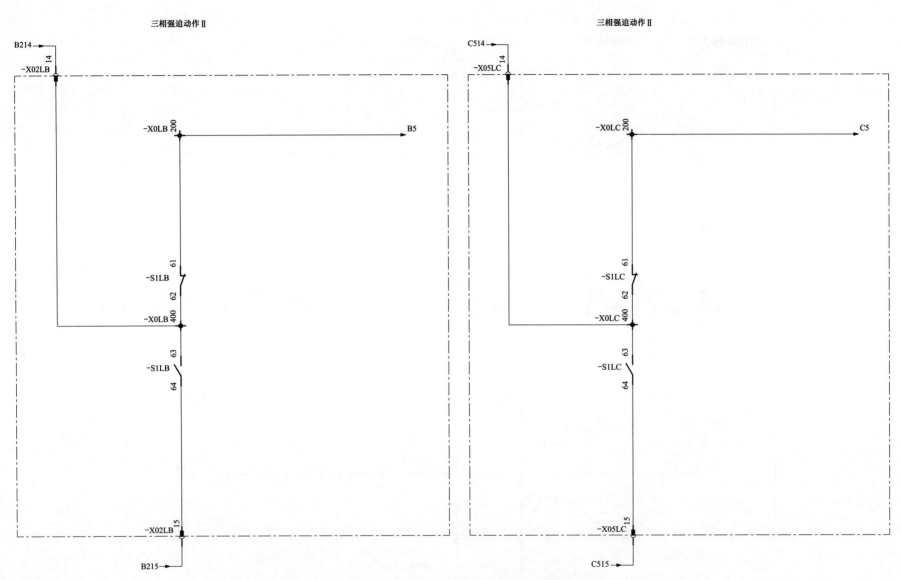

图 2-15　杭州西门子公司 3AT2-EI 型 500kV 高压断路器非全相保护回路 2 原理接线图 2

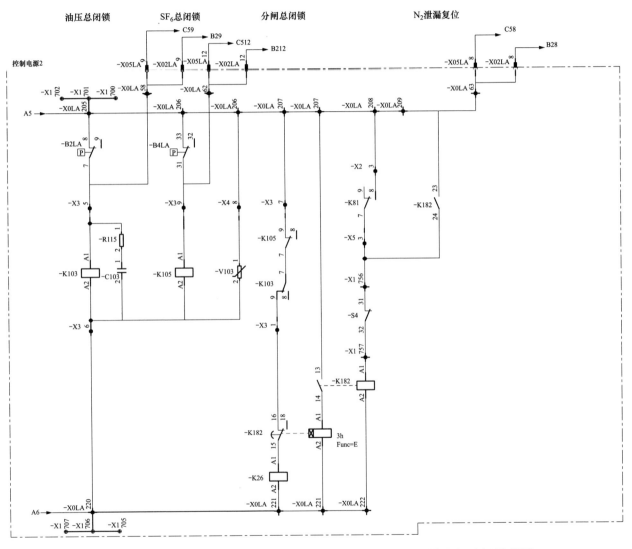

图 2-16　杭州西门子公司 3AT2-EI 型 500kV 高压断路器闭锁继电器回路 2 原理接线图 1

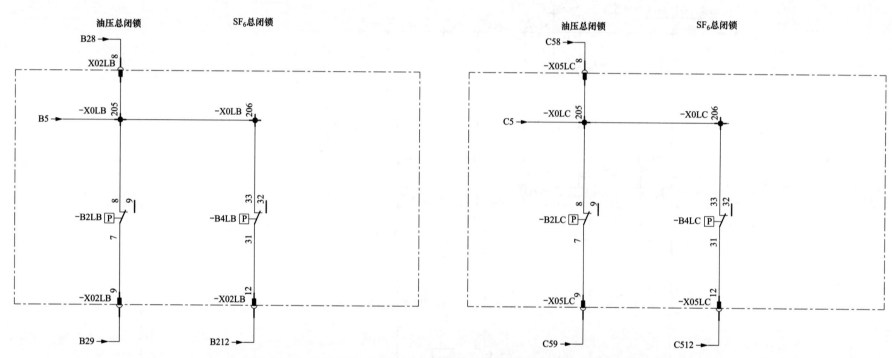

图 2-17 杭州西门子公司 3AT2-EI 型 500kV 高压断路器闭锁继电器回路 2 原理接线图 2

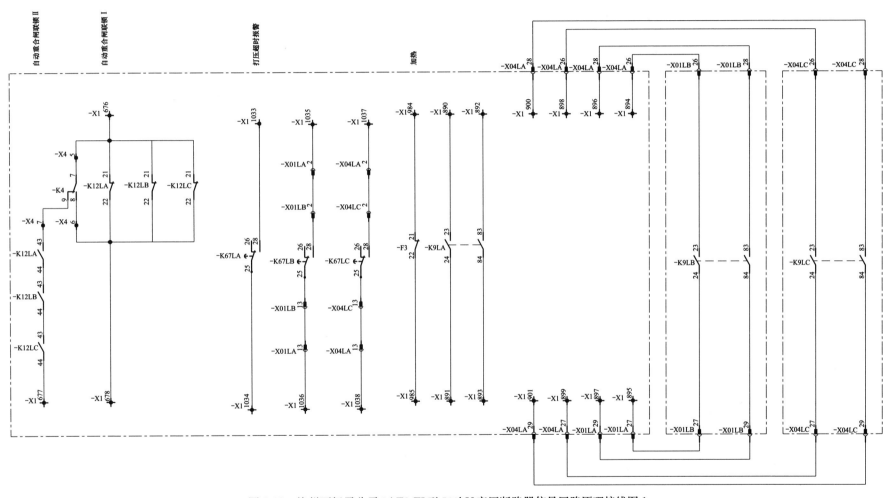

图 2-18　杭州西门子公司 3AT2-EI 型 500kV 高压断路器信号回路原理接线图 1

33

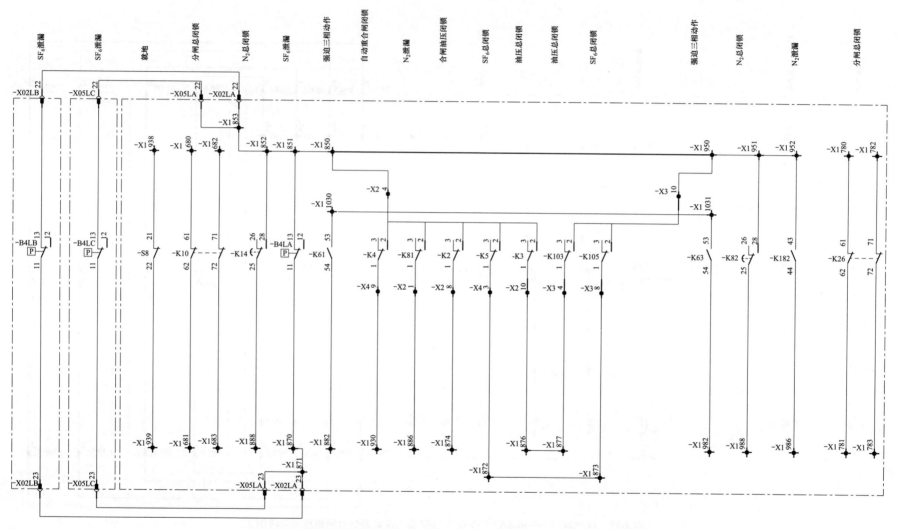

图 2-19　杭州西门子公司 3AT2-EI 型 500kV 高压断路器信号回路原理接线图 2

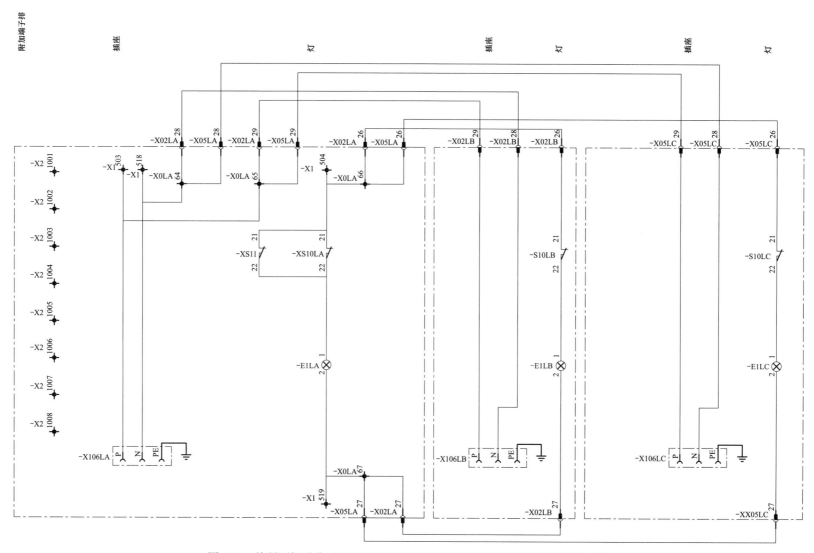

图 2-20 杭州西门子公司 3AT2-EI 型 500kV 高压断路器指示灯回路原理接线图

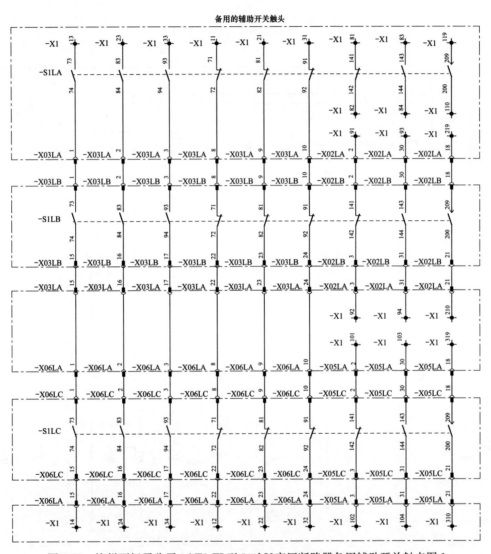

图 2-21　杭州西门子公司 3AT2-EI 型 500kV 高压断路器备用辅助开关触点图 1

36

備用的辅助开关触头

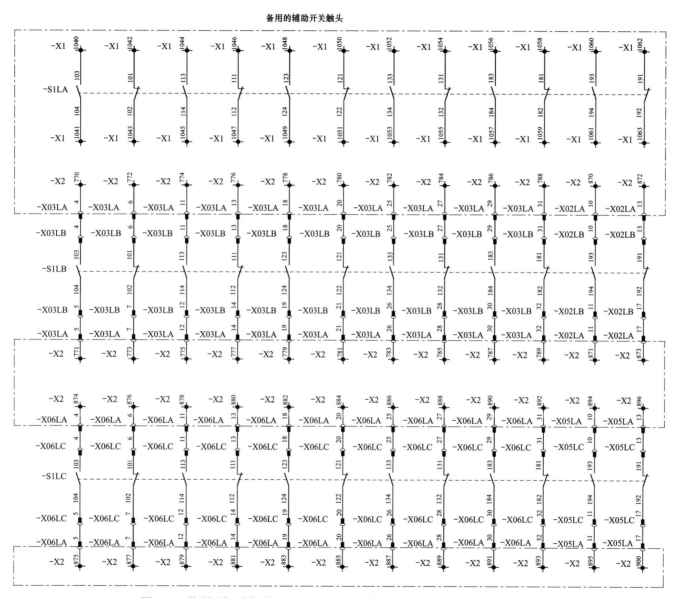

图 2-22　杭州西门子公司 3AT2-EI 型 500kV 高压断路器备用辅助开关触点图 2

37

二、断路器二次回路功能模块化分解辨识

断路器二次回路功能模块化分解辨识如表 2-1 所示。

表 2-1 断路器二次回路功能模块化分解辨识

序号	模块名称	分解辨识
1	合闸公共回路	对应相断路器动断辅助触点 S1 的 13-14(A 相对应 X1：618-X9LA：1；B 相对应 X102：4-X9LB：1；C 相对应 X103：10-X9LC：1)→对应相合闸线圈 Y1 的 A1-A2(A 相对应 X9LA：1-X0LA：6；B 相对应 X9LB：1-X9LB：2；C 相对应 X9LC：1-X9LC：2)→对应相合闸总闭锁接触器 K12 动合触点 13-14→控制 I 负电源（K102/X1：626）
2	分闸 1 公共回路	对应相断路器动断辅助触点 S2 的 13-14(A 相对应 X1：630-X9LA：6/X1：688；B 相对应 X1：636-X9LB：6/X1：689；C 相对应 X1：641-X9LC：6/X1：690)→对应相分闸线圈 Y2 的 A1(A 相对应 X9LA：6/X1：688；B 相对应 X9LB：6/X1：689；C 相对应 X9LC：6/X1：690)—A2→对应相分闸电阻 R20 的 1-2(X0LA：135；X0LB：135；X0LC：135)→分闸总闭锁 1 接触器 K10 动合触点 13-14→控制 I 负电源（K102/X1：645）
3	分闸 2 公共回路	对应相断路器动断辅助触点 S2 的 23-24(A 相对应 X1：730-X9LA：9/X1：788；B 相对应 X1：735-X9LB：9/X1：789；C 相对应 X1：740-X9LC：9/X1：790)→对应相分闸线圈 Y3 的 A1(A 相对应 X9LA：9/X1：788；B 相对应 X9LB：9/X1：789；C 相对应 X9LC：9/X1：790)—A2→对应相分闸电阻 R23 的 1-2(X0LA：235；X0LB：35；X0LC：235)→分闸总闭锁 2 接触器 K26 动合触点 13-14→控制 II 负电源（K202/X1：745）
4	远方合闸回路	控制 I 正电源 K101→操作箱内手合继电器的动合触点或操作箱内重合闸重动继电器的动合触点→远方合闸回路（A 相对应回路为 7A/X1：1001；B 相对应回路为 7B/X1：1005；C 相对应回路为 7C/X1：1009)→远方/就地把手 S8 供远方合闸的三对触点［A 相对应触点为 13-14(X1：1001-X1：616)；B 相对应触点为 23-24(X1：1005-X102：4)；C 相对应触点为 33-34(X1：1009-X103：10)］→合闸公共回路
5	就地三相合闸启动回路	控制 I 正电源 K101→YBJ 五防电编码锁 1-2→A 相机构箱（K101S/X1：610)→远方/就地把手 S8 就地位置触点 11-12→S9 就地三相合闸按钮 13-14→第一组就地直合接触器 K76 的 A1-A2→控制 I 负电源（K102/X1：626）
6	合闸就地回路	控制 I 正电源 K101（沟通 A 相电源端子为 X1：1002；沟通 B 相电源端子为 X1：1006；沟通 C 相电源端子为 X1：1010)→第一组就地直合接触器 K76 的三对动合触点［A 相对应触点为 13-14(X1：1002-X1：616)；B 相对应触点为 23-24(X1：1006-X102：4)；C 相对应触点为 33-34(X1：1010-X103：10)］→合闸公共回路
7	远方分闸 1 回路	控制 I 正电源 K101→操作箱内对应相手跳继电器的动合触点或操作箱内永跳继电器（一般由线路保护 I 三跳-永跳出口经三跳压板或线路保护 I 沟三出口经沟三压板或线路保护 I 收到远跳令经收信跳压板或辅助保护上失灵保护出口经失灵跳断路器 I 组压板或母差出口经跳断路器 I 组压板后启动）的动合触点或本线保护 I 分相跳闸出口经分相跳闸 I 压板→远方分闸 1 回路（A 相对应回路为 137A/X1：632；B 相对应回路为 137B/X1：637；C 相对应回路为 137C/X1：642)→远方/就地把手 S8 供远方分闸 1 的三对触点［A 相对应触点为 74-73(X1：632-X1：631)；B 相对应触点为 84-83(X1：637-X1：635)；C 相对应触点为 94-93(X1：642-X1：640)］→分闸 1 公共回路
8	非全相分闸 1 回路	控制 I 正电源（K101/X1：651)→串接 A、B、C 相分闸 1 回路的第一组非全相直跳接触器 K61 的三对动合触点 14-13(X1：651-X1：630)，24-23(X1：651-X1：635)，34-33(X1：651-X1：640)→分闸 1 公共回路

序号	模块名称	分解辨识
9	就地三相分闸启动回路	控制Ⅰ正电源 K101→YBJ 五防电编码锁 1-2→A 相机构箱（K101S/X1：610）→远方/就地把手 S8 就地位置触点 11-12→S3 就地三相分闸按钮 13-14→第一组就地直跳接触器 K77 的 A1-A2→控制Ⅰ负电源（K102/X1：626）
10	分闸就地回路	控制Ⅰ正电源（K101/X1：591）→第一组就地直跳接触器 K77 的三对闭合触点［A 相对应触点为 14-13(X1：591-X1：631)，B 相对应触点为 24-23(X1：591-X1：636)；C 相对应触点为 34-33(X1：591-X1：641)]→分闸 1 公共回路
11	远方分闸 2 回路	控制Ⅱ正电源 K201→操作箱内对应相手跳继电器的动合触点或操作箱内永跳继电器（一般由线路保护Ⅱ三跳-永跳出口经三跳压板或线路保护Ⅱ沟三出口经沟三压板后或线路保护Ⅱ收到远跳令经收信跳压板或辅助保护上失灵保护出口经失灵跳断路器Ⅱ组压板或母差出口经跳断路器Ⅱ组压板后启动）的动合触点或本线保护Ⅱ分相跳闸出口经分相跳闸Ⅱ压板→远方分闸 2 回路（A 相对应回路为 237A/X1：732；B 相对应回路为 237B/X1：737；C 相对应回路为 237C/X1：742）→远方/就地把手 S8 供远方分闸 2 的三对触点［A 相对应触点为 43-44(X1：732-X1：731)；B 相对应触点为 53-54(X1：737-X1：735)；C 相对应触点为 63-64(X1：742-X1：740)]→分闸 2 公共回路
12	非全相分闸 2 回路	控制Ⅱ正电源（K201/X1：751）→第二组非全相直跳接触器 K63 的三对动合触点［A 相对应触点为 14-13(X1：751-X1：730)；B 相对应触点为 24-23(X1：751-X1：735)；C 相对应触点为 34-33(X1：751-X1：740)]→分闸 2 公共回路

三、二次回路元器件辨识及其异动说明

二次回路元器件辨识及其异动说明如表 2-2 所示。

表 2-2　　　　　　　　　　　　　　　　二次回路元器件辨识及其异动说明

序号	元器件名称编号	原始状态	元器件异动说明	元器件异动后果	元器件异动触发光字牌信号	
					断路器合闸状态	断路器分闸状态
1	分闸总闭锁 1 接触器 K10	正常时励磁，为吸入状态；失磁后为顶出状态	当发生诸如断路器机构箱内任一相液压系统油压下降至 26.3MPa(此时 K3 励磁，其触点 7-9 断开）或断路器本体内任一相 SF₆ 气体压力降至 0.62MPa 时（此时 K5 励磁，其触点 7-9 断开）或任一相储压筒氮气发生泄漏发出报警达 3h（当发生 N₂ 泄漏时，将引起储能电机打压，此时 K81、K14 继电器励磁，K14 动断触点 15-16 延时 3h 后断开）时，均会使得分闸总闭锁 1 接触器 K10 线圈失电而复归	K10 接触器复归后： (1) 其动合触点 13-14(X0LA：135-X1：645) 断开使分闸 1 回路闭锁。 (2) 其动合触点 33-34(X0LA：3) 断开使合闸总闭锁接触 K12LA、K12LB、K12LC 线圈失电复归。 (3) 通过其动断触点 61-62(X1：680-X1：681) 沟通测控装置内对应的信号光耦，并发出"断路器跳闸闭锁"光字牌	(1) 光字牌情况： 1) 第一组控制回路断线； 2) 断路器跳闸闭锁； 3) 断路器压力降低禁止重合闸。 (2) 其他信号： 1) 操作箱上第一组 3 盏 OP 灯灭； 2) 断路器保护屏上重合闸充电灯灭	(1) 光字牌情况： 1) 第一组控制回路断线； 2) 第二组控制回路断线； 3) 断路器跳闸闭锁； 4) 断路器压力降低禁止重合闸。 (2) 其他信号：测控柜上红绿灯均灭

序号	元器件名称编号	原始状态	元器件异动说明	元器件异动后果	元器件异动触发光字牌信号	
					断路器合闸状态	断路器分闸状态
2	分闸总闭锁2接触器K26	正常时励磁，为吸入状态；失磁后为顶出状态	当发生诸如断路器机构箱内任一相液压系统油压下降至26.3MPa（此时K103线圈励磁，其触点7-9断开）或断路器本体内任一相SF$_6$气体压力降至0.62MPa时（此时K105励磁，其触点7-9断开）或任一相储压筒氮气发生泄漏引起储能电机打压至35.5MPa（此时K81、K182、K82通电动作，K82动断触点15-16延时3h后断开）时，均会使得分闸总闭锁2接触器K26失电而复归	K26接触器复归后： （1）其动合触点13-14（X0LA：235-X1：745）断开使分闸2回路闭锁； （2）通过其动断触点61-62（X1：780-X1：781）沟通测控装置内对应的信号光耦，并发出"断路器跳闸闭锁"光字牌	（1）光字牌情况： 1）断路器跳闸闭锁； 2）第二组控制回路断线。 （2）其他信号： 1）操作箱上第二组3盏OP灯灭； 2）断路器保护屏上重合闸充电灯灭	（1）光字牌情况：断路器跳闸闭锁。 （2）其他信号：若同时伴有K12复归，则测控柜上红绿灯均灭
3	合闸总闭锁接触器K12LA、/K12LB、K12LC	正常时励磁，为吸入状态；失磁后为顶出状态	当发生诸如断路器机构箱内任一相储压筒氮气发生泄漏引起储能电机打压至35.5MPa（此时K81通电动作，K81动断触点10-12断开）或任一相液压系统油压下降至27.8MPa（此时K2励磁，其触点7-9断开）或断路器非全相运行时（此时K16-K61断电器励磁，K61动断触点61-62断开）或断路器本体内任一相SF$_6$气体压力降至0.62MPa时（此时K5励磁并引起K10复归，K10动合触点33-34断开）时，均会使得合闸总闭锁接触器K12LA、K12LB、K12LC失电而复归	K12LA、K12LB、K12LC接触器复归后： （1）K12LA动合触点13-14（X0LA：6-X1：626）、K12LB动合触点13-14（X01LA：3-X1：626）、K12LC动合触点13-14（X04LA：3-X1：626）断开分别使对应相的合闸回路闭锁； （2）其动断触点21-22（X1：676-K302/X1：678）开入保护自动重合闸联锁Ⅰ回路	（1）光字牌情况：断路器压力降低禁止重合闸。 （2）其他信号：断路器保护屏上重合闸充电灯灭	（1）光字牌情况： 1）第一组控制回路断线； 2）第二组控制回路断线； 3）断路器压力降低禁止重合闸。 （2）其他信号：测控柜上红绿灯均灭
4	油压低合闸闭锁继电器K2	正常时不励磁，触点上顶；动作后触点下压	由于某种原因，当断路器机构箱内任一相液压系统油压下降27.8MPa时，B2的油压低合闸闭锁微动开关5-4触点通，使得油压低合闸闭锁继电器K2励磁	K2励磁后： （1）其动断触点9-7断开，使合闸总闭锁接触器K12LA、K12LB、K12LC失磁，切断合闸回路； （2）其动合触点2-1（X1：850-X1：874）沟通测控装置内对应的信号光耦，并发出"断路器合闸油压闭锁"光字牌	（1）光字牌情况： 1）断路器合闸油压闭锁； 2）断路器压力降低禁止重合闸。 （2）其他信号：断路器保护屏上重合闸充电灯灭	（1）光字牌情况： 1）第一组控制回路断线； 2）第二组控制回路断线； 3）断路器合闸油压闭锁； 4）断路器压力降低禁止重合闸。 （2）其他信号：测控柜上红绿灯均灭

序号	元器件名称编号	原始状态	元器件异动说明	元器件异动后果	元器件异动触发光字牌信号	
					断路器合闸状态	断路器分闸状态
5	油压低总闭锁1继电器K3	正常时不励磁，触点上顶；动作后触点下压	由于某种原因，当断路器机构箱内任一相液压系统油压下降26.3MPa时，B2的油压低总闭锁1微动开关低通触点2-1通，使得油压低总闭锁1继电器K3励磁	K3励磁后：（1）其动断触点7-9断开，使分闸总闭锁1接触器K10失磁，切断分闸1回路；同时由于K10失磁，K10的33-34动合触点断开，使得合闸总闭锁接触器K12LA、K12LB、K12LC失磁，切断合闸回路；（2）其动合触点2-1（X1：850-X1：876）沟通测控装置内对应的信号光耦，并发出"断路器油压总闭锁"光字牌	（1）光字牌情况：1）第一组控制回路断线；2）断路器跳闸闭锁；3）断路器油压总闭锁；4）断路器压力降低禁止重合闸。（2）其他信号：1）操作箱上第一组3盏OP灯灭；2）断路器保护屏上重合闸充电灯灭	（1）光字牌情况：1）第一组控制回路断线；2）第二组控制回路断线；3）断路器跳闸闭锁；4）断路器油压总闭锁；5）断路器压力降低禁止重合闸。（2）其他信号：测控柜上红绿灯均灭
6	油压低总闭锁2继电器K103	正常时不励磁，触点上顶；动作后触点下压	由于某种原因，当断路器机构箱内任一相液压系统油压下降至26.3MPa时，B2的油压低总闭锁2微动开关低通触点8-7通，使得油压低总闭锁2继电器K103励磁	K103励磁后：（1）其动断触点9-7断开，使分闸总闭锁2接触器K26失磁，切断分闸2回路；（2）其动合触点2-1（X1：950-X1：876）沟通测控装置内对应的信号光耦，并发出"断路器油压总闭锁"光字牌	（1）光字牌情况：1）断路器跳闸闭锁；2）断路器油压总闭锁；3）第二组控制回路断线。（2）其他信号：1）操作箱上第二组3盏OP灯灭；2）油压下降至合闸闭锁值以下时断路器保护屏上重合闸充电灯灭；3）油压下降至合闸闭锁值以下时	（1）光字牌情况：1）断路器跳闸闭锁；2）断路器油压总闭锁。（2）其他信号：1）油压下降至合闸闭锁值以下时测控柜上红绿灯均灭；2）油压下降至合闸闭锁值以下时
7	SF₆低总闭锁1继电器K5	正常时不励磁，触点上顶；动作后触点下压	当任一相断路器本体内SF₆气体发生泄漏，压力降至0.62MPa时，SF₆密度继电器B4低通触点23-21通，使SF₆低总闭锁1继电器K5励磁	K5励磁后：（1）其动断触点9-7断开，使分闸总闭锁1接触器K10失磁，切断分闸1回路；同时由于K10失磁，K10的33-34动合触点断开，使得合闸总闭锁接触器K12LA、K12LB、K12LC失磁，切断合闸回路；（2）其动合触点2-1（X1：850-X1：872）沟通测控装置内对应的信号光耦，并发出"断路器SF₆总闭锁"光字牌	（1）光字牌情况：1）第一组控制回路断线；2）断路器跳闸闭锁；3）断路器SF₆总闭锁；4）断路器压力降低禁止重合闸。（2）其他信号：1）操作箱上第一组3盏OP灯灭；2）断路器保护屏上重合闸充电灯灭	（1）光字牌情况：1）第一组控制回路断线；2）第二组控制回路断线；3）断路器跳闸闭锁；4）断路器SF₆总闭锁；5）断路器压力降低禁止重合闸。（2）其他信号：测控柜上红绿灯均灭

序号	元器件名称编号	原始状态	元器件异动说明	元器件异动后果	元器件异动触发光字牌信号	
					断路器合闸状态	断路器分闸状态
8	SF$_6$ 低总闭锁 2 继电器 K105	正常时不励磁,触点上顶;动作后触点下压	当任一相断路器本体内 SF$_6$ 气体发生泄漏,压力降至 0.62MPa 时,SF$_6$ 密度继电器 B4 低通触点 33-31 通,使 SF$_6$ 低总闭锁 2 继电器 K105 励磁	K105 励磁后:(1)其动断触点 9-7 断开,使分闸总闭锁 2 接触器 K26 失磁,切断分闸 2 回路;(2)其动合触点 2-1(X1:950-X1:873/872)沟通测控装置内对应的信号光耦,并发出"断路器 SF$_6$ 总闭锁"光字牌	(1)光字牌情况:1)断路器跳闸闭锁;2)断路器 SF$_6$ 总闭锁;3)第二组控制回路断线。(2)其他信号:1)操作箱上第二组 3 盏 OP 灯灭;2)SF$_6$ 下降至闭锁值时操作箱上第一组 3 盏 OP 灯也会灭;3)SF$_6$ 下降至闭锁值时断路器保护屏上重合闸充电灯灭;4)SF$_6$ 下降至闭锁值时	(1)光字牌情况:1)断路器跳闸闭锁;2)断路器 SF$_6$ 总闭锁。(2)其他信号:1)SF$_6$ 下降至闭锁值时测控柜上红绿灯均灭;2)SF$_6$ 下降至闭锁值时
9	SF$_6$ 低报警微动开关 B4	动合压力触点	当断路器机构箱内任一相 SF$_6$ 压力低于 SF$_6$ 低气压报警接通值 0.64MPa 时,B4 微动开关低通触点 13-11 触点通,沟通测控装置对应的信号光耦	当断路器机构箱内任一相 SF$_6$ 密度继电器 B4 的压力低于 SF$_6$ 泄漏告警接通值 0.64MPa 时,B4 的 SF$_6$ 低报警微动开关 11-13 触点通,沟通测控装置内对应的信号光耦直接发出"断路器 SF$_6$ 气压降低"光字牌	光字牌情况:断路器 SF$_6$ 气压降低	光字牌情况:断路器 SF$_6$ 气压降低
10	油压低重合闸闭锁继电器 K4	正常时不励磁,触点上顶;动作后触点下压	由于某种原因,当断路器机构箱内任一相液压系统油压下降至 30.8MPa 时,B1 的重合闸闭锁微动开关低通触点 8-7 通,使得油压低重合闸闭锁继电器 K4 励磁	K4 励磁后,其动合触点 8-7(K302/X4:6-X1:676)开入保护自动重合闸联锁 I 回路	(1)光字牌情况:断路器压力降低禁止重合闸。(2)其他信号:断路器保护屏上重合闸充电灯灭	光字牌情况:断路器压力降低禁止重合闸

序号	元器件名称编号	原始状态	元器件异动说明	元器件异动后果	元器件异动触发光字牌信号	
					断路器合闸状态	断路器分闸状态
11	泄漏 N_2 闭锁合闸继电器 K81	正常时不励磁,触点上顶;动作后触点下压	当任一相储压筒氮气发生泄漏时,压力立即很快的降至液压系统 B1 的储能电机启动微动开关 1-2 接通值(低于 32.0MPa 时 1-2 通),此时,储能电机运转接触器 K9 动作,启动油泵打压的同时 K9 动合触点 43-44 闭合,活塞移动到止当管的位置,压力急剧上升,但由于电机储能后打压延时返回继电器 K15 的延时打压时间是固定的,在 3s 内,压力极快的上升而超过压力值 35.5MPa,B1 的 N_2 泄漏报警微动开关高通触点 6-4 闭合,沟通漏 N_2 闭锁合闸继电器 K81 线圈励磁	K81 继电器励磁后: (1)其动断触点 10(X5:4)-12 断开,使合闸总闭锁接触器 K12LA、K12LB、K12LC 失电而复归,合闸回路闭锁; (2)其动合触点 10-11(X5:4-X5:5)闭合,实现 K81 自保持,并启动 N_2 泄漏 3h 后闭锁分闸 1 继电器 K14 开始计时; (3)其动合触点 6-4(X2:2-X5:2)断开,切断断路器各相储能电机控制回路对应相储能电机控制 K15 继电器回路——A 相对应 K15LA 继电器回路、B 相对应 K15LB 继电器回路、C 相对应 K15LC 继电器回路; (4)其动合触点 8-7(X2:3-X5:3)闭合,沟通漏 N_2 自保持接触器 K182 励磁,K182 动合触点 13-14 启动 N_2 泄漏 3h 后闭锁分闸 2 继电器 K82 开始计时,同时 K182 的动合触点 33-34 沟通 K81 自保持回路; (5)通过其动合触点 2-1(X1:850-X1:886)沟通测控装置内对应的信号光耦,并发出"断路器 N_2 泄漏"光字牌	(1)光字牌情况: 1)断路器 N_2 泄漏; 2)断路器压力降低禁止重合闸。 (2)其他信号:断路器保护屏上重合闸充电灯灭	(1)光字牌情况: 1)第一组控制回路断线; 2)第二组控制回路断线; 3)断路器 N_2 泄漏; 4)断路器压力降低禁止重合闸。 (2)其他信号:测控柜上红绿灯均灭
12	N_2 泄漏 3h 后闭锁分闸 1 继电器 K14	正常时失磁,U/t 绿灯及 R 黄灯均灭;通电后 U/t 绿灯闪亮,到延时设定值后输出动作触点并燃亮 R 黄灯	当任一相储压筒氮气发生泄漏时,压力立即很快的降至液压系统 B1 的储能电机启动微动开关 1-2 接通值(低于 32.0MPa 时 1-2 通),此时,储能电机运转接触器 K9 动作,启动油泵打压的同时 K9 动合触点 43-44 闭合,活塞移动到止当管的位置,压力急剧上升,但由于电机储能后打压延时返回继电器 K15 的延时打压时间是固定的,在 3s 钟内,压力极快的上升而超过压力值 35.5MPa,B1 的 N_2 泄漏报警微动开关高通触点 6-4 闭合,沟通 N_2 泄漏 3h 后闭锁分闸 1 继电器 K14 励磁	K14 继电器励磁后即开始计时,直至 3h 后输出延时触点: (1)其动断触点 16(X2:6)-15 断开,使分闸 1 总闭锁接触器 K10 失电而复归,分闸 1 回路闭锁,K10 失电后,其动合触点断开使得合闸总闭锁接触器 K12LA、K12LB、K12LC 失电复归,合闸回路随之闭锁; (2)通过其动合触点 28-25(X1:852-X1:888)沟通测控装置内对应的信号光耦,并发出"断路器 N_2 闭锁"光字牌	(1)光字牌情况: 1)断路器 N_2 泄漏; 2)断路器 N_2 闭锁; 3)断路器跳闸闭锁; 4)第一组控制回路断线; 5)断路器压力降低禁止重合闸。 (2)其他信号: 1)操作箱上第一组 3 盏 OP 灯灭; 2)N_2 泄漏导致油压上升至 35.5MPa 超 3h 时操作箱上第二组 3 盏 OP 灯也会灭; 3)断路器保护屏上重合闸充电灯灭	(1)光字牌情况: 1)断路器 N_2 泄漏; 2)断路器 N_2 闭锁; 3)断路器跳闸闭锁; 4)第一组控制回路断线; 5)第二组控制回路断线; 6)断路器压力降低禁止重合闸。 (2)其他信号:测控柜上红绿灯均灭

续表

序号	元器件名称编号	原始状态	元器件异动说明	元器件异动后果	元器件异动触发光字牌信号	
					断路器合闸状态	断路器分闸状态
13	N₂泄漏3h后闭锁分闸2继电器K82	正常时失磁，U/t绿灯及R黄灯均灭；通电后U/t绿灯闪亮，到延时设定值后输出动作触点并燃亮R黄灯	当任一相储压筒氮气发生泄漏时，压力立即很快的降至液压系统B1的储能电机启动微动开关1-2接通值（低于32.0MPa时1-2通），此时，储能电机运转接触器K9动作，启动油泵打压的同时K9动合触点43-44闭合，活塞移动到止当管的位置，压力急剧上升，但由于电机储能后打压延时返回继电器K15的延时打压时间是固定的，在3s内，压力极快的上升而超过压力值35.5MPa，B1的N₂泄漏报警微动开关高通触点6-4闭合，使K81、K182相继动作，由K182动合触点13-14沟通N₂泄漏3h后闭锁分闸2继电器K82励磁	K82继电器励磁后即开始计时，直至3h后输出延时触点： (1) 其动断触点16(X3：1)-15断开，使分闸2总闭锁接触器K26失电而复归，分闸2回路闭锁； (2) 通过其动合触点28-25(X1：951-X1：988)沟通测控装置内对应的信号光耦，并发出"断路器N₂闭锁"光字牌	(1) 光字牌情况： 1) 断路器N₂闭锁； 2) 断路器跳闸闭锁； 3) 断路器第二组控制回路断线。 (2) 其他信号： 1) N₂泄漏导致油压上升至35.5MPa时断路器保护屏上重合闸充电灯灭； 2) 操作箱上第二组3盏OP灯灭； 3) N₂泄漏导致油压上升至35.5MPa时； 4) N₂泄漏导致油压上升至35.5MPa超3h时操作箱上第一组3盏OP灯也会灭	(1) 光字牌情况： 1) 断路器N₂闭锁； 2) 断路器跳闸闭锁。 (2) 其他信号： 1) N₂泄漏导致油压上升至35.5MPa超3h时测控柜上红绿灯均灭； 2) N₂泄漏导致油压上升至35.5MPa时
14	漏N₂自保持接触器K182	正常时不励磁，为顶出状态；漏N₂时励磁，为吸入状态	当任一相储压筒氮气发生泄漏时，压力立即很快的降至液压系统B1的储能电机启动微动开关1-2接通值（低于32.0MPa时1-2通），此时，储能电机运转接触器K9动作，启动油泵打压的同时K9动合触点43-44闭合，活塞移动到止当管的位置，压力急剧上升，但由于电机储能后打压延时返回继电器K15的延时打压时间是固定的，在3s内，压力极快的上升而超过压力值35.5MPa，B1的N₂泄漏报警微动开关高通触点6-4闭合，使K81动作，由K81动合触点8-7沟通漏N₂自保持接触器K182励磁	K182继电器励磁后： (1) 其动合触点23-24（X0LA：209-X1：756）闭合，实现K182自保持； (2) 其动合触点13-14沟通N₂泄漏3h后闭锁分闸2继电器K82开始计时； (3) 其动合触点33（X0LA：109)-34闭合沟通K81励磁后由其动断触点断开各相储能电机控制回路及断路器合闸回路； (4) 通过其动合触点43-44（X1：952-X1：986)沟通测控装置内对应的信号光耦，并发出"断路器N₂泄漏"光字牌	(1) 光字牌情况：断路器N₂泄漏。 (2) 其他信号： 1) N₂泄漏导致油压上升至35.5MPa时断路器保护屏上重合闸充电灯灭； 2) N₂泄漏导致油压上升至35.5MPa时	(1) 光字牌情况：断路器N2泄漏。 (2) 其他信号： 1) N₂泄漏导致油压上升至35.5MPa时测控柜上红绿灯均灭； 2) N₂泄漏导致油压上升至35.5MPa时
15	A、B、C相防跳继电器K7LA、K7LB、K7LC	正常时不励磁，为顶出状态；励磁后为吸入状态	断路器合闸后，为防止断路器跳开后却因合闸脉冲又较长时出现多次合闸，厂家设计了一旦断路器合闸到位后，其动合辅助触点闭合，此时只要其合闸回路（不论远控近控）仍存在合闸脉冲，A、B、C相对应的防跳继电器K7LA、K7LB、K7LC接触器励磁并自保持	K7LA、K7LB、K7LC继电器励磁后： (1) 各继电器通过其自身动合触点自保持； (2) 各自继电器内动断触点断开，分别使对应相合闸总闭锁接触器K12LA、K12LB、K12LC失磁，切断对应相合闸回路负电源	无	(1) 光字牌情况： 1) 第一组控制回路断线； 2) 第二组控制回路断线。 (2) 其他信号：测控柜上红绿灯均灭

44

序号	元器件名称编号	原始状态	元器件异动说明	元器件异动后果	元器件异动触发光字牌信号	
					断路器合闸状态	断路器分闸状态
16	A、B、C 相遥合回路防跳继电器 K8LA、K8LB、K8LC	正常时不励磁，为顶出状态；励磁后为吸入状态	断路器合闸后，为防止断路器跳开后却因合闸脉冲又较长时出现多次合闸，厂家设计了一旦断路器合闸到位后，其动合辅助触点闭合，此时只要其合闸回路（不论远控近控）仍存在合闸脉冲，A、B、C 相对应的防跳继电器 K8LA、K8LB、K8LC 接触器励磁	K8LA、K8LD、K8LC 继电励磁后：通过其动断触点 21-22 触点断开，切断各相遥合回路正电源。为避免接入合闸回路的该继电器触点或远控把手触点接线松动导致拒合，一般情况下设计的遥合回路正电源直接跳过此触点回路	无	无
17	第一组就地直合接触器 K76	正常时不励磁，为顶出状态；就地合闸时励磁，为吸入状态，合闸后返回	在"五防"满足的情况下，可以按下就地合闸按钮 S9 沟通第一组就地直合接触器 K76 励磁；规程规定为防止断路器非同期合闸，严禁就地合断路器，故一般就地合断路器只适用于检修或试验时	K76 励磁后，输出 3 对动合触点 13-14（X1：1002-X1：616）、23-24（X1：1006-X01LA：1）、33-34（X1：1010-X04LA：1）分别沟通断路器 A、B、C 相合闸公共回路，实现断路器三相合闸	无	无
18	第一组就地直跳接触器 K77	正常时不励磁，为顶出状态；就地分闸时励磁，为吸入状态，分闸后返回	在"五防"满足的情况下，可以按下就地分闸按钮 S3 沟通第一组就地直跳接触器 K77 励磁；一般规定只有在线路对侧已停电的情况下或检修或试验时方可就地分断路器	K77 励磁后，输出 3 对动合触点 14-13（X1：591-X1：631）、24-23（X1：591-X1：636）、34-33（X1：591-X1：641）分别沟通断路器 A、B、C 相第一组分闸 1 公共回路（不经远方 S8），实现断路器三相分闸	无	无
19	非全相强迫第一组直跳接触器 K61	正常时不励磁，为顶出状态；断路器非全相运行时励磁，为吸入状态，并自保持，直至现场使用 S4 人为复归	断路器发生非全相运行时沟通 K16 继电器励磁并经设定时间延时后，由 K16 动合触点沟通 K61 接触器励磁	K61 励磁后，将输出 5 对动合触点、1 对动断触点：（1）其中 3 对动合触点 14-13（X1：651-X1：631）、24-23（X1：651-X1：636）、34-33（X1：651-X1：641）分别沟通断路器 A、B、C 相分闸 1 公共回路（不经远方 S8），跳开合闸相；（2）其动断触点 61（X5：10）-62 断开，使得合闸总闭锁接触器 K12LA、K12LB、K12LC 失电复归，合闸回路随之闭锁；（3）其动合触点 83-84 闭合实现非全相强迫第一组直跳接触器 K61 自保持；（4）其动合触点 53-54（X1：1030-X1：882）沟通测控装置内对应的信号光耦，并发出"断路器非全相跳闸（机构箱）"光字牌	（1）光字牌情况：1）第一组控制回路断线；2）第二组控制回路断线；3）断路器非全相跳闸（机构箱）；4）断路器压力降低禁止重合闸。（2）其他信号：测控柜上红绿灯均灭	（1）光字牌情况：1）第一组控制回路断线；2）第二组控制回路断线；3）断路器非全相跳闸（机构箱）；4）断路器压力降低禁止重合闸。（2）其他信号：测控柜上红绿灯均灭

序号	元器件名称编号	原始状态	元器件异动说明	元器件异动后果	元器件异动触发光字牌信号	
					断路器合闸状态	断路器分闸状态
20	非全相强迫第二组直跳接触器 K63	正常时不励磁，为顶出状态；断路器非全相运行时励磁，为吸入状态，并自保持，直至现场使用 S4 人为复归	断路器发生非全相运行时沟通 K64 继电器励磁并经设定时间延时后，由 K64 动合触点沟通 K63 接触器励磁	K63 励磁后，将输出 4 对动合触点： （1）其中 3 对动合触点 14-13(X1：751-X1：731)、24-23(X1：751-X1：736)、34-33(X1：751-X1：741) 分别沟通断路器 A、B、C 相分闸 2 公共回路（不经远方 S8），跳开合闸相； （2）其动合触点 83-84 闭合实现非全相强迫第二组直跳接触器 K63 自保持； （3）其动合触点 53-54（X1：1031-X1：982）沟通测控装置内对应的信号光耦，并发出"断路器非全相跳闸（机构箱）"光字牌	（1）光字牌情况：断路器非全相跳闸（机构箱）； （2）其他信号：非全相时测控柜上红绿灯均灭（误碰该接触器使断路器跳闸后测控柜上绿灯会亮）	（1）光字牌情况：断路器非全相跳闸（机构箱）； （2）其他信号：非全相时测控柜上红绿灯均灭（误碰该接触器使断路器跳闸后测控柜上绿灯会亮）
21	非全相启动第一组直跳时间继电器 K16	正常时不励磁，U/t 绿灯及 R 黄灯均灭；断路器非全相运行时励磁，U/t 绿灯闪亮，达到设定时间定值时 R 黄灯亮；机构箱非全相跳闸后返回并自灭 R 黄灯	断路器发生非全相运行时，将沟通 K16 时间继电器励磁	K16 励磁并经设定时间延时后输出 1 对动合触点沟通非全相强迫第一组直跳接触器 K61 励磁，由 K61 提供 3 对动合触点沟通各相断路器第一组跳闸线圈跳闸，并由 K61 的 1 对动合触点发出"断路器非全相跳闸"光字牌	（1）光字牌情况： 1）第一组控制回路断线； 2）第二组控制回路断线； 3）断路器非全相跳闸（机构箱）； 4）断路器压力降低禁止重合闸。 （2）其他信号：非全相时测控柜上红绿灯均灭	（1）光字牌情况： 1）第一组控制回路断线； 2）第二组控制回路断线； 3）断路器非全相跳闸（机构箱）； 4）断路器压力降低禁止重合闸。 （2）其他信号：非全相时测控柜上红绿灯均灭
22	非全相启动第二组直跳时间继电器 K64	正常时不励磁，U/t 绿灯及 R 黄灯均灭；断路器非全相运行时励磁，U/t 绿灯闪亮，达到设定时间定值时 R 黄灯亮；机构箱非全相跳闸后返回并自灭 R 黄灯	断路器发生非全相运行时，将沟通 K64 时间继电器励磁	K64 励磁并经设定时间延时后输出 1 对动合触点沟通非全相强迫第二组直跳接触器 K63 励磁，由 K63 提供 3 对动合触点沟通各相断路器第二组跳闸线圈跳闸，并由 K63 的 1 对动合触点发出"断路器非全相跳闸"光字牌	（1）光字牌情况：断路器非全相跳闸（机构箱）； （2）其他信号：非全相时测控柜上红绿灯均灭	（1）光字牌情况：断路器非全相跳闸（机构箱）； （2）其他信号：非全相时测控柜上红绿灯均灭

序号	元器件名称编号	原始状态	元器件异动说明	元器件异动后果	元器件异动触发光字牌信号	
					断路器合闸状态	断路器分闸状态
23	虚拟继电器 K7	无	无	若其动断触点 9-7 外引线松脱或虚接，会使合闸总闭锁接触器 K12LA、K12LB、K12LC 失磁，切断合闸回路	无	无
24	储能电机打压超时继电器（3min）K67LA、K67LB、K67LC（并不是所有断路器均有该功能继电器）	正常时失磁，U/t 绿灯及 R 黄灯均灭，储能电机打压时 U/t 绿灯闪亮，当打压超 3min 延时设定值后输出动作触点燃亮 R 黄灯并切断储能电机 K9 控制回路	当任一相储压筒油压降至 32.0MPa 时，该相液压系统 B1 的储能电机启动微动开关 2-1 接通，沟通该相电机储能后打压延时返回继电器 K15 继电器励磁后，由该相 K15 的 18-15 动合触点沟通该相储能电机打压超时继电器 K67 励磁并开始计时	某相 K67 继电器励磁后，将输出 1 对延时动合触点，1 对延时动断触点：（1）其延时动断触点 16-15（A 相对应 X1：528；B 相对应 X0LA：20 或 X01LB：22；C 相对应 X0LA：20 或 X04LC：22）切断该相储能电机运转接触器 K9 回路，使 K9 接触器失磁，电机停止打压；（2）其延时动合动触点 28-25（A 相对应 X1：880-X1：881；B 相对 X0LA：68-X0LA：69 或外电缆 X02LA：10-X02LA：11；C 相对应 X0LA：68-X0LA：69 或外电缆 X05LA10-X05LA：11）沟通测控装置内对应的信号光耦，并发出"电机打压超时"光字牌	光字牌情况：电机打压超时	光字牌情况：机打压超时
25	电机储能后打压延时返回继电器 K15LA、K15LB、K15LC	正常时 U/t 绿灯亮，继电器不励磁；液压系统 B1 的储能电机启动低通触点 1-2 接通时励磁，R 黄灯亮，当 B1 低通触点 1-2 返回并延时 3s 后 R 黄灯灭	当任一相储压筒油压降至 32.0MPa 时，该相液压系统 B1 的储能电机启动微动开关 1-2 接通，沟通该相电机储能后打压延时返回继电器 K15 继电器励磁	某相 K15 继电器励磁后，其延时返回动合触点沟通所在相的储能电机运转接触器 K9 励磁，使储能电机打压储能（即储能电机运转打压至 32.0MPa 后，储压筒内 B1 储能电机启动微动开关低通触点 2-1 返回切断 K15 励磁回路，但其延时返回动合触点 18-15 仍能保持 3s 接通状态，使储能电机继续运转打压 3s）	无	无

序号	元器件名称编号	原始状态	元器件异动说明	元器件异动后果	元器件异动触发光字牌信号	
					断路器合闸状态	断路器分闸状态
26	储能电机运转接触器 K9LA、K9LB、K9LC	正常时不励磁，为顶出状态；储能电机运转时为吸入状态	当任一相储压筒油压降至 32.0MPa 时，该相液压系统 B1 的储能电机启动微动开关 1-2 接通，沟通该相电机储能后打压延时返回继电器 K15 继电器励磁，该相 K15 动作后，由其延时返回动合触点 18-15 沟通该相 K9 励磁	某相 K9 接触器励磁后，共输出 6 对动合触点： (1) 其动合触点 13-14，33-34，53-54（即 F1 的 2、4、6，电机 U、V、W）分别接入储能电机交流 A、B、C 相动力电源回路，驱使储能电机打压； (2) 其动合触点 43（A 相对应 X0LA：109；B 相对应 X0LA：14 或外电缆 X01LA：8；C 相对应 X0LA：14 或外电缆 X04LA：8)-44 串接入漏 N_2 闭锁合闸继电器 K81 启动回路，用于储能电机运转打压且油压极快上升至 35.5MPa 时启动 K81 励磁用； (3) 其动合触点 73-74 接入储能电机打压计数回路，用于储能电机计数； (4) 其动合触点 83-84（A 相对应 X1：890-X1：891；B 相对应 X1：896-X1：897；C 相对应 X1：900-X1：901）沟通测控装置内对应的信号光耦，并发出"断路器电机运转"光字牌	光字牌情况：断路器电机运转	光字牌情况：断路器电机运转
27	断路器分合计数器 P1LA、P1LC、P1LC	正常时不励磁，断路器位置突变时进行一次＋1 计数	不管断路器是合闸还是分闸，在断路器到位前，其滑动触头均会短时闭合，沟通断路器分合计数器励磁进行一次＋1 计数，当断路器分合到位后，该对短时闭合的滑动触头已提前断开，实现了断路器分闸次数的准确计数	无	无	无
28	储能电机打压计数器 P4LA、P4LC、P4LC	正常时不励磁，储能电机运转接触器 K9 动作时进行一次＋1 计数	储能电机运转接触器 K9 励磁时，沟通储能电机打压计数器进行一次＋1 计数	无	无	无
29	储能电机电源空开 F1（3个）	合上	空开跳开后，将发出"断路器机构箱电机及加热器电源消失"光字牌	若不及时复位，将可能引起无法保持合适的油压	光字牌情况：断路器机构箱电机及加热器电源消失	光字牌情况：断路器机构箱电机及加热器电源消失

序号	元器件名称编号	原始状态	元器件异动说明	元器件异动后果	元器件异动触发光字牌信号	
					断路器合闸状态	断路器分闸状态
30	加热器电源空开F3(1个)	合上	空开跳开后,将发出"断路器机构箱电机及加热器电源消失"光字牌	在气候潮湿情况下,有可能引起一些对环境要求较高的元器件绝缘降低,如敏感度较高的SF₆压力微动开关触点极易因绝缘降低而导致控制I/控制II直流互串	光字牌情况:断路器机构箱电机及加热器电源消失	光字牌情况:断路器机构箱电机及加热器电源消失
31	漏N₂/非全相复位转换开关S4	0位置	无	(1) N₂发生时K81、K14、K12LA、K12LB、K12LC继电器复位用; (2) 非全相直跳接触器复位用	无	无
32	远方/就地转换开关S8	远方位置	无	无	(1) 光字牌情况: 1) 第一组控制回路断线; 2) 第二组控制回路断线。 (2) 其他信号: 1) 测控柜上红绿灯均灭; 2) 操作箱上两组6盏OP灯均灭	(1) 光字牌情况: 1) 第一组控制回路断线; 2) 第二组控制回路断线。 (2) 其他信号:测控柜上红绿灯均灭
33	就地分闸按钮S3	无	无	无	无	无
34	就地合闸按钮S9	无	无	无	无	无

第二节　德国西门子公司 3AT2-EI 型 500kV 高压断路器二次回路辨识

一、二次回路功能模块化分解原理图

1. 合闸回路原理接线图

德国西门子公司 3AT2-EI 型 500kV 高压断路器合闸回路 1 原理接线图如图 2-23 和图 2-24 所示。

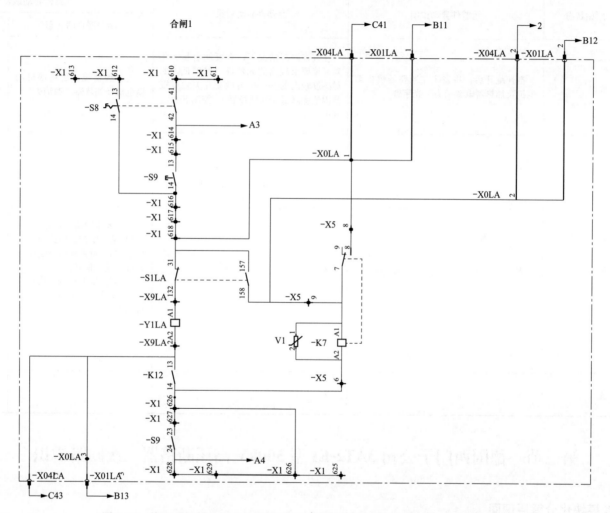

图 2-23　德国西门子公司 3AT2-EI 型 500kV 高压断路器合闸回路 1 原理接线图 1

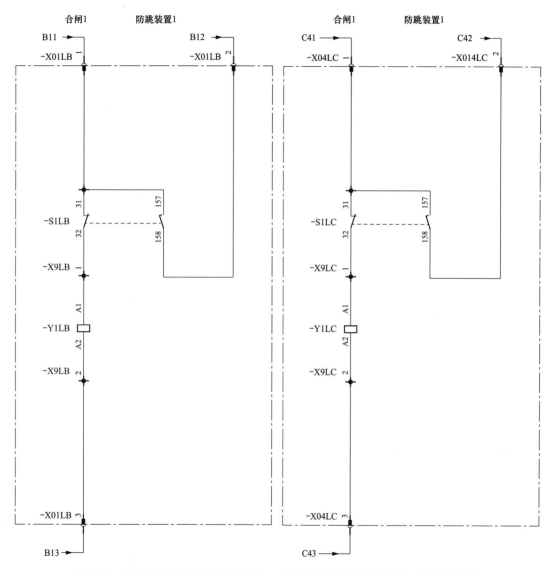

图 2-24　德国西门子公司 3AT2-EI 型 500kV 高压断路器合闸回路 1 原理接线图 2

2. 分闸回路1原理接线图

德国西门子公司 3AT2-EI 型 500kV 高压断路器分闸回路 1 原理接线图如图 2-25 和图 2-26 所示。

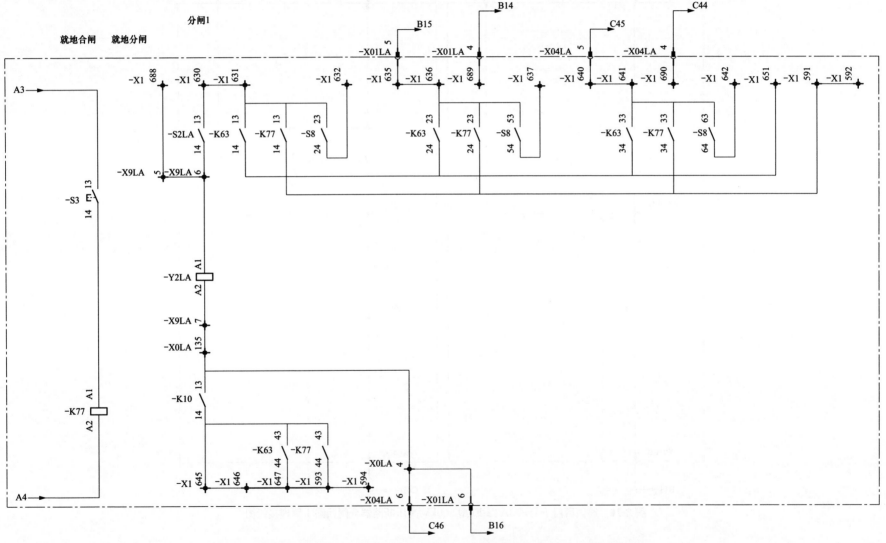

图 2-25　德国西门子公司 3AT2-EI 型 500kV 高压断路器分闸回路 1 原理接线图 1

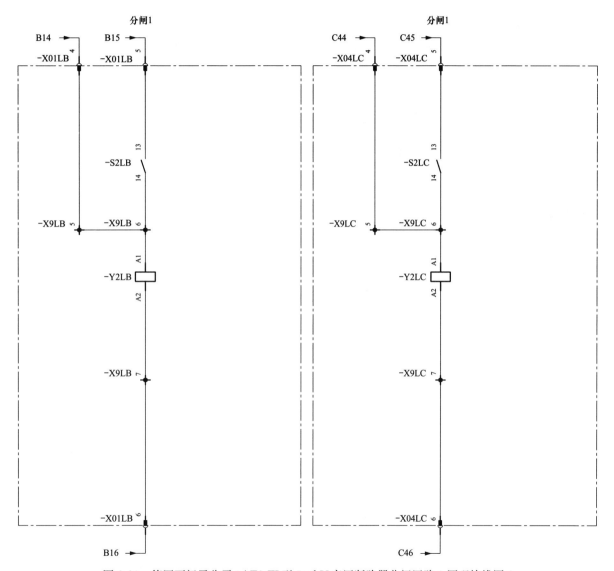

图 2-26　德国西门子公司 3AT2-EI 型 500kV 高压断路器分闸回路 1 原理接线图 2

3. 分闸回路 2 原理接线图

德国西门子公司 3AT2-EI 型 500kV 高压断路器分闸回路 2 原理接线图如图 2-27 和图 2-28 所示。

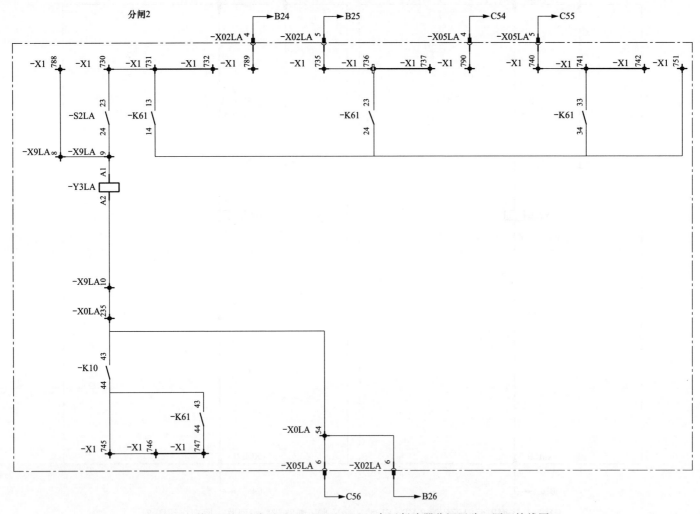

图 2-27　德国西门子公司 3AT2-EI 型 500kV 高压断路器分闸回路 2 原理接线图 1

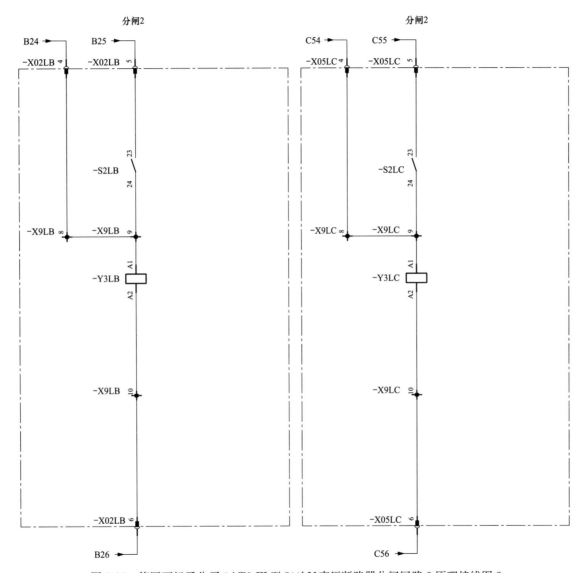

图 2-28　德国西门子公司 3AT2-EI 型 500kV 高压断路器分闸回路 2 原理接线图 2

4. 非全相分闸回路原理接线图

德国西门子公司 3AT2-EI 型 500kV 高压断路器非全相保护回路 1 及计数器回路原理接线图如图 2-29 和图 2-30 所示。

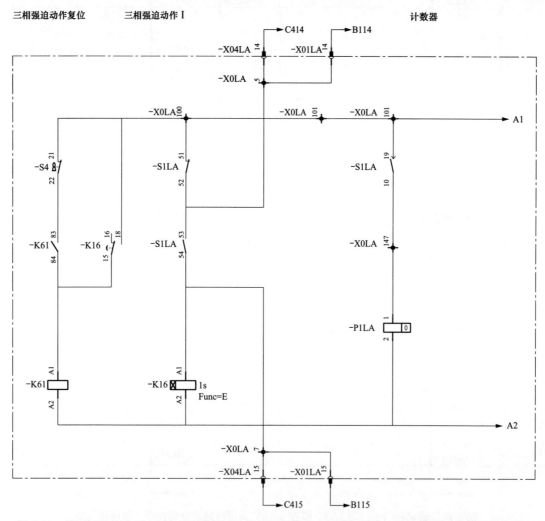

图 2-29　德国西门子公司 3AT2-EI 型 500kV 高压断路器非全相保护回路 1 及计数器回路原理接线图 1

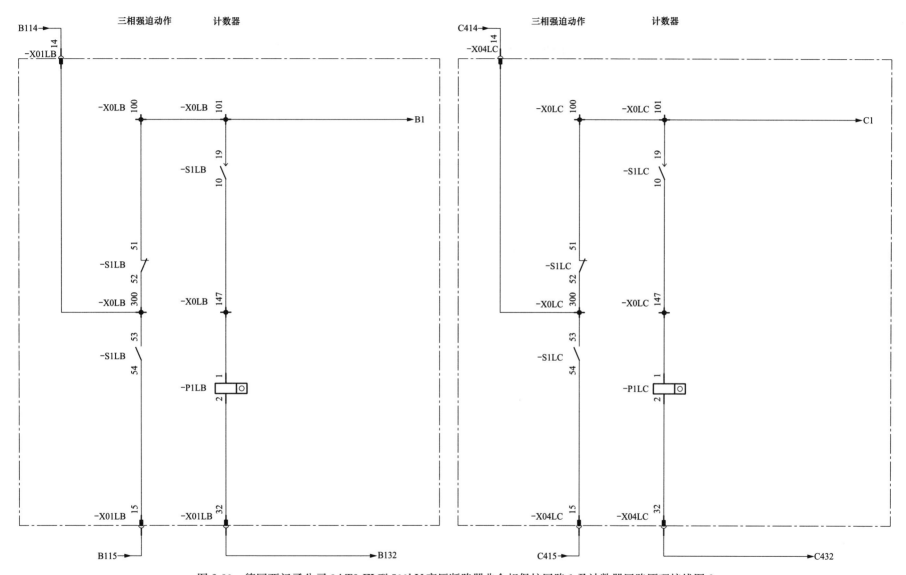

图 2-30　德国西门子公司 3AT2-EI 型 500kV 高压断路器非全相保护回路 1 及计数器回路原理接线图 2

5. 闭锁继电器回路原理接线图

德国西门子公司 3AT2-EI 型 500kV 高压断路器闭锁继电器回路原理接线图如图 2-31 和图 2-32 所示。

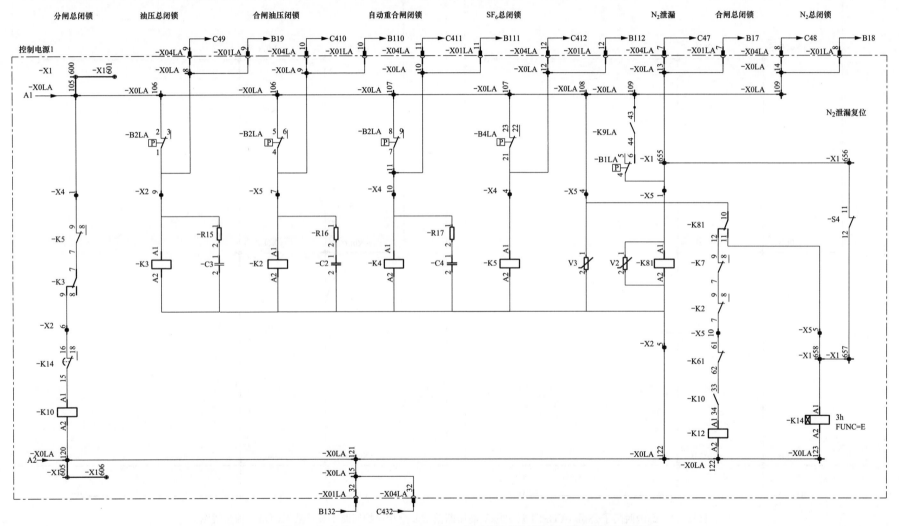

图 2-31　德国西门子公司 3AT2-EI 型 500kV 高压断路器闭锁继电器回路原理接线图 1

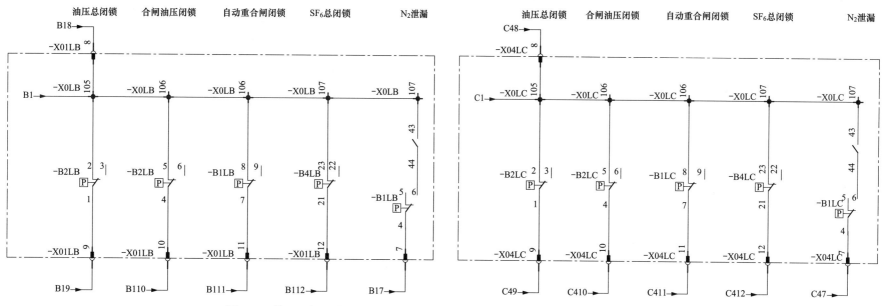

图 2-32　德国西门子公司 3AT2-EI 型 500kV 高压断路器闭锁继电器回路原理接线图 2

6. 储能电机控制回路原理接线图

德国西门子公司 3AT2-EI 型 500kV 高压断路器储能电机控制回路原理接线图如图 2-33 所示。

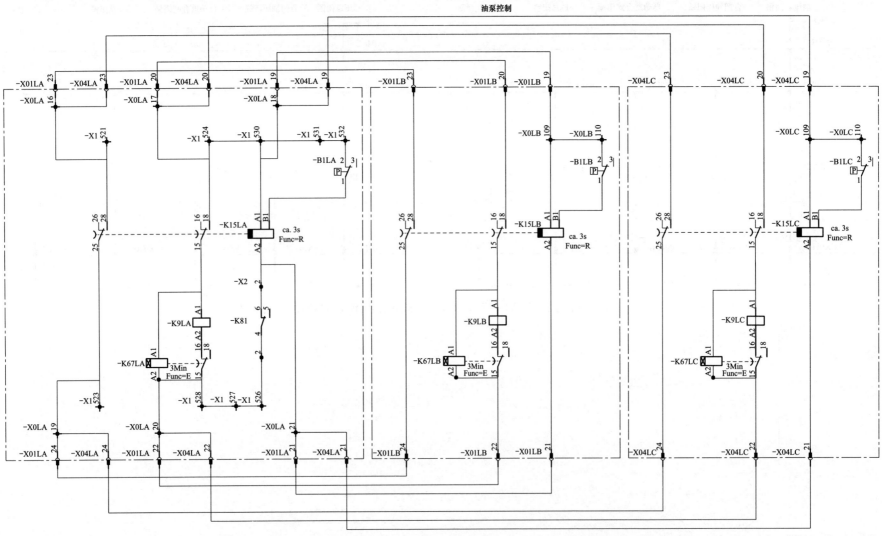

图 2-33　德国西门子公司 3AT2-EI 型 500kV 高压断路器储能电机控制回路原理接线图

7. 储能电机动力回路原理接线图

德国西门子公司 3AT2-EI 型 500kV 高压断路器储能电机动力回路原理接线图如图 2-34 所示。

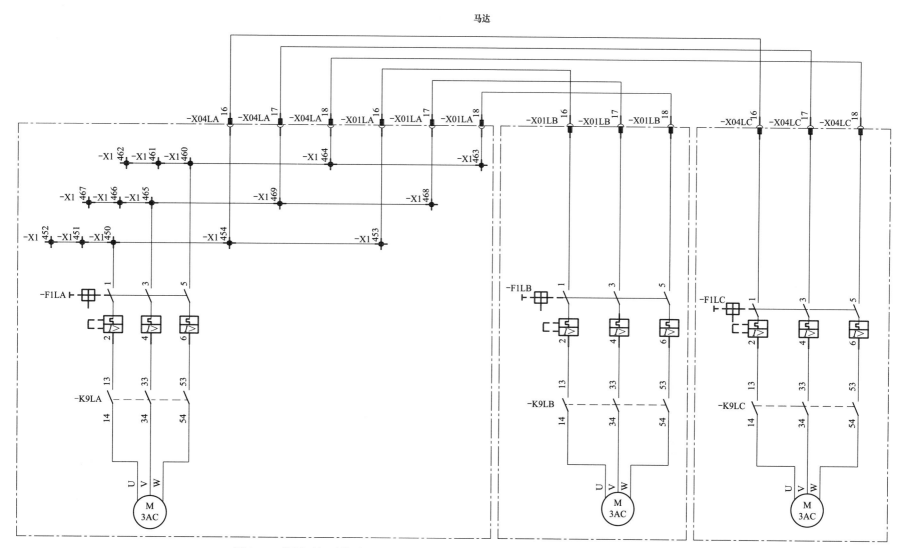

图 2-34　德国西门子公司 3AT2-EI 型 500kV 高压断路器储能电机动力回路原理接线图

8. 信号回路原理接线图

德国西门子公司 3AT2-EI 型 500kV 高压断路器信号回路原理接线图如图 2-35~图 2-37 所示。

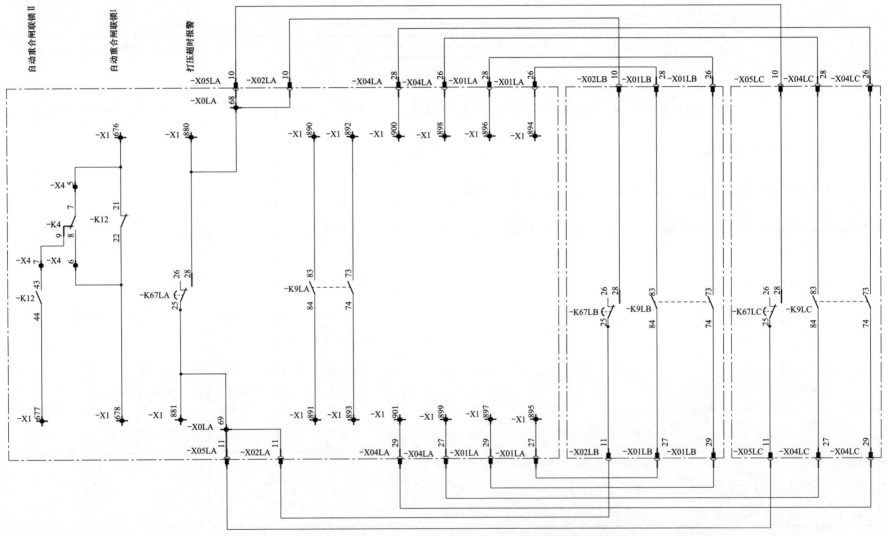

图 2-35　德国西门子公司 3AT2-EI 型 500kV 高压断路器信号回路原理接线图 1

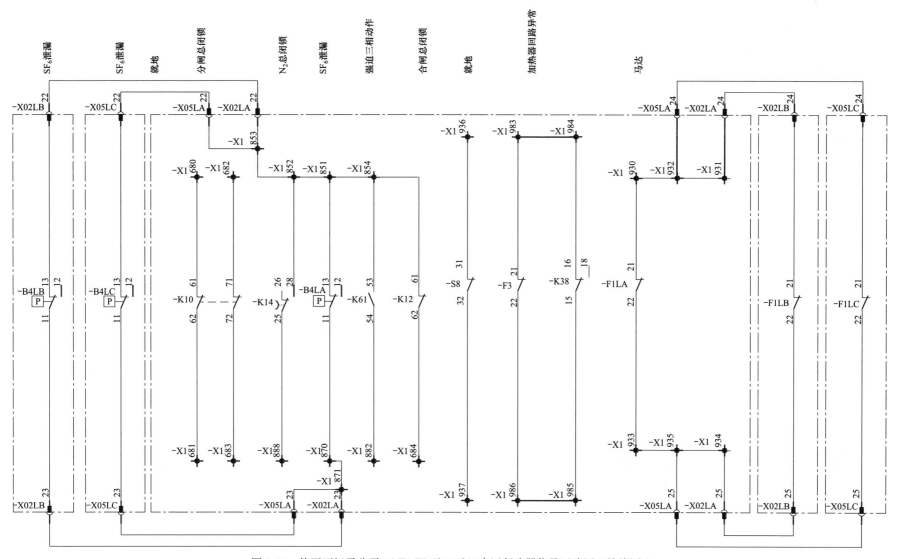

图 2-36　德国西门子公司 3AT2-EI 型 500kV 高压断路器信号回路原理接线图 2

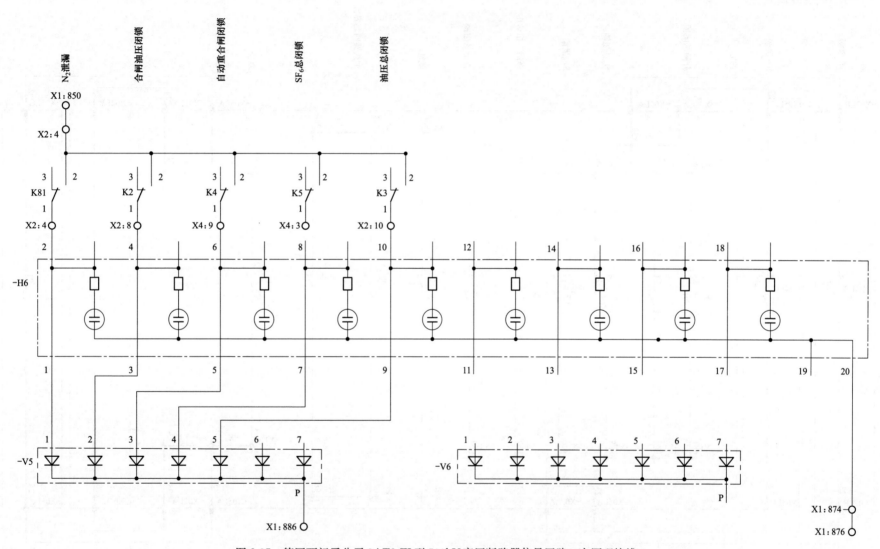

图 2-37　德国西门子公司 3AT2-EI 型 500kV 高压断路器信号回路二次原理接线 3

9. 加热器回路原理接线图

德国西门子公司 3AT2-EI 型 500kV 高压断路器加热器回路原理接线图如图 2-38 所示。

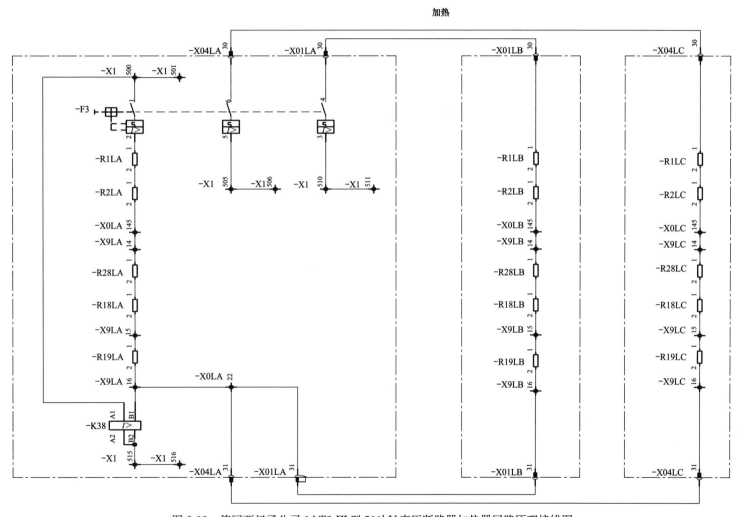

图 2-38　德国西门子公司 3AT2-EI 型 500kV 高压断路器加热器回路原理接线图

10. 指示灯回路原理接线图

德国西门子公司 3AT2-EI 型 500kV 高压断路器指示灯回路原理接线图如图 2-39 所示。

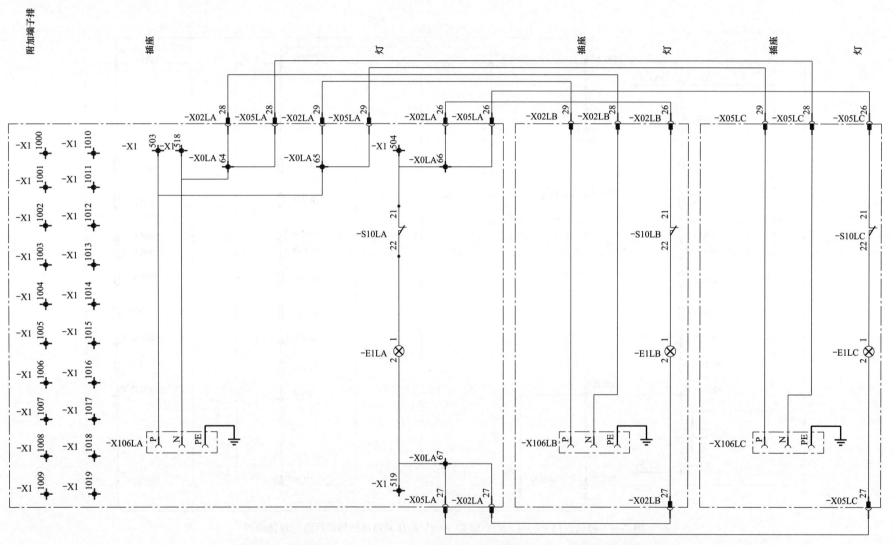

图 2-39　德国西门子公司 3AT2-EI 型 500kV 高压断路器指示灯回路原理接线图

二、断路器二次回路功能模块化分解辨识

断路器二次回路功能模块化分解辨识如表 2-3 所示。

表 2-3 　　　　　　　　　　　　　　　　　　　　　　　　　　　断路器二次回路功能模块化分解辨识

序号	模块名称	模块分解辨识
1	合闸公共回路	对应相断路器动断辅助触点 S1 的 31-32(A 相对应 X1：618-X9LA：1；B 相对应 X0LA：1-X9LB：1；C 相对应 X0LA：1-X9LC：1)→对应相合闸线圈 Y1 的 A1-A2(A 相对应 X9LA：1-X9LA：2/X0LA：3；B 相对应 X0LA：3-X9LB：2；C 相对应 X09LA：3-X9LC：2)→三相合闸总闭锁接触器 K12 动合触点 13-14(X0LA：3-X1：626)→控制Ⅰ负电源（K102/X1：626）
2	分闸 1 公共回路	对应相断路器动断辅助触点 S2 的 13-14(A 相对应 X1：630-X9LA：6/X1：688；B 相对应 X1：635-X9LB：6/X1：689；C 相对应 X1：640-X9LC：6/X1：690)→对应相分闸线圈 Y2 的 A1-A2(A 相对应 X9LA：6/X1：688-X9LA：7/X0LA：135；B 相对应 X9LB：6/X1：689-X9LB：7/X0LA：4；C 相对应 X9LC：6/X1：690-X9LC：7/X0LA：4)→三相分闸总闭锁接触器 K10 动合触点 13-14→控制Ⅰ负电源（K102/X1：645）
3	分闸 2 公共回路	对应相断路器动断辅助触点 S2 的 23-24(A 相对应 X1：730-X9LA：9/X1：788；B 相对应 X1：735-X9LB：9/X1：789；C 相对应 X1：740-X9LC：9/X1：790)→对应相分闸线圈 Y3 的 A1-A2(A 相对应 X9LA：9/X1：788-X0LA：235；B 相对应 X9LB：9/X1：789-X9LB：10/X0LA：54；C 相对应 X9LC：9/X1：790-X9LC：10//X0LA：54)→三相分闸总闭锁接触器 K10 动合触点 43-44→控制Ⅱ负电源（K202/X1：745）
4	远方合闸回路	控制Ⅰ正电源 K101→操作箱手合继电器或重合闸重动继电器动合触点→远方合闸回路（7/X1：613）→远方/就地把手 S8 的远方位置触点 13-14(X1：612-X1：616)→合闸公共回路
5	合闸就地回路	控制Ⅰ正电源 K101→YBJ 五防电编码锁 1-2→A 相机构箱（K101S/X1：610）→远方/就地把手 S8 就地位置触点 41-42(X1：610-X1：614)→S9 就地三相合闸按钮 13-14(X1：615-X1：616)→合闸公共回路
6	远方分闸 1 回路	控制Ⅰ正电源 K101→操作箱内对应相手跳继电器的动合触点或操作箱内永跳继电器（一般由线路保护Ⅰ三跳-永跳出口经三跳压板或线路保护Ⅰ沟三出口经沟三压板或线路保护Ⅰ收到远跳令经收信跳压板或辅助保护上失灵保护出口经失灵跳断路器Ⅰ组压板或母差出口经跳断路器Ⅰ组压板后启动）的动合触点或本线保护Ⅰ分相跳闸出口经分相跳闸Ⅰ压板→远方分闸 1 回路（A 相对应回路为 137A/X1：632；B 相对应回路为 137B/X1：637；C 相对应回路为 137C/X1：642）→远方/就地把手 S8 的三对远方触点［A 相对应触点为 24-23(X1：632-X1：631/X1：630)；B 相对应触点为 54-53(X1：637-X1：635)；C 相对应触点为 64-63(X1：642-X1：640)］→分闸 1 公共回路
7	非全相分闸 1 回路	控制Ⅰ正电源（K101/X1：651）→第一组非全相直跳接触器 K63 的三对动合触点［A 相对应触点为 14-13(X1：651-X1：630)；B 相对应触点为 24-23(X1：651-X1：635)；C 相对应触点为 34-33(X1：651-X1：640)］→分闸 1 公共回路
8	就地三相分闸启动回路	控制Ⅰ正电源 K101→YBJ 五防电编码锁 1-2→A 相机构箱（K1011S/X1：610）→远方/就地把手 S8 就地位置触点 41-42(X1：610-X1：614)→S3 就地三相分闸按钮 13-14→第一组就地直跳接触器 K77 的 A1-A2→控制Ⅰ负电源（A 相机构箱 K102/X1：626）
9	分闸就地回路	控制Ⅰ正电源（K101/X1：591）→第一组就地直跳接触器 K77 的三对动合触点［A 相对应触点为 14-13(X1：591-X1：631/X1：630)；B 相对应触点为 24-23(X1：591-X1：636/X1：635)；C 相对应触点为 34-33(X1：591-X1：641/X1：640)］→分闸 1 公共回路
10	远方分闸 2 回路	控制Ⅱ正电源 K201→操作箱内对应相手跳继电器的动合触点或操作箱内永跳继电器（一般由线路保护Ⅱ三跳-永跳出口经三跳压板或线路保护Ⅱ沟三出口经沟三压板后或线路保护Ⅱ收到远跳令经收信跳压板或辅助保护上失灵保护出口经失灵跳断路器Ⅱ组压板或母差出口经跳断路器Ⅱ组压板后启动）的动合触点或本线保护Ⅱ分相跳闸出口经分相跳闸Ⅱ压板→A 相远方分闸 2 回路（A 相对应回路为 237A/X1：732；B 相对应回路为 237B/X1：737；C 相对应回路为 237C/X1：742）→分闸 2 公共回路

序号	模块名称	模块分解辨识
11	非全相分闸 2 回路	控制Ⅱ正电源（K201/X1：751）→第二组非全相直跳接触器 K61 的三对动合触点［A 相对应触点为 14-13(X1：751-X1：730)；B 相对应触点为 24-23(X1：751-X1：735)；C 相对应触点为 34-33(X1：751-X1：740)］→分闸 2 公共回路

三、二次回路元器件辨识及其异动说明

二次回路元器件辨识及其异动说明如表 2-4 所示。

表 2-4　　　　　　　　　　　　　　二次回路元器件辨识及其异动说明

序号	元器件名称编号	原始状态	元器件异动说明	元器件异动后果	元器件异动触发光字牌信号	
					断路器合闸状态	断路器分闸状态
1	分闸总闭锁接触器 K10	正常时励磁，为吸入状态；失磁后为顶出状态	当发生诸如断路器机构箱内任一相液压系统油压下降至 26.3MPa（此时 K3 励磁，其触点 7-9 断开）或断路器本体内任一相 SF₆ 气体压力降至 0.5MPa 时（此时 K5 励磁，其触点 9-7 断开）或任一相储能筒氮气发生泄漏发出报警达 3h（当发生 N₂ 泄漏时，将引起储能电机打压，此时 K81、K14 通电动作，K14 动断触点 16-15 延时 3h 后断开）时，均会使得分闸总闭锁接触器 K10 失电而复归	K10 接触器复归后： (1) 其动合触点 13-14（X0LA：135-X1：645）、动合触点 43-44（X0LA：235-X1：745）断开分别使分闸 1 回路、分闸 2 回路闭锁； (2) 其动合触点 33-34 断开使合闸总闭锁接触器 K12 失电复归； (3) 通过其动断触点 61-62（X1：680-X1：681）沟通测控装置内对应的信号光耦，并发出"断路器分合闸闭锁"光字牌	(1) 光字牌情况： 1) 第一组控制回路断线； 2) 第二组控制回路断线； 3) 断路器分合闸闭锁； 4) 断路器合闸闭锁； 5) 自动重合闸闭锁。 (2) 其他信号： 1) 操作箱上两组 6 盏 OP 灯灭； 2) 测控柜上红绿灯均灭； 3) 断路器保护屏上重合闸充电灯灭	光字牌情况： (1) 断路器分合闸闭锁； (2) 断路器合闸闭锁； (3) 自动重合闸闭锁
2	合闸总闭锁接触器 K12	正常时励磁，为吸入状态；失磁后为顶出状态	当发生诸如断路器机构箱内任一相储压筒氮气发生泄漏引起储能电机打压至 35.5MPa（此时 K81 通电动作，K81 动断触点 10-12 断开）或任一相液压系统油压下降至 27.8MPa（此时 K2 励磁，其触点 9-7 断开）或断路器非全相运行时（此时 K16、K61、K63 励磁，K61 动断触点 61-62 断开）或断路器本体内任一相 SF₆ 气体压力降至 0.5MPa 时（此时 K5 励磁并引起 K10 复归，K10 动合触点 33-34 断开）时，均会使得合闸总闭锁接触器 K12 失电而复归	K12 接触器复归后： (1) 其动合触点 13-14（X0LA：3-X1：626）断开各相合闸回路负电源，使断路器无法合闸； (2) 其动断触点 21-22（X1：676-2'/X1：678）开入保护自动重合闸联锁Ⅰ回路； (3) 通过其动断触点 31-32（X1：854-X1：684）沟通测控装置内对应的信号光耦，并发出"断路器合闸闭锁"光字牌	(1) 光字牌情况： 1) 断路器合闸闭锁； 2) 自动重合闸闭锁。 (2) 其他信号：断路器保护屏上重合闸充电灯灭	光字牌情况： (1) 断路器合闸闭锁； (2) 自动重合闸闭锁

序号	元器件名称编号	原始状态	元器件异动说明	元器件异动后果	元器件异动触发光字牌信号	
					断路器合闸状态	断路器分闸状态
3	油压低合闸闭锁继电器 K2	正常时不励磁,触点上顶;动作后触点下压	由于某种原因,当断路器机构箱内任一相液压系统油压下降至 27.8MPa 时,B2 的油压低合闸闭锁微动开关 5-4 触点通,使得油压低合闸闭锁继电器 K2 励磁	K2 励磁后:(1) 其动断触点 9-7 断开,使合闸总闭锁接触器 K12 失磁,切断各相合闸回路负电源;(2) 其动合触点 2-1(X1:850-X2:8) 沟通测控装置内对应的信号光耦,并发出 "N₂ 泄漏及各种闭锁" 光字牌	(1) 光字牌情况:1) N₂ 泄漏及各种闭锁;2) 自动重合闸闭锁;(2) 其他信号:断路器保护屏上重合闸充电灯灭	光字牌情况:(1) 断路器 N₂ 泄漏及各种闭锁;(2) 断路器合闸闭锁;(3) 自动重合闸闭锁
4	油压低总闭锁继电器 K3	正常时不励磁,触点上顶;动作后触点下压	由于某种原因,当断路器机构箱内任一相液压系统油压下降至 26.3MPa 时,B2 的油压低总闭锁微动开关低通触点 2-1 通,使得油压低总闭锁继电器 K3 励磁	K3 励磁后:(1) 其动断触点 7-9 断开,使分闸总闭锁接触器 K10 失磁,切断分闸 1 及分闸 2 回路;同时由于 K10 失磁,K10 的 33-34 动合触点断开,使得合闸总闭锁接触器 K12 失磁,其动合触点切断合闸回路负电源;(2) 其动合触点 2-1(X1:850-X2:10) 沟通测控装置内对应的信号光耦,并发出 "N₂ 泄漏及各种闭锁" 光字牌	(1) 光字牌情况:1) 第一组控制回路断线;2) 第二组控制回路断线;3) 断路器分合闸闭锁;4) 断路器合闸闭锁;5) N₂ 泄漏及各种闭锁;6) 自动重合闸闭锁。(2) 其他信号:1) 操作箱上两组 6 盏 OP 灯灭;2) 断路器保护屏上重合闸充电灯灭	光字牌情况:(1) 断路器分合闸闭锁;(2) 断路器合闸闭锁;(3) 断路器 N₂ 泄漏及各种闭锁;(4) 自动重合闸闭锁
5	SF₆ 低总闭锁继电器 K5	正常时不励磁,触点上顶;动作后触点下压	当任一相断路器本体内 SF₆ 气体发生泄漏,压力降至 0.5MPa 时,SF₆ 密度继电器 B4 低通触点 23-21 通,使 SF₆ 低总闭锁继电器 K5 励磁	K5 励磁后:(1) 其动断触点 9-7 断开,使分闸总闭锁接触器 K10 失磁,切断分闸 1 及分闸 2 回路;同时由于 K10 失磁,K10 的 33-34 动合触点断开,使得合闸总闭锁接触器 K12 失磁,切断合闸回路负电源;(2) 其动合触点 2-1(X1:850-X4:3) 沟通测控装置内对应的信号光耦,并发出 "N₂ 泄漏及各种闭锁" 光字牌	(1) 光字牌情况:1) 第一组控制回路断线;2) 第二组控制回路断线;3) 断路器分合闸闭锁;4) 断路器合闸闭锁;5) N₂ 泄漏及各种闭锁;6) 自动重合闸闭锁。(2) 其他信号:1) 操作箱上两组 6 盏 OP 灯灭;2) 断路器保护屏上重合闸充电灯灭	光字牌情况:(1) 断路器分合闸闭锁;(2) 断路器合闸闭锁;(3) 断路器 N₂ 泄漏及各种闭锁;(4) 自动重合闸闭锁
6	SF₆ 低报警微动断路器 B4	动合压力触点	当断路器机构箱内任一相 SF₆ 压力低于 SF₆ 低气压报警接通值 0.52MPa 时,B4 微动开关低通触点 13-11 触点通,沟通测控装置对应的信号光耦	当断路器机构箱内任一相 SF₆ 密度继电器 B4 的压力低于 SF₆ 泄漏告警接通值 0.52MPa 时,B4 的 SF₆ 低报警微动开关 13-11 触点通,经测控装置对应信号光耦直接发出 "断路器 SF₆ 气压降低" 光字牌	光字牌情况:断路器 SF₆ 泄漏	光字牌情况:断路器 SF₆ 泄漏

序号	元器件名称编号	原始状态	元器件异动说明	元器件异动后果	元器件异动触发光字牌信号	
					断路器合闸状态	断路器分闸状态
7	油压低重合闸闭锁继电器K4	正常时不励磁,触点上顶;动作后触点下压	由于某种原因,当断路器机构箱内任一相液压系统油压下降至30.8MPa时,B1的重合闸闭锁微动开关低通触点8-7通,使得油压低重合闸闭锁继电器K4励磁	K4励磁后,其动合触点7-8(X1:676-X4:6)开入保护自动重合闸联锁I回路	光字牌情况:自动重合闸闭锁。其他信号:断路器保护屏上重合闸充电灯灭	光字牌情况:(1)断路器N₂泄漏及各种闭锁;(2)自动重合闸闭锁
8	漏N₂闭锁合闸继电器K81	正常时不励磁,触点上顶;动作后触点下压	当任一相储压筒氮气发生泄漏时,压力立即很快的降至液压系统B1的储能电机启动微动开关1-2接通值(低于32.0MPa时1-2通),此时,储能电机运转接触器K9动作,启动油泵打压的同时K9动合触点43-44闭合,活塞移动到止当管的位置,压力急剧上升,但由于电机储能后打压延时返回继电器K15的延时打压时间是固定的,在3s内,压力极快的上升而超过压力值35.5MPa,B1的N₂泄漏报警微动开关高通触点6-4闭合,沟通漏N₂闭锁合闸继电器K81励磁	K81继电器励磁后:(1)其动断触点10(X5:4)-12断开,使合闸总闭锁接触器K12失电而复归,合闸回路闭锁;(2)其动合触点10-11(X5:4-X5:5)闭合,实现K81自保持,并启动N₂泄漏3h后闭锁分闸继电器K14开始计时;(3)其动断触点6-4(X2:2-X5:2)断开,切断断路器各相储能电机控制回路(即对应相储能电机控制K15继电器回路——A相对应K15LA断器回路、B相对应K15LB继电器回路、C相对应K15LC继电器回路);(4)通过其动合触点2-1(X1:850-X2:1)沟通测控装置内对应的信号光耦,并发出"N₂泄漏及各种闭锁"光字牌	(1)光字牌情况:1)N₂泄漏及各种闭锁;2)断路器合闸闭锁;3)自动重合闸闭锁。(2)其他信号:断路器保护屏上重合闸充电灯灭	光字牌情况:(1)断路器合闸闭锁;(2)N₂泄漏及各种闭锁;(3)自动重合闸闭锁
9	N₂泄漏3h后闭锁分闸继电器K14	正常时失磁,继电器黄灯及触点黄灯均灭,漏N₂后继电器黄灯亮,当达到延时设定值后输出动作触点并点亮触点黄灯	当任一相储压筒氮气发生泄漏时,压力立即很快的降至液压系统B1的储能电机启动微动开关1-2接通值(低于32.0MPa时1-2通),此时,储能电机运转接触器K9动作,启动油泵打压的同时K9动合触点43-44闭合,活塞移动到止当管的位置,压力急剧上升,但由于电机储能后打压延时返回继电器K15的延时打压时间是固定的,在3s内,压力极快的上升而超过压力值35.5MPa,B1的N₂泄漏报警微动开关高通触点6-4闭合,沟通N₂泄漏3h后闭锁分闸继电器K14励磁	K14继电器励磁后即开始计时,直至3h后输出延时触点:(1)其动断触点16(X2:6)-15断开,使分闸总闭锁接触器K10失电而复归,分闸1及分闸2回路闭锁,K10失电后,其动合触点断开使得合闸总闭锁接触器K12失电复归,合闸回路随之闭锁;(2)通过其动合触点28-25(X1:852-X1:888)沟通测控装置内对应的信号光耦,并发出"断路器N₂总闭锁"光字牌	(1)光字牌情况:1)N₂泄漏及各种闭锁;2)断路器N₂总闭锁;3)断路器分合闸闭锁;4)断路器合闸闭锁;5)第一组控制回路断线;6)第二组控制回路断线;7)自动重合闸闭锁。(2)其他信号:1)断路器保护屏上重合闸充电灯灭;2)操作箱上两组6盏OP灯灭;3)测控柜上红绿灯均灭	光字牌情况:(1)N₂泄漏及各种闭锁;(2)断路器N₂闭锁;(3)断路器分合闸闭锁;(4)断路器合闸闭锁;(5)自动重合闸闭锁

序号	元器件名称编号	原始状态	元器件异动说明	元器件异动后果	元器件异动触发光字牌信号	
					断路器合闸状态	断路器分闸状态
10	"N$_2$泄漏及各种闭锁"信号指示灯发生器H6的二极管集成保护盒V5	正常时不导通,当K81、K2、K4、K5、K3继电器中任一继电器动作后,均会使对应的二极管导通并使得测控装置内"N$_2$泄漏及各种闭锁"信号光耦动作	当任一相储压筒氮气发生泄漏导致储能电机启动打压并快速达到漏N$_2$报警压力值35.5MPa使得漏N$_2$闭锁合闸继电器K81动作时或任一相储压筒油压低至27.8MPa后使得油压低合闸闭锁继电器K2动作时或任一相储压筒油压低至30.8MPa后使得油压低重合闸闭锁继电器K4动作时或任一相断路器本体SF$_6$压力低总低至0.5MPa后使得SF$_6$低总闭锁继电器K5动作时或任一相储压筒油压低至26.3MPa后使得油压低总闭锁继电器K2动作时,均会使V5内与相应动作继电器对应的动合触点相连的二极管导通后沟通测控装置内对应的信号光耦	当K81、K2、K4、K5、K3继电器中任一继电器励磁后,均会使V5内与相应动作继电器对应的动合触点相连的二极管导通后沟通测控装置内对应的信号光耦并发出"N$_2$泄漏及各种闭锁"光字牌,当然一定还会有由动作继电器动作造成的其他光字信号及后果	光字牌情况:N$_2$泄漏及各种闭锁	光字牌情况:N$_2$泄漏及各种闭锁
11	信号指示灯发生器H6	5盏有接线的信号指示灯从左到右分别对应K81、K2、K4、K5、K3动作,正常时灭	虽然其信号指示灯一端对应并接于相应的"N$_2$泄漏及各种闭锁"二极管集成保护盒端子上,当K81、K2、K4、K5、K3中任一继电器动作后对应的信号指示灯也会获得正电源,但由于信号指示灯发生器H6的另一公共端X1:876/X1:874未接入遥信负电源,故不管任何情况下均不会有信号指示灯点亮的情况发生	无	无	无
12	防跳继电器K7	正常时不励磁,为顶出状态;励磁后为吸入状态	断路器合闸后,为防止断路器跳开后却因合闸脉冲又较长时出现多次合闸,厂家设计了一旦断路器合闸到位后,其动合辅助触点闭合,此时只要其合闸回路(不论远控近控)仍存在合闸脉冲,K7继电器励磁并通过其动合触点自保持	K7继电器励磁后: (1)通过其动合触点的8-7触点自保持; (2)其动断触点9-7断开,使合闸总闭锁接触器K12失磁,切断各相合闸回路负电源	无	(1)光字牌情况: 1)第一组控制回路断线; 2)第二组控制回路断线; 3)断路器合闸闭锁; 4)自动重合闸闭锁。 (2)其他信号:测控柜上红绿灯均灭
13	第一组就地直跳接触器K77	正常时不励磁,为顶出状态;就地分闸时励磁,为吸入状态,分闸后返回	在"五防"满足的情况下,可以按下就地分闸按钮S3沟通第一组就地直跳接触器K77励磁;一般规定只有在线路对侧已停电的情况下或检修或试验时方可就地分断路器	K77励磁后,输出3对动合触点14-13(X1:591-X1:631),24-23(X1:591-X1:636),34-33(X1:591-X1:641)分别沟通断路器A、B、C相第一组分闸1公共回路(不经远方S8),实现断路器三相分闸	无	无

续表

序号	元器件名称编号	原始状态	元器件异动说明	元器件异动后果	元器件异动触发光字牌信号	
					断路器合闸状态	断路器分闸状态
14	非全相自保持及强迫第二组直跳接触器 K61	正常时不励磁，为顶出状态；断路器非全相运行时励磁，为吸入状态，并自保持，直至现场使用 S4 人为复归	断路器发生非全相运行时沟通 K16 继电器励磁并经设定时间延时后，由 K16 动合触点沟通 K61 接触器励磁	K61 励磁后，将输出 5 对动合触点-1 对动断触点： （1）其中 3 对动合触点 14-13（X1：751-X1：731）、24-23（X1：751-X1：736）、34-33(X1：751-X1：741)分别沟通断路器 A、B、C 相分闸 2 公共回路（不经远方 S8），跳开合闸相； （2）其动断触点 61(X5：10)-62 断开，使得合闸总闭锁接触器 K12 失电复归，合闸回路随之闭锁； （3）其动合触点 83-84 闭合实现非全相强迫第二组直跳接触器 K61 自保持，并沟通非全相强迫第一组直跳接触器 K63 励磁； （4）其动合触点 53-54（X1：854-X1：882）沟通测控装置内对应的信号光耦，并发出"断路器强迫三相动作"光字牌	（1）光字牌情况： 1）断路器强迫三相动作； 2）断路器合闸闭锁； 3）自动重合闸闭锁； 4）第一组控制回路断线； 5）第二组控制回路断线。 （2）其他信号：测控柜上红绿灯均灭	光字牌情况： （1）断路器强迫三相动作； （2）断路器合闸闭锁； （3）自动重合闸闭锁
15	非全相强迫第一组直跳接触器 K63	正常时不励磁，为顶出状态；断路器非全相运行时励磁，为吸入状态，并自保持，直至现场使用 S4 人为复归	断路器发生非全相运行时沟通 K161 继电器励磁并经设定时间延时后，由 K16 动合触点沟通 K63 接触器励磁	K63 励磁后，将输出 3 对动合触点 14-13(X1：651-X1：631)、24-23（X1：651-X1：636），34-33（X1：651-X1：641）分别沟通断路器 A、B、C 相分闸 1 公共回路（不经远方 S8），跳开合闸相	（1）光字牌情况： 1）断路器强迫三相动作； 2）断路器合闸闭锁； 3）自动重合闸闭锁； 4）第一组控制回路断线； 5）第二组控制回路断线；（光字牌清闪后只剩 1）、2）、3）光字牌）。 （2）其他信号：非全相时测控柜上红绿灯均灭（误碰该接触器使断路器跳闸后测控柜上绿灯会亮）	光字牌情况： （1）断路器强迫三相动作； （2）断路器合闸总闭锁； （3）自动重合闸闭锁

序号	元器件名称编号	原始状态	元器件异动说明	元器件异动后果	元器件异动触发光字牌信号	
					断路器合闸状态	断路器分闸状态
16	非全相启动直跳时间继电器 K16	正常时不励磁；断路器非全相运行时励磁，继电器黄灯亮，到延时设定值后输出动作触点并点亮触点黄灯，非全相跳闸后继电器黄灯及触点黄灯均灭	断路器发生非全相运行时，将沟通 K16 时间继电器励磁	K16 励磁并经设定时间延时后输出 1 对动合触点沟通非全相强迫第一组直跳接触器 K63 及非全相强迫第二组直跳接触器 K61 励磁，并通过 K63、K61 各提供 3 对动合触点分别去沟通各相断路器第一、二组跳闸线圈跳闸，K61 动作后还提供 1 对动合触点发出"断路器强迫三相动作"光字牌	（1）光字牌情况： 1）断路器强迫三相动作； 2）断路器合闸闭锁； 3）自动重合闸闭锁； 4）第一组控制回路断线； 5）第二组控制回路断线； （光字牌清闪后只剩 1）、2）、3）、光字牌）。 （2）其他信号：非全相时测控柜上红绿灯均灭	光字牌情况： （1）断路器强迫三相动作； （2）断路器合闸总闭锁； （3）自动重合闸闭锁
17	储能电机打压超时继电器（3min）K67LA、K67LB、K67LC	正常时继电器黄灯及触点黄灯均灭，继电器处于不励磁状态；储能电机打压时继电器黄灯亮，当打压超 3min 时其触点黄灯也亮，并切断储能电机 K9 控制回路	当任一相储压筒油压降至 32.0MPa 时，该相液压系统 B1 的储能电机启动微动开关 2-1 接通，沟通该相电机储能后打压延时返回继电器 K15 励磁后，由该相 K15 的 18-15 动合触点沟通该相储能电机打压超时继电器 K67 励磁并开始计时	某相 K67 继电器励磁后，将输出 1 对延时动合触点，1 对延时动断触点： （1）延时动断触点 16-15（A 相对应 X1：528；B 相对应 X0LA：20 或 X01LB：22；C 相对应 X0LA：20 或 X04LC：22）切断该相储能电机运转接触器 K9 回路，使 K9 接触器失磁，电机停止打压； （2）延时动合动触点 28-25（A 相对应 X1：880-X1：881；B 相对应 X0LA：68-X0LA：69 或外电缆 X02LA：10-X02LA：11；C 相对应 X0LA：68-X0LA：69 或外电缆 X05LA：10-X05LA：11）沟通测控装置内对应的信号光耦，并发出"电机打压超时"光字牌	光字牌情况：电机打压超时	光字牌情况：电机打压超时
18	电机储能后打压延时返回继电器 K15LA、K15LB、K15LC	正常时继电器黄灯常亮，触点黄灯灭，继电器处于不励磁状态；液压系统压力开关 B1 的储能电机启动低通触点 2-1 接通时励磁，此时触点黄灯也亮，当 B1 低通触点 2-1 返回并延时 3s 后触点黄灯灭	当任一相储压筒油压降至 32.0MPa 时，该相液压系统 B1 的储能电机启动微动开关 1-2 接通，沟通该相电机储能后打压延时返回继电器 K15 励磁	某相 K15 继电器励磁后，其延时返回动合触点沟通所在相的储能电机运转接触器 K9 励磁，使储能电机打压储能（即储能电机运转打压至 32.0MPa 后，储压筒内 B1 储能电机启动微动开关低通触点 2-1 返回切断 K15 励磁回路，但其延时返回动合触点 18-15 仍能保持 3s 接通状态，使储能电机继续运转打压 3s）	光字牌情况：断路器电机运转	光字牌情况：断路器电机运转

序号	元器件名称编号	原始状态	元器件异动说明	元器件异动后果	元器件异动触发光字牌信号	
					断路器合闸状态	断路器分闸状态
19	储能电机运转接触器 K9LA、K9LB、K9LC	正常时不励磁，为顶出状态；储能电机运转时为吸入状态	当任一相储压筒油压降至 32.0MPa 时，该相液压系统 B1 的储能电机启动微动开关 2-1 接通，沟通该相电机储能后打压延时返回继电器 K15 励磁，该相 K15 动作后，由其延时返回动合触点 18-15 沟通该相 K9 励磁	某相 K9 接触器励磁后，共输出 5 对动合触点： （1）其动合触点 13-14、33-34、53-54（对应 F1 的 2、4、6 及电机 U、V、W）分别接入储能电机交流 A、B、C 相动力电源回路，驱使储能电机打压； （2）其动合触点 43（A 相对应 X0LA：109；B 相对应 X0LA：14 或外电缆 X01LA：8；C 相对应 X0LA：14 或外电缆 X04LA：8）-44 串接入漏 N₂ 闭锁合闸继电器 K81 启动回路，用于储能电机运转打压且油压极快上升至 35.5MPa 时启动 K81 励磁用； （3）其动合触点 83-84（A 相对应 X1：890-X1：891；B 相对应 X1：896-X1：897；C 相对应 X1：900-X1：901）沟通测控装置内对应的信号光耦，并发出"断路器电机运转"光字牌	光字牌情况：断路器电机运转	光字牌情况：断路器电机运转
20	加热器电源异常监视继电器 K38	正常时励磁，继电器绿灯亮，触点红灯亮；加热器电源空开 F3 断开后仍励磁，只有当 F3 的上一级电源 A 相断电后，不励磁，红绿灯均灭	无	加热器电源空开 F3 的上一级电源 A 相断电后，通过 K38 的动断触点 16-15（X1：984-X1：985）沟通测控装置内对应的信号光耦，并发出"断路器加热器电源消失"光字牌；在气候潮湿情况下，有可能引起一些对环境要求较高的元器件绝缘降低，如敏感度较高的 SF₆ 压力微动开关触点	光字牌情况：断路器加热器电源消失	光字牌情况：断路器加热器电源消失
21	储能电机电源空开 F1(3个)	合上	无	空开跳开后，通过储能电机电源空开 F1LA 的 21-22（X1：930-X1：933），F1LB 的 21-22（X1：931-X1：934），F1LC 的 21-22（X1：932-X1：935）沟通测控装置内对应的信号光耦，并发出"电机回路空气开关跳开"光字牌。若不及时复位，将可能无法保持合适的油压	光字牌情况：断路器打压电源消失	光字牌情况：断路器打压电源消失

序号	元器件名称编号	原始状态	元器件异动说明	元器件异动后果	元器件异动触发光字牌信号	
					断路器合闸状态	断路器分闸状态
22	加热器电源空开 F3(1 个)	合上	无	空开跳开后，通过加热器电源空开 F3 的 21-22（X1：983-X1：986）沟通测控装置内对应的信号光耦，并发出"断路器加热器电源消失"光字牌；在气候潮湿情况下，有可能引起一些对环境要求较高的元器件绝缘降低，如 SF$_6$ 密度继电器	光字牌情况：断路器加热器电源消失	光字牌情况：断路器加热器电源消失
23	漏 N$_2$/非全相复位转换开关 S4	0 位置	非全相直跳接触器复位用	（1）漏 N$_2$ 发生时 K81、K14、K12 继电器复位用；（2）非全相直跳接触器复位用	无	无
24	远方/就地转换开关 S8	远方位置	无	无	（1）光字牌情况：1) 第一组控制回路断线；2) 报文：断路器就地控制（机构箱）。（2）其他信号：操作箱上第一组 3 盏 OP 灯灭	光字牌情况：断路器就地控制（机构箱）
25	就地分闸按钮 S3	无	无	无	无	无
26	就地合闸按钮 S9	无	无	无	无	无

第三节　北京 ABB 公司 HPL550B2 型 500kV 高压断路器（落地中控箱布置 1）二次回路辨识

一、二次回路功能模块化分解原理图

1. 合闸回路原理接线图

北京 ABB 公司 HPL550B2 型 500kV 高压断路器（落地中控箱布置 1）合闸回路原理接线图如图 2-40 所示。

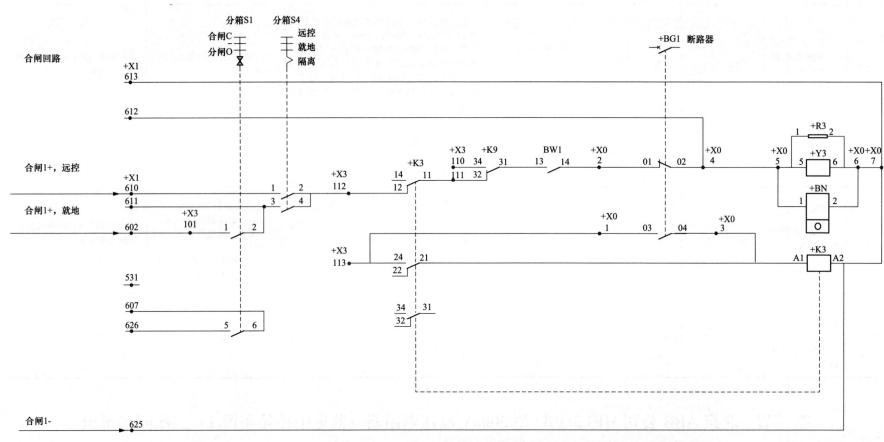

图 2-40　北京 ABB 公司 HPL550B2 型 500kV 高压断路器（落地中控箱布置 1）合闸回路原理接线图

2. 分闸回路 1 原理接线图

北京 ABB 公司 HPL550B2 型 500kV 高压断路器（落地中控箱布置 1）分闸回路 1 原理接线图如图 2-41 所示。

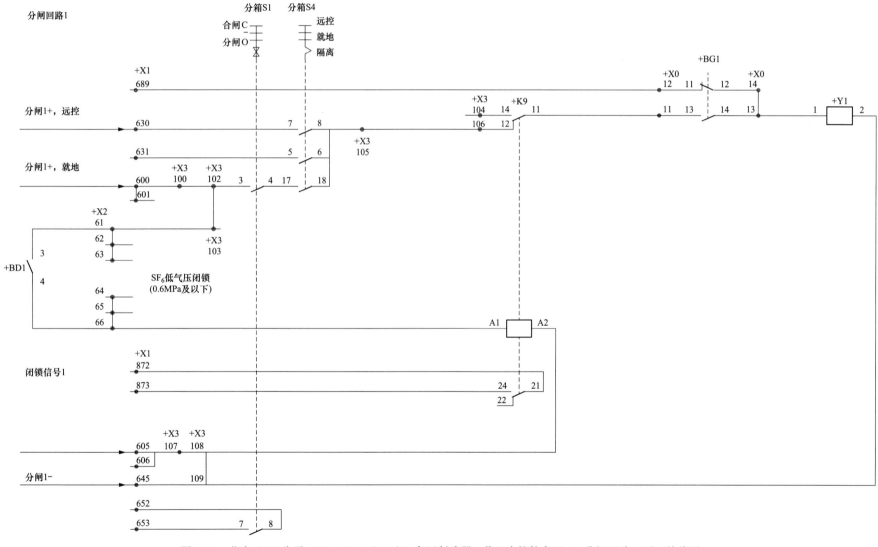

图 2-41　北京 ABB 公司 HPL550B2 型 500kV 高压断路器（落地中控箱布置 1）分闸回路 1 原理接线图

3. 分闸回路 2 原理接线图

北京 ABB 公司 HPL550B2 型 500kV 高压断路器（落地中控箱布置 1）分闸回路 2 原理接线图如图 2-42 所示。

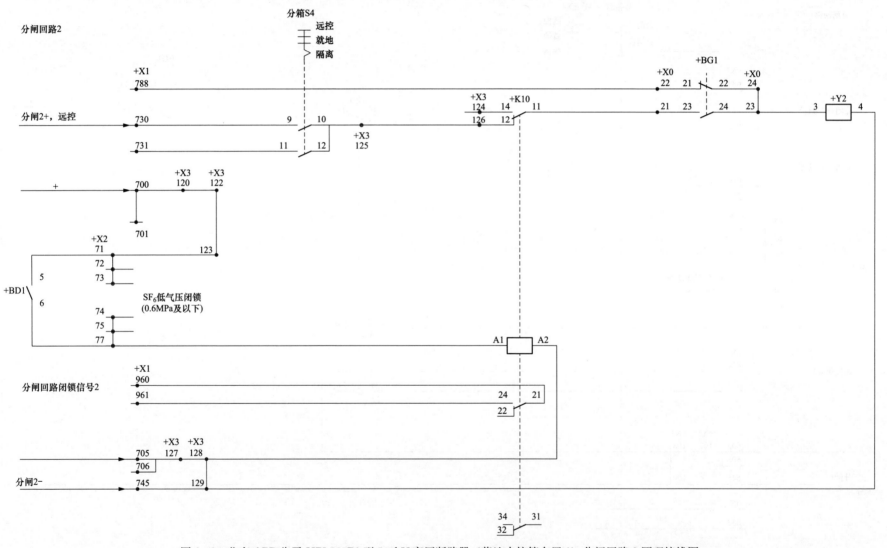

图 2-42　北京 ABB 公司 HPL550B2 型 500kV 高压断路器（落地中控箱布置 1）分闸回路 2 原理接线图

4. 信号回路原理接线图

北京 ABB 公司 HPL550B2 型 500kV 高压断路器（落地中控箱布置 1）信号回路原理接线图如图 2-43 所示。

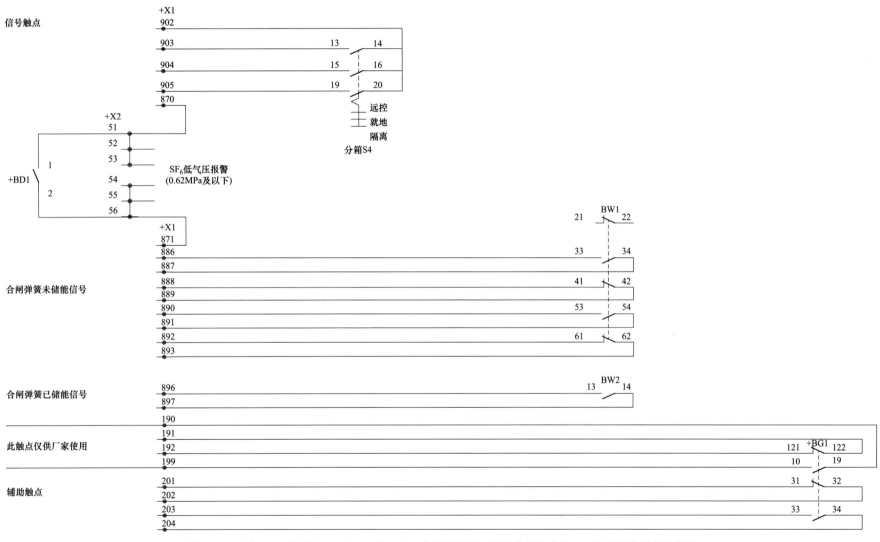

图 2-43　北京 ABB 公司 HPL550B2 型 500kV 高压断路器（落地中控箱布置 1）信号回路原理接线图

5. 辅助触点及分合闸指示灯回路原理接线图

北京 ABB 公司 HPL550B2 型 500kV 高压断路器（落地中控箱布置 1）辅助触点及分合闸指示灯回路原理接线图如图 2-44 所示。

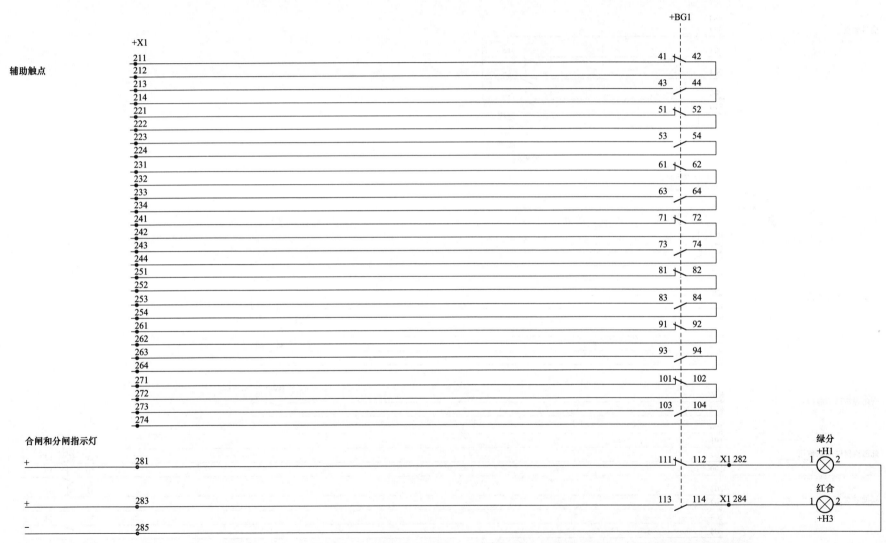

图 2-44　北京 ABB 公司 HPL550B2 型 500kV 高压断路器（落地中控箱布置 1）辅助触点及分合闸指示灯回路原理接线图

6. 辅助触点信号回路原理接线图

北京 ABB 公司 HPL550B2 型 500kV 高压断路器（落地中控箱布置 1）辅助触点信号回路原理接线图如图 2-45 所示。

图 2-45　北京 ABB 公司 HPL550B2 型 500kV 高压断路器（落地中控箱布置 1）辅助触点信号回路原理接线图

7. 储能电机及加热器回路原理接线图

北京 ABB 公司 HPL550B2 型 500kV 高压断路器（落地中控箱布置 1）储能电机及加热器回路原理接线图如图 2-46 所示。

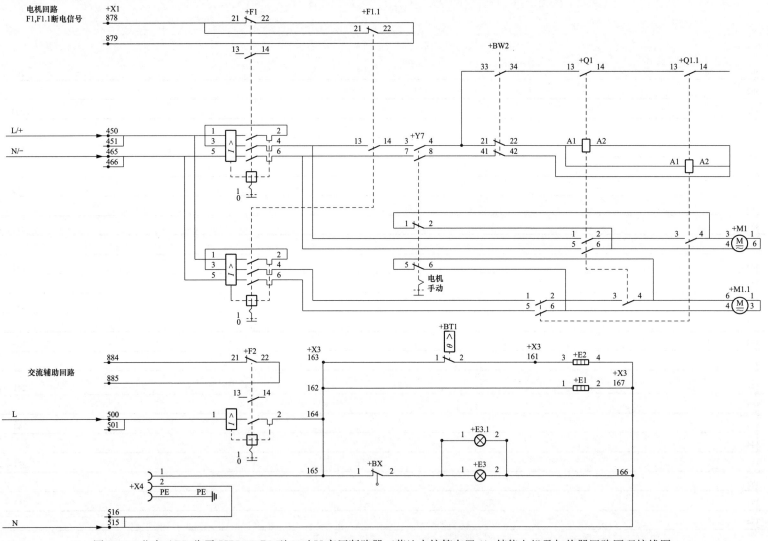

图 2-46　北京 ABB 公司 HPL550B2 型 500kV 高压断路器（落地中控箱布置 1）储能电机及加热器回路原理接线图

8. 分控箱端子排图

北京 ABB 公司 HPL550B2 型 500kV 高压断路器（落地中控箱布置 1）分控箱端子排图如图 2-47 所示。

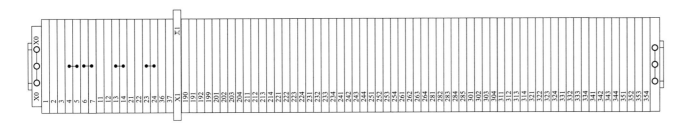

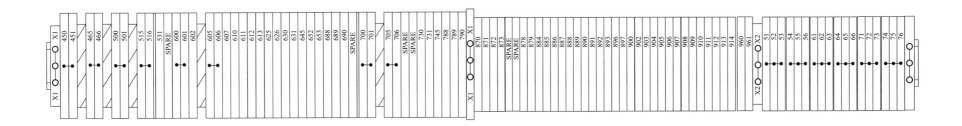

图 2-47 北京 ABB 公司 HPL550B2 型 500kV 高压断路器（落地中控箱布置 1）分控箱端子排图

9. 中控箱合闸回路及非全相保护 1 启动回路接线图

北京 ABB 公司 HPL550B2 型 500kV 高压断路器（落地中控箱布置 1）中控箱合闸回路及非全相保护 1 启动回路接线图如图 2-48 所示。

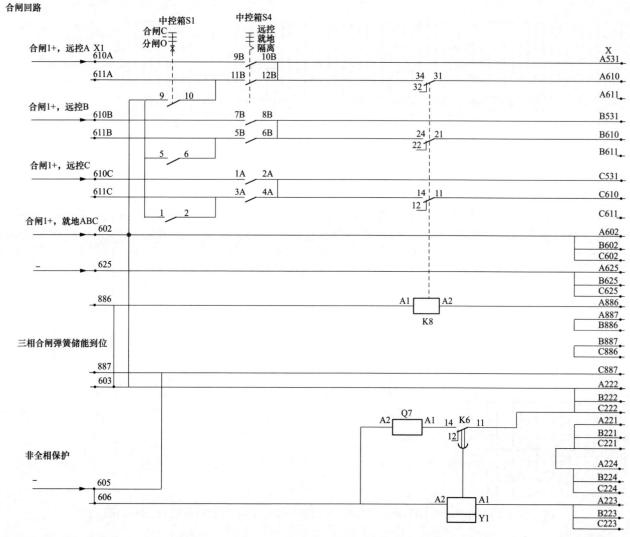

图 2-48　北京 ABB 公司 HPL550B2 型 500kV 高压断路器（落地中控箱布置 1）中控箱合闸回路及非全相保护 1 启动回路接线图

10. 中控箱分闸 1 及非全相信号 1 回路、SF₆ 低气压闭锁信号回路接线图

北京 ABB 公司 HPL550B2 型 500kV 高压断路器（落地中控箱布置1）中控箱分闸1及非全相信号1回路、SF₆低气压闭锁信号回路接线图如图 2-49 所示。

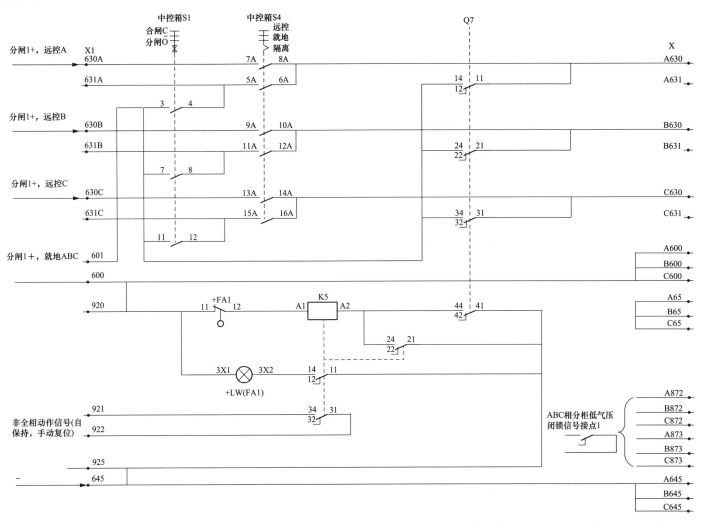

图 2-49　北京 ABB 公司 HPL550B2 型 500kV 高压断路器（落地中控箱布置1）中控箱分闸1及非全相信号1回路、SF₆低气压闭锁信号回路接线图

85

11. 中控箱分闸回路 2 及非全相保护 2 回路接线图

北京 ABB 公司 HPL550B2 型 500kV 高压断路器（落地中控箱布置 1）中控箱分闸回路 2 及非全相保护 2 回路接线图如图 2-50 所示。

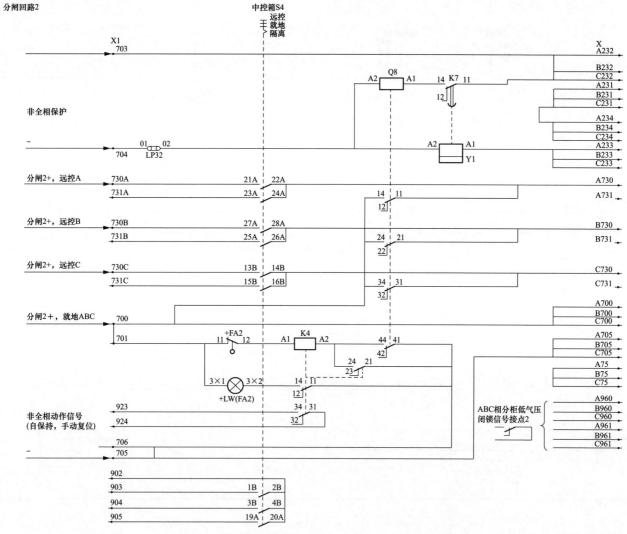

图 2-50　北京 ABB 公司 HPL550B2 型 500kV 高压断路器（落地中控箱布置 1）中控箱分闸回路 2 及非全相保护 2 回路接线图

12. 分控箱经中控箱汇总的信号回路图

北京 ABB 公司 HPL550B2 型 500kV 高压断路器（落地中控箱布置 1）分控箱经中控箱汇总的信号回路图如图 2-51 所示。

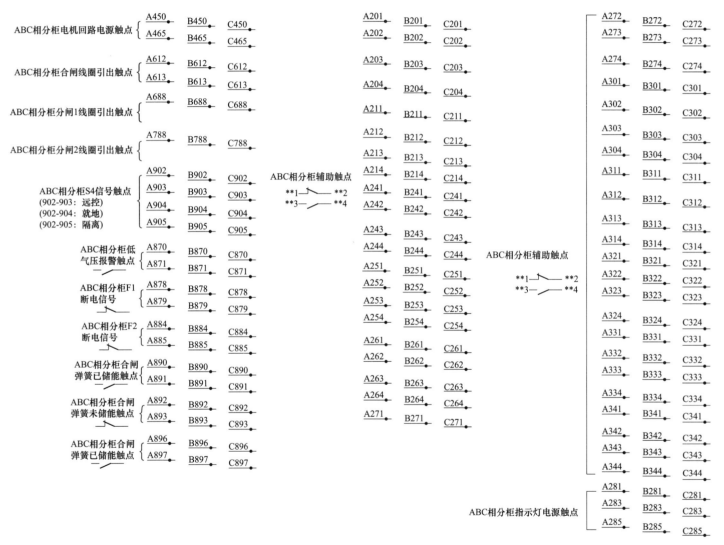

图 2-51　北京 ABB 公司 HPL550B2 型 500kV 高压断路器（落地中控箱布置 1）分控箱经中控箱汇总的信号回路图

13. 中控箱端子排图

北京 ABB 公司 HPL550B2 型 500kV 高压断路器（落地中控箱布置 1）中控箱端子排图如图 2-52 所示。

接线端子排列图(竖直安装)(上)

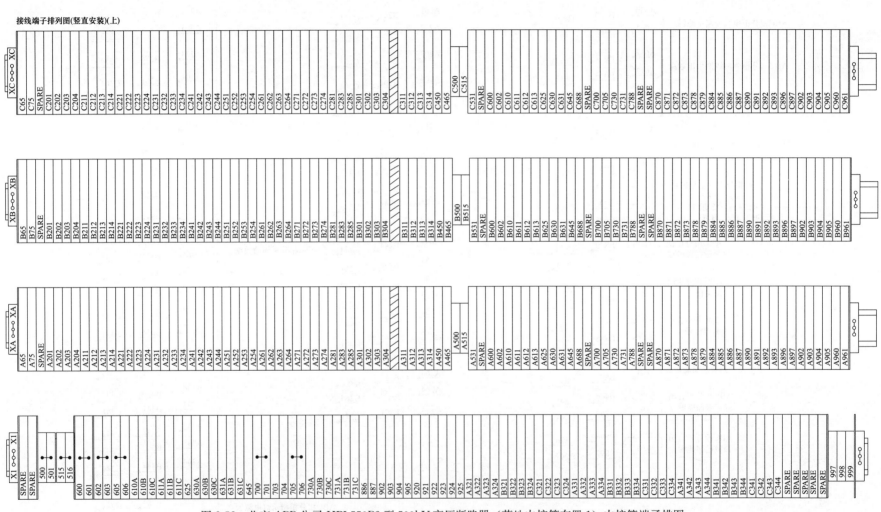

图 2-52　北京 ABB 公司 HPL550B2 型 500kV 高压断路器（落地中控箱布置 1）中控箱端子排图

14. 中控箱至 ABC 相分控箱电缆连接图

北京 ABB 公司 HPL550B2 型 500kV 高压断路器（落地中控布置 1）中控箱至 ABC 相分控箱电缆连接图如图 2-53 和图 2-54 所示。

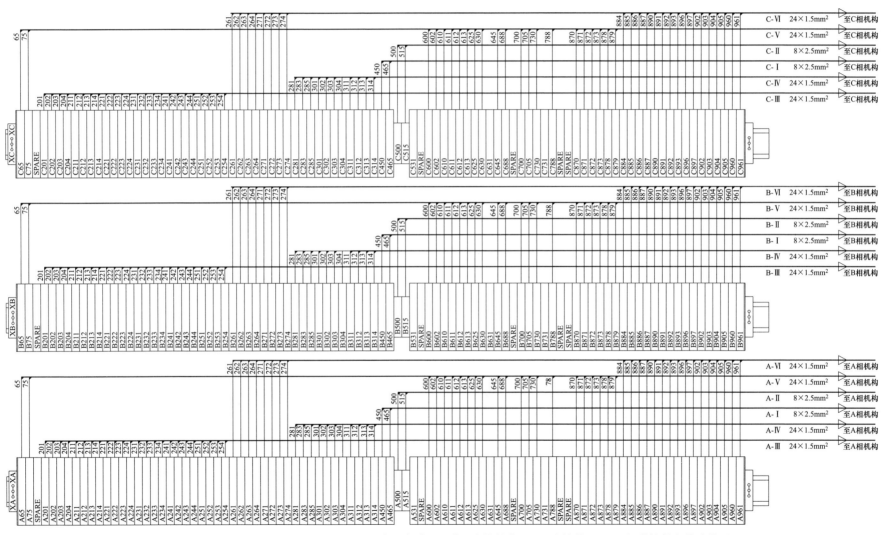

图 2-53　北京 ABB 公司 HPL550B2 型 500kV 高压断路器（落地中控箱布置 1）中控箱至 ABC 相分控箱电缆连接图 1

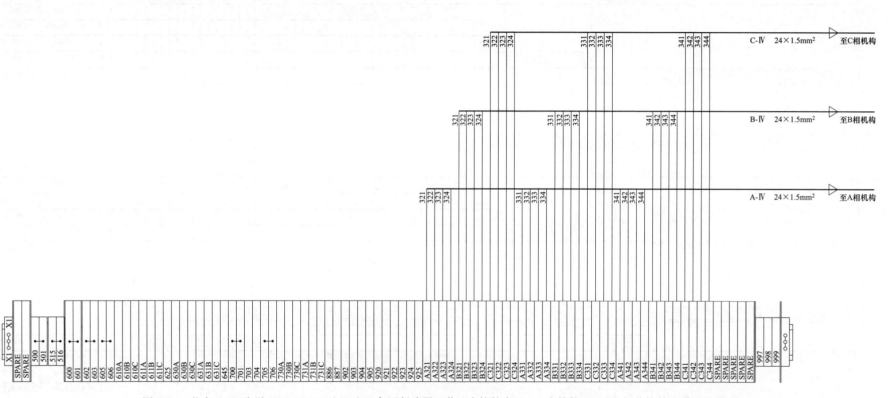

图 2-54　北京 ABB 公司 HPL550B2 型 500kV 高压断路器（落地中控箱布置 1）中控箱至 ABC 相分控箱电缆连接图 2

15. 分控箱至中控箱电缆连接图

北京 ABB 公司 HPL550B2 型 500kV 高压断路器（落地中控箱布置 1）分控箱至中控箱电缆连接图如图 2-55 所示。

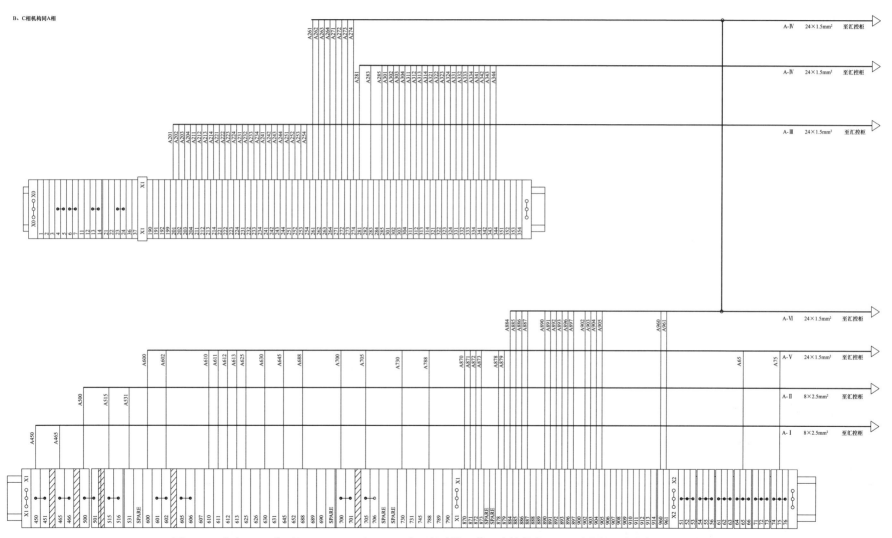

图 2-55 北京 ABB 公司 HPL550B2 型 500kV 高压断路器（落地中控箱布置 1）分控箱至中控箱电缆连接图

16. 中控箱加热器等辅助回路接线图

北京 ABB 公司 HPL550B2 型 500kV 高压断路器（落地中控箱布置 1）中控箱加热器等辅助回路接线图如图 2-56 所示。

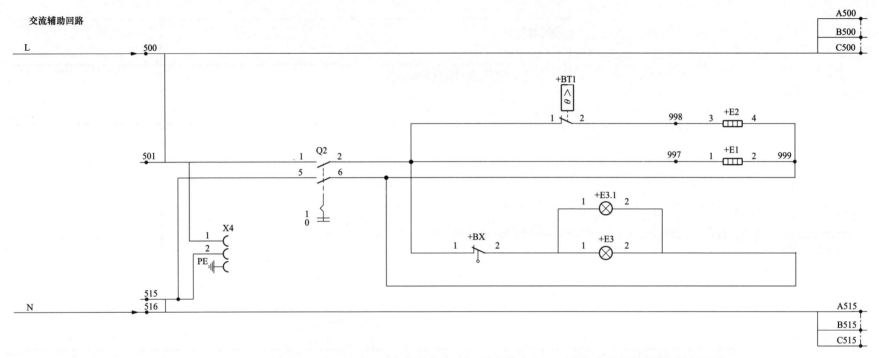

图 2-56　北京 ABB 公司 HPL550B2 型 500kV 高压断路器（落地中控箱布置 1）中控箱加热器等辅助回路接线图

二、断路器二次回路功能模块化分解辨识

断路器二次回路功能模块化分解辨识如表 2-5 所示。

表 2-5　　　　　　　　　　　　　　　　　断路器二次回路功能模块化分解辨识

序号	模块名称	模块分解辨识
1	各相独立合闸公共回路	分控箱内〔X3：112→防跳接触器 K3 动断触点 12-11→X3：111→SF₆ 低总闭锁 1 接触器 K9 动断触点 32-31→弹簧储能行程开关 BW1 已储能触点 13-14→X0：2→断路器动断辅助触点 BG1 的 01-02→X0：4/X0：5→（对应相合闸线圈 Y3 的 5-6）或（合闸计数器 BN 的 1-2）→X0：6/X0：7/X1：625〕→中控箱内（端子 XA：A625/XB：B625/XC：C625→X1：625）→控制 I 负电源 K102

序号	模块名称	模块分解辨识
2	各相独立分闸 1 公共回路	分控箱内（X3：105/X3：106→SF₆ 低总闭锁 1 接触器 K9 动断触点 12-11→X0：11→断路器动合辅助触点 BG1 的 13-14→X0：13→对应相分闸线圈 Y1 的 1-2→X3：109/X1：645）→中控箱（A 相对应端子 XA：A645，B 相对应端子 XB：B645，C 相对应端子 XC：C645）→中控箱 X1：645→控制 I 负电源 K102
3	各相独立分闸 2 公共回路	分控箱内［X3：125/X3：126→SF₆ 低总闭锁 2 接触器 K10 动断触点 12-11→X0：21→断路器动合辅助触点 BG1 的 23-24→X0：23→对应相分闸线圈 Y2 的（3-4）→X3：129/X3：128/X3：127/X1：705］→中控箱（A 相对应端子 XA：A705，B 相对应端子 XB：B705，C 相对应端子 XC：C705）→中控箱 X1：705→控制 II 负电源 K202
4	各相分控箱内独立远方合闸回路	［控制 I 正电源 K101→操作箱内手合继电器的动合触点或操作箱内重合闸重动继电器的动合触点→中控箱内远方合闸回路（中控箱内 A 相对应端子 X1：610A，B 相对应端子 X1：610B，C 相对应端子 X1：610C）→中控箱内远方/就地把手 S4 的远方触点（A 相对应触点为 9B-10B，B 相对应触点为 7B-8B，C 相对应触点为 1A-2A）］或［五防后正电源 K101S→中控箱端子 X1：602→中控箱内断路器就地分合闸把手 S1 的合闸触点（A 相对应触点为 9-10，B 相对应触点为 5-6，C 相对应触点为 1-2）→中控箱内远方/就地把手 S4 的就地位置触点（A 相对应触点为 11B-12B，B 相对应触点为 5B-6B，C 相对应触点为 3A-4A）］→三相合闸储能监视接触器 K8 的动合触点（A 相对应触点为 34-31，B 相对应触点为 24-21，C 相对应触点为 14-11）→对应相远方合闸回路（中控箱内 A 相对应端子 XA：A610；B 相对应端子 XB：B610；C 相对应端子 XC：C610）→对应相分控箱内（X1：610→远方/就地把手 S4 供远方合闸的 1-2 触点→X3：112）→对应相独立合闸公共回路
5	各相独立就地合闸回路	控制 I 正电源 K101→YBJ 五防电编码锁 1-2→"五防"后正电源 K101S→中控箱内（端子 X1：602→XA：A602/XB：B602/XC：C602）→对应相分控箱内（端子 X1：602/X3：101→断路器就地分合闸把手 S1 的合闸触点 1-2→远方/就地把手 S4 的就地位置触点 3-4→X3：112）→对应相独立合闸公共回路
6	各相独立远方分闸 1 回路	［控制 I 正电源 K101→操作箱内对应相手跳继电器的动合触点或操作箱内永跳继电器（一般由线路保护 I 三跳、永跳出口经三跳压板或线路保护 I 沟三出口经沟三压板或线路保护 I 收到远跳令经收信跳压板或辅助保护上失灵保护出口经失灵跳断路器 I 组压板或母差出口经跳断路器 I 组压板后启动）的动合触点或本线保护 I 分相跳闸出口经分相跳闸 I 压板→中控箱内远方分闸 1 回路（中控箱内 A 相对应端子 X1：630A，B 相对应端子 X1：630B，C 相对应端子 X1：630C）→中控箱内远方/就地把手 S4 的远方触点（A 相对应触点为 7A-8A，B 相对应触点为 9A-10A，C 相对应触点为 13A-14A）］或［"五防"后正电源 K101S→中控箱端子 X1：601→中控箱内断路器就地分合闸把手 S1 的分闸触点（A 相对应触点为 3-4，B 相对应触点为 7-8，C 相对应触点为 11-12）→中控箱内远方/就地把手 S4 的就地位置触点（A 相对应触点为 5A-6A，B 相对应触点为 11A-12A，C 相对应触点为 15A-16A）］→对应相远方分闸 1 回路（中控箱内 A 相对应端子 XA：A630；B 相对应端子 XB：B630；C 相对应端子 XC：C630）→对应相分控箱内（X1：630→远方/就地把手 S4 供远方分闸 1 的 7-8 触点→X3：105）→对应相独立分闸 1 公共回路
7	非全相分闸 1 回路	［控制 I 正电源 K101→非全相强迫第一组直跳接触器 Q7 出口触点（A 相对应 14-11、B 相对应 24-21、C 相对应 34-31）］→对应相远方分闸 1 回路（中控箱内 A 相对应端子 XA：A630；B 相对应端子 XB：B630；C 相对应端子 XC：C630）→对应相分控箱内（X1：630→远方/就地把手 S4 供远方分闸 1 的 7-8 触点→X3：105）→对应相独立分闸 1 公共回路
8	各相独立就地分闸 1 回路	控制 I 正电源 K101→YBJ "五防"电编码锁 1-2→五防后正电源 K101S→中控箱内（端子 X1：602→XA：A602/XB：B602/XC：C602）→对应相分控箱内（端子 X1：602/X3：101/X3：102→断路器就地分合闸把手 S1 的分闸触点 3-4→远方/就地把手 S4 的就地位置触点 17-18→X3：105）→对应相独立分闸 1 公共回路

序号	模块名称	模块分解辨识
9	各相独立远方分闸2回路	[控制Ⅱ正电源K201→操作箱内对应相手跳继电器的动合触点或操作箱内永跳继电器（一般由线路保护Ⅱ三跳、永跳出口经三跳压板或线路保护Ⅱ沟三出口经沟三压板后或线路保护Ⅱ收到远跳令经收信跳压板或辅助保护上失灵保护出口经失灵跳断路器Ⅱ组压板或母差出口经跳断路器Ⅱ组压板后启动）的动合触点或本线保护Ⅱ分相跳闸出口经分相跳闸Ⅱ压板→中控箱内远方分闸2回路（中控箱内A相对应端子X1；730A，B相对应端子X1；730B，C相对应端子X1；730C）→中控箱内远方/就地把手S4的远方触点（A相对应触点为21A-22A，B相对应触点为27A-28A，C相对应触点为13B-14B）]→对应相远方分闸2回路（中控箱内A相对应端子XA；A730；B相对应端子XB；B730；C相对应端子XC；C730）→对应相分控箱内（X1；730→远方/就地把手S4供远方分闸2的9-10触点→X3；125）→对应相独立分闸2公共回路
10	非全相分闸2回路	[控制Ⅱ正电源K201→中控箱内端子X1；700→非全相强迫第二组直跳接触器Q8出口触点（A相对应14-11、B相对应24-21、C相对应34-31）]→对应相远方分闸2回路（中控箱内A相对应端子XA；A730；B相对应端子XB；B730；C相对应端子XC；C730）→对应相分控箱内（X1；730→远方/就地把手S4供远方分闸2的9-10触点→X3；125）→对应相独立分闸2公共回路

三、二次回路元器件辨识及其异动说明

二次回路元器件辨识及其异动说明如表2-6所示。

表2-6   二次回路元器件辨识及其异动说明

序号	元器件名称编号	原始状态	元器件异动说明	元器件异动后果	元器件异动触发光字牌信号	
					断路器合闸状态	断路器分闸状态
1	SF₆密度继电器的微动开关BD1（各相分控箱内均有）	低通压力触点，正常时断开	任一相断路器本体内SF₆压力低于SF₆低气压报警接通值0.62MPa时，对应相SF₆密度继电器内低通触点1-2触点通，沟通测控装置对应的信号光耦	任一相断路器本体内SF₆压力低于SF₆低气压报警接通值0.62MPa时，对应相SF₆密度继电器内低通触点1-2触点通，经测控装置对应信号光耦后发出"断路器SF₆泄漏"光字牌	光字牌情况：断路器SF₆泄漏	光字牌情况：断路器SF₆泄漏
2	SF₆低总闭锁1接触器K9（各相分控箱内均有）	正常时不励磁，触点上顶，动作后触点下压并掉黄色指示牌	任一相断路器本体内SF₆压力低于SF₆总闭锁1接通值0.60MPa时，对应相SF₆密度继电器内低通触点3-4通，沟通对应相SF₆低总闭锁1接触器K9励磁	任一相K9接触器励磁后，其原来闭合的两对动断触点32(X3；111)-31、12-11(X3；106-X0；11)断开并分别闭锁对应相合闸和分闸1回路，并通过K9接触器动合触点21-24(X1；872-X1；873)沟通测控装置内对应的信号光耦后发出"断路器SF₆总闭锁1"光字牌	(1)光字牌情况： 1)第一组控制回路断线； 2)断路器SF₆泄漏； 3)断路器SF₆总闭锁1。 (2)其他信号：操作箱上第一组对应相OP灯灭	(1)光字牌情况： 1)第一组控制回路断线； 2)第二组控制回路断线； 3)断路器SF₆泄漏； 4)断路器SF₆总闭锁1。 (2)其他信号：测控柜上红绿灯均灭
3	SF₆低总闭锁2接触器K10（各相分控箱内均有）	正常时不励磁，触点上顶，动作后触点下压并掉桔黄色指示牌	任一相断路器本体内SF₆压力低于SF₆总闭锁2接通值0.60MPa时，对应相SF₆密度继电器内低通触点5-6通，沟通对应相SF₆低总闭锁2接触器K10励磁	任一相K10接触器励磁后，其原来闭合的动断触点12-11(X3；126-X0；21)断开并闭锁对应相分闸2回路，并通过K10接触器动合触点21-24(X1；960-X1；961)沟通测控装置内对应的信号光耦后发出"断路器SF₆总闭锁2"光字牌	(1)光字牌情况： 1)第二组控制回路断线； 2)断路器SF₆泄漏； 3)断路器SF₆总闭锁2。 (2)其他信号：操作箱上第二组对应相OP灯灭	(1)光字牌情况： 1)断路器SF₆泄漏； 2)断路器SF₆总闭锁2。 (2)其他信号：测控柜上红绿灯均灭

序号	元器件名称编号	原始状态	元器件异动说明	元器件异动后果	元器件异动触发光字牌信号	
					断路器合闸状态	断路器分闸状态
4	防跳接触器K3（各相分控箱内均有）	正常时不励磁，触点上顶；动作后触点下压并掉桔黄色指示牌	各相断路器合闸后，为防止断路器跳开后却因合闸脉冲又较长时出现多次合闸，厂家设计了一旦某相断路器合闸到位后，该断路器的动合辅助触点闭合，此时只要该合闸回路（不论远控近控）仍存在合闸脉冲，对应相的K3接触器励磁并通过其动合触点自保持	对应相K3接触器励磁后：（1）通过其动合触点24-21实现对应相K3接触器自保持；（2）串入对应相合闸回路的防跳接触器K3的动断触点12-11（X3；112-X3；111）断开，闭锁对应相合闸回路	无	（1）光字牌情况：1）第一组控制回路断线；2）第二组控制回路断线。（2）其他信号：测控柜上红绿灯均灭
5	弹簧储能行程开关（各相分控箱内均有）	未储能时动断触点闭合，储能到位后动合触点闭合	当断路器机构箱内弹簧未储能时，会即时发出"断路器弹簧未储能"信号，一般情况下，经储能电机运转拉伸至已储能位置时，信号会自动消失，但若储能电机未能自动启动运转拉伸弹簧，此时将通过串接于对应相合闸公共回路中的弹簧储能行程开关BW1的已储能位置触点断开切断该相合闸回路，并通过中控箱内三相弹簧储能监视接触器K8（注：三相均储能时励磁，任一相未储能时失磁）的动合触点断开切断三相合闸回路	当断路器机构箱内弹簧未储能时，会即时发出"断路器弹簧未储能"信号，一般情况下，经储能电机运转拉伸至已储能位置时，信号会自动消失，但若储能电机未能自动启动运转拉伸弹簧，此时将通过串接于对应相合闸公共回路中的弹簧储能行程开关BW1的已储能位置触点断开切断该相合闸回路，并通过中控箱内三相弹簧储能监视接触器K8（注：三相均储能时励磁，任一相未储能时失磁）的动合触点断开切断三相合闸回路	未储能时光字牌情况：断路器弹簧未储能	（1）未储能时光字牌情况：1）断路器弹簧未储能；2）第一组控制回路断线；3）第二组控制回路断线。（2）未储能其他信号：测控柜上红绿灯均灭
6	储能电机手动/电动选择开关Y7（各相分控箱内均有）	电动	当任一相断路器机构箱内弹簧未储能时，一般情况下，该相储能电机会自动运转拉伸合闸弹簧至已储能位置，但若Y7被切换至手动位置，两台储能电机的电源空开F1及F1.1均将被Y7的手动触点短接跳开，导致储能电机交流控制回路及其驱动回路因失去电源而无法自动启动电机，此时将通过串接于对应相合闸公共回路中的弹簧储能行程开关BW1的已储能位置触点断开切断该相合闸回路，并通过中控箱内三相弹簧储能监视接触器K8（注：三相均储能时励磁，任一相未储能时失磁）的动合触点断开切断三相合闸回路	任一相分控箱内Y7切换至手动位置后，若碰巧又遇上该断路器跳闸，该相合闸弹簧因分闸脱扣释放能量导致弹簧储能不足时无法即时恢复储能，可能造成断路器三相合闸被闭锁（注：中控箱内三相弹簧储能监视接触器K8在任一相未储能时失磁，失磁后K8的动合触点断开切断三相合闸回路）	无	无

95

序号	元器件名称编号	原始状态	元器件异动说明	元器件异动后果	元器件异动触发光字牌信号	
					断路器合闸状态	断路器分闸状态
7	储能电机运转交流接触器1（各相分控箱内均有）Q1	正常时不励磁，长凹形吸纽为平置状态；动作后吸纽为吸入状态	当合闸弹簧因分闸脱扣释放能量导致弹簧储能不足时，弹簧储能行程开关BW2的弹簧未储能闭合触点21-22、41-42闭合，沟通两台储能电机运转接触器Q1、Q1.1励磁，使两台电机启动拉伸合闸弹簧储能，当合闸弹簧拉伸至已储能位置时，BW2的21-22、41-42自动切断储能电机控制回路停止储能	储能电机运转接触器Q1励磁后： （1）其两对动合触点1-2、5-6及Q1.1的3-4触点接通储能电机M1电源使M1运转； （2）其1对动合触点3-4串入储能电机M1.1驱动回路； （3）其1对动合触点13-14与储能电机运转交流接触器Q1.1的动合触点13-14及弹簧储能行程开关BW2的已储能触点33-34串接后备用（注：本型号断路器无"储能电机运转"信号外引线）	无	无
8	储能电机运转接触器2（各相分控箱内均有）Q1.1	正常时不励磁，长凹形吸纽为平置状态；动作后吸纽为吸入状态	当合闸弹簧因分闸脱扣释放能量导致弹簧储能不足时，弹簧储能行程开关BW2的弹簧未储能闭合触点21-22、41-42闭合，沟通两台储能电机运转接触器Q1、Q1.1励磁，使两台电机启动拉伸合闸弹簧储能，当合闸弹簧拉伸至已储能位置时，BW2的21-22、41-42自动切断储能电机控制回路停止储能	储能电机运转接触器Q1.1励磁后： （1）其两对动合触点1-2、5-6及Q1的3-4触点接通储能电机M1.1电源使M1.1运转； （2）其1对动合触点3-4串入储能电机M1驱动回路； （3）其1对动合触点13-14与储能电机运转交流接触器Q1的动合触点13-14及弹簧储能行程开关BW2的已储能触点33-34串接后备用	无	无
9	储能电机控制及M1驱动电源空开F1（各相分控箱内均有）	合闸	当合闸弹簧因分闸脱扣释放能量导致弹簧储能不足时，弹簧储能行程开关BW2的弹簧未储能闭合触点21-22、41-42闭合，沟通两台储能电机运转接触器Q1、Q1.1励磁，使两台电机启动拉伸合闸弹簧储能，当合闸弹簧拉伸至已储能位置时，BW2的21-22、41-42自动切断储能电机控制回路停止储能	任一相分控箱内F1空开跳开后，该相断路器机构的合闸弹簧储能电机运转接触器Q1、Q1.1将失去控制电源，合闸弹簧储能电机M1将失去动力电源，同时通过F1的21-22[对应各分控箱内端子X1：878-X1：879，对应中控箱内端子（XA：A878-XA：A879为A相引来，XB：B878-XB：B879为B相引来，XC：C878-XC：C879为C相引来）]沟通测控装置内对应的信号光耦后发出"断路器电机电源空开跳开"信号，若短时间内不及时修复，当弹簧能量在运行中耗损后可能造成断路器三相合闸均被闭锁（注：中控箱内三相弹簧储能监视接触器K8在任一相未储能时失磁，失磁后K8的动合触点断开切断三相合闸回路）	光字牌情况：断路器电机电源跳开	光字牌情况：断路器电机电源跳开

续表

序号	元器件名称编号	原始状态	元器件异动说明	元器件异动后果	元器件异动触发光字牌信号	
					断路器合闸状态	断路器分闸状态
10	储能电机M1.1驱动电源空开F1.1（各相分控箱内均有）	合闸	当合闸弹簧因分闸脱扣释放能量导致弹簧储能不足时，弹簧储能行程开关BW2的弹簧未储能闭合触点21-22、41-42闭合，沟通两台储能电机运转接触器Q1、Q1.1励磁，使两台电机启动拉伸合闸弹簧储能，当合闸弹簧拉伸至已储能位置时，BW2的21-22、41-42自动切断储能电机控制回路停止储能	任一相分控箱内F1.1空开跳开后，该相断路器机构的合闸弹簧储能电机运转接触器Q1、Q1.1将无法励磁，合闸弹簧储能电机M1.1将失去动力电源，同时通过F1.1的21-22[对应各分控箱内端子X1：878-X1：879，对应中控箱内端子（XA：A878-XA：A879为A相引来，XB：B878-XB：B879为B相引来，XC：C878-XC：C879为C相引来）]沟通测控装置内对应的信号光耦后发出"断路器电机电源空开跳开"信号，若短时间内不及时修复，当弹簧能量在运行中耗损后可能造成断路器三相合闸均被闭锁（注：中控箱内三相弹簧储能监视接触器K8在任一相未储能时失磁，失磁后K8的动合触点断开切断三相合闸回路）	光字牌情况：断路器电机电源跳开	光字牌情况：断路器电机电源跳开
11	加热器及门灯电源空开F2（各相分控箱内均有）	合闸	正常情况下，常投加热器电源空开F2，启动加热器E1加热，当气温或湿度达到温湿度传感器设定值时，温控器输出触点自动启动加热器E2加热	任一相分控箱内F2空开跳开后，通过相应相分控箱内F2的21-22[对应各分控箱内端子X1：884-X1：885，对应中控箱内端子（XA：A884-XA：A885为A相引来，XB：B884-XB：B885为B相引来，XC：C884-XC：C885为C相引来）]沟通测控装置内对应的信号光耦后发出"断路器加热器空开跳开"信号；在气候潮湿情况下，有可能引起一些对环境要求较高的元器件绝缘降低	光字牌情况：断路器加热器空开跳开	光字牌情况：断路器加热器空开跳开
12	隔离/就地/远控转换开关S4（各相分控箱内均有）	远方	无	将ABB断路器分控箱内远方/就地转换开关S4切换至"就地"位置后，将引起保护（含保护出口、本体非全相）、远控分合闸、中控箱分合闸回路断线，当保护有出口或需紧急操作时造成保护拒动或远控操作失灵	(1)光字牌情况： 1)第一组控制回路断线； 2)第二组控制回路断线； 3)断路器机构箱就地位置。 (2)其他信号： 1)测控柜上红绿灯均灭； 2)操作箱上两组对应相OP灯均灭	(1)光字牌情况： 1)第一组控制回路断线； 2)第二组控制回路断线； 3)断路器机构箱就地位置。 (2)其他信号：测控柜上红绿灯均灭

序号	元器件名称编号	原始状态	元器件异动说明	元器件异动后果	元器件异动触发光字牌信号	
					断路器合闸状态	断路器分闸状态
13	就地分合闸操作把手 S1（各相分控箱内均有）	中间位置	无	在"五防"满足的情况下，可以实现就地分合闸，但规程规定为防止断路器非同期合闸，严禁就地合断路器（检修或试验除外）	无	无
14	断路器位置分闸指示绿灯 H1、合闸指示红灯 H3（各相分控箱内均有）	分闸位置时绿灯亮，合闸位置时红灯亮	无		无	无
15	三相合闸储能监视接触器 K8(中控箱)	正常时励磁并掉桔黄色指示牌（任一相弹簧未储能时失磁）	当断路器机构箱内各相合闸弹簧均储能时，沟通三相合闸储能监视接触器 K8 励磁，此时若任一相断路器机构箱内弹簧未储能，将导致三相合闸储能监视接触器 K8 失磁实现断路器三相合闸闭锁	当某相断路器机构箱内弹簧未储能到位，对应相断路器机构内弹簧的合闸能量不足，该相断路器机构箱内弹簧储能行程开关 BW1 的弹簧已储能闭合触点 33-34 断开，三相合闸储能监视接触器 K8 失磁，其串接于断路器各相合闸回路的动合触点（34-31、24-21、14-11）返回切断断路器合闸回路，无法进行断路器的合闸操作，一般情况下还会伴有"断路器弹簧未储能"信号	光字牌情况：断路器弹簧未储能	（1）光字牌情况： 1）断路器弹簧未储能； 2）第一组控制回路断线； 3）第二组控制回路断线。 （2）其他信号：测控柜上红绿灯均灭
16	非全相启动第一组直跳时间接触器 K6（中控箱）	正常时不励磁，触点上顶；动作后触点下压并掉桔黄色指示牌（断路器跳闸后不自保持）	断路器发生非全相运行时，将沟通 K6 时间接触器励磁	K6 励磁并经设定时间延时后输出 1 对动合触点沟通非全相强迫第一组直跳接触器 Q7 励磁，由 Q7 的三对动合触点分别沟通各相断路器第一组跳闸线圈跳闸，同时 Q7 励磁后还输出 1 对动合触点沟通非全相保护 1 跳闸信号自保持接触器 K5 励磁，并由 K5 动合触点发出"断路器非全相保护 1 动作"光字牌	（1）光字牌情况：断路器非全相保护 1 动作（机构箱）。 （2）其他信号：中控箱内表示非全相保护动作的 FA1 内嵌指示灯亮	（1）光字牌情况：断路器非全相保护 1 动作（机构箱）。 （2）其他信号：中控箱内表示非全相保护动作的 FA1 内嵌指示灯亮

序号	元器件名称编号	原始状态	元器件异动说明	元器件异动后果	元器件异动触发光字牌信号	
					断路器合闸状态	断路器分闸状态
17	非全相强迫第一组直跳接触器 Q7（中控箱）	正常时不励磁，触点上顶；动作后触点下压并掉桔黄色指示牌（断路器跳闸后不自保持）	断路器发生非全相运行时沟通 K6 接触器励磁并经设定时间延时后，由 K6 动合触点沟通 Q7 接触器励磁	Q7 励磁后： （1）由 Q7 三对动合触点 14-11（中控箱 XA：A630）、24-21（中控箱 XB：B630）、34-31（中控箱 XC：C630）经分控箱内 S4 远方位置后分别沟通各断路器第一组跳闸线圈跳闸； （2）还提供 1 对动合触点 44-41 沟通非全相保护 1 跳闸信号自保持接触器 K5 励磁，并由 K5 动合触点发出"断路器非全相保护 1 动作"光字牌	（1）光字牌情况：断路器非全相保护 1 动作（机构箱）。 （2）其他信号：中控箱内表示非全相保护动作的 FA1 内嵌指示灯亮	（1）光字牌情况：断路器非全相保护 1 动作（机构箱）。 （2）其他信号：中控箱内表示非全相保护动作的 FA1 内嵌指示灯亮
18	非全相保护 1 跳闸信号自保持接触器 K5（中控箱）	正常时不励磁，触点上顶；动作后触点下压，桔黄色指示掉牌后并自保持	断路器非全相时，经设定时间延时后沟通 Q7 励磁，跳开合闸相，为了留下动作记录，由 Q7 接触器输出 1 对触点沟通 K5 接触器励磁，并由 K5 接触器输出 1 对动合触点实现自保持	K5 动作后，K5 输出 3 对动合触点： （1）其动合触点 24-21 闭合后实现 K5 接触器自保持； （2）其动合触点 14-11 点亮 FA1 复位按钮内嵌指示灯； （3）其动合触点 34-31〔中控箱 X1：921-X；922〕沟通测控装置内对应的信号光耦后发出"断路器非全相保护 1 动作（机构箱）"光字牌	（1）光字牌情况：断路器非全相保护 1 动作（机构箱）。 （2）其他信号：中控箱内表示非全相保护动作的 FA1 内嵌指示灯亮。	（1）光字牌情况：断路器非全相保护 1 动作（机构箱）。 （2）其他信号：中控箱内表示非全相保护动作的 FA1 内嵌指示灯亮
19	非全相启动第二组直跳时间接触器 K7（中控箱）	正常时不励磁，触点上顶；动作后触点下压并掉桔黄色指示牌（断路器跳闸后不自保持）	断路器发生非全相运行时，将沟通 K7 时间接触器励磁	K7 励磁并经设定时间延时后输出 1 对动合触点沟通非全相强迫第二组直跳接触器 Q8 励磁，由 Q8 的 3 对动合触点分别沟通各断路器第二组跳闸线圈跳闸，同时 Q8 励磁后还输出 1 对动合触点沟通非全相保护 2 跳闸信号自保持接触器 K4，并由 K4 动合触点发出"断路器非全相保护 2 动作"光字牌	（1）光字牌情况：断路器非全相保护 2 动作（机构箱）。 （2）其他信号：中控箱内表示非全相保护动作的 FA2 内嵌指示灯亮	（1）光字牌情况：断路器非全相保护 2 动作（机构箱）。 （2）其他信号：中控箱内表示非全相保护动作的 FA2 内嵌指示灯亮

序号	元器件名称编号	原始状态	元器件异动说明	元器件异动后果	元器件异动触发光字牌信号	
					断路器合闸状态	断路器分闸状态
20	非全相强迫第二组直跳接触器 Q8（中控箱）	正常时不励磁，触点上顶；动作后触点下压并掉桔黄色指示牌（断路器跳闸后不自保持）	断路器发生非全相运行时沟通 K7 接触器励磁并经设定时间延时后，由 K7 动合触点沟通 Q8 接触器励磁	Q8 励磁后： （1）由 Q8 三对动合触点 14-11（中控箱 X1；700-XA；A730）、24-21（中控箱 X1；700-XB；B730）、34-31（中控箱 X1；700-XC；C730）经分控箱内 S4 远方位置后分别沟通各相断路器第二组跳闸线圈跳闸； （2）还提供 1 对动合触点 44-41 沟通非全相保护 2 跳闸信号自保持接触器 K4 励磁，并由 K4 动合触点发出"断路器非全相保护 2 动作"光字牌	（1）光字牌情况：断路器非全相保护 2 动作（机构箱）。 （2）其他信号：中控箱内表示非全相保护动作的 FA2 内嵌指示灯亮	（1）光字牌情况：断路器非全相保护 2 动作（机构箱）。 （2）其他信号：中控箱内表示非全相保护动作的 FA2 内嵌指示灯亮
21	非全相保护 2 跳闸信号自保持接触器 K4（中控箱）	正常时不励磁，触点上顶；动作后触点下压，桔黄色指示掉牌后并自保持	断路器非全相时，经设定时间延时后沟通 Q8 励磁，跳开合闸相，为了留下动作记录，由 Q8 接触器输出 1 对触点沟通 K4 接触器励磁，并由 K4 接触器输出 1 对动合触点实现自保持	K4 励磁后，K5 输出 3 对动合触点： （1）其动合触点 24-21 闭合后实现 K5 接触器自保持； （2）其动合触点 14-11 点亮 FA2 复位按钮内嵌指示灯； （3）其动合触点 34-31［中控箱 X1；923-X；924］沟通测控装置内对应的信号光耦后发出"断路器非全相保护 2 动作（机构箱）"光字牌	（1）光字牌情况：断路器非全相保护 2 动作（机构箱）。 （2）其他信号：中控箱内表示非全相保护动作的 FA2 内嵌指示灯亮	（1）光字牌情况：断路器非全相保护 2 动作（机构箱）。 （2）其他信号：中控箱内表示非全相保护动作的 FA2 内嵌指示灯亮
22	非全相保护 1 复位按钮 FA1（内嵌指示灯，中控箱）	内嵌指示灯不亮	无	按下 FA1 非全相复位按钮后，K5 非全相保护跳闸信号自保持接触器复归，FA1 内嵌指示灯灭，"非全相保护动作 1"光字牌消失	无	无
23	非全相保护 2 复位按钮 FA2（内嵌指示灯，中控箱）	内嵌指示灯不亮	无	按下 FA2 非全相复位按钮后，K4 非全相保护跳闸信号自保持接触器复归，FA2 内嵌指示灯灭，"非全相保护动作 2"光字牌消失	无	无

序号	元器件名称编号	原始状态	元器件异动说明	元器件异动后果	元器件异动触发光字牌信号	
					断路器合闸状态	断路器分闸状态
24	就地/远控转换开关 S4（中控箱）	远方	无	将 ABB 断路器中控箱内远方/就地转换开关 S4 切换至"就地"位置后，将引起保护（注：仅保护装置出口，不含本体非全相）及远控分闸回路断线，当保护有出口或需紧急远方操作时造成保护拒动或远控操作失灵	（1）光字牌情况：1）第一组控制回路断线；2）第二组控制回路断线；3）断路器中控箱就地位置（不一定有外接线）。（2）其他信号：1）测控柜上红绿灯均灭；2）操作箱上两组对应相 OP 灯均灭	（1）光字牌情况：1）第一组控制回路断线；2）第二组控制回路断线；3）断路器中控箱就地位置（不一定有外接线）。（2）其他信号：测控柜上红绿灯均灭
25	就地分合闸操作把手 S1（中控箱）	中间位置	无	在"五防"满足的情况下，可以实现就地分合闸，但规程规定为防止断路器非同期合闸，严禁就地合断路器（检修或试验除外）	无	无
26	中控箱加热器投退把手 Q2（中控箱）	有两个位置（0、1），正常时投"1"位置	正常情况下，中控箱加热器投退把手 Q2 置"1"，启动加热器 E1 加热，当气温或湿度达到温湿度传感器设定值时，温控器输出触点自动启动加热器 E2 加热	中控箱加热器投退把手"0"后，在气候潮湿情况下，有可能引起一些对环境要求较高的元器件绝缘降低	光字牌情况：无	光字牌情况：无

第四节　北京 ABB 公司 HPL550B2 型 500kV 高压断路器（落地中控箱布置2）二次回路辨识

一、二次回路功能模块化分解原理图

1. 合闸回路原理接线图

北京 ABB 公司 HPL550B2 型 500kV 高压断路器（落地中控箱布置2）合闸回路原理接线图如图 2-57 所示。

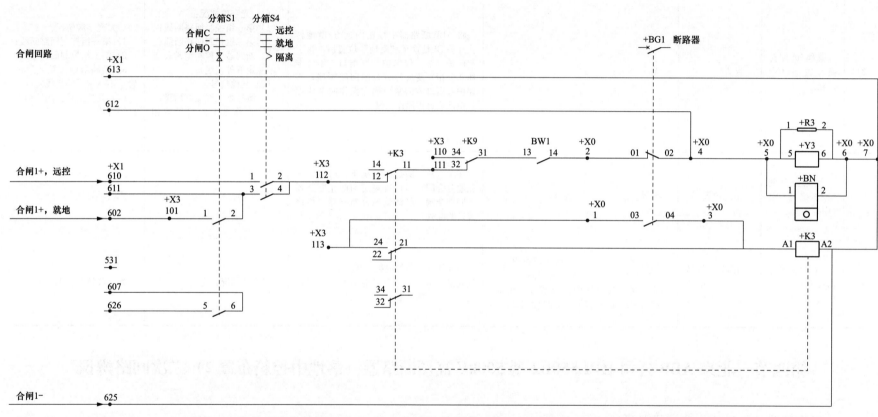

图 2-57 北京 ABB 公司 HPL550B2 型 500kV 高压断路器（落地中控箱布置 2）合闸回路原理接线图

2. 分闸回路 1 原理接线图

北京 ABB 公司 HPL550B2 型 500kV 高压断路器（落地中控箱布置 2）分闸回路 1 原理接线图如图 2-58 所示。

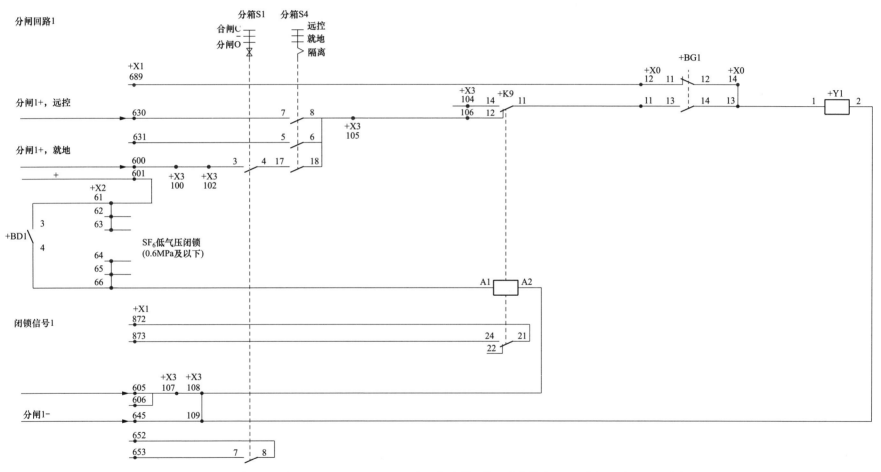

图 2-58　北京 ABB 公司 HPL550B2 型 500kV 高压断路器（落地中控箱布置 2）分闸回路 1 原理接线图

3. 分闸回路 2 原理接线图

北京 ABB 公司 HPL550B2 型 500kV 高压断路器（落地中控箱布置 2）分闸回路 2 原理接线图如图 2-59 所示。

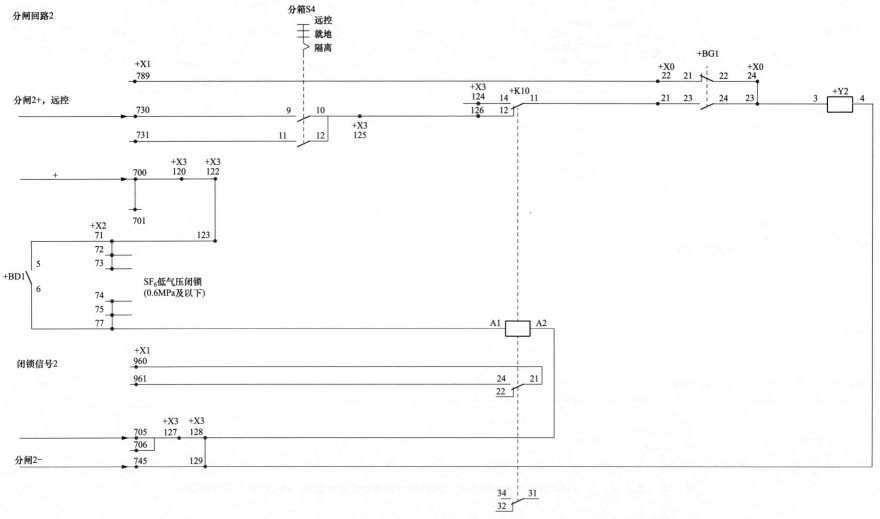

图 2-59　北京 ABB 公司 HPL550B2 型 500kV 高压断路器（落地中控箱布置 2）分闸回路 2 原理接线图

4. 信号回路原理接线图

北京 ABB 公司 HPL550B2 型 500kV 高压断路器（落地中控箱布置 2）信息回路原理接线图如图 2-60 所示。

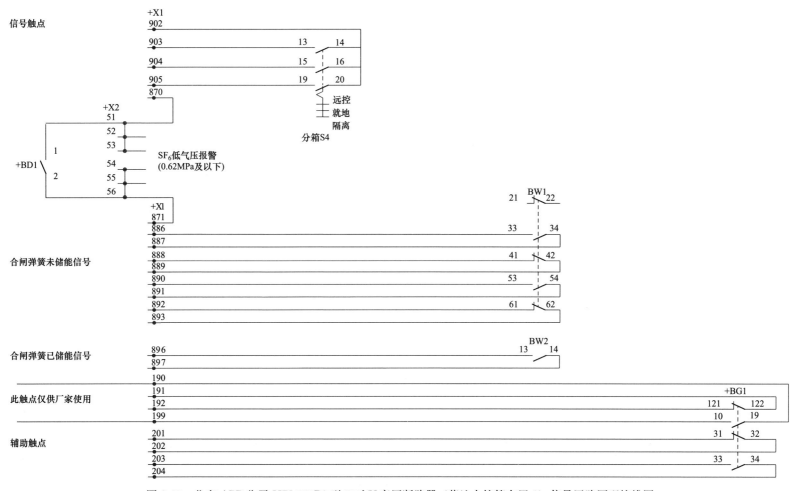

图 2-60　北京 ABB 公司 HPL550B2 型 500kV 高压断路器（落地中控箱布置 2）信号回路原理接线图

5. 辅助触点及分合闸指示灯回路二次原理接线图

北京 ABB 公司 HPL550B2 型 500kV 高压断路器（落地中控箱布置 2）辅助触点及分合闸指示灯回路二次原理接线图如图 2-61 所示。

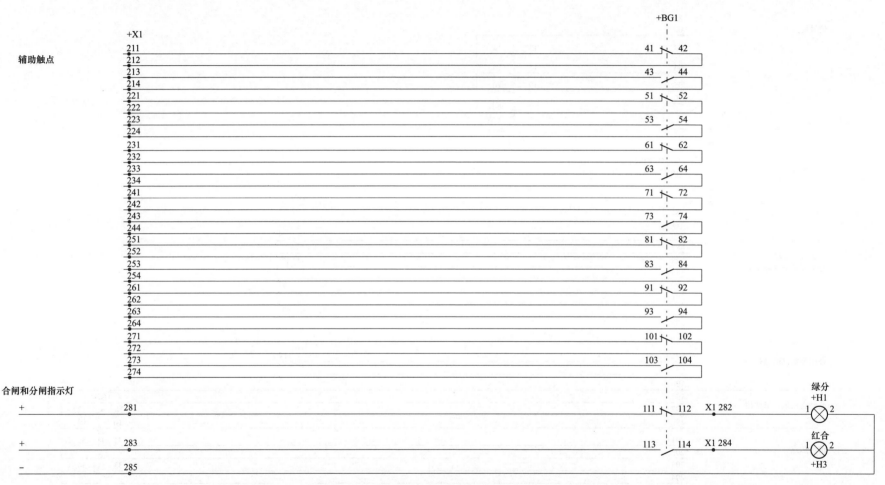

图 2-61　北京 ABB 公司 HPL550B2 型 500kV 高压断路器（落地中控箱布置 2）辅助触点及分合闸指示灯回路二次原理接线图

6. 辅助触点信号回路原理接线图

北京 ABB 公司 HPL550B2 型 500kV 高压断路器（落地中控箱布置 2）辅助触点信号回路原理接线图如图 2-62 所示。

图 2-62　北京 ABB 公司 HPL550B2 型 500kV 高压断路器（落地中控箱布置 2）辅助触点信号回路原理接线图

7. 储能电机及加热器回路原理接线图

北京 ABB 公司 HPL500B2 型 500kV 高压断路器（落地中控箱布置 2）储能电机及加热回路原理接线图如图 2-63 所示。

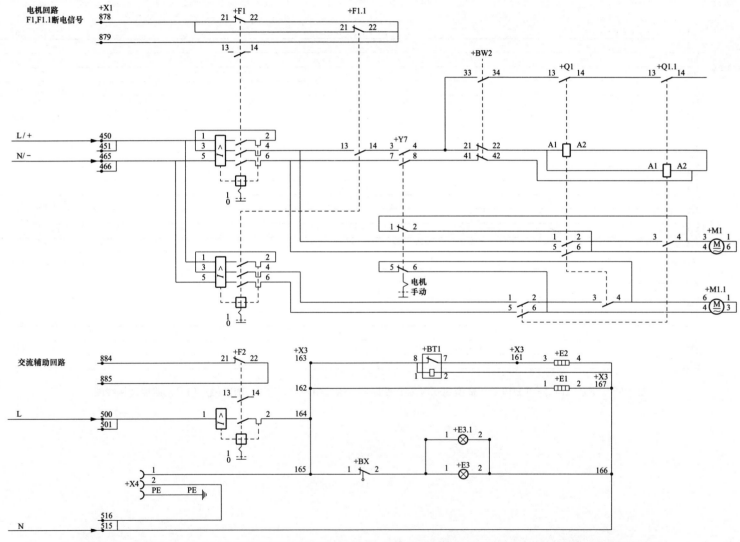

图 2-63　北京 ABB 公司 HPL550B2 型 500kV 高压断路器（落地中控箱布置 2）储能电机及加热器回路原理接线图

8. 分控箱端子排图

北京 ABB 公司 HPL500B2 型 500kV 高压断路器（落地中控箱布置 2）分控箱端子排图如图 2-64 所示。

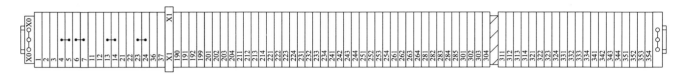

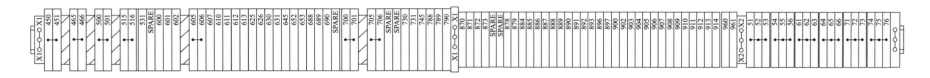

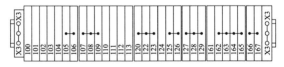

图 2-64　北京 ABB 公司 HPL550B2 型 500kV 高压断路器（落地中控箱布置 2）分控箱端子排图

9. 中控箱合闸回路及非全相保护 1 启动回路原理接线图

北京 ABB 公司 HPL550B2 型 500kV 高压断路器（落地中控箱布置 2）中控箱合闸回路及非全相保护 1 启动回路原理接线图如图 2-65 所示。

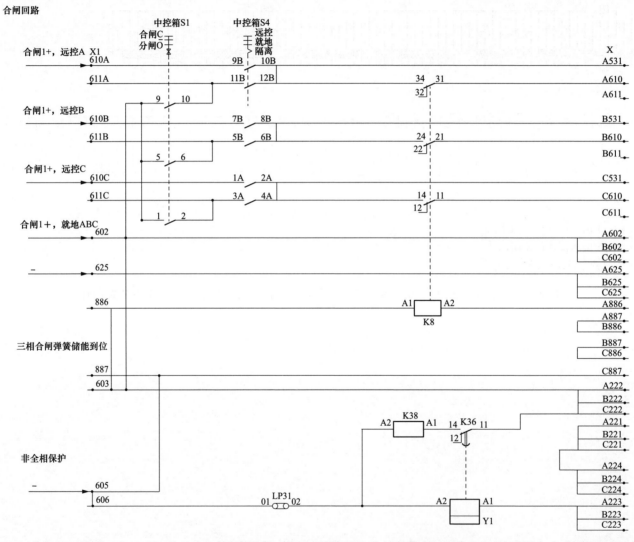

图 2-65　北京 ABB 公司 HPL550B2 型 500kV 高压断路器（落地中控箱布置 2）中控箱合闸回路及非全相保护 1 启动回路原理接线图

10. 中控箱分闸 1 及非全相信号 1 回路、SF₆ 低气压闭锁信号回路二次接线图

北京 ABB 公司 HPL550B2 型 500kV 高压断路器（落地中控箱布置 2）中控箱分闸 1 及非全相信号 1 回路、SF₆ 低气压闭锁信号回路二次接线图如图 2-66 所示。

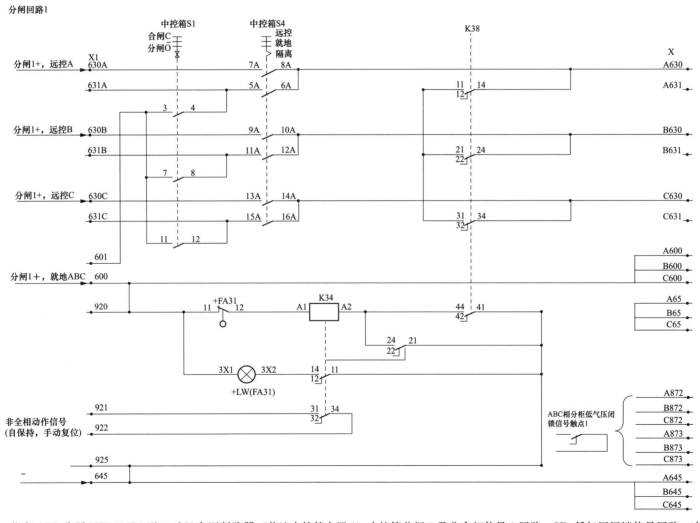

图 2-66　北京 ABB 公司 HPL550B2 型 500kV 高压断路器（落地中控箱布置 2）中控箱分闸 1 及非全相信号 1 回路、SF₆ 低气压闭锁信号回路二次接线图

11. 中控箱分闸回路2及非全相保护2回路原理接线图

北京ABB公司HPL550B2型500kV高压断路器（落地中控箱布置2）中控箱分闸回路2及非全相保护2回路原理接线图见图2-67。

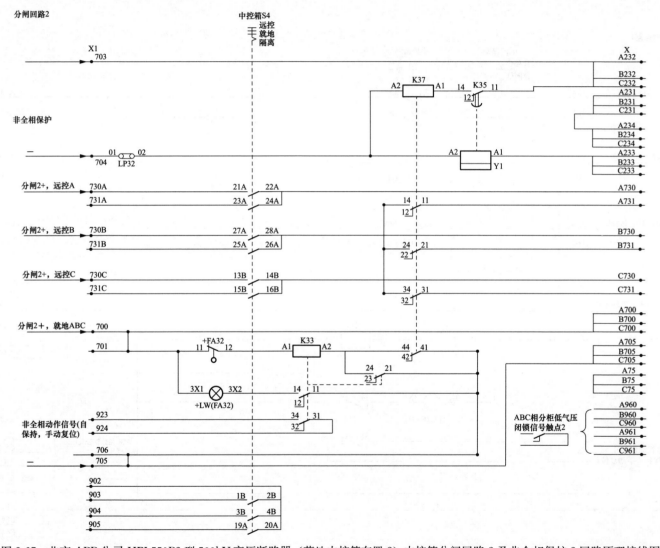

图2-67 北京ABB公司HPL550B2型500kV高压断路器（落地中控箱布置2）中控箱分闸回路2及非全相保护2回路原理接线图

12. 中控箱加热器等辅助回路原理接线图

北京 ABB 公司 HPL550B2 型 500kV 高压断路器（落地中控箱布置2）中控箱加热器等辅助回路原理接线图如图 2-68 所示。

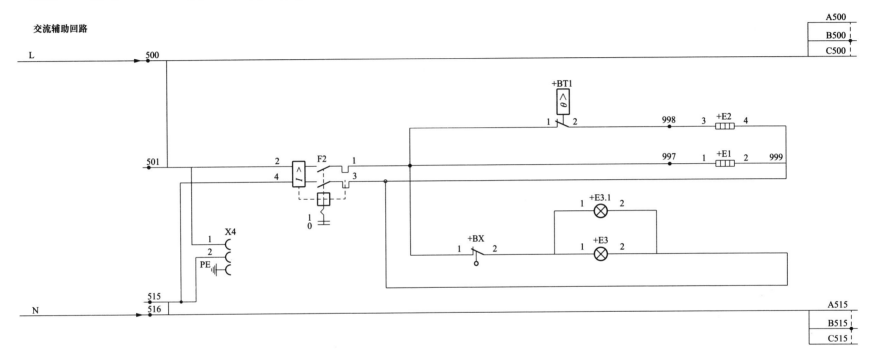

图 2-68　北京 ABB 公司 HPL550B2 型 500kV 高压断路器（落地中控箱布置2）中控箱加热器等辅助回路原理接线图

13. 分控箱经中控箱汇总的信号回路图

北京 ABB 公司 HPL550B2 型 500kV 高压断路器（落地中控箱布置 2）分控箱汇总的信号回路图见图 2-69。

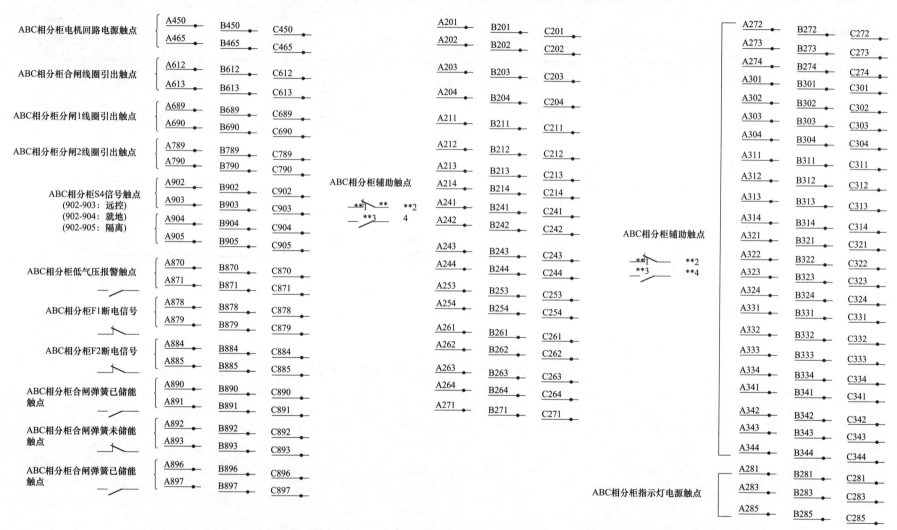

图 2-69　北京 ABB 公司 HPL550B2 型 500kV 高压断路器（落地中控箱布置 2）分控箱经中控箱汇总的信号回路图

14. 中控箱端子排图

北京 ABB 公司 HPL550B2 型 500kV 高压断路器（落地中控箱布置 2）中控箱端子排图见图 2-70。

接线端子排列图(竖直安装)(上)

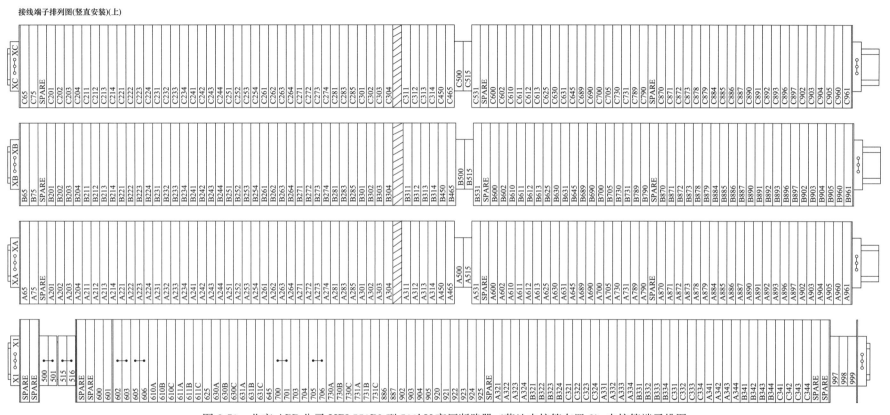

图 2-70　北京 ABB 公司 HPL550B2 型 500kV 高压断路器（落地中控箱布置 2）中控箱端子排图

15. 中控箱至 ABC 相分控箱电缆连接图

北京 ABB 公司 HPL550B2 型 500kV 高压断路器（落地中控箱布置 2）中控箱至 ABC 相分控箱电缆连接图如图 2-71 和图 2-72 所示。

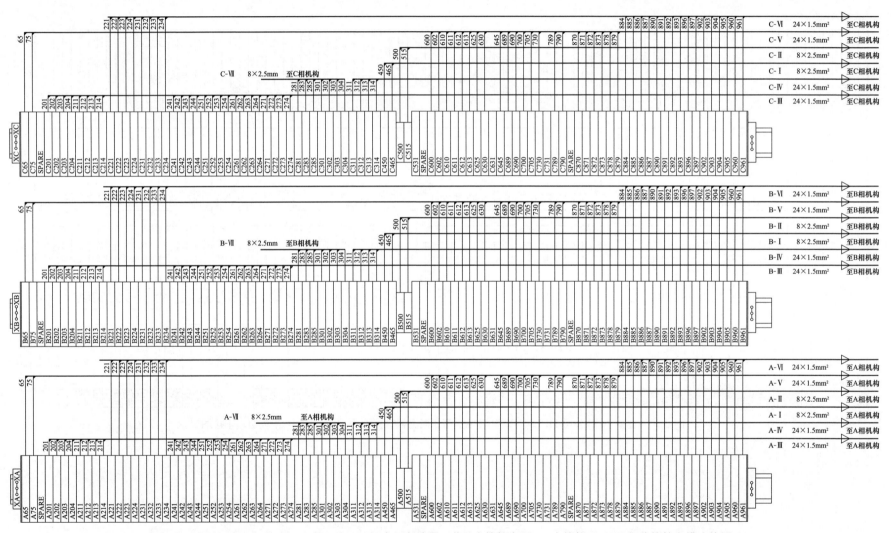

图 2-71　北京 ABB 公司 HPL550B2 型 500kV 高压断路器（落地中控箱布置 2）中控箱至 ABC 相分控箱电缆连接图 1

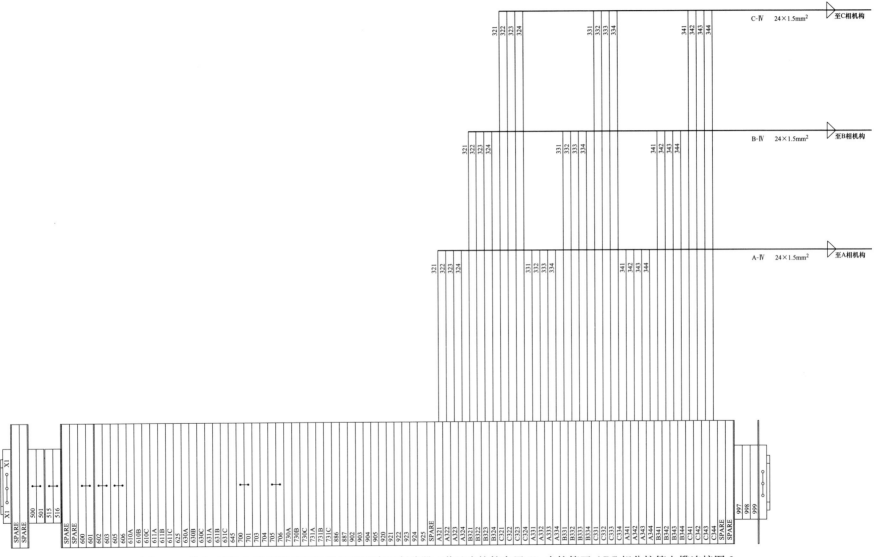

图 2-72 北京 ABB 公司 HPL550B2 型 500kV 高压断路器（落地中控箱布置 2）中控箱至 ABC 相分控箱电缆连接图 2

16. 分控箱至中控箱电缆连接图

北京 ABB 公司 HPL550B2 型 500kV 高压断路器（落地中控箱布置 2）分控箱至中控箱电缆连接图见图 2-73。

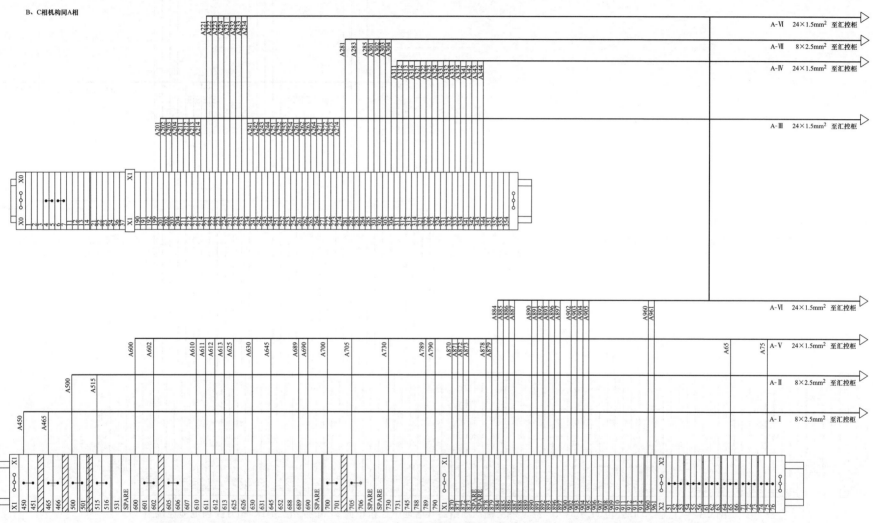

图 2-73 北京 ABB 公司 HPL550B2 型 500kV 高压断路器（落地中控箱布置 2）分控箱至中控箱电缆连接图

二、断路器二次回路功能模块化分解辨识

断路器二次回路功能模块化分解辨识见表 2-7。

表 2-7　　　　　　　　　　　　　　　　　　　　　　**断路器二次回路功能模块化分解辨识**

序号	模块名称	模块分解辨识
1	各相独立合闸公共回路	分控箱内 [X3：112→防跳接触器 K3 动断触点 12-11→X3：111→SF$_6$ 低总闭锁 1 接触器 K9 动断触点 32-31→弹簧储能行程开关 BW1 已储能触点 13-14→(X0：2→断路器动断辅助触点 BG1 的 01-02→X0：4)→X0：5→(对应相合闸线圈 Y3 的 5-6) 或 (合闸线圈保护电阻 R3 的 1-2) 或 (合闸计数器 BN 的 1-2)→X0：6→X0：7/X1：625]→中控箱 (A 相对应端子 XA：A625, B 相对应端子 XB：B625, C 相对应端子 XC：C625)→中控箱 X1：625→控制负电源 K102
2	各相独立分闸 1 公共回路	分控箱内 (X3：105/X3：106→SF$_6$ 低总闭锁 1 接触器 K9 动断触点 12-11→X0：11→断路器动合辅助触点 BG1 的 13-14→X0：13→对应相分闸线圈 Y1 的 1-2→X3：109/X1：645)→中控箱 (A 相对应端子 XA：A645, B 相对应端子 XB：B645, C 相对应端子 XC：C645)→中控箱 X1：645→控制 Ⅰ负电源 K102
3	各相独立分闸 2 公共回路	分控箱内 [X3：125/X3：126→SF$_6$ 低总闭锁 2 接触器 K10 动断触点 12-11→X0：21→断路器动合辅助触点 BG1 的 23-24→X0：23→对应相分闸线圈 Y2 的 (3-4)→X3：129/X3：128/X3：127/X1：705]→中控箱 (A 相对应端子 XA：A705, B 相对应端子 XB：B705, C 相对应端子 XC：C705)→中控箱 X1：705→控制 Ⅱ负电源 K202
4	各相分控箱内独立远方合闸回路	[控制 Ⅰ正电源 K101→操作箱内手合继电器的动合触点或操作箱内重合闸重动继电器的动合触点→操作箱内自保持继电器→中控箱内远方合闸回路 (中控箱内 A 相对应端子 X1：610A, B 相对应端子 X1：610B, C 相对应端子 X1：610C)→中控箱内远方/就地把手 S4 的远方触点 (A 相对应触点为 9B-10B, B 相对应触点为 7B-8B, C 相对应触点为 1A-2A)] 或 [五防后正电源 K101S→中控箱端子 X1：602→中控箱内断路器就地分合闸把手 S1 的合闸触点 (A 相对应触点为 9-10, B 相对应触点为 5-6, C 相对应触点为 1-2)→中控箱内远方/就地把手 S4 的就地位置触点 (A 相对应触点为 11B-12B, B 相对应触点为 5B-6B, C 相对应触点为 3A-4A)]→B 相中控箱内三相合闸储能监视接触器 K8 的动合触点 (A 相对应触点为 34-31, B 相对应触点为 24-21, C 相对应触点为 14-11)→对应相远方合闸回路 (中控箱内 A 相对应端子 XA：A610；B 相对应端子 XB：B610；C 相对应端子 XC：C610)→对应相分控箱内 (X1：610→远方/就地把手 S4 供远方合闸的 1-2 触点→X3：112)→对应相独立合闸公共回路
5	各相独立就地合闸回路	控制 Ⅰ正电源 K101→YBJ 五防电编码锁 1-2→五防后正电源 K101S→中控箱端子 X1：602→中控箱 (A 相对应端子 XA：A602, B 相对应端子 XB：B602, C 相对应端子 XC：C602)→对应相分控箱内 (端子 X1：602/X3：101→断路器就地分合闸把手 S1 的合闸触点 1-2→远方/就地把手 S4 的就地位置触点 3-4→X3：112)→对应相独立合闸公共回路
6	各相独立远方分闸 1 回路	[控制 Ⅰ正电源 K101→操作箱内对应相手跳继电器的动合触点操作箱内跳闸继电器或操作箱内永跳继电器 (一般由线路保护 Ⅰ三跳、永跳出口经三跳压板或线路保护 Ⅰ沟三出口经沟三压板或线路保护 Ⅰ收到远跳令经收信跳压板或辅助保护上失灵保护出口经失灵跳断路器 Ⅰ组压板或母差出口经跳断路器 Ⅰ组压板后启动) 的动合触点或本线保护 Ⅰ分相跳闸出口经分相跳闸 Ⅰ压板→中控箱内远方分闸 1 回路 (中控箱内 A 相对应端子 X1：630A, B 相对应端子 X1：630B, C 相对应端子 X1：630C)→中控箱内远方/就地把手 S4 的远方触点 (A 相对应触点为 7A-8A, B 相对应触点为 9A-10A, C 相对应触点为 13A-14A)] 或 [五防后正电源 K101S→中控箱端子 X1：601→中控箱内断路器就地分合闸把手 S1 的分闸触点 (A 相对应触点为 3-4, B 相对应触点为 7-8, C 相对应触点为 11-12)→中控箱内远方/就地把手 S4 的就地位置触点 (A 相对应触点为 5A-6A, B 相对应触点为 11A-12A, C 相对应触点为 15A-16A)]→对应相远方分闸 1 回路 (中控箱内 A 相对应端子 XA：A630；B 相对应端子 XB：B630；C 相对应端子 XC：C630)→对应相分控箱内 (X1：630→远方/就地把手 S4 供远方分闸 1 的 7-8 触点→X3：105)→对应相独立分闸 1 公共回路

序号	模块名称	模块分解辨识
7	非全相分闸 1 回路	[控制Ⅰ正电源 K101→中控箱 X1：600→非全相强迫第一组直跳接触器 K38 出口触点（A 相对应 11-14、B 相对应 21-24、C 相对应 31-34）]→对应相远方分闸 1 回路（中控箱内 A 相对应端子 XA：A630；B 相对应端子 XB：B630；C 相对应端子 XC：C630）→对应相分控箱内（X1：630→远方/就地把手 S4 供远方分闸 1 的 7-8 触点→X3：105）→对应相独立分闸 1 公共回路
8	各相独立就地分闸 1 回路	控制Ⅰ正电源 K101→YBJ 五防电编码锁 1-2→五防后正电源 K101S→中控箱端子 X1：601→中控箱（A 相对应端子 XA：A602，B 相对应端子 XB：B602，C 相对应端子 XC：C602）→对应相分控箱内（端子 X1：602/X1：601/X3：100/X3：102→断路器就地分合闸把手 S1 的分闸触点 3-4→远方/就地把手 S4 的就地位置触点 17-18→X3：105）→对应相独立分闸 1 公共回路
9	各相独立远方分闸 2 回路	[控制Ⅱ正电源 K201→操作箱内对应相手跳继电器的动合触点或操作箱内跳闸继电器或操作箱内永跳继电器（一般由线路保护Ⅱ三跳、永跳出口经三跳压板或线路保护Ⅱ沟三出口经沟三压板后或线路保护Ⅱ收到远跳令经收信跳压板或辅助保护上失灵保护出口经失灵跳断路器Ⅱ组压板或母差出口经跳断路器Ⅱ组压板后启动）的动合触点或本线保护Ⅱ分相跳闸出口经分相跳闸Ⅱ压板→中控箱内远方分闸 2 回路（中控箱内 A 相对应端子 X1：730A，B 相对应端子 X1：730B，C 相对应端子 X1：730C）→中控箱内远方/就地把手 S4 的远方触点（A 相对应触点为 21A-22A，B 相对应触点为 27A-28A，C 相对应触点为 13B-14B)]→对应相远方分闸 2 回路（中控箱内 A 相对应端子 XA：A730；B 相对应端子 XB：B730；C 相对应端子 XC：C730）→对应相分控箱内（X1：730→远方/就地把手 S4 供远方分闸 2 的 9-10 触点→X3：125）→对应相独立分闸 2 公共回路
10	非全相分闸 2 回路	[控制Ⅱ正电源 K201→中控箱内端子 X1：700→非全相强迫第二组直跳接触器 K37 出口触点（A 相对应 14-11、B 相对应 24-21、C 相对应 34-31)]→对应相远方分闸 2 回路（中控箱内 A 相对应端子 XA：A730；B 相对应端子 XB：B730；C 相对应端子 XC：C730）→对应相分控箱内（X1：730→远方/就地把手 S4 供远方分闸 2 的 9-10 触点→X3：125）→对应相独立分闸 2 公共回路

三、二次回路元器件辨识及其异动说明

二次回路元器件辨识及其异动说明如表 2-8 所示。

表 2-8　　　　　　　　　　　　　　　　　二次回路元器件辨识及其异动说明

序号	元器件名称编号	原始状态	元器件异动说明	元器件异动后果	元器件异动触发光字牌信号	
					断路器合闸状态	断路器分闸状态
1	SF$_6$ 密度继电器的微动开关 BD1（各相分控箱内均有）	低通压力触点，正常时断开	任一相断路器本体内 SF$_6$ 压力等于或低于 SF$_6$ 低气压报警接通值 0.62MPa 时，对应相 SF$_6$ 密度继电器内低通触点 1-2 触点通，沟通测控装置对应的信号光耦	任一相断路器本体内 SF$_6$ 压力等于或低于 SF$_6$ 低气压报警接通值 0.62MPa 时，对应相 SF$_6$ 密度继电器内低通触点 1-2 触点通，经测控装置对应信号光耦后发出"断路器低气压报警"光字牌	光字牌情况：断路器 SF$_6$ 气压低报警	光字牌情况：断路器 SF$_6$ 气压低报警

序号	元器件名称编号	原始状态	元器件异动说明	元器件异动后果	元器件异动触发光字牌信号	
					断路器合闸状态	断路器分闸状态
2	SF₆ 低总闭锁 1 接触器 K9（各相分控箱内均有）	正常时不励磁，触点上顶；动作后触点下压并掉桔黄色指示牌	任一相断路器本体内 SF₆ 压力等于或低于 SF₆ 总闭锁 1 接通值 0.60MPa 时，对应相 SF₆ 密度继电器内低通触点 3-4 通，沟通对应相 SF₆ 低总闭锁 1 接触器 K9 励磁	任一相 K9 接触器励磁后，其原来闭合的两对动断触点 32-31（分控箱 X3：111-BW1：13）、12-11（分控箱 X3：106-X0：11）断开并分别闭锁对应相合闸和分闸 1 回路，并通过 K9 接触器动合触点 21-24（分控箱 X1：872-X1：873，对应中控箱 A 相 XA：872-XA：873，B 相 XB：872-XB：873，C 相 XC：872-XC：873）沟通测控装置内对应的信号光耦后发出"断路器合/分闸 1 回路闭锁"光字牌	(1) 光字牌情况：1) 第一组控制回路断线；2) 断路器 SF₆ 气压低警报；3) 断路器合/分闸 1 回路闭锁；(2) 其他信号：操作箱上第一组对应相 OP 灯灭	(1) 光字牌情况：1) 第一组控制回路断线；2) 第二组控制回路断线；3) 断路器 SF₆ 气压低报警；4) 断路器合/分闸 1 回路闭锁。(2) 其他信号：测控柜上红绿灯均灭
3	SF₆ 低总闭锁 2 接触器 K10（各相分控箱内均有）	正常时不励磁，触点上顶；动作后触点下压并掉桔黄色指示牌	任一相断路器本体内 SF₆ 压力等于或低于 SF₆ 总闭锁 2 接通值 0.60MPa 时，对应相 SF₆ 密度继电器内低通触点 5-6 通，沟通对应相 SF₆ 低总闭锁 2 接触器 K10 励磁	任一相 K10 接触器励磁后，其原来闭合的动断触点 12-11（分控箱 X3：126-X0：21）断开并闭锁对应相分闸 2 回路，并通过 K10 接触器动合触点 21-24（分控箱 X1：960-X1：961，对应中控箱 A 相 XA：960-XA：961，B 相 XB：960-XB：961，C 相 XC：960-XC：961）沟通测控装置内对应的信号光耦后发出"断路器分闸 2 回路闭锁"光字牌	(1) 光字牌情况：1) 第二组控制回路断线；2) 断路器 SF₆ 气压低报警；3) 断路器分闸 2 回路闭锁；(2) 其他信号：操作箱上第二组对应相 OP 灯灭	光字牌情况：(1) 断路器 SF₆ 气压低报警；(2) 断路器分闸 2 回路闭锁
4	防跳接触器 K3（各相分控箱内均有）	正常时不励磁，触点上顶；动作后触点下压并掉桔黄色指示牌	各相断路器合闸后，为防止断路器跳开后却因合闸脉冲又较长时出现多次合闸，厂家设计了一旦某相断路器合闸到位后，该相断路器的动合辅助触点闭合，此时只要该相合闸回路（不论远控近控）仍存在合闸脉冲，对应相的 K3 接触器励磁并通过其动合触点自保持	对应相 K3 接触器励磁后：(1) 通过其动合触点 24-21 实现对应相 K3 接触器自保持；(2) 串入对应相合闸回路的防跳接触器 K3 的动断触点 12-11 断开，闭锁对应相合闸回路	无	(1) 光字牌情况：1) 第一组控制回路断线；2) 第二组控制回路断线。(2) 其他信号：测控柜上红绿灯均灭
5	弹簧储能行程开关 BW1、BW2（各相分控箱内均有）	未储能时动断触点闭合，储能到位后动合触点闭合	当断路器机构箱内弹簧未储能时，会即时发出"断路器弹簧未储能"信号，一般情况下经储能电机运转拉伸至已储能位置时，信号会自动消失，但若储能电机未能自动启动运转拉伸弹簧，此时将通过串接于对应相合闸公共回路中的弹簧储能行程开关 BW1 的已储能位置触点断开切断该相合闸回路，并通过中控箱内三相弹簧储能监视接触器 K8（注：三相均储能时励磁，任一相未储能时失磁）的动合触点断开切断三相合闸回路	当断路器机构箱内弹簧未储能时，会即时发出"断路器弹簧未储能"信号，一般情况下经储能电机运转拉伸至已储能位置时，信号会自动消失，但若储能电机未能自动启动运转拉伸弹簧，此时将通过串接于对应相合闸公共回路中的弹簧储能行程开关 BW1 的已储能位置触点断开切断该相合闸回路，并通过中控箱内三相弹簧储能监视接触器 K8（注：三相均储能时励磁，任一相未储能时失磁）的动合触点断开切断三相合闸回路	未储能时光字牌情况：断路器弹簧未储能	(1) 未储能时光字牌情况：1) 断路器弹簧未储能；2) 第一组控制回路断线；3) 第二组控制回路断线。(2) 未储能其他信号：测控柜上红绿灯均灭

序号	元器件名称编号	原始状态	元器件异动说明	元器件异动后果	元器件异动触发光字牌信号	
					断路器合闸状态	断路器分闸状态
6	储能电机手动/电动选择开关 Y7（各相分控箱内均有）	电动	当任一相断路器机构箱内弹簧未储能时，一般情况下该相储能电机会自动运转拉伸合闸弹簧至已储能位置，但若 Y7 被切换至手动位置，两台储能电机的电源空开 F1 及 F1.1 均将被 Y7 的手动触点短接跳开，导致储能电机交流控制回路及其驱动回路因失去电源而无法自动启动电机，此时将通过串接于对应相合闸公共回路中的弹簧储能行程开关 BW1 的已储能位置触点断开切断该相合闸回路，并通过中控箱内三相弹簧储能监视接触器 K8（注：三相均储能时励磁，任一相未储能时失磁）的动合触点断开切断三相合闸回路	任一相分控箱内 Y7 切换至手动位置后，若碰巧又遇上该相断路器跳闸，该相合闸弹簧因分闸脱扣释放能量导致弹簧储能不足时无法即时恢复储能，可能造成断路器三相合闸均被闭锁（注：中控箱内三相弹簧储能监视接触器 K8 在任一相未储能时失磁，失磁后 K8 的动合触点断开切断三相合闸回路）	无	无
7	储能电机运转交流接触器 1（各相分控箱内均有）Q1	正常时不励磁，长凹形吸钮为平置状态；动作后吸钮为吸入状态	当合闸弹簧因分闸脱扣释放能量导致弹簧储能不足时，弹簧储能行程开关 BW2 的弹簧未储能闭合触点 21-22、41-42 闭合，沟通两台储能电机运转接触器 Q1、Q1.1 励磁，使两台电机启动拉伸合闸弹簧储能，当合闸弹簧拉伸至已储能位置时，BW2 的 21-22、41-42 触点自动切断储能电机控制回路停止储能	储能电机运转接触器 Q1 励磁后： 1）其两对动合触点 1-2、5-6 及 Q1.1 的 3-4 触点接通储能电机 M1 电源使 M1 运转； 2）其 1 对动合触点 3-4 串入储能电机 M1.1 驱动回路； 3）其 1 对动合触点 13-14 与储能电机运转交流接触器 Q1.1 的动合触点 13-14 及弹簧储能行程开关 BW2 的已储能触点 33-34 串接后备用（注：本型号断路器无"储能电机运转"信号外引线）	无	无
8	储能电机运转接触器 2（各相分控箱内均有）Q1.1	正常时不励磁，长凹形吸钮为平置状态；动作后吸钮为吸入状态	当合闸弹簧因分闸脱扣释放能量导致弹簧储能不足时，弹簧储能行程开关 BW2 的弹簧未储能闭合触点 21-22、41-42 闭合，沟通两台储能电机运转接触器 Q1、Q1.1 励磁，使两台电机启动拉伸合闸弹簧储能，当合闸弹簧拉伸至已储能位置时，BW2 的 21-22、41-42 触点自动切断储能电机控制回路停止储能	储能电机运转接触器 Q1.1 励磁后： 1）其两对动合触点 1-2、5-6 及 Q1 的 3-4 触点接通储能电机 M1.1 电源使 M1.1 运转； 2）其 1 对动合触点 3-4 串入储能电机 M1 驱动回路； 3）其 1 对动合触点 13-14 与储能电机运转交流接触器 Q1 的动合触点 13-14 及弹簧储能行程开关 BW2 的已储能触点 33-34 串接后备用（注：本型号断路器无"储能电机运转"信号外引线）	无	无

序号	元器件名称编号	原始状态	元器件异动说明	元器件异动后果	元器件异动触发光字牌信号	
					断路器合闸状态	断路器分闸状态
9	储能电机控制及 M1 驱动电源空开 F1（各相分控箱内均有）	合闸	当合闸弹簧因分闸脱扣释放能量导致弹簧储能不足时，弹簧储能行程开关 BW2 的弹簧未储能闭合触点 21-22、41-42 闭合，沟通两台储能电机运转接触器 Q1、Q1.1 励磁，使两台电机启动拉伸合闸弹簧储能，当合闸弹簧拉伸至已储能位置时，BW2 的 21-22、41-42 触点自动切断储能电机控制回路停止储能	任一相分控箱内 F1 电源空开跳开后，该相断路器机构的合闸弹簧储能电机运转接触器 Q1、Q1.1 将失去控制电源，合闸弹簧储能电机 M1 将失去动力电源，同时通过 F1 的 21-22〔对应各分控箱内端子 X1：878-X1；879，对应中控箱内端子（XA：A878-XA；A879 为 A 相引来，XB：B878-XB；B879 为 B 相引来，XC：C878-XC；C879 为 C 相引来）〕沟通测控装置内对应的信号光耦后发出"断路器电机电源空开跳开"信号，若短时间内不及时修复，当弹簧能量在运行中耗损后可能造成断路器三相合闸均被闭锁（注：中控箱内三相弹簧储能监视接触器 K8 在任一相未储能时失磁，失磁后 K8 的动合触点断开切断三相合闸回路）	光字牌情况：断路器电机电源跳开	光字牌情况：断路器电机电源跳开
10	储能电机 M1.1 驱动电源空开 F1.1（各相分控箱内均有）	合闸	当合闸弹簧因分闸脱扣释放能量导致弹簧储能不足时，弹簧储能行程开关 BW2 的弹簧未储能闭合触点 21-22、41-42 闭合，沟通两台储能电机运转接触器 Q1、Q1.1 励磁，使两台电机启动拉伸合闸弹簧储能，当合闸弹簧拉伸至已储能位置时，BW2 的 21-22、41-42 触点自动切断储能电机控制回路停止储能	任一相分控箱内 F1.1 电源空开跳开后，该相断路器机构的合闸弹簧储能电机运转接触器 Q1、Q1.1 将无法励磁，合闸弹簧储能电机 M1.1 将失去动力电源，同时通过 F1.1 的 21-22〔对应各分控箱内端子 X1：878-X1；879，对应中控箱内端子（XA：A878-XA；A879 为 A 相引来，XB：B878-XB；B879 为 B 相引来，XC：C878-XC；C879 为 C 相引来）〕沟通测控装置内对应的信号光耦后发出"断路器电机电源空开跳开"信号，若短时间内不及时修复，当弹簧能量在运行中耗损后可能造成断路器三相合闸均被闭锁（注：中控箱内三相弹簧储能监视接触器 K8 在任一相未储能时失磁，失磁后 K8 的动合触点断开切断三相合闸回路）	光字牌情况：断路器电机电源跳开	光字牌情况：断路器电机电源跳开

序号	元器件名称编号	原始状态	元器件异动说明	元器件异动后果	元器件异动触发光字牌信号	
					断路器合闸状态	断路器分闸状态
11	加热器及门灯电源空开 F2（各相分控箱内均有）	合闸	正常情况下，常投加热器电源空开 F2，启动加热器 E1 加热，当气温或湿度达到温湿度传感器设定值时，温控器输出触点自动启动加热器 E2 加热	任一相分控箱内 F2 电源空开跳开后，通过相应相分控箱内 F2 的 21-22［对应各分控箱内端子 X1：884-X1：885，对应中控箱内端子（XA：A884-XA：A885 为 A 相引来，XB：B884-XB：B885 为 B 相引来，XC：C884-XC：C885 为 C 相引来）］沟通测控装置内对应的信号光耦后发出"断路器加热器空开跳开"信号；在气候潮湿情况下，有可能引起一些对环境要求较高的元器件绝缘降低	光字牌情况：断路器加热器空开跳开	光字牌情况：路器加热器空开跳开
12	隔离/就地/远控转换开关 S4（各相分控箱内均有）	远方	将 ABB 断路器分控箱内远方/就地转换开关 S4 切换至"就地"位置后，可通过分控箱就地分合闸操作把手 S1 操作断路器	将 ABB 断路器分控箱内远方/就地转换开关 S4 切换至"就地"位置后，将引起保护（含保护出口、本体非全相）、远控分合闸、中控箱分合闸回路断线，当保护出口或需紧急操作时造成保护拒动或远控操作失灵	(1) 光字牌情况： 1) 第一组控制回路断线； 2) 第二组控制回路断线； 3) 断路器机构箱就地位置。 (2) 其他信号： 1) 测控柜上红绿灯均灭； 2) 操作箱上两组对应相 OP 灯均灭	(1) 光字牌情况： 1) 第一组控制回路断线； 2) 第二组控制回路断线； 3) 断路器机构箱就地位置。 (2) 其他信号：测控柜上红绿灯均灭
13	就地分合闸操作把手 S1（各相分控箱内均有）	中间位置	将 ABB 断路器分控箱内远方/就地转换开关 S4 切换至"就地"位置后，可通过分控箱就地分合闸操作把手 S1 操作断路器	在"五防"满足的情况下，可以实现就地分合闸，但规程规定为防止断路器非同期合闸，严禁就地合断路器（检修或试验除外）	无	无
14	断路器位置分闸指示绿灯 H1、合闸指示红灯 H3（各相分控箱内均有）	分闸位置时绿灯亮，合闸位置时红灯亮	分闸位置时绿灯亮，合闸位置时红灯亮	无	无	无
15	三相合闸储能监视接触器 K8（中控箱）	正常时励磁并掉桔黄色指示牌（任一相弹簧未储能时失磁）	当断路器机构箱内各相合闸弹簧均储能时，沟通三相合闸储能监视接触器 K8 励磁，此时若任一相断路器机构箱内弹簧未储能，将导致三相合闸储能监视接触器 K8 失磁实现断路器三相合闸闭锁	当某相断路器机构箱内弹簧未储能到位，对应相断路器机构内弹簧的合闸能量不足，该相断路器机构箱内弹簧储能行程开关 BW1 的弹簧已储能闭合触点 33-34 断开，三相合闸储能监视接触器 K8 失磁，其串接于断路器各合闸回路的动合触点（34-31、24-21、14-11）返回切断断路器合闸回路，无法进行断路器的合闸操作，一般情况下还会伴有"断路器弹簧未储能"信号	光字牌情况：断路器弹簧未储能	(1) 光字牌情况： 1) 断路器弹簧未储能； 2) 第一组控制回路断线； 3) 第二组控制回路断线。 (2) 其他信号：测控柜上红绿灯均灭

序号	元器件名称编号	原始状态	元器件异动说明	元器件异动后果	元器件异动触发光字牌信号	
					断路器合闸状态	断路器分闸状态
16	非全相启动第一组直跳时间接触器K36（中控箱）	正常时不励磁，触点上顶；动作后触点下压并掉桔黄色指示牌（断路器跳闸后不自保持）	在"投第一组非全相保护功能LP31压板"正常投入情况下，断路器此时若发生非全相运行，将沟通K36时间接触器励磁	K36励磁并经设定时间延时后输出1对动合触点沟通非全强迫第一组直跳接触器K38励磁，由K38的三对动合触点分别沟通各相断路器第一组跳闸线圈跳闸，同时K38励磁后还输出1对动合触点沟通非全相保护1跳闸信号自保持接触器K34励磁，并由K34动合触点发出"断路器非全相保护1动作"光字牌	（1）光字牌情况：断路器非全相保护1动作（机构箱）。（2）其他信号：中控箱内表示非全相保护动作的FA31内嵌指示灯亮	（1）光字牌情况：断路器非全相保护1动作（机构箱）。（2）其他信号：中控箱内表示非全相保护动作的FA31内嵌指示灯亮
17	非全相强迫第一组直跳接触器K38（中控箱）	正常时不励磁，触点上顶；动作后触点下压并掉掉桔黄色指示牌（断路器跳闸后不自保持）	在"投第一组非全相保护LP31压板"正常投入情况下，断路器此时若发生非全相运行，启动K36励磁并经设定时间延时后，由K36动合触点沟通K38接触器励磁	K38励磁后：1）由K38三对动合触点11-14（中控箱XA：A630）、21-24（中控箱XB：B630）、31-34（中控箱XC：C630）经分控箱内S4远方位置后分别沟通各相断路器第一组跳闸线圈跳闸；2）还提供1对动合触点44-41沟通非全相保护1跳闸信号自保持接触器K34励磁，并由K34动合触点发出"断路器非全相保护1动作"光字牌	（1）光字牌情况：断路器非全相保护1动作（机构箱）。（2）其他信号：中控箱内表示非全相保护动作的FA31内嵌指示灯亮	（1）光字牌情况：断路器非全相保护1动作（机构箱）。（2）其他信号：中控箱内表示非全相保护动作的FA31内嵌指示灯亮
18	非全相保护1跳闸信号自保持接触器K34（中控箱）	正常时不励磁，触点上顶；动作后触点下压，桔黄色指示掉牌后并自保持	断路器非全相时，经设定时间延时后沟通K38励磁，跳开合闸相，为了留下动作记录，由K38接触器输出一对动合触点沟通K34接触器励磁，并由K34接触器输出一对动合触点实现自保持	K34励磁后，K34输出3对动合触点：（1）其动合触点24-21闭合后实现K34接触器自保持；（2）其动合触点14-11点亮FA31复位按钮内嵌指示灯；（3）其动合触点34-31［中控箱X1：921-X：922］沟通测控装置内对应的信号光耦后发出"断路器非全相保护1动作（机构箱）"光字牌	（1）光字牌情况：断路器非全相保护1动作（机构箱）。（2）其他信号：中控箱内表示非全相保护动作的FA31内嵌指示灯亮	（1）光字牌情况：断路器非全相保护1动作（机构箱）。（2）其他信号：中控箱内表示非全相保护动作的FA31内嵌指示灯亮

序号	元器件名称编号	原始状态	元器件异动说明	元器件异动后果	元器件异动触发光字牌信号	
					断路器合闸状态	断路器分闸状态
19	非全相启动第二组直跳时间接触器 K35（中控箱）	正常时不励磁，触点上顶；动作后触点下压并掉桔黄色指示牌（断路器跳闸后不自保持）	在"投第二组非全相保护 LP32 压板"正常投入情况下，断路器此时若发生非全相运行，将沟通 K35 时间接触器励磁	K35 励磁并经设定时间延时后输出 1 对动合触点沟通非全相强迫第二组直跳接触器 K37 励磁，由 K37 的三对动合触点分别沟通各相断路器第二组跳闸线圈跳闸，同时 K37 励磁后还输出 1 对动合触点沟通非全相保护 2 跳闸信号自保持接触器 K35 励磁，并由 K35 动合触点发出"断路器非全相保护 2 动作"光字牌	（1）光字牌情况：断路器非全相保护 2 动作（机构箱）。 （2）其他信号：中控箱内表示非全相保护动作的 FA32 内嵌指示灯亮	（1）光字牌情况：断路器非全相保护 2 动作（机构箱）。 （2）其他信号：中控箱内表示非全相保护动作的 FA32 内嵌指示灯亮
20	非全相强迫第二组直跳接触器 K37（中控箱）	正常时不励磁，触点上顶；动作后触点下压并掉桔黄色指示牌（断路器跳闸后不自保持）	在"投第二组非全相保护 LP32 压板"正常投入情况下，断路器此时若发生非全相运行，启动 K35 励磁并经设定时间延时后，由 K35 动合触点沟通 K37 接触器励磁	K37 励磁后： （1）其三对动合触点 14-11（中控箱 X1；700-XA；A730）、24-21（中控箱 X1；700-XB；B730）、34-31（中控箱 X1；700-XC；C730）经分控箱内 S4 远方位置后分别沟通各相断路器第二组跳闸线圈跳闸； （2）还提供 1 对动合触点 44-41 沟通非全相保护 2 跳闸信号自保持接触器 K33 励磁，并由 K33 动合触点发出"断路器非全相保护 2 动作"光字牌	（1）光字牌情况：断路器非全相保护 2 动作（机构箱）。 （2）其他信号：中控箱内表示非全相保护动作的 FA32 内嵌指示灯亮	（1）光字牌情况：断路器非全相保护 2 动作（机构箱）。 （2）其他信号：中控箱内表示非全相保护动作的 FA32 内嵌指示灯亮
21	非全相保护 2 跳闸信号自保持接触器 K33（中控箱）	正常时不励磁，触点上顶；动作后触点下压，桔黄色指示掉牌后并自保持	断路器非全相时，经设定时间延时后沟通 K37 励磁，跳开合闸相，为了留下动作记录，由 K37 接触器输出一对动合触点沟通 K33 接触器励磁，并由 K34 接触器输出一对动合触点实现自保持	K33 励磁后，K33 输出 3 对动合触点： （1）其动合触点 24-21 闭合后实现 K33 接触器自保持； （2）其动合触点 14-11 点亮 FA32 复位按钮内嵌指示灯； （3）其动合触点 34-31［中控箱 X1；923-X；924］沟通测控装置内对应的信号光耦后发出"断路器非全相保护 2 动作（机构箱）"光字牌	（1）光字牌情况：断路器非全相保护 2 动作（机构箱）。 （2）其他信号：中控箱内表示非全相保护动作的 FA32 内嵌指示灯亮	（1）光字牌情况：断路器非全相保护 2 动作（机构箱）。 （2）其他信号：中控箱内表示非全相保护动作的 FA32 内嵌指示灯亮
22	非全相保护 1 复位按钮 FA31（内嵌指示灯，中控箱）	内嵌指示灯不亮	断路器非全相保护动作 1 动作后，可通过按下该按钮使 K34 非全相保护跳闸信号自保持接触器复归	按下 FA31 非全相复位按钮后，并使 K34 非全相保护跳闸信号自保持接触器复归，FA31 内嵌指示灯灭，"非全相保护动作 1"光字牌消失	无	无

序号	元器件名称编号	原始状态	元器件异动说明	元器件异动后果	元器件异动触发光字牌信号	
					断路器合闸状态	断路器分闸状态
23	非全相保护2复位按钮FA32（内嵌指示灯，中控箱）	内嵌指示灯不亮	断路器非全相保护动作2动作后，可通过按下该按钮使K33非全相保护跳闸信号自保持接触器复归	按下FA32非全相复位按钮后，K33非全相保护跳闸信号自保持接触器复归，FA32内嵌指示灯灭，"非全相保护动作2"光字牌消失	无	无
24	就地/远控转换开关S4（中控箱）	远方	将ABB断路器中控箱内远方/就地转换开关S4切换至"就地"位置后，可通过中控箱就地分合闸操作把手S1操作断路器分合闸	将ABB断路器中控箱内远方/就地转换开关S4切换至"就地"位置后，将引起保护（注：仅保护装置出口，不含本体非全相）及远控分合闸回路断线，当保护有出口或需紧急远方操作时造成保护拒动或远控操作失灵	(1) 光字牌情况： 1) 第一组控制回路断线； 2) 第二组控制回路断线； 3) 断路器中控箱就地位置（不一定有外接线）。 (2) 其他信号： 1) 测控柜上红绿灯均灭； 2) 操作箱上两组对应相OP灯均灭	(1) 光字牌情况： 1) 第一组控制回路断线； 2) 第二组控制回路断线； 3) 断路器中控箱就地位置（不一定有外接线）。 (2) 其他信号：测控柜上红绿灯均灭
25	就地分合闸操作把手S1（中控箱）	中间位置	将ABB断路器中控箱内远方/就地转换开关S4切换至"就地"位置后，可通过中控箱就地分合闸操作把手S1操作断路器分合闸	在五防满足的情况下，可以实现就地分合闸，但规程规定为防止断路器非同期合闸，严禁就地合断路器（检修或试验除外）	无	无
26	中控箱加热器及门灯电源空开F2（中控箱）	合闸	正常情况下，合上中控箱加热器及门灯电源空开F2，启动加热器E1加热，当气温或湿度达到温湿度传感器设定值时，温控器输出触点自动启动加热器E2加热	中控箱加热器及门灯电源空开F2跳开后，在气候潮湿情况下，有可能引起一些对环境要求较高的元器件绝缘降低	无	无

第五节　北京 ABB 公司 HPL550B2 型 500kV 高压断路器（B 相中控箱布置1）二次回路辨识

一、二次回路功能模块化分解原理图

1. 合闸回路原理接线图

北京 ABB 公司 HPL550B2 型 500kV 高压断路器（B 相中控箱布置1）合闸回路原理接线图见图 2-74。

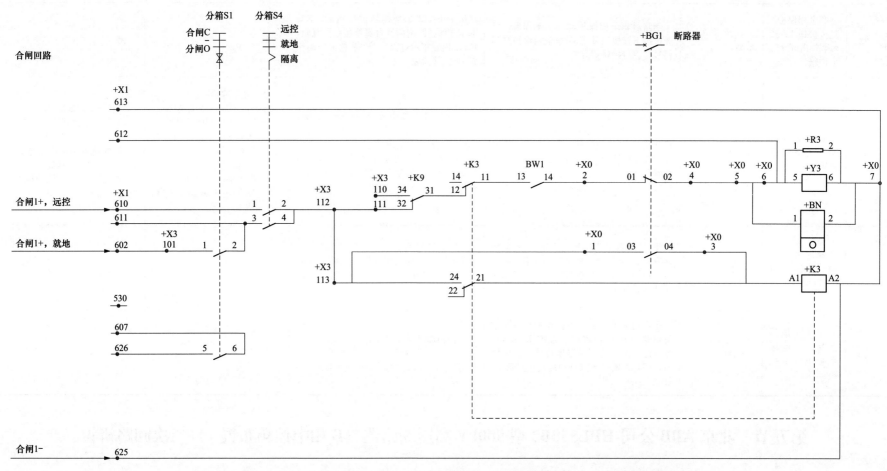

图 2-74　北京 ABB 公司 HPL550B2 型 500kV 高压断路器（B 相中控箱布置 1）合闸回路原理接线图

2. 分闸回路 1 原理接线图

北京 ABB 公司 HPL550B2 型 500kV 高压断路器（B 相中控箱布置 1）分闸回路 1 原理接线图见图 2-75。

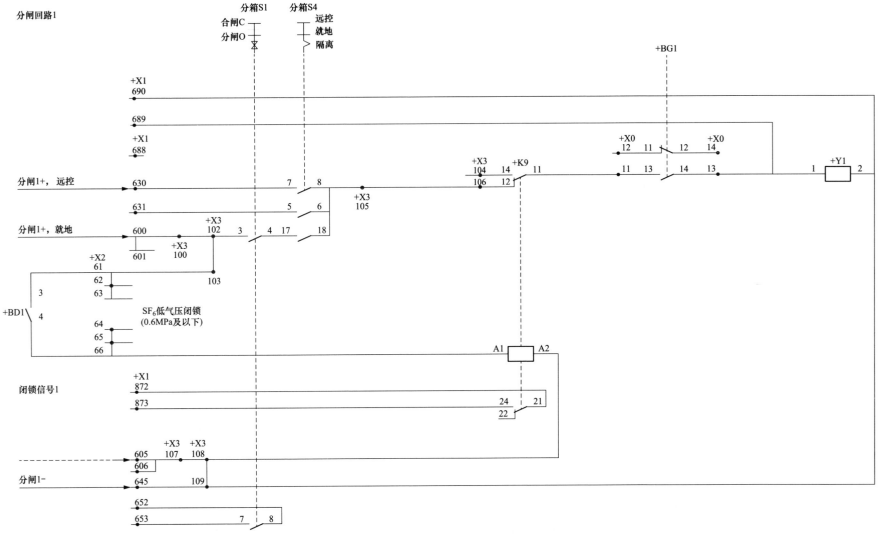

图 2-75 北京 ABB 公司 HPL550B2 型 500kV 高压断路器（B 相中控箱布置 1）分闸回路 1 原理接线图

3. 分闸回路2原理接线图

北京 ABB 公司 HPL550B2 型 500kV 高压断路器（B 相中控箱布置 1）分闸回路 2 原理接线图见图 2-76。

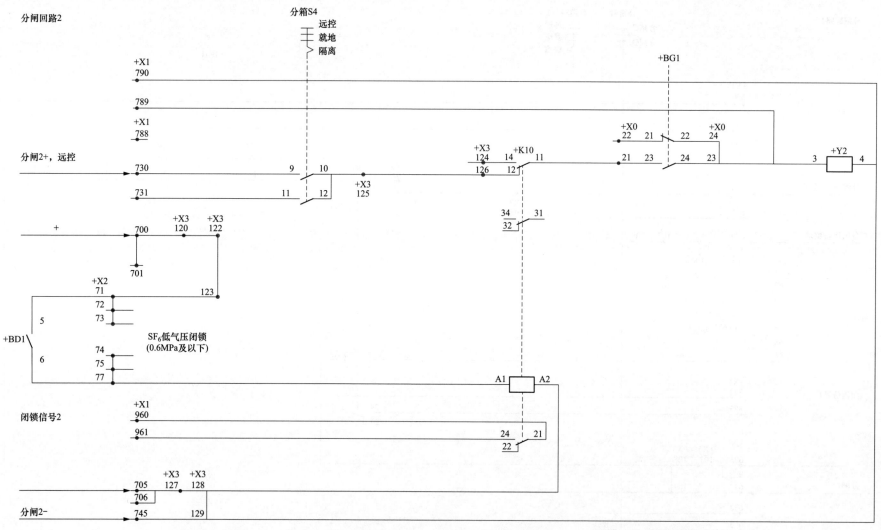

图 2-76　北京 ABB 公司 HPL550B2 型 500kV 高压断路器（B 相中控箱布置 1）分闸回路 2 原理接线图

4. 信号回路原理接线图

北京 ABB 公司 HPL550B2 型 500kV 高压断路器（B 相中控箱布置 1）信号回路原理接线图见图 2-77。

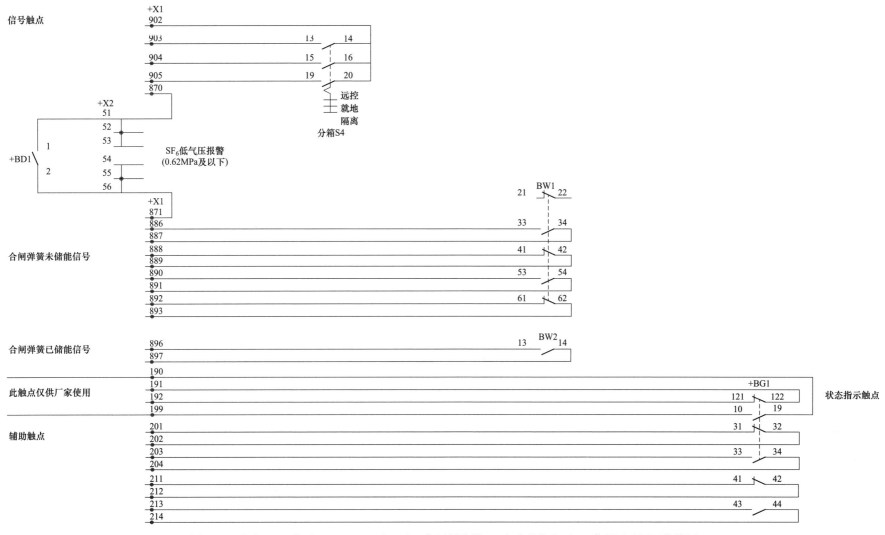

图 2-77　北京 ABB 公司 HPL550B2 型 500kV 高压断路器（B 相中控箱布置 1）信号回路原理接线图

131

5. 辅助触点及分合闸指示灯回路二次原理接线

北京 ABB 公司 HPL550B2 型 500kV 高压断路器（B 相中控箱布置 1）辅助触点及分合闸指示灯回路原理接线图见图 2-78。

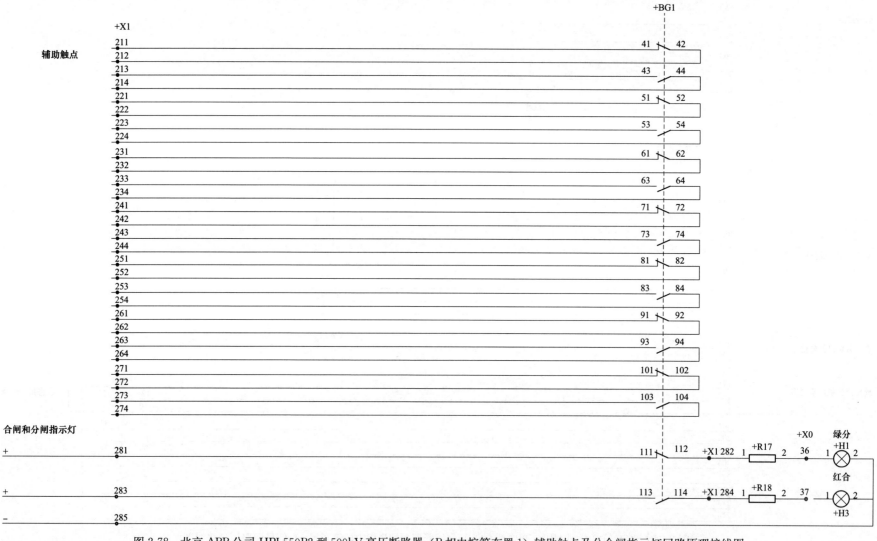

图 2-78　北京 ABB 公司 HPL550B2 型 500kV 高压断路器（B 相中控箱布置 1）辅助触点及分合闸指示灯回路原理接线图

6. 储能电机及加热器回路原理接线图

北京 ABB 公司 HPL550B2 型 500kV 高压断路器（B 相中控箱布置 1）储能电机及加热器回路原理接线图如图 2-79 所示。

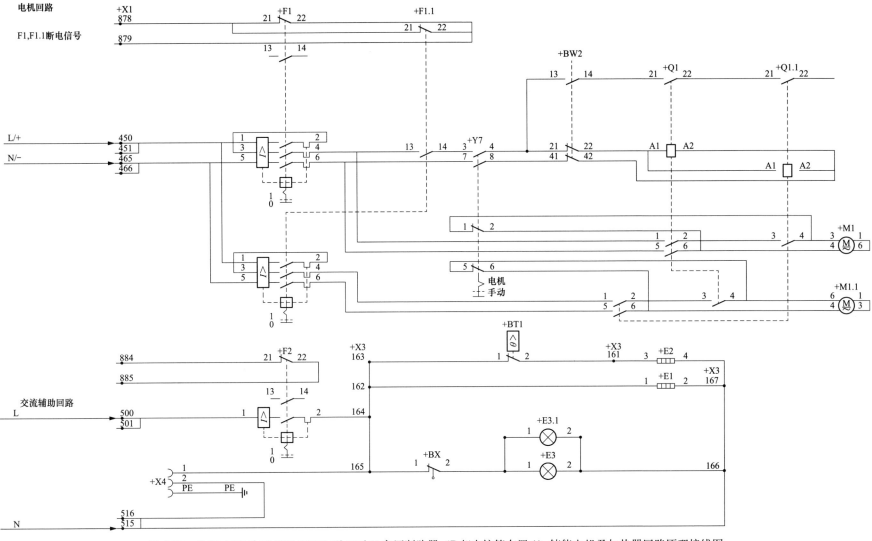

图 2-79　北京 ABB 公司 HPL550B2 型 500kV 高压断路器（B 相中控箱布置 1）储能电机及加热器回路原理接线图

7. 分控箱端子排图

北京 ABB 公司 HPL550B2 型 500kV 高压断路器（B 相中控箱布置 1）分控箱端子排图见图 2-80。

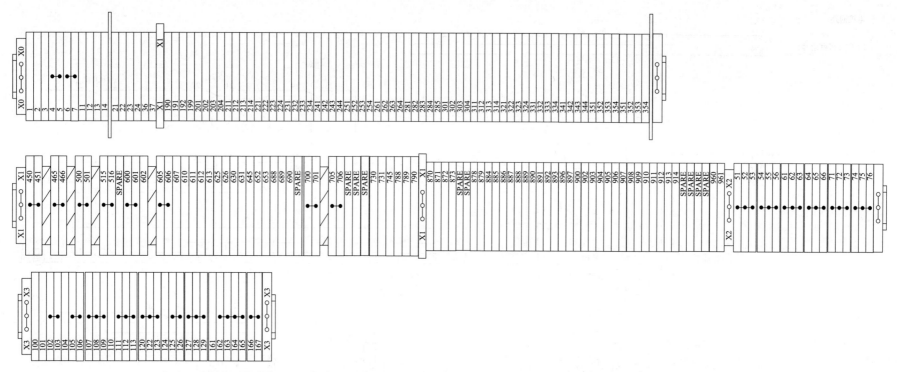

图 2-80　北京 ABB 公司 HPL550B2 型 500kV 高压断路器（B 相中控箱布置 1）分控箱端子排图

8. 中控箱合闸回路及非全相保护 1 回路原理接线图

北京 ABB 公司 HPL550B2 型 500kV 高压断路器（B 相中控箱布置 1）中控箱合闸回路及非全相保护 1 回路原理接线图见图 2-81。

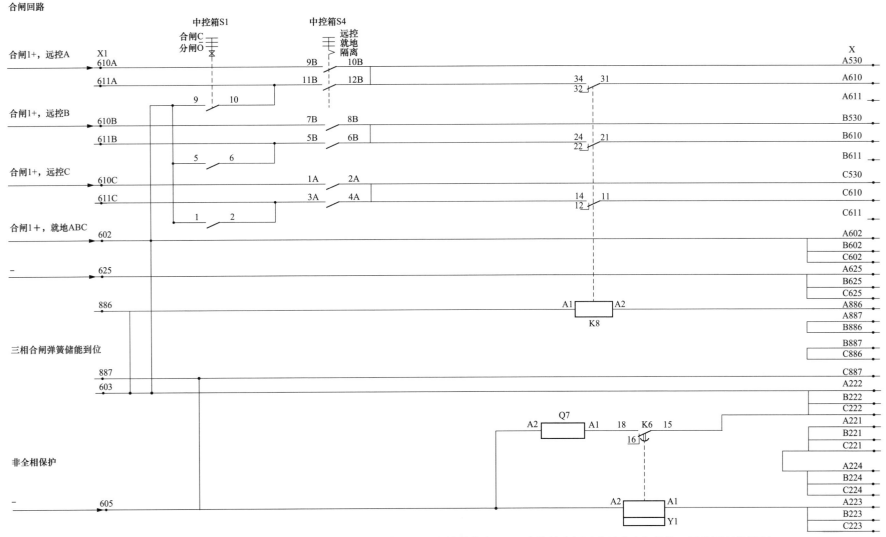

图 2-81　北京 ABB 公司 HPL550B2 型 500kV 高压断路器（B 相中控箱布置 1）中控箱合闸回路及非全相保护 1 回路原理接线图

135

9. 中控箱分闸回路 1 原理接线图

北京 ABB 公司 HPL550B2 型 500kV 高压断路器（B 相中控箱布置 1）中控箱分闸回路 1 原理接线图见图 2-82。

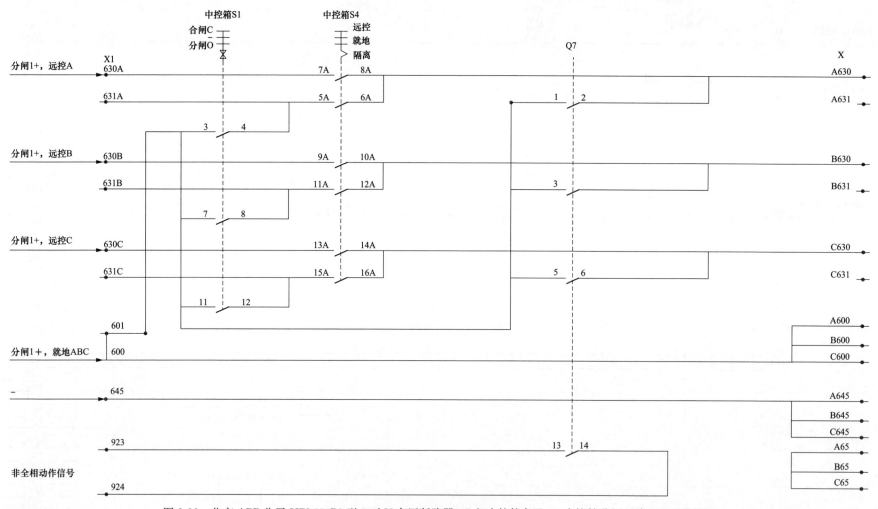

图 2-82　北京 ABB 公司 HPL550B2 型 500kV 高压断路器（B 相中控箱布置 1）中控箱分闸回路 1 原理接线图

10. 中控箱分闸回路 2、非全相保护 2 及 SF₆ 低气压闭锁信号 2 回路接线图

北京 ABB 公司 HPL550B2 型 500kV 高压断路器（B 相中控箱布置 1）中控箱分闸回路 2、非全相保护 2 及 SF₆ 低气压闭锁信号 2 回路接线图见图 2-83。

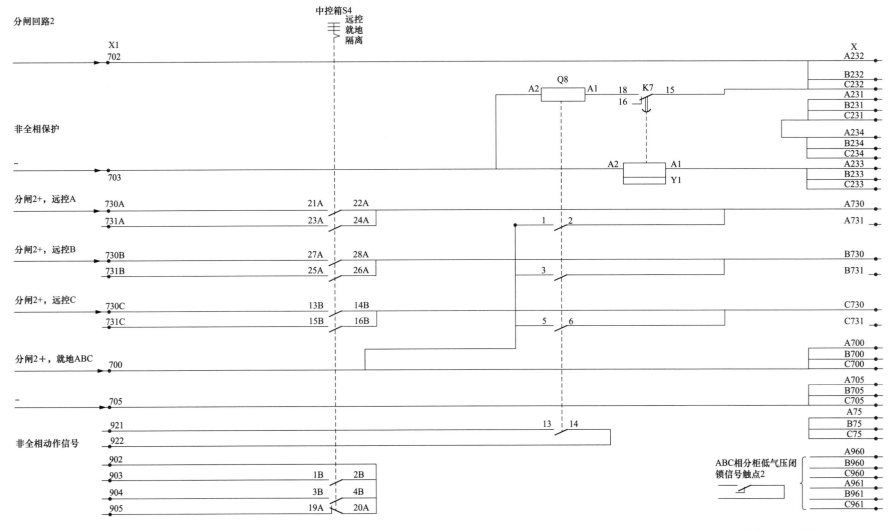

图 2-83　北京 ABB 公司 HPL550B2 型 500kV 高压断路器（B 相中控箱布置 1）中控箱分闸回路 2、非全相保护 2 及 SF₆ 低气压闭锁信号 2 回路接线图

11. 分控箱经中控箱汇总的信号回路图

北京 ABB 公司 HPL550B2 型 500kV 高压断路器（B 相中控箱布置 1）分控箱经中控箱汇总的信号回路图见图 2-84。

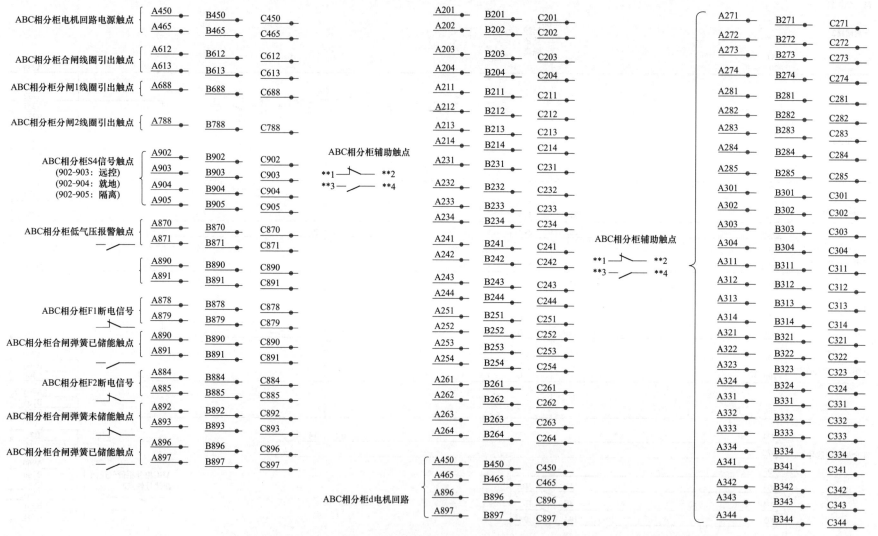

图 2-84　北京 ABB 公司 HPL550B2 型 500kV 高压断路器（B 相中控箱布置 1）分控箱经中控箱汇总的信号回路图

12. 中控箱端子排图

北京 ABB 公司 HPL550B2 型 500kV 高压断路器（B 相中控箱布置 1）中控箱端子排图见图 2-85。

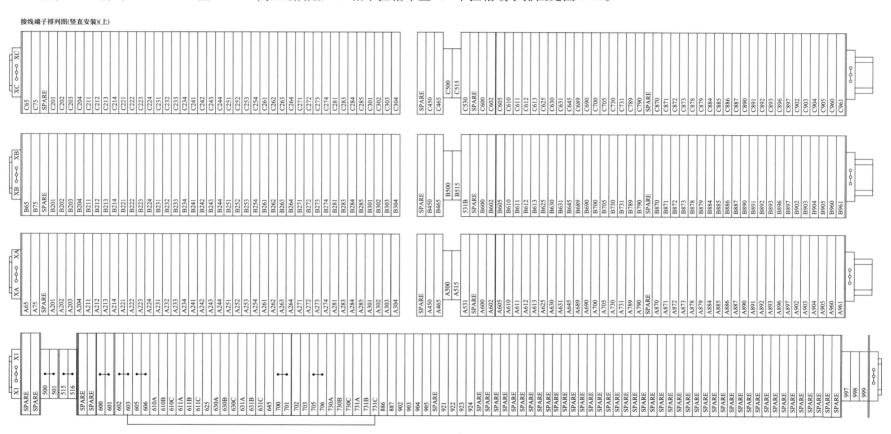

图 2-85　北京 ABB 公司 HPL550B2 型 500kV 高压断路器（B 相中控箱布置 1）中控箱端子排图

二、断路器二次回路功能模块化分解辨识

断路器二次回路功能模块化分解辨识见表 2-9。

表 2-9 **断路器二次回路功能模块化分解辨识**

序号	模块名称	模块分解辨识
1	各相独立合闸公共回路	分控箱内〔X3：112/X3：111→SF₆ 低总闭锁 1 接触器 K9 动断触点 32-31→防跳接触器 K3 动断触点 12-11→弹簧储能行程开关 BW1 已储能触点 13-14→X0：2→断路器动断辅助触点 BG1 的 01-02→X0：4/X0：5→(X0：6→对应相合闸线圈 Y3 的 5-6→X0：7) 或 (合闸计数器 BN 的 1-2)→X1：625〕→B 相中控箱内 (端子 XA：A625/XB：B625/XC：C625→X1：625)→控制负电源 K102
2	各相独立分闸 1 公共回路	分控箱内 (X3：105/X3：106→SF₆ 低总闭锁 1 接触器 K9 动断触点 12-11→X0：11→断路器动合辅助触点 BG1 的 13-14→X0：13→对应相分闸线圈 Y1 的 1-2→X3：109/X1：645)→B 相中控箱 (A 相对应端子 XA：A645，B 相对应端子 XB：B645，C 相对应端子 XC：C645)→B 相中控箱 X1：645→控制 I 负电源 K102
3	各相独立分闸 2 公共回路	分控箱内 (X3：125/X3：126→SF₆ 低总闭锁 2 接触器 K10 动断触点 12-11→X0：21→断路器动合辅助触点 BG1 的 23-24→X0：23→对应相分闸线圈 Y2 的 3-4→X3：129/X3：128/X3：127/X1：705)→B 相中控箱 (A 相对应端子 XA：A705，B 相对应端子 XB：B705，C 相对应端子 XC：C705)→B 相中控箱 X1：705→控制 II 负电源 K202
4	各相分控箱内独立远方合闸回路	〔控制 I 正电源 K101→操作箱内手合继电器的动合触点或操作箱内重合闸重动继电器的动合触点→操作箱内自保持继电器→B 相中控箱内远方合闸回路 (B 相中控箱内 A 相对应端子 X1：610A，B 相对应端子 X1：610B，C 相对应端子 X1：610C)→B 相中控箱内远方/就地把手 S4 的远方触点 (A 相对应触点为 9B-10B，B 相对应触点为 7B-8B，C 相对应触点为 1A-2A) 或〔五防后正电源 K101S→B 相中控箱端子 X1：602→B 相中控箱内断路器就地分合闸把手 S1 的合闸触点 (A 相对应触点为 9-10，B 相对应触点为 5-6，C 相对应触点为 1-2)→B 相中控箱内远方/就地把手 S4 的就地位置触点 (A 相对应触点为 11B-12B，B 相对应触点为 5B-6B，C 相对应触点为 3A-4A)〕→B 相中控箱内三相合闸储能监视接触器 K8 的动合触点 (A 相对应触点为 34-31，B 相对应触点为 24-21，C 相对应触点为 14-11)→对应相远方合闸回路 (B 相中控箱内 A 相对应端子 XA：A610；B 相对应端子 XB：B610；C 相对应端子 XC：C610)→对应相分控箱内 (X1：610→远方/就地把手 S4 供远方合闸的 1-2 触点→X3：112)→对应相独立合闸公共回路
5	各相独立就地合闸回路	控制 I 正电源 K101→YBJ 五防电编码锁 1-2→五防后正电源 K101S→B 相中控箱内 (端子 X1：602→XA：A602/XB：B602/XC：C602)→对应相分控箱内 (端子 X1：602/X3：101→断路器就地分合闸把手 S1 的合闸触点 1-2→远方/就地把手 S4 的就地位置触点 3-4→X3：112)→对应相独立合闸公共回路
6	各相独立远方分闸 1 回路	〔控制 I 正电源 K101→操作箱内对应相手跳继电器的动合触点或操作箱内跳闸继电器或操作箱内永跳继电器 (一般由线路保护 I 三跳、永跳出口经三跳压板或线路保护 I 沟三出口经沟三压板或线路保护 I 收到远跳令经收信跳压板或辅助保护上失灵保护出口经失灵跳断路器 I 组压板或母差出口经跳断路器 I 组压板后启动) 的动合触点或本线保护 I 分相跳闸出口经分相跳闸 I 压板→B 相中控箱内远方分闸 1 回路 (B 相中控箱内 A 相对应端子 X1：630A，B 相对应端子 X1：630B，C 相对应端子 X1：630C)→B 相中控箱内远方/就地把手 S4 的远方触点 (A 相对应触点为 7A-8A，B 相对应触点为 9A-10A，C 相对应触点为 13A-14A)〕或〔五防后正电源 K101S→B 相中控箱端子 X1：601→B 相中控箱内断路器就地分合闸把手 S1 的分闸触点 (A 相对应触点为 3-4，B 相对应触点为 7-8，C 相对应触点为 11-12)→B 相中控箱内远方/就地把手 S4 的就地位置触点 (A 相对应触点为 5A-6A，B 相对应触点为 11A-12A，C 相对应触点为 15A-16A)〕→对应相远方分闸 1 回路 (B 相中控箱内 A 相对应端子 XA：A630；B 相对应端子 XB：B630；C 相对应端子 XC：C630)→对应相分控箱内 (X1：630→远方/就地把手 S4 供远方分闸 1 的 7-8 触点→X3：105)→对应相独立分闸 1 公共回路

序号	模块名称	模块分解辨识
7	非全相分闸 1 回路	[控制 I 正电源 K101→非全相强迫第一组直跳接触器 Q7 出口触点（A 相对应 1-2、B 相对应 3-4、C 相对应 5-6）]→对应相远方分闸 1 回路（B 相中控箱内 A 相对应端子 XA：A630；B 相对应端子 XB：B630；C 相对应端子 XC：C630）→对应相分控箱内（X1：630→远方/就地把手 S4 供远方分闸 1 的 7-8 触点→X3：105）→对应相独立分闸 1 公共回路
8	各相独立就地分闸 1 回路	控制 I 正电源 K101→YBJ 五防电编码锁 1-2→五防后正电源 K101S→B 相中控箱内（端子 X1：602→XA：A602/XB：B602/XC：C602）→对应相分控箱内（端子 X1：602/X3：102→断路器就地分合闸把手 S1 的分闸触点 3-4→远方/就地把手 S4 的就地位置触点 17-18→X3：105）→对应相独立分闸 1 公共回路
9	各相独立远方分闸 2 回路	[控制 II 正电源 K201→操作箱内对应相手跳继电器的动合触点或操作箱内跳闸继电器或操作箱内永跳继电器（一般由线路保护 II 三跳、永跳出口经三跳压板或线路保护 II 沟三出口经沟三压板后或线路保护 II 收到远跳令经收信跳压板或辅助保护上失灵保护出口经失灵跳断路器 II 组压板或母差出口经跳断路器 II 组压板后启动）的动合触点或本线保护 II 分相跳闸出口经分相跳闸 II 压板→B 相中控箱内远方分闸 2 回路（B 相中控箱内 A 相对应端子 X1：730A，B 相对应端子 X1：730B，C 相对应端子 X1：730C）→B 相中控箱内远方/就地把手 S4 的远方触点（A 相对应触点为 21A-22A，B 相对应触点为 27A-28A，C 相对应触点为 13B-14B）]→对应相远方分闸 2 回路（B 相中控箱内 A 相对应端子 XA：A730；B 相对应端子 XB：B730；C 相对应端子 XC：C730）→对应相分控箱内（X1：730→远方/就地把手 S4 供远方分闸 2 的 9-10 触点→X3：125）→对应相独立分闸 2 公共回路
10	非全相分闸 2 回路	[控制 II 正电源 K201→B 相中控箱内端子 X1：700→非全相强迫第二组直跳接触器 Q8 出口触点（A 相对应 1-2、B 相对应 3-4、C 相对应 5-6）]→对应相远方分闸 2 回路（B 相中控箱内 A 相对应端子 XA：A730；B 相对应端子 XB：B730；C 相对应端子 XC：C730）→对应相分控箱内（X1：730→远方/就地把手 S4 供远方分闸 2 的 9-10 触点→X3：125）→对应相独立分闸 2 公共回路

三、二次回路元器件辨识及其异动说明

二次回路元器件辨识及其异动说明见表 2-10。

表 2-10　　　　　　　　　　　　　　　　　二次回路元器件辨识及其异动说明

序号	元器件名称编号	原始状态	元器件异动说明	元器件异动后果	元器件异动触发光字牌信号	
					断路器合闸状态	断路器分闸状态
1	SF_6 密度继电器的微动开关 BD1（各相分控箱内均有）	低通压力触点，正常时断开	任一相断路器本体内 SF_6 压力等于或低于 SF_6 低气压报警接通值 0.62MPa 时，对应相 SF_6 密度继电器内低通触点 1-2 触点通，沟通测控装置对应的信号光耦	任一相断路器本体内 SF_6 压力等于或低于 SF_6 低气压报警接通值 0.62MPa 时，对应相 SF_6 密度继电器内低通触点 1-2 触点通，经测控装置对应信号光耦后发出"断路器 SF_6 气压低报警"光字牌	光字牌情况：断路器 SF_6 气压低报警	光字牌情况：断路器 SF_6 气压低报警

序号	元器件名称编号	原始状态	元器件异动说明	元器件异动后果	元器件异动触发光字牌信号	
					断路器合闸状态	断路器分闸状态
2	SF₆ 低总闭锁 1 接触器 K9（各相分控箱内均有）	正常时不励磁，触点上顶，动作后触点下压并掉桔黄色指示牌	任一相断路器本体内 SF₆ 压力等于或低于 SF₆ 总闭锁 1 接通值 0.60MPa 时，对应相 SF₆ 密度继电器内低通触点 3-4 通，沟通对应相 SF₆ 低总闭锁 1 接触器 K9 励磁	任一相 K9 接触器励磁后，其原来闭合的两对动断触点 32-31（分控箱 X3：111-K3：12）、12-11（分控箱 X3：106-X0：11）断开并分别闭锁对应相合闸和分闸 1 回路，并通过 K9 接触器动合触点 21-24（分控箱 X1：872-X1：873）沟通测控装置内对应的信号光耦后发出"断路器 SF₆ 气压低闭锁"光字牌	（1）光字牌情况： 1）第一组控制回路断线； 2）断路器 SF₆ 气压低报警； 3）断路器 SF₆ 总闭锁 1。 （2）其他信号：操作箱上第一组对应相 OP 灯灭	（1）光字牌情况： 1）第一组控制回路断线； 2）第二组控制回路断线； 3）断路器 SF₆ 气压低报警； 4）断路器 SF₆ 总闭锁 1。 （2）其他信号：测控柜上红绿灯均灭
3	SF₆ 低总闭锁 2 接触器 K10（各相分控箱内均有）	正常时不励磁，触点上顶，动作后触点下压并掉桔黄色指示牌	任一相断路器本体内 SF₆ 压力等于或低于 SF₆ 总闭锁 2 接通值 0.60MPa 时，对应相 SF₆ 密度继电器内低通触点 5-6 通，沟通对应相 SF₆ 低总闭锁 2 接触器 K10 励磁	任一相 K10 接触器励磁后，其原来闭合的动断触点 12-11（分控箱 X3：126-X0：21）断开并闭锁对应相分闸 2 回路，并通过 K10 接触器动合触点 21-24（分控箱 X1：960-X1：961）沟通测控装置内对应的信号光耦后发出"断路器 SF₆ 气压低闭锁"光字牌	（1）光字牌情况： 1）第二组控制回路断线； 2）断路器 SF₆ 气压低报警； 3）断路器 SF₆ 气压低闭锁断路器 SF₆ 总闭锁 2。 （2）其他信号：操作箱上第二组对应相 OP 灯灭	（1）光字牌情况： 1）断路器 SF₆ 气压低报警； 2）断路器 SF₆ 气压低闭锁断路器 SF₆ 总闭锁 2。 （2）其他信号：无
4	防跳接触器 K3（各相分控箱内均有）	正常时不励磁，触点上顶，动作后触点下压并掉桔黄色指示牌	各相断路器合闸后，为防止断路器跳开后却因合闸脉冲又较长时出现多次合闸，厂家设计了一旦某相断路器合闸到位后，该相断路器的动合辅助触点闭合，此时只要该相合闸回路（不论远控近控）仍存在合闸脉冲，对应相的 K3 接触器励磁并通过其动合触点自保持	对应相 K3 接触器励磁后： （1）通过其动合触点 24-21 实现对应相 K3 接触器自保持； （2）串入对应相合闸回路的防跳接触器 K3 的动断触点 12-11 断开，闭锁对应相合闸回路	无	（1）光字牌情况： 1）第一组控制回路断线； 2）第二组控制回路断线。 （2）其他信号：测控柜上红绿灯均灭
5	弹簧储能行程断路器 BW1、BW2（各相分控箱内均有）	未储能时动断触点闭合，储能到位后动合触点闭合	当断路器机构箱内弹簧未储能时，会即时发出"断路器弹簧未储能"信号，一般情况下经储能电机运转拉伸至已储能位置时，信号会自动消失，但若储能电机未能自动启动运转拉伸弹簧，此时将通过串接于对应相合闸公共回路中的弹簧储能行程开关 BW1 的已储能位置触点断切断该相合闸回路，并通过中控箱内三相弹簧储能监视接触器 K8（注：三相均储能时励磁，任一相未储能时失磁）的动合触点断开切断三相合闸回路	当断路器机构箱内弹簧未储能时，会即时发出"断路器弹簧未储能"信号，一般情况下经储能电机运转拉伸至已储能位置时，信号会自动消失，但若储能电机未能自动启动运转拉伸弹簧，此时将通过串接于对应相合闸公共回路中的弹簧储能行程开关 BW1 的已储能位置触点断切断该相合闸回路，并通过中控箱内三相弹簧储能监视接触器 K8（注：三相均储能时励磁，任一相未储能时失磁）的动合触点断开切断三相合闸回路	未储能时光字牌情况：断路器弹簧未储能	（1）未储能时光字牌情况： 1）断路器弹簧未储能； 2）第一组控制回路断线； 3）第二组控制回路断线。 （2）未储能其他信号：测控柜上红绿灯均灭

序号	元器件名称编号	原始状态	元器件异动说明	元器件异动后果	元器件异动触发光字牌信号	
					断路器合闸状态	断路器分闸状态
6	储能电机手动/电动选择开关 Y7（各相分控箱内均有）	电动	当任一相断路器机构箱内弹簧未储能时，一般情况下该相储能电机会自动运转拉伸合闸弹簧至已储能位置，但若 Y7 被切换至手动位置，两台储能电机的电源空开 F1 及 F1.1 均将被 Y7 的手动触点短接跳开，导致储能电机交流控制回路及其驱动回路因失去电源而无法自动启动电机，此时将通过串接于对应相合闸公共回路中的弹簧储能行程开关 BW1 的已储能位置触点断开切断该相合闸回路，并通过中控箱内三相弹簧储能监视接触器 K8（注：三相均储能时励磁，任一相未储能时失磁）的动合触点断开切断三相合闸回路	任一相分控箱内 Y7 切换至手动位置后，若碰巧又遇上该相断路器跳闸，该相合闸弹簧因分闸脱扣释放能量导致弹簧储能不足时无法即时恢复储能，可能造成断路器三相合闸均被闭锁（注：中控箱内三相弹簧储能监视接触器 K8 在任一相未储能时失磁，失磁后 K8 的动合触点断开切断三相合闸回路）	无	无
7	储能电机运转交流接触器 1 Q1（各相分控箱内均有）	正常时不励磁，长凹形吸纽为平置状态；动作后吸纽为吸入状态	当合闸弹簧因分闸脱扣释放能量导致弹簧储能不足时，弹簧储能行程开关 BW2 的弹簧未储能闭合触点 21-22、41-42 闭合，沟通两台储能电机运转接触器 Q1、Q1.1 励磁，使两台电机启动拉伸合闸弹簧储能，当合闸弹簧拉伸至已储能位置时，BW2 的 21-22、41-42 触点自动切断储能电机控制回路停止储能	储能电机运转接触器 Q1 励磁后：（1）其两对动合触点 1-2、5-6 及 Q1.1 的 3-4 触点接通储能电机 M1 电源使 M1 运转；（2）其 1 对动合触点 3-4 串入储能电机 M1.1 驱动回路；（3）其 1 对动断触点 21-22 与储能电机运转交流接触器 Q1.1 的动断触点 21-22 及弹簧储能行程开关 BW2 的已储能触点 13-14 串接后备用（注：本型号断路器无"储能电机运转"信号外引线）	无	无
8	储能电机运转接触器 2（各相分控箱内均有）Q1.1	正常时不励磁，长凹形吸纽为平置状态；动作后吸纽为吸入状态	当合闸弹簧因分闸脱扣释放能量导致弹簧储能不足时，弹簧储能行程断路器 BW2 的弹簧未储能闭合触点 21-22、41-42 闭合，沟通两台储能电机运转接触器 Q1、Q1.1 励磁，使两台电机启动拉伸合闸弹簧储能，当合闸弹簧拉伸至已储能位置时，BW2 的 21-22、41-42 触点自动切断储能电机控制回路停止储能	储能电机运转接触器 Q1.1 励磁后：（1）其两对动合触点 1-2、5-6 及 Q1 的 3-4 触点接通储能电机 M1.1 电源使 M1.1 运转；（2）其 1 对动合触点 3-4 串入储能电机 M1 驱动回路；（3）其 1 对动断触点 21-22 与储能电机运转交流接触器 Q1.1 的动断触点 21-22 及弹簧储能行程开关 BW2 的已储能触点 13-14 串接后备用（注：本型号断路器无"储能电机运转"信号外引线）	无	无

序号	元器件名称编号	原始状态	元器件异动说明	元器件异动后果	元器件异动触发光字牌信号	
					断路器合闸状态	断路器分闸状态
9	储能电机控制及 M1 驱动电源空开 F1（各相分控箱内均有）	合闸	当合闸弹簧因分闸脱扣释放能量导致弹簧储能不足时，弹簧储能行程开关 BW2 的弹簧未储能闭合触点 21-22、41-42 闭合，沟通两台储能电机运转接触器 Q1、Q1.1 励磁，使两台电机启动拉伸合闸弹簧储能，当合闸弹簧拉伸至已储能位置时，BW2 的 21-22、41-42 触点自动切断储能电机控制回路停止储能	任一相分控箱内 F1 电源空开跳开后，该相断路器机构的合闸弹簧储能电机运转接触器 Q1、Q1.1 将失去控制电源，合闸弹簧储能电机 M1 将失去动力电源，同时通过 F1 的 21-22［对应各分控箱内端子 X1：878-X1：879，对应 B 相中控箱内端子（XA：A878-XA：A879 为 A 相引来，XB：B878-XB：B879 为 B 相引来，XC：C878-XC：C879 为 C 相引来）］沟通测控装置内对应的信号光耦后发出"断路器电机电源空开跳开"信号，若短时间内不及时修复，当弹簧能量在运行中耗损后可能造成断路器三相合闸均被闭锁（注：中控箱内三相弹簧储能监视接触器 K8 在任一相未储能时失磁，失磁后 K8 的动合触点断开切断三相合闸回路）	光字牌情况：断路器电机电源跳开	光字牌情况：断路器电机电源跳开
10	储能电机 M1.1 驱动电源空开 F1.1（各相分控箱内均有）	合闸	当合闸弹簧因分闸脱扣释放能量导致弹簧储能不足时，弹簧储能行程开关 BW2 的弹簧未储能闭合触点 21-22、41-42 闭合，沟通两台储能电机运转接触器 Q1、Q1.1 励磁，使两台电机启动拉伸合闸弹簧储能，当合闸弹簧拉伸至已储能位置时，BW2 的 21-22、41-42 触点自动切断储能电机控制回路停止储能	任一相分控箱内 F1.1 电源空开跳开后，该相断路器机构的合闸弹簧储能电机运转接触器 Q1、Q1.1 将无法励磁，合闸弹簧储能电机 M1.1 将失去动力电源，同时通过 F1.1 的 21-22［对应各分控箱内端子 X1：878-X1：879，对应 B 相中控箱内端子（XA：A878-XA：A879 为 A 相引来，XB：B878-XB：B879 为 B 相引来，XC：C878-XC：C879 为 C 相引来）］沟通测控装置内对应的信号光耦后发出"断路器电机电源空开跳开"信号，若短时间内不及时修复，当弹簧能量在运行中耗损后可能造成断路器三相合闸均被闭锁（注：中控箱内三相弹簧储能监视接触器 K8 在任一相未储能时失磁，失磁后 K8 的动合触点断开切断三相合闸回路）	光字牌情况：断路器电机电源跳开	光字牌情况：断路器电机电源跳开

序号	元器件名称编号	原始状态	元器件异动说明	元器件异动后果	元器件异动触发光字牌信号	
					断路器合闸状态	断路器分闸状态
11	加热器及门灯电源空开 F2（各相分控箱内均有）	合闸	正常情况下，常投加热器电源空开 F2，启动加热器 E1 加热，当气温或湿度达到温湿度传感器设定值时，温控器输出触点自动启动加热器 E2 加热	任一相分控箱内 F2 电源空开跳开后，通过相应相分控箱内 F2 的 21-22［对应各分控箱内端子 X1；884-X1；885，对应中控箱内端子（XA；A884-XA；A885 为 A 相引来，XB；B884-XB；B885 为 B 相引来，XC；C884-XC；C885 为 C 相引来）］沟通测控装置内对应的信号光耦后发出"断路器加热器空开跳开"信号；在气候潮湿情况下，有可能引起一些对环境要求较高的元器件绝缘降低	光字牌情况：断路器加热器空开跳开	光字牌情况：断路器加热器空开跳开
12	隔离/就地/远控转换开关 S4（各相分控箱内均有）	远方	将 ABB 断路器分控箱内远方/就地转换开关 S4 切换至"就地"位置后，可通过分控箱就地分合闸操作把手 S1 操作断路器	将 ABB 断路器分控箱内远方/就地转换开关 S4 切换至"就地"位置后，将引起保护（含保护出口、本体非全相）、远控分合闸、中控箱分合闸回路断线，当保护有出口或需紧急操作时造成保护拒动或远控操作失灵	（1）光字牌情况： 1）第一组控制回路断线； 2）第二组控制回路断线； 3）断路器机构箱就地控制。 （2）其他信号： 1）测控柜上红绿灯均灭； 2）操作箱上两组对应相 OP 灯均灭	（1）光字牌情况： 1）第一组控制回路断线； 2）第二组控制回路断线； 3）断路器机构箱就地控制。 （2）其他信号：测控柜上红绿灯均灭
13	就地分合闸操作把手 S1（各相分控箱内均有）	中间位置	将 ABB 断路器分控箱内远方/就地转换开关 S4 切换至"就地"位置后，可通过分控箱就地分合闸操作把手 S1 操作断路器分合闸	在五防满足的情况下，可以实现就地分合闸，但规程规定为防止断路器非同期合闸，严禁就地合断路器（检修或试验除外）	无	无
14	断路器位置分闸指示绿灯 H1、合闸指示红灯 H3（各相分控箱内均有）	分闸位置时绿灯亮，合闸位置时红灯亮	分闸位置时绿灯亮，合闸位置时红灯亮	无	无	无
15	三相合闸储能监视接触器 K8（中控箱）	正常时励磁并掉桔黄色指示牌（任一相弹簧未储能时失磁）	当断路器机构箱内各相合闸弹簧均储能时，沟通三相合闸储能监视接触器 K8 励磁，此时若任一相断路器机构箱内弹簧未储能，将导致三相合闸储能监视接触器 K8 失磁实现断路器三相合闸闭锁	当某相断路器机构箱内弹簧未储能到位，对应相断路器机构内弹簧的合闸能量不足，该断路器机构箱内弹簧储能行程开关 BW1 的弹簧已储能闭合触点 33-34 断开，三相合闸储能监视接触器 K8 失磁，其串接于断路器各相合闸回路的动合触点（34-31、24-21、14-11）返回切断断路器合闸回路，无法进行断路器的合闸操作，一般情况下还会伴有"断路器弹簧未储能"信号	光字牌情况：断路器弹簧未储能	（1）光字牌情况： 1）断路器弹簧未储能； 2）第一组控制回路断线； 3）第二组控制回路断线。 （2）其他信号：测控柜上红绿灯均灭

序号	元器件名称编号	原始状态	元器件异动说明	元器件异动后果	元器件异动触发光字牌信号	
					断路器合闸状态	断路器分闸状态
16	非全相启动第一组直跳时间接触器 K6（中控箱）	正常时不励磁，触点上顶；动作后触点下压并掉桔黄色指示牌（断路器跳闸后不自保持）	断路器发生非全相运行时，将沟通 K6 时间接触器励磁	K6 励磁并经设定时间延时后输出 1 对动合触点沟通非全相强迫第一组直跳接触器 Q7 励磁，由 Q7 的三对动合触点分别沟通各相断路器第一组跳闸线圈跳闸，并由 Q7 动合触点 13-14（B 相中控箱 X1：923-X1：924）发出"断路器非全相保护 1 动作"光字牌（不会自保持）	光字牌情况：断路器非全相保护 1 动作（机构箱）	光字牌情况：断路器非全相保护 1 动作（机构箱）
17	非全相强迫第一组直跳接触器 Q7（中控箱）	正常时不励磁，触点上顶；动作后触点下压并掉桔黄色指示牌（断路器跳闸后不自保持）	断路器发生非全相运行时沟通 K6 接触器励磁并经设定时间延时后，由 K6 动合触点沟通 Q7 接触器励磁	Q7 励磁后： （1）由 Q7 三对动合触点 1-2（中控箱 XA：601-XA：A630）、3-4（XA：601-中控箱 XB：B630）、5-6（XA：601-中控箱 XC：C630）经分控箱内 S4 远方位置后分别沟通各相断路器第一组跳闸线圈跳闸； （2）还提供 1 对动合触点 13-14（B 相中控箱 X1：923-X1：924）发出"断路器非全相保护 1 动作"光字牌	光字牌情况：断路器非全相保护 1 动作（机构箱）	光字牌情况：断路器非全相保护 1 动作（机构箱）
18	非全相启动第二组直跳时间接触器 K7（中控箱）	正常时不励磁，触点上顶；动作后触点下压并掉桔黄色指示牌（断路器跳闸后不自保持）	断路器发生非全相运行时，将沟通 K7 时间接触器励磁	K7 励磁并经设定时间延时后输出 1 对动合触点沟通非全相强迫第二组直跳接触器 Q8 励磁，由 Q8 的三对动合触点分别沟通各相断路器第二组跳闸线圈跳闸，并由 Q8 动合触点 13-14（B 相中控箱 X1：921-X1：922）发出"断路器非全相保护 2 动作"光字牌（不会自保持）	光字牌情况：断路器非全相保护 2 动作（机构箱）	光字牌情况：断路器非全相保护 2 动作（机构箱）
19	非全相强迫第二组直跳接触器 Q8（中控箱）	正常时不励磁，触点上顶；动作后触点下压并掉桔黄色指示牌（断路器跳闸后不自保持）	断路器发生非全相运行时沟通 K7 接触器励磁并经设定时间延时后，由 K7 动合触点沟通 Q8 接触器励磁	Q8 励磁后： （1）由 Q8 三对动合触点 1-2（中控箱 X1：700-XA：A730）、3-4（中控箱 X1：700-XB：B730）、5-6（中控箱 X1：700-XC：C730）经分控箱内 S4 远方位置后分别沟通各相断路器第二组跳闸线圈跳闸； （2）还提供 1 对动合触点 13-14（B 相中控箱 X1：921-X1：922）发出"断路器非全相保护 2 动作"光字牌	光字牌情况：断路器非全相保护 2 动作（机构箱）	光字牌情况：断路器非全相保护 2 动作（机构箱）

序号	元器件名称编号	原始状态	元器件异动说明	元器件异动后果	元器件异动触发光字牌信号	
					断路器合闸状态	断路器分闸状态
20	就地/远控转换开关 S4（中控箱）	远方	将 ABB 断路器中控箱内远方/就地转换开关 S4 切换至"就地"位置后，可通过中控箱就地分合闸操作把手 S1 操作断路器分合闸	将 ABB 断路器中控箱内远方/就地转换开关 S4 切换至"就地"位置后，将引起保护（注：仅保护装置出口，不含本体非全相）及远控分合闸回路断线，当保护有出口或需紧急远方操作时造成保护拒动或远控操作失灵	（1）光字牌情况： 1）第一组控制回路断线； 2）第二组控制回路断线； 3）断路器中控箱就地位置。 （2）其他信号： 1）测控柜上红绿灯均灭； 2）操作箱上两组对应相 OP 灯均灭	（1）光字牌情况： 1）第一组控制回路断线； 2）第二组控制回路断线； 3）断路器中控箱就地位置。 （2）其他信号：测控柜上红绿灯均灭
21	就地分合闸操作把手 S1（中控箱）	中间位置	将 ABB 断路器中控箱内远方/就地转换开关 S4 切换至"就地"位置后，可通过中控箱就地分合闸操作把手 S1 操作断路器分合闸	在五防满足的情况下，可以实现就地分合闸，但规程规定为防止断路器非同期合闸，严禁就地合断路器（检修或试验除外）	无	无
22	中控箱加热器投退把手 Q2（中控箱）	有两个位置（0、1），正常时投"1"位置	正常情况下，中控箱加热器投退把手 Q2 置"1"，启动加热器 E1 加热，当气温或湿度达到温湿度传感器设定值时，温控器输出触点自动启动加热器 E2 加热	中控箱加热器投退把手置"0"后，在气候潮湿情况下，有可能引起一些对环境要求较高的元器件绝缘降低	无	无

第六节　北京 ABB 公司 HPL550B2 型 500kV 断路器（B 相中控箱布置 2）二次回路辨识

一、二次回路功能模块化分解原理图

1. 合闸回路原理接线图

北京 ABB 公司 HPL550B2 型 500kV 断路器（B 相中控箱布置 2）合闸回路原理接线图见图 2-86。

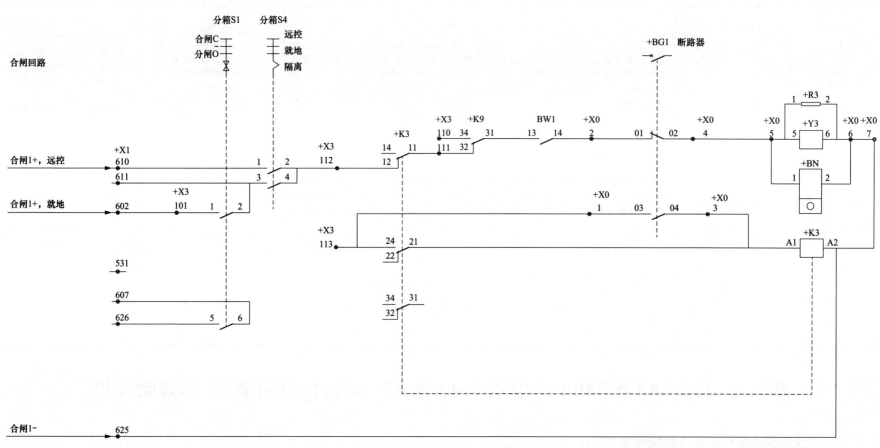

图 2-86 北京 ABB 公司 HPL550B2 型 500kV 断路器（B 相中控箱布置 2）合闸回路原理接线图

2. 分闸回路 1 原理接线图

北京 ABB 公司 HPL550B2 型 500kV 断路器（B 相中控箱布置 2）分闸回路 1 原理接线图见图 2-87。

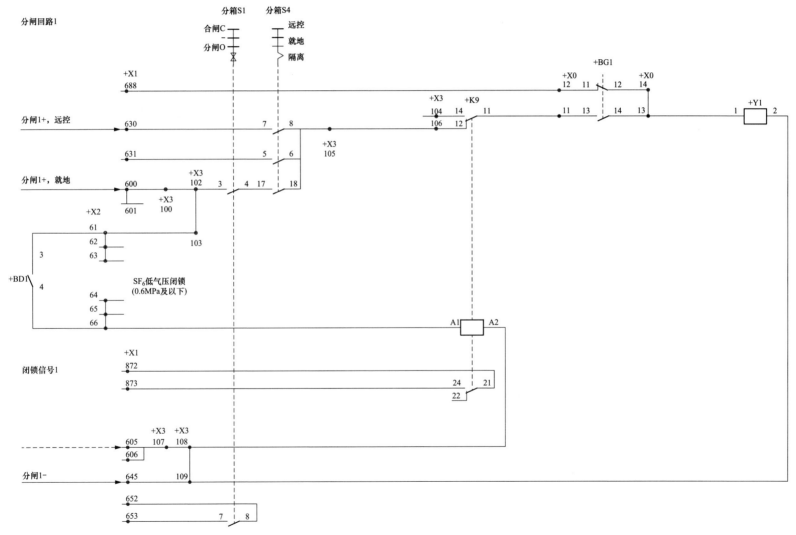

图 2-87　北京 ABB 公司 HPL550B2 型 500kV 断路器（B 相中控箱布置 2）分闸回路 1 原理接线图

3. 分闸回路 2 原理接线图

北京 ABB 公司 HPL550B2 型 500kV 断路器（B 相中控箱布置 2）分闸回路 2 原理接线图见图 2-88。

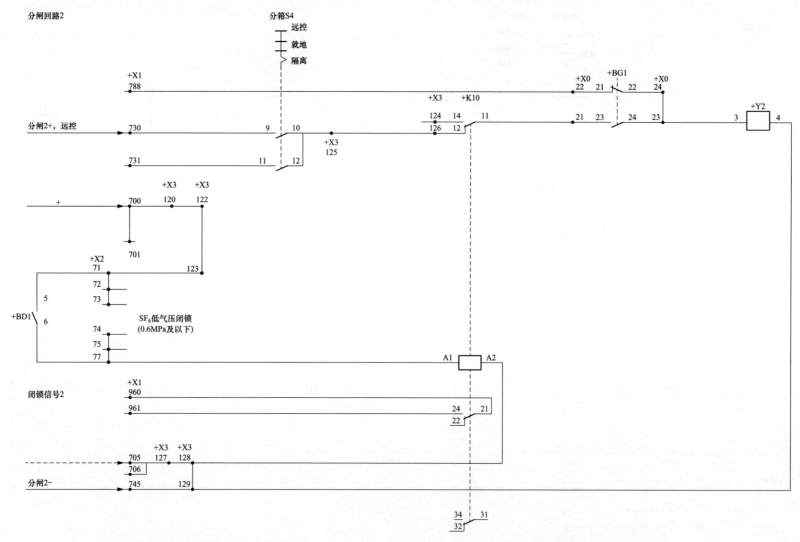

图 2-88　北京 ABB 公司 HPL550B2 型 500kV 断路器（B 相中控箱布置 2）分闸回路 2 原理接线图

4. 信号回路原理接线图

北京 ABB 公司 HPL550B2 型 500kV 断路器（B 相中控箱布置 2）信号回路原理接线图见图 2-89。

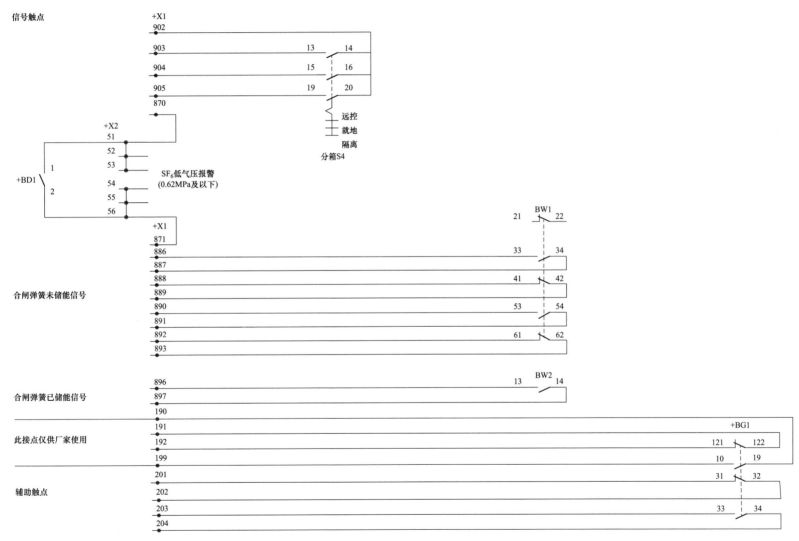

图 2-89　北京 ABB 公司 HPL550B2 型 500kV 断路器（B 相中控箱布置 2）信号回路原理接线图

5. 辅助触点及分合闸指示灯回路二次原理接线图

北京 ABB 公司 HPL550B2 型 500kV 断路器（B 相中控箱布置 2）辅助触点及分合闸指示灯回路原理接线图见图 2-90。

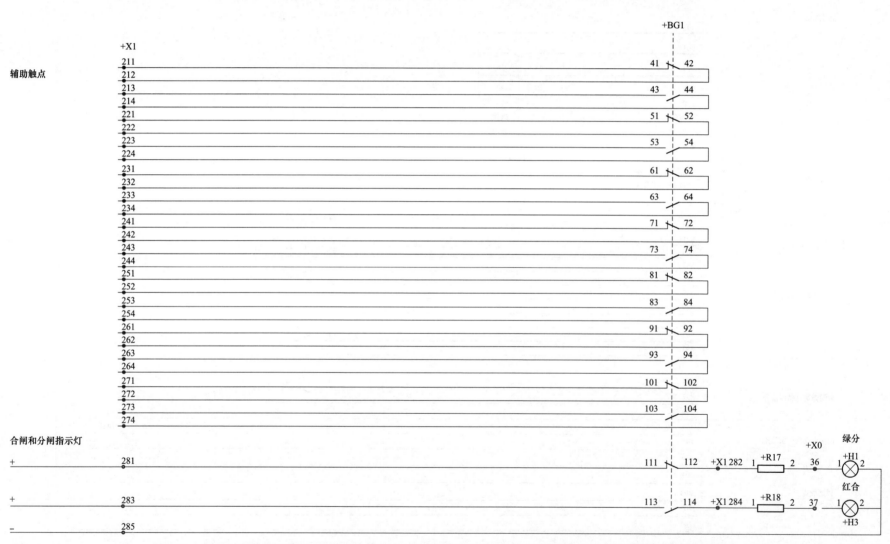

图 2-90 北京 ABB 公司 HPL550B2 型 500kV 断路器（B 相中控箱布置 2）辅助触点及分合闸指示灯回路原理接线图

6. 辅助触点信号回路原理接线图

北京 ABB 公司 HPL550B2 型 500kV 断路器（B 相中控箱布置 2）辅助触点信号回路原理接线图见图 2-91。

图 2-91 北京 ABB 公司 HPL550B2 型 500kV 断路器（B 相中控箱布置 2）辅助触点信号回路原理接线图

7. 储能电机及加热器回路原理接线图

北京 ABB 公司 HPL550B2 型 500kV 断路器（B 相中控箱布置 2）储能电机及加热器回路原理接线图见图 2-92。

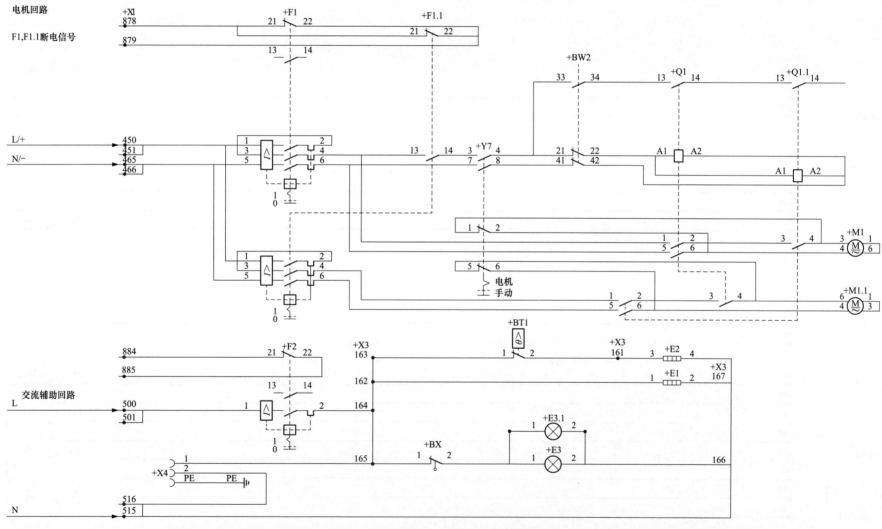

图 2-92　北京 ABB 公司 HPL550B2 型 500kV 断路器（B 相中控箱布置 2）储能电机及加热器回路原理接线图

8. 分控箱端子排图

北京 ABB 公司 HPL550B2 型 500kV 断路器（B 相中控箱布置 2）分控箱端子排图见图 2-93。

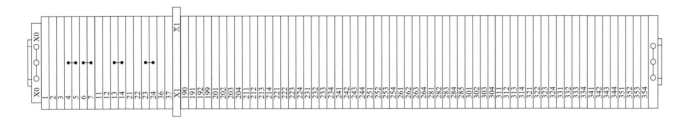

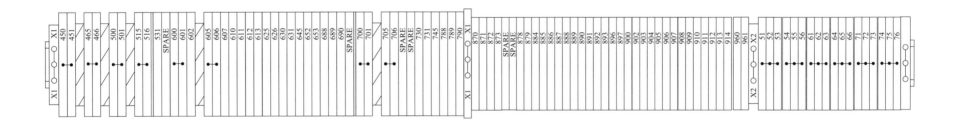

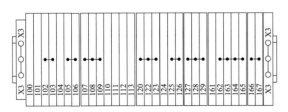

图 2-93   北京 ABB 公司 HPL550B2 型 500kV 断路器（B 相中控箱布置 2）分控箱端子排图

9. 中控箱合闸回路及非全相保护 1 回路接线图

北京 ABB 公司 HPL550B2 型 500kV 断路器（B 相中控箱布位置 2）中控箱合闸回路及非全相保护 1 回路接线图见图 2-94。

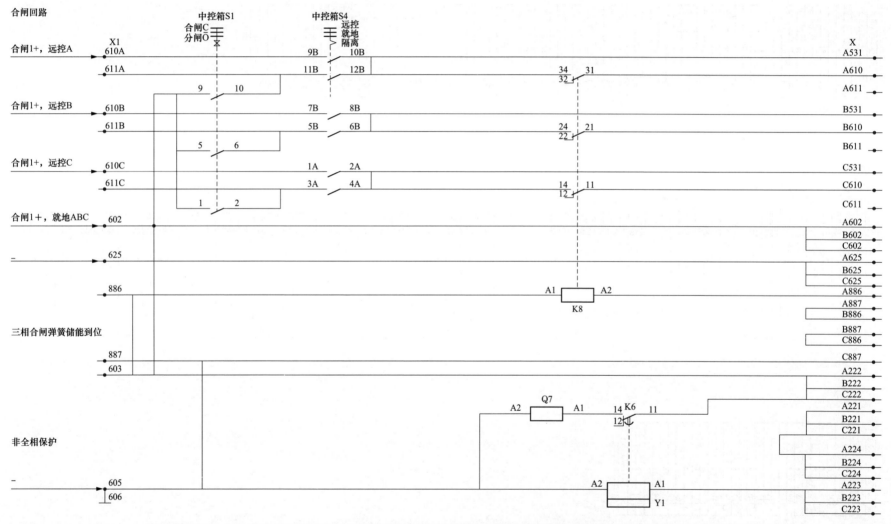

图 2-94　北京 ABB 公司 HPL550B2 型 500kV 断路器（B 相中控箱布置 2）中控箱合闸回路及非全相保护 1 回路接线图

10. 中控箱分闸 1 及 SF₆ 低气压闭锁信号 1 回路接线图

10. 中控箱分闸 1 及 SF_6 低气压闭锁信号 1 回路接线图

北京 ABB 公司 HPL550B2 型 500kV 断路器（B 相中控箱布置 2）中控箱分闸 1 及 SF_6 低气压闭锁信号 1 回路接线图见图 2-95。

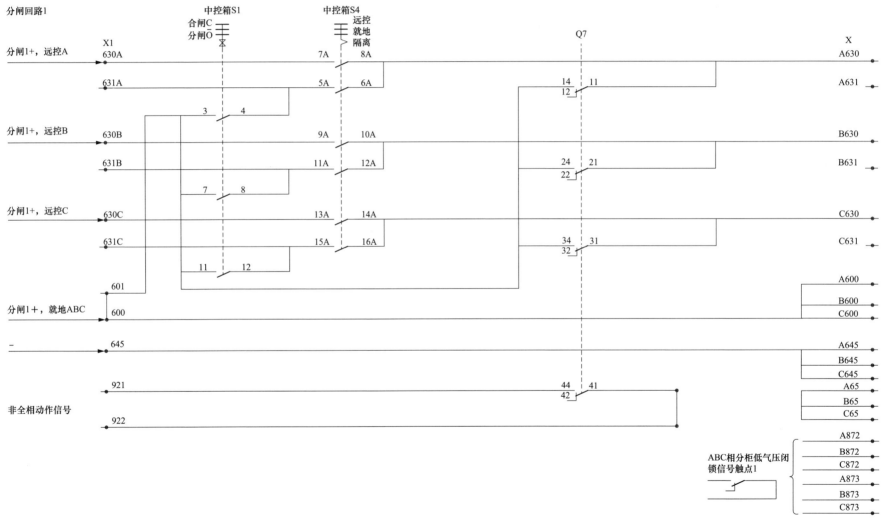

图 2-95　北京 ABB 公司 HPL550B2 型 500kV 断路器（B 相中控箱布置 2）中控箱分闸 1 及 SF_6 低气压闭锁信号 1 回路接线图

11. 中控箱分闸回路 2、非全相保护 2 及 SF₆ 低气压闭锁信号 2 回路接线图

北京 ABB 公司 HPL550B2 型 500kV 断路器（B 相中控箱布置 2）中控箱分闸回路 2、非全相保护 2 及 SF₆ 低气压闭锁信号 2 回路接线图见图 2-96。

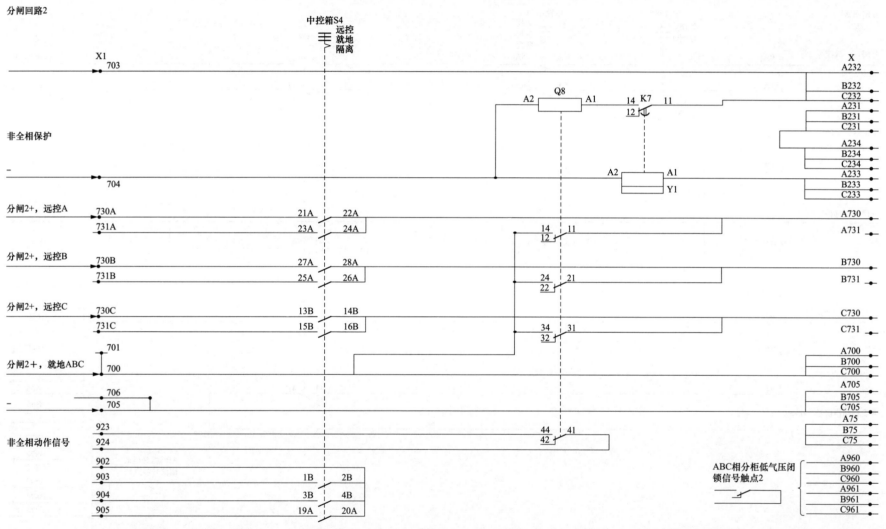

图 2-96　北京 ABB 公司 HPL550B2 型 500kV 断路器（B 相中控箱布置 2）中控箱分闸回路 2、非全相保护 2 及 SF₆ 低气压闭锁信号 2 回路接线图

12. 中控箱加热器等辅助回路接线图

北京 ABB 公司 HPL550B2 型 500kV 断路器（B 相中控箱布置 2）中控箱加热器等辅助回路接线图见图 2-97。

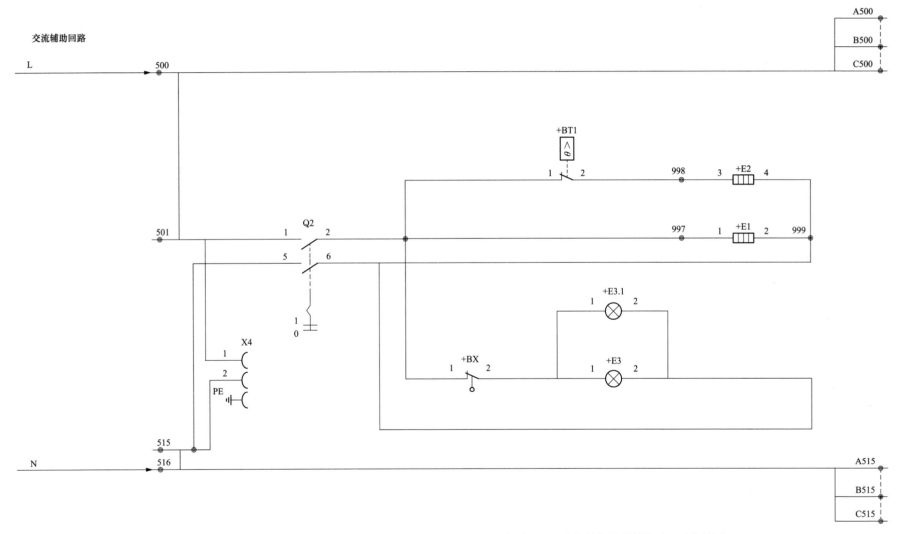

图 2-97　北京 ABB 公司 HPL550B2 型 500kV 断路器（B 相中控箱布置 2）中控箱加热器等辅助回路接线图

13. 分控箱经中控箱汇总的信号回路图

北京 ABB 公司 HPL550B2 型 500kV（B 相中控箱布置 2）分控箱经中控箱汇总的信号回路图见图 2-98。

图 2-98　北京 ABB 公司 HPL550B2 型 500kV 断路器（B 相中控箱布置 2）分控箱经中控箱汇总的信号回路图

14. 中控箱端子排图

北京 ABB 公司 HPL550B2 型 500kV 断路器（B 相中控箱布置 2）中控箱端子排图见图 2-99。

接线端子排列图(竖直安装)(上)

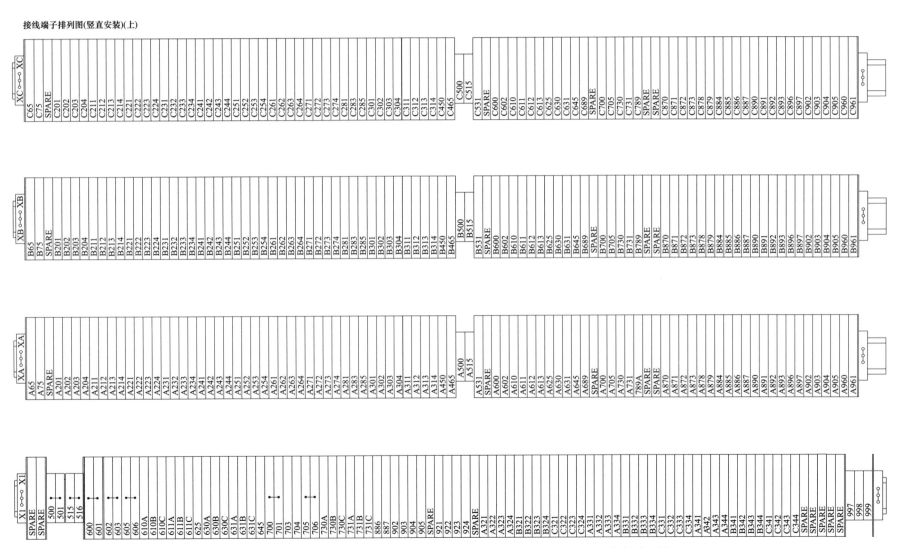

图 2-99　北京 ABB 公司 HPL550B2 型 500kV 断路器（B 相中控箱布置 2）中控箱端子排图

15. 中控箱至 ABC 相分控箱电缆连接图

北京 ABB 公司 HPL550B2 型 500kV 断路器（B 相中控箱布置 2）中控箱至 ABC 相分控箱电缆连接图见图 2-100 和图 2-101。

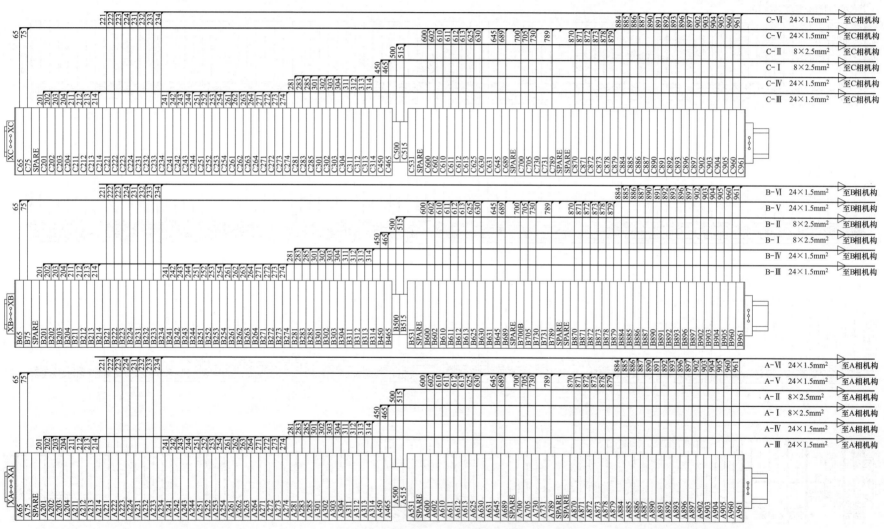

图 2-100　北京 ABB 公司 HPL550B2 型 500kV 断路器（B 相中控箱布置 2）中控箱至 ABC 相分控箱电缆连接图 1

162

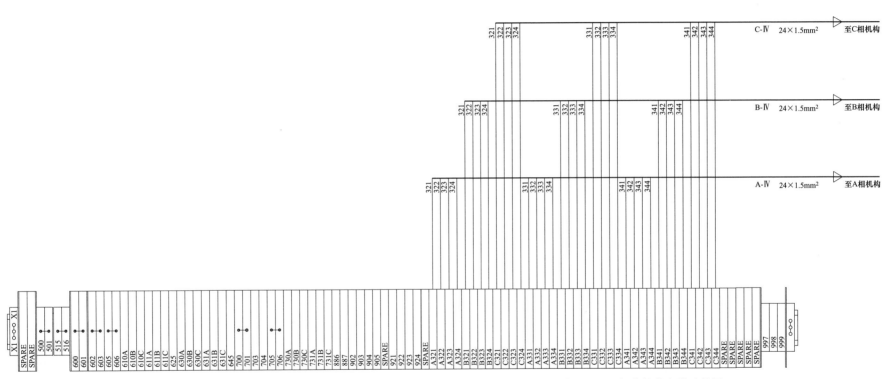

图 2-101　北京 ABB 公司 HPL550B2 型 500kV 断路器（B 相中控箱布置 2）中控箱至 ABC 相分控箱电缆连接图 2

16. 分控箱至中控箱电缆连接图

北京 ABB 公司 HPL550B2 型 500kV 断路器（B 相中控箱布置 2）分控箱至中控箱电缆连接图见图 2-102。

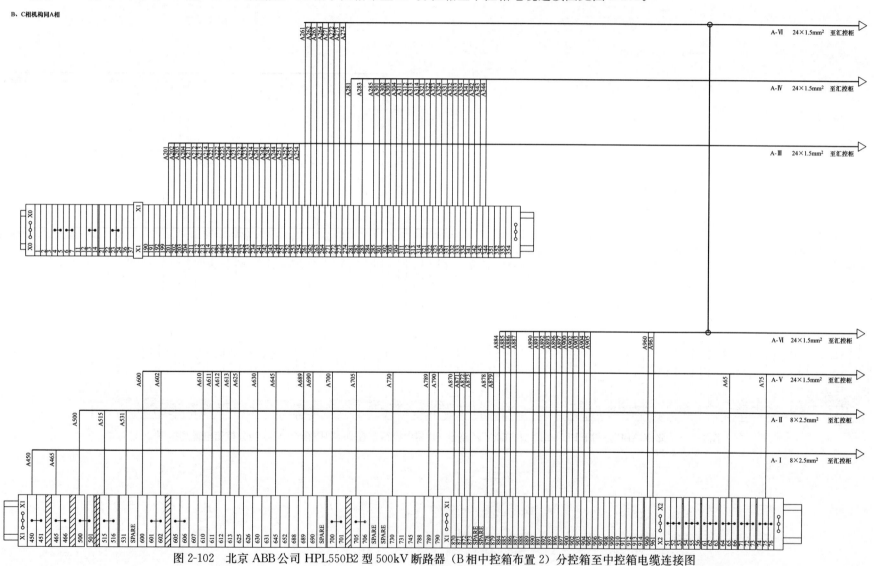

图 2-102　北京 ABB 公司 HPL550B2 型 500kV 断路器（B 相中控箱布置 2）分控箱至中控箱电缆连接图

二、断路器二次回路功能模块化分解辨识

断路器二次回路功能模块化分解辨识见表 2-11。

表 2-11　　　　　　　　　　　　　　　　　　　断路器二次回路功能模块化分解辨识

序号	模块名称	模块分解辨识
1	各相独立合闸公共回路	分控箱内 [X3：112→防跳接触器 K3 动断触点 12-11→X3：111→SF₆ 低总闭锁 1 接触器 K9 动断触点 32-31→弹簧储能行程开关 BW1 已储能触点 13-14→X0：2→断路器动断辅助触点 BG1 的 01-02→X0：4→（X0：5→对应相合闸线圈 Y3 的 5-6→X0：6）或（合闸计数器 BN 的 1-2）→X0：7/X1：625]→中控箱内（端子 XA：A625/XB：B625/XC：C625→X1：625）→控制负电源 K102
2	各相独立分闸 1 公共回路	分控箱内（X3：105/X3：106→SF₆ 低总闭锁 1 接触器 K9 动断触点 12-11→X0：11→断路器动合辅助触点 BG1 的 13-14→X0：13→对应相分闸线圈 Y1 的 1-2→X3：109/X1：645）→B 相中控箱（A 相对应端子 XA：A645，B 相对应端子 XB：B645，C 相对应端子 XC：C645）→B 相中控箱 X1：645→控制 I 负电源 K102
3	各相独立分闸 2 公共回路	分控箱内（X3：125/X3：126→SF₆ 低总闭锁 2 接触器 K10 动断触点 12-11→X0：21→断路器动合辅助触点 BG1 的 23-24→X0：23→对应相分闸线圈 Y2 的 3-4→X3：129/X3：128/X1：705）→B 相中控箱（A 相对应端子 XA：A705，B 相对应端子 XB：B705，C 相对应端子 XC：C705）→B 相中控箱 X1：705→控制 II 负电源 K202
4	各相分控箱内独立远方合闸回路	[控制 I 正电源 K101→操作箱内手合继电器的动合触点或操作箱内重合闸重动继电器的动合触点→操作箱内自保持继电器→B 相中控箱内远方合闸回路（B 相中控箱内 A 相对应端子 X1：610A，B 相对应端子 X1：610B，C 相对应端子 X1：610C）→B 相中控箱内远方/就地把手 S4 的远方触点（A 相对应触点为 9B-10B，B 相对应触点为 7B-8B，C 相对应触点为 1A-2A）] 或 [五防后正电源 K101S→B 相中控箱端子 X1：602→B 相中控箱内断路器就地分合闸把手 S1 的合闸触点（A 相对应触点为 9-10，B 相对应触点为 5-6，C 相对应触点为 1-2）→B 相中控箱内远方/就地把手 S4 的就地位置触点（A 相对应触点为 11B-12B，B 相对应触点为 5B-6B，C 相对应触点为 3A-4A）]→B 相中控箱内三相合闸储能监视接触器 K8 的动合触点（A 相对应触点为 34-31，B 相对应触点为 24-21，C 相对应触点为 14-11）→对应相远方合闸回路（B 相中控箱内 A 相对应端子 XA：A610；B 相对应端子 XB：B610；C 相对应端子 XC：C610）→对应相分控箱内（X1：610→远方/就地把手 S4 供远方合闸的 1-2 触点→X3：112）→对应相独立合闸公共回路
5	各相独立就地合闸回路	控制 I 正电源 K101→YBJ 五防电编码锁 1-2→五防后正电源 K101S→B 相中控箱内（端子 X1：602→XA：A602/XB：B602/XC：C602）→对应相分控箱内（端子 X1：602/X3：101→断路器就地分合闸把手 S1 的合闸触点 1-2→远方/就地把手 S4 的就地位置触点 3-4→X3：112）→对应相独立合闸公共回路
6	各相独立远方分闸 1 回路	[控制 I 正电源 K101→操作箱内对应相手跳继电器的动合触点或操作箱内跳闸继电器或操作箱内永跳继电器（一般由线路保护 I 三跳、永跳出口经三跳压板或线路保护 I 沟三出口经沟三压板或线路保护 I 收到远跳令经收信跳压板或辅助保护上失灵保护出口经失灵跳断路器 I 组压板或母差出口经跳断路器 I 组压板后启动）的动合触点或本线保护 I 分相跳闸出口经分相跳闸 I 压板→B 相中控箱内远方分闸 1 回路（B 相中控箱内 A 相对应端子 X1：630A，B 相对应端子 X1：630B，C 相对应端子 X1：630C）→B 相中控箱内远方/就地把手 S4 的远方触点（A 相对应触点为 7A-8A，B 相对应触点为 9A-10A，C 相对应触点为 13A-14A）] 或 [五防后正电源 K101S→B 相中控箱端子 X1：601→B 相中控箱内断路器就地分合闸把手 S1 的分闸触点（A 相对应触点为 3-4，B 相对应触点为 7-8，C 相对应触点为 11-12）→B 相中控箱内远方/就地把手 S4 的就地位置触点（A 相对应触点为 5A-6A，B 相对应触点为 11A-12A，C 相对应触点为 15A-16A）]→对应相远方分闸 1 回路（B 相中控箱内 A 相对应端子 XA：A630；B 相对应端子 XB：B630；C 相对应端子 XC：C630）→对应相分控箱内（X1：630→远方/就地把手 S4 供远方分闸 1 的 7-8 触点→X3：105）→对应相独立分闸 1 公共回路

序号	模块名称	模块分解辨识
7	非全相分闸 1 回路	[控制Ⅰ正电源 K101→非全相强迫第一组直跳接触器 Q7 出口触点（A 相对应 14-11、B 相对应 24-21、C 相对应 34-31）]→对应相远方分闸 1 回路（B 相中控箱内 A 相对应端子 XA：A630；B 相对应端子 XB：B630；C 相对应端子 XC：C630）→对应相分控箱内（X1：630→远方/就地把手 S4 供远方分闸 1 的 7-8 触点→X3：105）→对应相独立分闸 1 公共回路
8	各相独立就地分闸 1 回路	控制Ⅰ正电源 K101→YBJ 五防电编码锁 1-2→五防后正电源 K101S→B 相中控箱内（端子 X1：602→XA：A602/XB：B602/XC：C602）→对应相分控箱内（端子 X1：602/X3：102→断路器就地分合闸把手 S1 的分闸触点 3-4→远方/就地把手 S4 的就地位置触点 17-18→X3：105）→对应相独立分闸 1 公共回路
9	各相独立远方分闸 2 回路	[控制Ⅱ正电源 K201→操作箱内对应相手跳继电器的动合触点或操作箱内跳闸继电器或操作箱内永跳继电器（一般由线路保护Ⅱ三跳、永跳出口经三跳压板或线路保护Ⅱ沟三出口经沟三压板后或线路保护Ⅱ收到远跳令经收信跳压板或辅助保护上失灵保护出口经失灵跳断路器Ⅱ组压板或母差出口经跳断路器Ⅱ组压板后启动）的动合触点或本线保护Ⅱ分相跳闸出口经分相跳闸Ⅱ压板→B 相中控箱内远方分闸 2 回路（B 相中控箱内 A 相对应端子 X1：730A，B 相对应端子 X1：730B，C 相对应端子 X1：730C）→B 相中控箱内远方/就地把手 S4 的远方触点（A 相对应触点为 21A-22A，B 相对应触点为 27A-28A，C 相对应触点为 13B-14B）]→对应相远方分闸 2 回路（B 相中控箱内 A 相对应端子 XA：A730；B 相对应端子 XB：B730；C 相对应端子 XC：C730）→对应相分控箱内（X1：730→远方/就地把手 S4 供远方分闸 2 的 9-10 触点→X3：125）→对应相独立分闸 2 公共回路
10	非全相分闸 2 回路	[控制Ⅱ正电源 K201→中控箱内端子 X1：700→非全相强迫第二组直跳接触器 Q8 出口触点（A 相对应 14-11、B 相对应 24-21、C 相对应 34-31）]→对应相远方分闸 2 回路（中控箱内 A 相对应端子 XA：A730；B 相对应端子 XB：B730；C 相对应端子 XC：C730）→对应相分控箱内（X1：730→远方/就地把手 S4 供远方分闸 2 的 9-10 触点→X3：125）→对应相独立分闸 2 公共回路

三、二次回路元器件辨识及其异动说明

二次回路元器件辨识及其异动说明见表 2-12。

表 2-12　　　　　　　　　　　　　　　　二次回路元器件辨识及其异动说明

序号	元器件名称编号	原始状态	元器件异动说明	元器件异动后果	元器件异动触发光字牌信号	
					断路器合闸状态	断路器分闸状态
1	SF₆ 密度继电器的微动开关 BD1（各相分控箱内均有）	低通压力触点，正常时断开	任一相断路器本体内 SF₆ 压力等于或低于 SF₆ 低气压报警接通值 0.62MPa 时，对应相 SF₆ 密度继电器内低通触点 1-2 触点通，沟通测控装置对应的信号光耦	任一相断路器本体内 SF₆ 压力等于或低于 SF₆ 低气压报警接通值 0.62MPa 时，对应相 SF₆ 密度继电器内低通触点 1-2 触点通，经测控装置对应信号光耦后发出"断路器 SF₆ 气压低报警"光字牌	光字牌情况：断路器 SF₆ 气压低报警	光字牌情况：断路器 SF₆ 气压低报警

序号	元器件名称编号	原始状态	元器件异动说明	元器件异动后果	元器件异动触发光字牌信号	
					断路器合闸状态	断路器分闸状态
2	SF₆低总闭锁 1 接触器 K9（各相分控箱内均有）	正常时不励磁，触点上顶；动作后触点下压并掉桔黄色指示牌	任一相断路器本体内 SF$_6$ 压力等于或低于 SF$_6$ 总闭锁 1 接通值 0.60MPa 时，对应相 SF$_6$ 密度继电器内低通触点 3-4 通，沟通对应相 SF$_6$ 低总闭锁 1 接触器 K9 励磁	任一相 K9 接触器励磁后，其原来闭合的两对动断触点 32-31（分控箱 X3：111-BW1：13)-31、12-11（分控箱 X3：106-X0：11）断开并分别闭锁对应相合闸和分闸 1 回路，并通过 K9 接触器动合触点 21-24（分控箱 X1：872-X1：873）沟通测控装置内对应的信号光耦后发出"断路器合/分闸 1 回路闭锁"光字牌	(1) 光字牌情况： 1) 第一组控制回路断线； 2) 断路器 SF$_6$ 气压低报警； 3) 断路器合/分闸 1 回路闭锁。 (2) 其他信号：操作箱上第一组对应相 OP 灯灭	(1) 光字牌情况： 1) 第一组控制回路断线； 2) 第二组控制回路断线； 3) 断路器 SF$_6$ 气压低报警； 4) 断路器合/分闸 1 回路闭锁。 (2) 其他信号：测控柜上红绿灯均灭
3	SF₆低总闭锁 2 接触器 K10（各相分控箱内均有）	正常时不励磁，触点上顶；动作后触点下压并掉桔黄色指示牌	任一相断路器本体内 SF$_6$ 压力等于或低于 SF$_6$ 总闭锁 2 接通值 0.60MPa 时，对应相 SF$_6$ 密度继电器内低通触点 5-6 通，沟通对应相 SF$_6$ 低总闭锁 2 接触器 K10 励磁	任一相 K10 接触器励磁后，其原来闭合的动断触点 12-11（分控箱 X3：126-X0：21）断开并闭锁对应相分闸 2 回路，并通过 K10 接触器动合触点 21-24（分控箱 X1：960-X1：961）沟通测控装置内对应的信号光耦后发出"断路器分闸 2 回路闭锁"光字牌	(1) 光字牌情况： 1) 第二组控制回路断线； 2) 断路器 SF$_6$ 气压低报警； 3) 断路器分闸 2 回路闭锁。 (2) 其他信号：操作箱上第二组对应相 OP 灯灭	光字牌情况： (1) 断路器 SF$_6$ 气压低报警。 (2) 断路器分闸 2 回路闭锁
4	防跳接触器 K3（各相分控箱内均有）	正常时不励磁，触点上顶；动作后触点下压并掉桔黄色指示牌	各相断路器合闸后，为防止断路器跳开后却因合闸脉冲又较长时出现多次合闸，厂家设计了一旦某相断路器合闸到位后，该断路器的动合辅助触点闭合，此时只要该相合闸回路（不论远控近控）仍存在合闸脉冲，对应相的 K3 接触器励磁并通过其动合触点自保持	对应相 K3 接触器励磁后： (1) 通过其动合触点 24-21 实现对应相 K3 接触器自保持； (2) 串入对应相合闸回路的防跳接触器 K3 的动断触点 12-11 断开，闭锁对应相合闸回路	无	(1) 光字牌情况： 1) 第一组控制回路断线； 2) 第二组控制回路断线。 (2) 其他信号：测控柜上红绿灯均灭
5	弹簧储能行程开关 BW1、BW2（各相分控箱内均有）	未储能时动断触点闭合，储能到位后动合触点闭合	当断路器机构箱内弹簧未储能时，会即时发出"断路器弹簧未储能"信号，一般情况下经储能电机运转拉伸至已储能位置时，信号会自动消失，但若储能电机未能自动启动运转拉伸弹簧，此时将通过串于对应相合闸公共回路中的弹簧储能行程开关 BW1 的已储能位置触点断开切断该相合闸回路，并通过中控箱内三相弹簧储能监视接触器 K8（注：三相均储能时励磁，任一相未储能时失磁）的动合触点断开切断三相合闸回路	当断路器机构箱内弹簧未储能时，会即时发出"断路器弹簧未储能"信号，一般情况下经储能电机运转拉伸至已储能位置时，信号会自动消失，但若储能电机未能自动启动运转拉伸弹簧，此时将通过串于对应相合闸公共回路中的弹簧储能行程开关 BW1 的已储能位置触点断开切断该相合闸回路，并通过中控箱内三相弹簧储能监视接触器 K8（注：三相均储能时励磁，任一相未储能时失磁）的动合触点断开切断三相合闸回路	未储能时光字牌情况：断路器弹簧未储能	(1) 未储能时光字牌情况： 1) 断路器弹簧未储能； 2) 第一组控制回路断线； 3) 第二组控制回路断线。 (2) 未储能其他信号：测控柜上红绿灯均灭

序号	元器件名称编号	原始状态	元器件异动说明	元器件异动后果	元器件异动触发光字牌信号	
					断路器合闸状态	断路器分闸状态
6	储能电机手动/电动选择开关 Y7（各相分控箱内均有）	电动	当任一相断路器机构箱内弹簧未储能时，一般情况下该相储能电机会自动运转拉伸合闸弹簧至已储能位置，但若 Y7 被切换至手动位置，两台储能电机的电源空开 F1 及 F1.1 均将被 Y7 的手动触点短接跳开，导致储能电机交流控制回路及其驱动回路因失去电源而无法自动启动电机，此时将通过串接于对应相合闸公共回路中的弹簧储能行程开关 BW1 的已储能位置触点断开切断该相合闸回路，并通过中控箱内三相弹簧储能监视接触器 K8（注：三相均储能时励磁，任一相未储能时失磁）的动合触点断开切断三相合闸回路	任一相分控箱内 Y7 切换至手动位置后，若碰巧又遇上该相断路器跳闸，该相合闸弹簧因分闸脱扣释放能量导致弹簧储能不足时无法即时恢复储能，可能造成断路器三相合闸均被闭锁（注：中控箱内三相弹簧储能监视接触器 K8 在任一相未储能时失磁，失磁后 K8 的动合触点断开切断三相合闸回路）	无	无
7	储能电机运转交流接触器 1（各相分控箱内均有）Q1	正常时不励磁，长凹形吸组为平置状态；动作后吸组为吸入状态	当合闸弹簧因分闸脱扣释放能量导致弹簧储能不足时，弹簧储能行程开关 BW2 的弹簧未储能闭合触点 21-22、41-42 闭合，沟通两台储能电机运转接触器 Q1、Q1.1 励磁，使两台电机启动拉伸合闸弹簧储能，当合闸弹簧拉伸至已储能位置时，BW2 的 21-22、41-42 触点自动切断储能电机控制回路停止储能	储能电机运转接触器 Q1 励磁后：（1）其两对动合触点 1-2、5-6 及 Q1.1 的 3-4 触点接通储能电机 M1 电源使 M1 运转；（2）其 1 对动合触点 3-4 串入储能电机 M1.1 驱动回路；（3）其 1 对动断触点 21-22 与储能电机运转交流接触器 Q1.1 的动断触点 21-22 及弹簧储能行程开关 BW2 的已储能触点 13-14 串接后备用（注：本型号断路器无"储能电机运转"信号外引线）	无	无
8	储能电机运转接触器 2（各相分控箱内均有）Q1.1	正常时不励磁，长凹形吸组为平置状态；动作后吸组为吸入状态	当合闸弹簧因分闸脱扣释放能量导致弹簧储能不足时，弹簧储能行程开关 BW2 的弹簧未储能闭合触点 21-22、41-42 闭合，沟通两台储能电机运转接触器 Q1、Q1.1 励磁，使两台电机启动拉伸合闸弹簧储能，当合闸弹簧拉伸至已储能位置时，BW2 的 21-22、41-42 触点自动切断储能电机控制回路停止储能	储能电机运转接触器 Q1.1 励磁后：（1）其两对动合触点 1-2、5-6 及 Q1 的 3-4 触点接通储能电机 M1.1 电源使 M1.1 运转；（2）其 1 对动合触点 3-4 串入储能电机 M1 驱动回路；（3）其 1 对动断触点 21-22 与储能电机运转交流接触器 Q1.1 的动断触点 21-22 及弹簧储能行程开关 BW2 的已储能触点 13-14 串接后备用（注：本型号断路器无"储能电机运转"信号外引线）	无	无

序号	元器件名称编号	原始状态	元器件异动说明	元器件异动后果	元器件异动触发光字牌信号	
					断路器合闸状态	断路器分闸状态
9	储能电机控制及 M1 驱动电源空开 F1（各相分控箱内均有）	合闸	当合闸弹簧因分闸脱扣释放能量导致弹簧储能不足时，弹簧储能行程开关 BW2 的弹簧未储能闭合触点 21-22、41-42 闭合，沟通两台储能电机运转接触器 Q1、Q1.1 励磁，使两台电机启动拉伸合闸弹簧储能，当合闸弹簧拉伸至已储能位置时，BW2 的 21-22、41-42 触点自动切断储能电机控制回路停止储能	任一相分控箱内 F1 空开跳开后，该相断路器机构的合闸弹簧储能电机运转接触器 Q1、Q1.1 将失去控制电源，合闸弹簧储能电机 M1 将失去动力电源，同时通过 F1 的 21-22［对应各分控箱内端子 X1：878-X1：879，对应 B 相中控箱内端子（XA：A878-XA：A879 为 A 相引来，XB：B878-XB：B879 为 B 相引来，XC：C878-XC：C879 为 C 相引来）］沟通测控装置内对应的信号光耦后发出"断路器电机电源空开跳开"信号，若短时间内不及时修复，当弹簧能量在运行中耗损后可能造成断路器三相合闸均被闭锁（注：中控箱内三相弹簧储能监视接触器 K8 在任一相未储能时失磁，失磁后 K8 的动合触点断开切断三相合闸回路）	光字牌情况：断路器电机电源跳开	光字牌情况：断路器电机电源跳开
10	储能电机 M1.1 驱动电源空开 F1.1（各相分控箱内均有）	合闸	当合闸弹簧因分闸脱扣释放能量导致弹簧储能不足时，弹簧储能行程开关 BW2 的弹簧未储能闭合触点 21-22、41-42 闭合，沟通两台储能电机运转接触器 Q1、Q1.1 励磁，使两台电机启动拉伸合闸弹簧储能，当合闸弹簧拉伸至已储能位置时，BW2 的 21-22、41-42 触点自动切断储能电机控制回路停止储能	任一相分控箱内 F1.1 空开跳开后，该相断路器机构的合闸弹簧储能电机运转接触器 Q1、Q1.1 将无法励磁，合闸弹簧储能电机 M1.1 将失去动力电源，同时通过 F1.1 的 21-22［对应各分控箱内端子 X1：878-X1：879，对应 B 相中控箱内端子（XA：A878-XA：A879 为 A 相引来，XB：B878-XB：B879 为 B 相引来，XC：C878-XC：C879 为 C 相引来）］沟通测控装置内对应的信号光耦后发出"断路器电机电源空开跳开"信号，若短时间内不及时修复，当弹簧能量在运行中耗损后可能造成断路器三相合闸均被闭锁（注：中控箱内三相弹簧储能监视接触器 K8 在任一相未储能时失磁，失磁后 K8 的动合触点断开切断三相合闸回路）	光字牌情况：断路器电机电源跳开	光字牌情况：断路器电机电源跳开

序号	元器件名称编号	原始状态	元器件异动说明	元器件异动后果	元器件异动触发光字牌信号	
					断路器合闸状态	断路器分闸状态
11	加热器及门灯电源空开 F2（各相分控箱内均有）	合闸	正常情况下，常投加热器电源空开 F2，启动加热器 E1 加热，当气温或湿度达到温湿度传感器设定值时，温控器输出触点自动启动加热器 E2 加热	任一相分控箱内 F2 电源空开跳开后，通过相应相分控箱内 F2 的 21-22〔对应各分控箱内端子 X1：884-X1：885，对应中控箱内端子（XA：A884-XA：A885 为 A 相引来，XB：B884-XB：B885 为 B 相引来，XC：C884-XC：C885 为 C 相引来）〕沟通测控装置内对应的信号光耦后发出"断路器加热器空开跳开"信号；在气候潮湿情况下，有可能引起一些对环境要求较高的元器件绝缘降低	光字牌情况：断路器加热器空开跳开	光字牌情况：断路器加热器空开跳开
12	隔离/就地/远控转换开关 S4（各相分控箱内均有）	远方	将 ABB 断路器分控箱内远方/就地转换开关 S4 切换至"就地"位置后，可通过分控箱就地分合闸操作把手 S1 操作断路器	将 ABB 断路器分控箱内远方/就地转换开关 S4 切换至"就地"位置后，可引起保护（含保护出口、本体非全相）、远控分合闸、中控箱分合闸回路断线，当保护有出口或需紧急操作时造成保护拒动或远控操作失灵	(1) 光字牌情况： 1) 第一组控制回路断线； 2) 第二组控制回路断线； 3) 断路器机构箱就地位置。 (2) 其他信号： 1) 测控柜上红绿灯均灭； 2) 操作箱上两组对应相 OP 灯均灭	(1) 光字牌情况： 1) 第一组控制回路断线； 2) 第二组控制回路断线； 3) 断路器机构箱就地位置。 (2) 其他信号：测控柜上红绿灯均灭
13	就地分合闸操作把手 S1（各相分控箱内均有）	中间位置	将 ABB 断路器分控箱内远方/就地转换开关 S4 切换至"就地"位置后，可通过分控箱就地分合闸操作把手 S1 操作断路器	在五防满足的情况下，可以实现就地分合闸，但规程规定为防止断路器非同期合闸，严禁就地合断路器（检修或试验除外）	无	无
14	断路器位置分闸指示绿灯 H1、合闸指示红灯 H3（各相分控箱内均有）	分闸位置时绿灯亮，合闸位置时红灯亮	分闸位置时绿灯亮，合闸位置时红灯亮	无	无	无

序号	元器件名称编号	原始状态	元器件异动说明	元器件异动后果	元器件异动触发光字牌信号	
					断路器合闸状态	断路器分闸状态
15	三相合闸储能监视接触器 K8（中控箱）	正常时励磁并掉桔黄色指示牌（任一相弹簧未储能时失磁）	当断路器机构箱内各相合闸弹簧均储能时，沟通三相合闸储能监视接触器 K8 励磁，此时若任一相断路器机构箱内弹簧未储能，将导致三相合闸储能监视接触器 K8 失磁实现断路器三相合闸闭锁	当某相断路器机构箱内弹簧未储能到位，对应相断路器机构箱内弹簧的合闸能量不足，该断路器机构箱内弹簧储能行程开关 BW1 的弹簧已储能闭合触点 33-34 断开，三相合闸储能监视接触器 K8 失磁，其串接于断路器各相合闸回路的动合触点（34-31、24-21、14-11）返回切断断路器合闸回路，无法进行断路器的合闸操作，一般情况下还会伴有"断路器弹簧未储能"信号	光字牌情况：断路器弹簧未储能	（1）光字牌情况： 1）断路器弹簧未储能； 2）第一组控制回路断线； 3）第二组控制回路断线。 （2）其他信号：测控柜上红绿灯均灭
16	非全相启动第一组直跳时间接触器 K6（中控箱）	正常时不励磁，触点上顶；动作后触点下压并掉桔黄色指示牌（断路器跳闸后不自保持）	断路器发生非全相运行时，将沟通 K6 时间接触器励磁	K6 励磁并经设定时间延时后，其动合触点闭合沟通非全相强迫第一组直跳接触器 Q7 励磁，由 Q7 的三对动合触点分别沟通各相断路器第一组跳闸线圈跳闸，并由 Q7 动合触点 41-44（B 相中控箱 X1：921-X1：922）发出"断路器非全相保护 1 动作"光字牌（不会自保持）	光字牌情况：断路器非全相保护 1 动作（机构箱）	光字牌情况：断路器非全相保护 1 动作（机构箱）
17	非全相强迫第一组直跳接触器 Q7（中控箱）	正常时不励磁，触点上顶；动作后触点下压并掉桔黄色指示牌（断路器跳闸后不自保持）	断路器发生非全相运行时沟通 K6 接触器励磁并经设定时间延时后，由 K6 动合触点沟通 Q7 接触器	Q7 励磁后： （1）由 Q7 三对动合触点 14-11（XA：601-中控箱 XA：A630）、24-21（XA：601-中控箱 XB：B630）、34-31（XA：601-中控箱 XC：C630）经分控箱内 S4 远方位置后分别沟通各相断路器第一组跳闸线圈跳闸； （2）还提供 1 对动合触点 41-44（B 相中控箱 X1：921-X1：922）发出"断路器非全相保护 1 动作"光字牌	光字牌情况：断路器非全相保护 1 动作（机构箱）	光字牌情况：断路器非全相保护 1 动作（机构箱）
18	非全相启动第二组直跳时间接触器 K7（中控箱）	正常时不励磁，触点上顶；动作后触点下压并掉桔黄色指示牌（断路器跳闸后不自保持）	断路器发生非全相运行时，将沟通 K7 时间接触器励磁	K7 励磁并经设定时间延时后，其动合触点闭合沟通非全相强迫第二组直跳接触器 Q8 励磁，由 Q8 的三对动合触点分别沟通各相断路器第二组跳闸线圈跳闸，并由 Q8 动合触点 41-44（B 相中控箱 X1：923-X1：924）发出"断路器非全相保护 2 动作"光字牌（不会自保持）	光字牌情况：断路器非全相保护 2 动作（机构箱）	光字牌情况：断路器非全相保护 2 动作（机构箱）

序号	元器件名称编号	原始状态	元器件异动说明	元器件异动后果	元器件异动触发光字牌信号	
					断路器合闸状态	断路器分闸状态
19	非全相强迫第二组直跳接触器 Q8（中控箱）	正常时不励磁，触点上顶；动作后触点下压并掉桔黄色指示牌（断路器跳闸后不自保持）	断路器发生非全相运行时沟通 K7 接触器励磁并经设定时间延时后，由 K7 动合触点沟通 Q8 接触器	Q8 励磁后： （1）由 Q8 三对动合触点 14-11（中控箱 X1：700-XA：A730）、24-21（中控箱 X1：700-XB：B730）、34-31（中控箱 X1：700-XC：C730）经分控箱内 S4 远方位置后分别沟通各相断路器第二组跳闸线圈跳闸； （2）还提供 1 对动合触点 41-44（B 相中控箱 X1：923-X1：924）发出"断路器非全相保护 2 动作"光字牌	光字牌情况：断路器非全相保护 2 动作（机构箱）	光字牌情况：断路器非全相保护 2 动作（机构箱）
20	就地/远控转换开关 S4（中控箱）	远方	将 ABB 断路器中控箱内远方/就地转换开关 S4 切换至"就地"位置后，可通过中控箱就地分合闸操作把手 S1 操作断路器分合闸	将 ABB 断路器 B 相中控箱内远方/就地转换开关 S4 切换至"就地"位置后，将引起保护（注：仅保护装置出口，不含本体非全相）及远控分合闸回路断线，当保护有出口或需紧急远方操作时造成保护拒动或远控操作失灵	（1）光字牌情况： 1）第一组控制回路断线； 2）第二组控制回路断线； 3）断路器中控箱就地位置。 （2）其他信号： 1）测控柜上红绿灯均灭； 2）操作箱上两组对应相 OP 灯均灭	（1）光字牌情况： 1）第一组控制回路断线； 2）第二组控制回路断线； 3）断路器中控箱就地位置。 （2）其他信号：测控柜上红绿灯均灭
21	就地分合闸操作把手 S1（中控箱）	中间位置	将 ABB 断路器中控箱内远方/就地转换开关 S4 切换至"就地"位置后，可通过中控箱就地分合闸操作把手 S1 操作断路器分合闸	在五防满足的情况下，可以实现就地分合闸，但规程规定为防止断路器非同期合闸，严禁就地合断路器（检修或试验除外）	无	无
22	中控箱加热器投退把手 Q2（中控箱）	有两个位置（0、1），正常时投"1"位置	正常情况下，中控箱加热器投退把手 Q2 置"1"，启动加热器 E1 加热，当气温或湿度达到温湿度传感器设定值时，温控器输出触点自动启动加热器 E2 加热	中控箱加热器投退把手置"0"后，在气候潮湿情况下，有可能引起一些对环境要求较高的元器件绝缘降低，且门灯无法自动亮起	无	无

第七节　北京 ABB 公司 HPL550B2 W/C 型 500kV 高压断路器（落地中控箱布置）二次回路辨识

一、二次回路功能模块化分解原理图

1. 合闸回路原理接线图

北京 ABB 公司 HPL550B2 W/C 型 500kV 高压断路器（落地中控箱布置）合闸回路原理接线图见图 2-103。

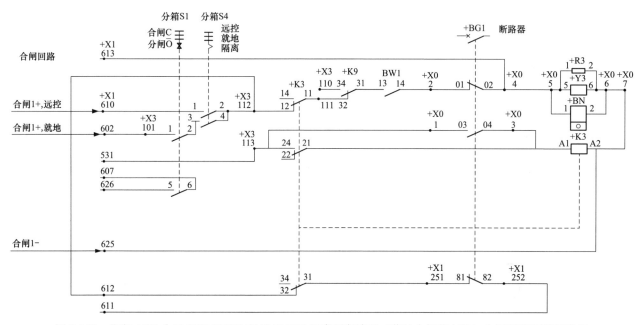

图 2-103　北京 ABB 公司 HPL550B2 W/C 型 500kV 高压断路器（落地中控箱布置）合闸回路原理接线图

2. 分闸回路 1 原理接线图

北京 ABB 公司 HPL550B2 W/C 型 500kV 高压断路器（落地中控箱布置）分闸回路 1 原理接线图见图 2-104。

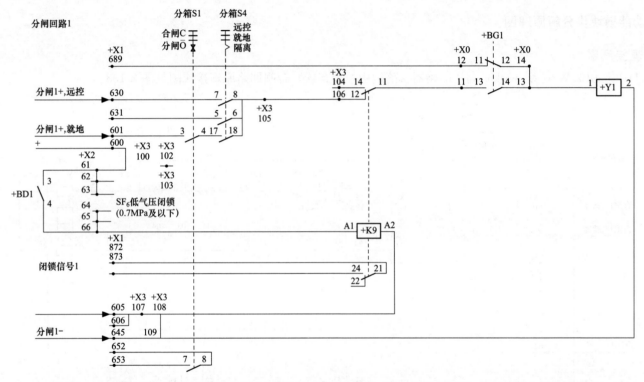

图 2-104　北京 ABB 公司 HPL550B2 W/C 型 500kV 高压断路器（落地中控箱布置）分闸回路 1 原理接线图

3. 分闸回路 2 原理接线图

北京 ABB 公司 HPL550B2 W/C 型 500kV 高压断路器（落地中控箱布置）分闸回路 2 原理接线图见图 2-105。

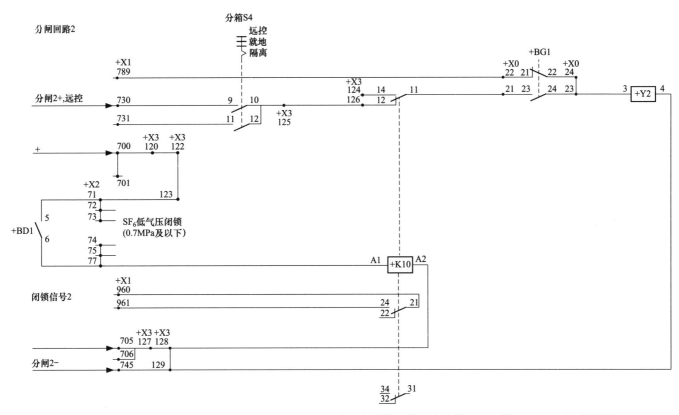

图 2-105　北京 ABB 公司 HPL550B2 W/C 型 500kV 高压断路器（落地中控箱布置）分闸回路 2 原理接线图

4. 信号回路原理接线图

北京 ABB 公司 HPL550B2 W/C 型 500kV 高压断路器（落地中控箱布置）信号回路原理接线图见图 2-106。

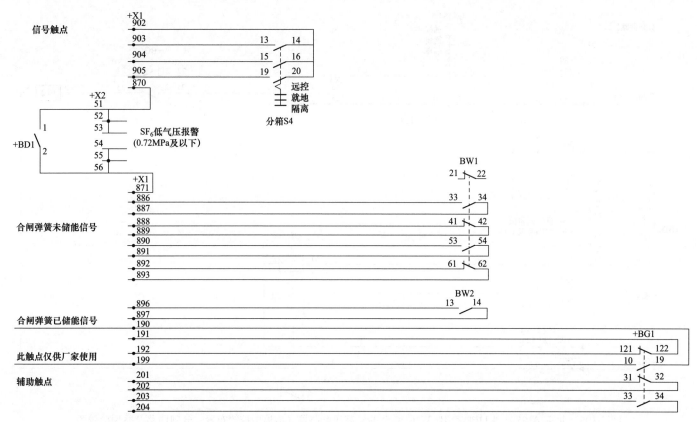

图 2-106　北京 ABB 公司 HPL550B2 W/C 型 500kV 高压断路器（落地中控箱布置）信号回路原理接线图

176

5. 辅助触点及分合闸指示灯回路二次原理接线图

北京 ABB 公司 HPL550B2 W/C 型 500kV 高压断路器（落地中控箱布置）辅助触点及分合闸指示灯回路二次原理接线图见图 2-107。

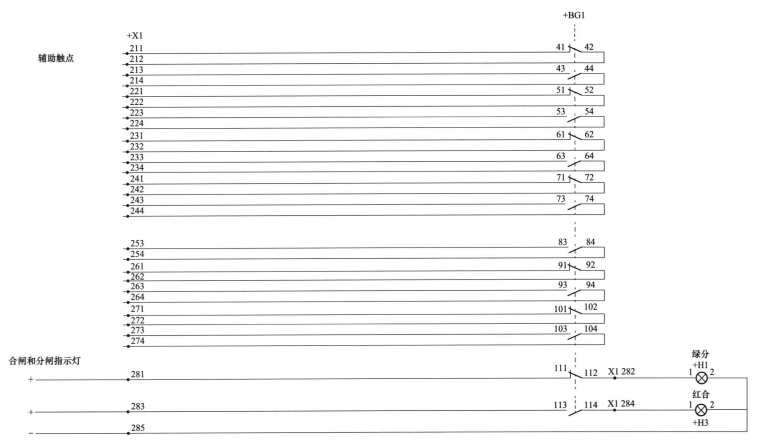

图 2-107 北京 ABB 公司 HPL550B2 W/C 型 500kV 高压断路器（落地中控箱布置）辅助触点及分合闸指示灯回路二次原理接线图

6. 辅助触点信号回路原理接线图

北京 ABB 公司 HPL550B2 W/C 型 500kV 高压断路器（落地中控箱布置）辅助触点信号回路原理接线图见图 2-108。

图 2-108　北京 ABB 公司 HPL550B2 W/C 型 500kV 高压断路器（落地中控箱布置）辅助触点信号回路原理接线图

7. 储能电机及加热器回路原理接线图

北京 ABB 公司 HPL550B2 W/C 型 500kV 高压断路器（落地中控箱布置）储能电机及加热器回路原理接线图见图 2-109。

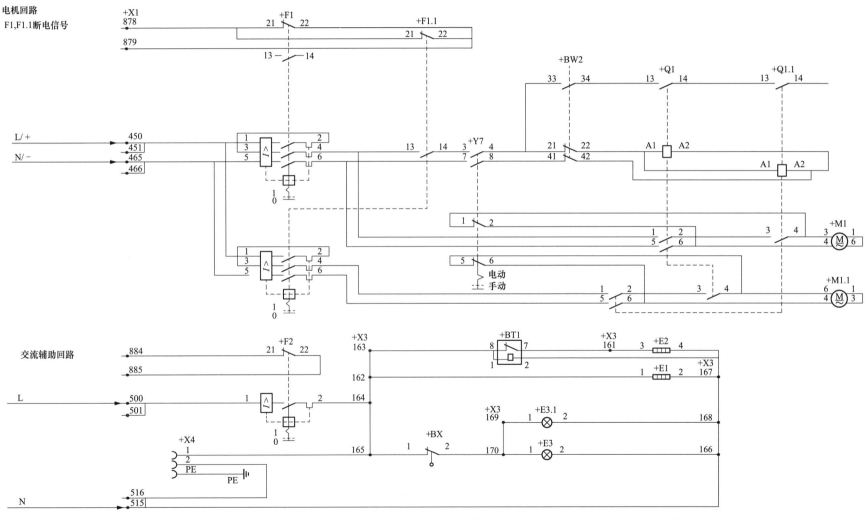

图 2-109 北京 ABB 公司 HPL550B2 W/C 型 500kV 高压断路器（落地中控箱布置）储能电机及加热器回路原理接线图

8. 分控箱端子排图

北京 ABB 公司 HPL550B2 W/C 型 500kV 高压断路器（落地中控箱布置）分控箱端子排图见图 2-110。

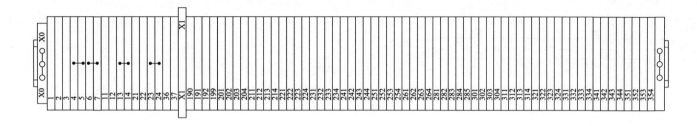

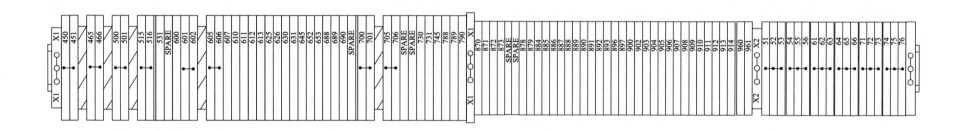

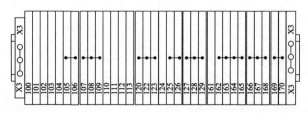

图 2-110　北京 ABB 公司 HPL550B2 W/C 型 500kV 高压断路器（落地中控箱布置）分控箱端子排图

9. 中控箱合闸回路及非全相保护 1 启动回路接线图

北京 ABB 公司 HPL550B2 W/C 型 500kV 高压断路器（落地中控箱布置）中控箱合闸回路及非全相保护 1 启动回路接线图见图 2-111。

合闸回路

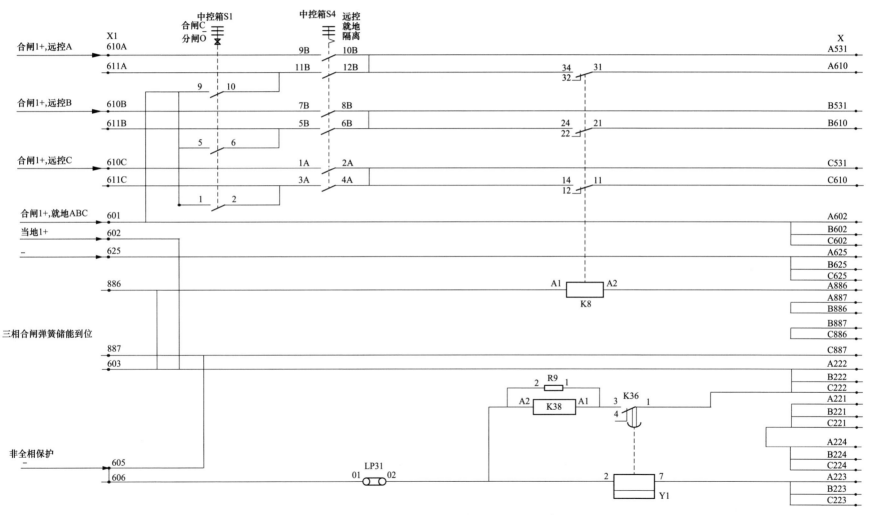

图 2-111　北京 ABB 公司 HPL550B2 W/C 型 500kV 高压断路器（落地中控箱布置）中控箱合闸回路及非全相保护 1 启动回路接线图

10. 中控箱分闸 1 及非全相信号 1 回路、SF₆ 低气压闭锁信号回路接线图

北京 ABB 公司 HPL550B2 W/C 型 500kV 高压断路器（落地中控箱布置）中控箱分闸 1 及非全相信号 1 回路、SF₆ 低气压闭锁信号回路接线图见图 2-112。

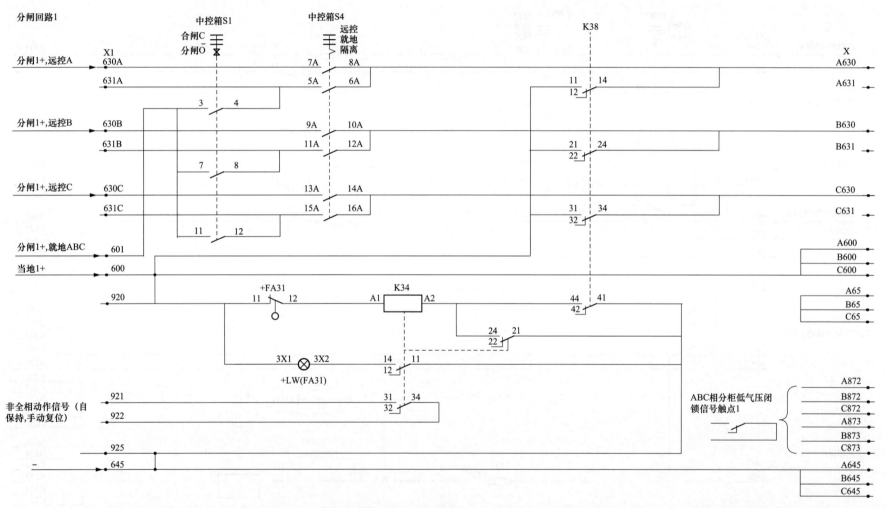

图 2-112　北京 ABB 公司 HPL550B2 W/C 型 500kV 高压断路器（落地中控箱布置）中控箱分闸 1 及非全相信号 1 回路、SF₆ 低气压闭锁信号回路接线图

11. 中控箱分闸回路 2 及非全相保护 2 回路接线图

北京 ABB 公司 HPL550B2 W/C 型 500kV 高压断路器（落地中控箱布置）中控箱分闸回路 2 及非全相保护 2 回路接线图见图 2-113。

分闸回路2

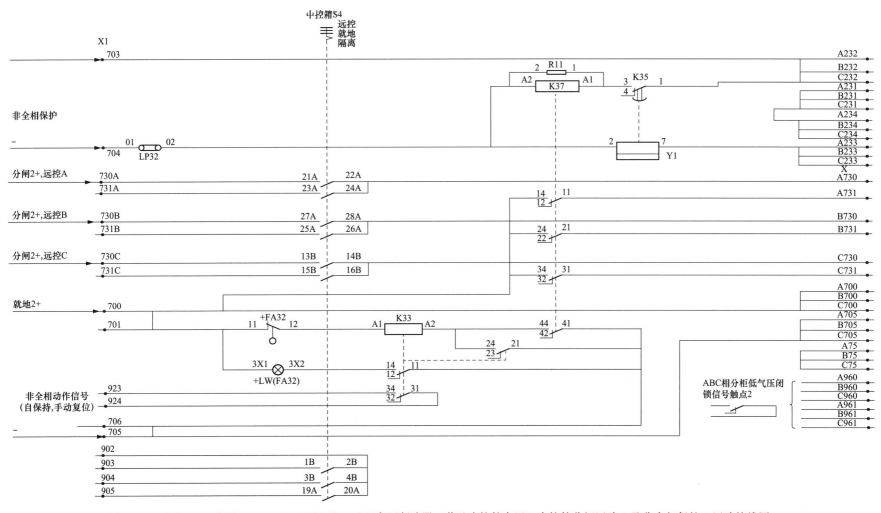

图 2-113 北京 ABB 公司 HPL550B2 W/C 型 500kV 高压断路器（落地中控箱布置）中控箱分闸回路 2 及非全相保护 2 回路接线图

12. 中控箱加热器等辅助回路原理接线图

北京 ABB 公司 HPL550B2 W/C 型 500kV 高压断路器（落地中控箱布置）中控箱加热器等辅助回路原理接线图见图 2-114。

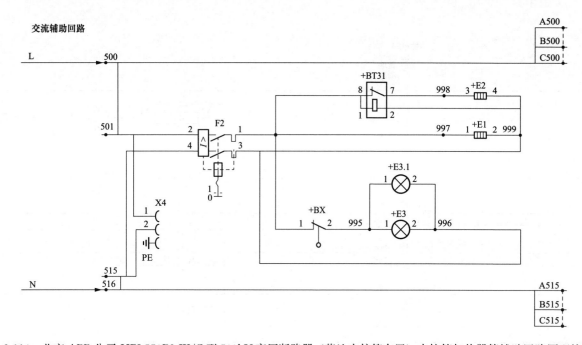

图 2-114 北京 ABB 公司 HPL550B2 W/C 型 500kV 高压断路器（落地中控箱布置）中控箱加热器等辅助回路原理接线图

13. 分控箱经中控箱汇总的信号回路图

北京 ABB 公司 HPL550B2 W/C 型 500kV 高压断路器（落地中控箱布置）分控箱经中控箱汇总的信号回路图见图 2-115。

14. 中控箱端子排图

北京 ABB 公司 HPL550B2 W/C 型 500kV 高压断路器（落地中控箱布置）中控箱端子排图见图 2-116。

15. 中控箱至 ABC 相分控箱电缆连接图

北京 ABB 公司 HPL550B2 W/C 型 500kV 高压断路器（落地中控箱布置）中控箱至 ABC 相分控箱电缆连接图见图 2-117 和图 2-118。

16. 分控箱至中控箱电缆连接图

北京 ABB 公司 HPL550B2 W/C 型 500kV 高压断路器（落地中控箱布置）分控箱至中控箱电缆连接图见图 2-119。

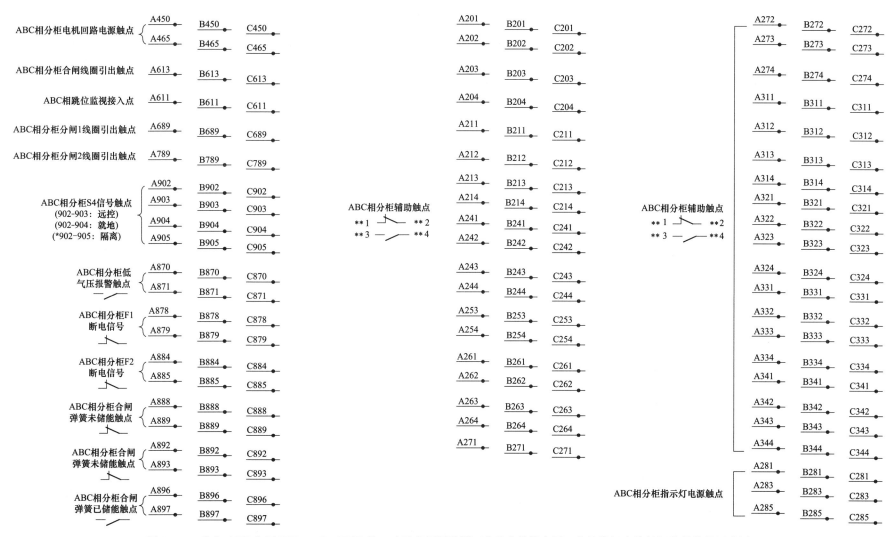

图 2-115 北京 ABB 公司 HPL550B2 W/C 型 500kV 高压断路器（落地中控箱布置）分控箱经中控箱汇总的信号回路图

接线端子排列图 (竖直安装) (上)

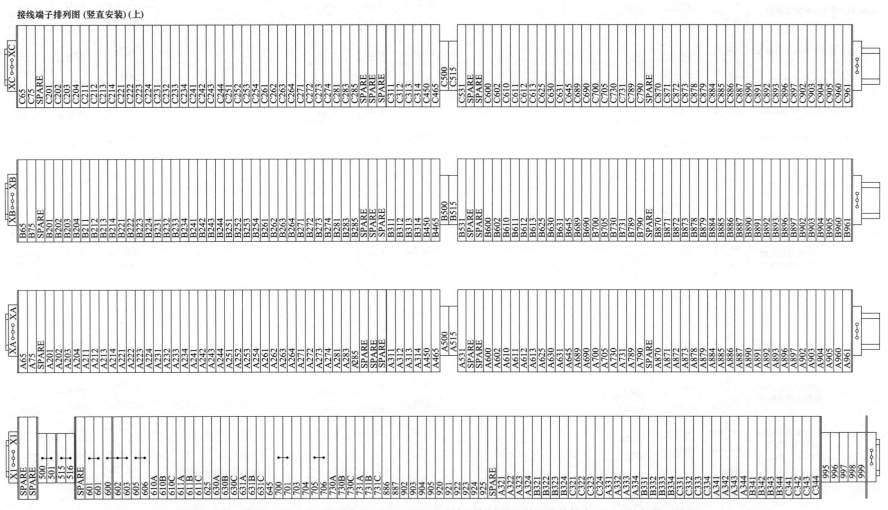

图 2-116　北京 ABB 公司 HPL550B2 W/C 型 500kV 高压断路器（落地中控箱布置）中控箱端子排图

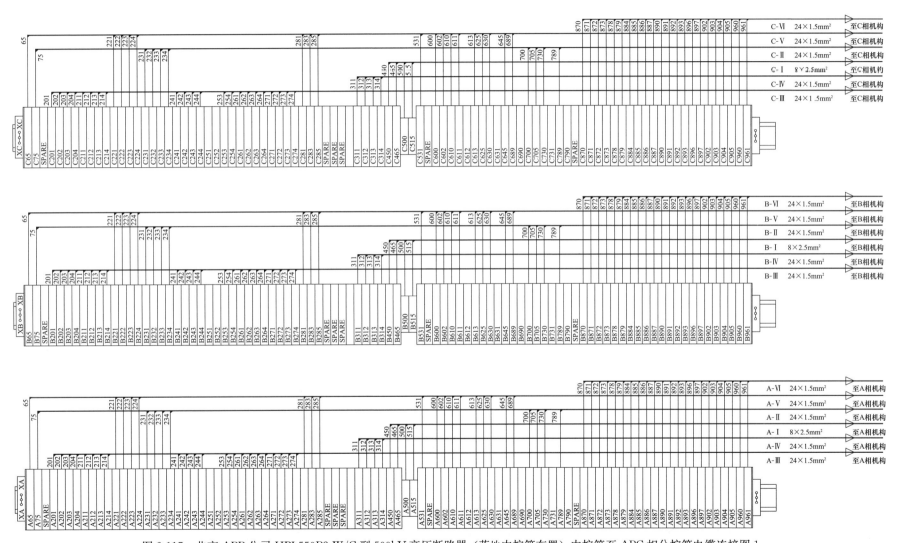

图 2-117　北京 ABB 公司 HPL550B2 W/C 型 500kV 高压断路器（落地中控箱布置）中控箱至 ABC 相分控箱电缆连接图 1

187

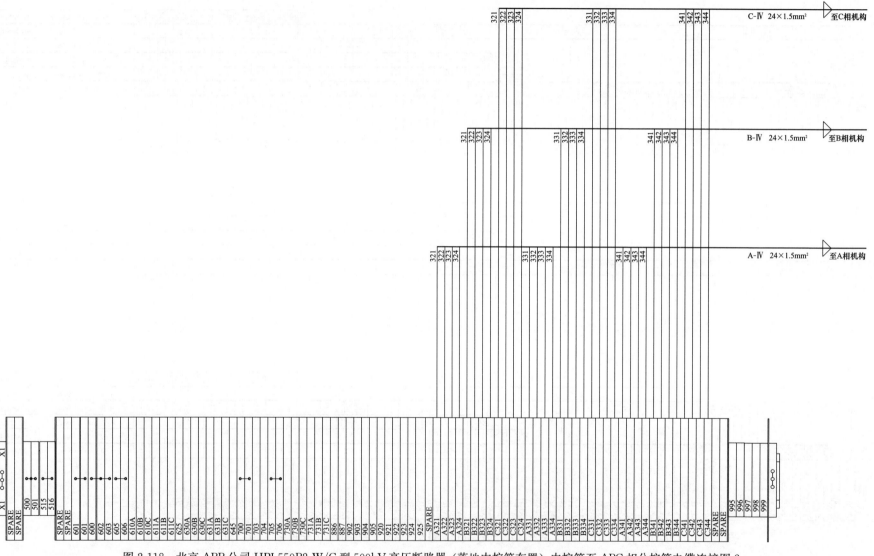

图 2-118　北京 ABB 公司 HPL550B2 W/C 型 500kV 高压断路器（落地中控箱布置）中控箱至 ABC 相分控箱电缆连接图 2

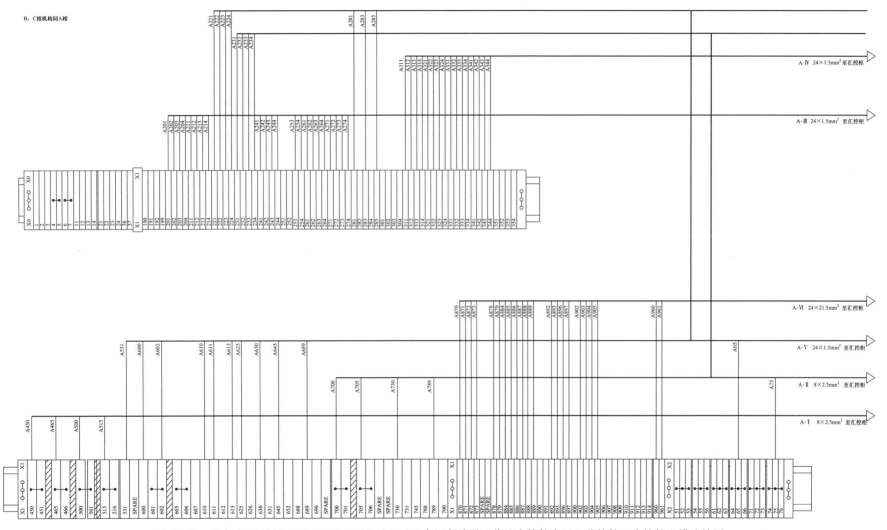

图 2-119　北京 ABB 公司 HPL550B2 W/C 型 500kV 高压断路器（落地中控箱布置）分控箱至中控箱电缆连接图

189

二、断路器二次回路功能模块化分解辨识

断路器二次回路功能模块化分解辨识见表 2-13。

表 2-13   **断路器二次回路功能模块化分解辨识**

序号	模块名称	模块分解辨识
1	各相独立合闸公共回路	分控箱内〔X3：112→防跳接触器 K3 动断触点 12-11→X3：111→SF$_6$ 低总闭锁 1 接触器 K9 动断触点 32-31→弹簧储能行程开关 BW1 已储能触点 13-14→（X0：2→断路器动断辅助触点 BG1 的 01-02→X0：4）→X0：5→(对应相合闸线圈 Y3 的 5-6) 或 (合闸线圈保护电阻 R3 的 1-2) 或 (合闸计数器 BN 的 1-2)→X0：6→X0：7/X1：625〕→中控箱 (A 相对应端子 XA：A625，B 相对应端子 XB；B625，C 相对应端子 XC：C625)→中控箱 X1：625→控制 I 负电源 K102
2	各相独立分闸 1 公共回路	分控箱内 (X3：105/X3：106→SF$_6$ 低总闭锁 1 接触器 K9 动断触点 12-11→X0：11→断路器动合辅助触点 BG1 的 13-14→X0：13→对应相分闸线圈 Y1 的 1-2→X3：109/X1：645)→中控箱 (A 相对应端子 XA：A645，B 相对应端子 XB：B645，C 相对应端子 XC：C645)→中控箱 X1：645→控制 I 负电源 K102
3	各相独立分闸 2 公共回路	分控箱内〔X3：125/X3：126→SF$_6$ 低总闭锁 2 接触器 K10 动断触点 12-11→X0：21→断路器动合辅助触点 BG1 的 23-24→X0：23→对应相分闸线圈 Y2 的 (3-4)→X3：129/X3：128/X3：127/X1：705〕→中控箱 (A 相对应端子 XA：A705，B 相对应端子 XB；B705，C 相对应端子 XC：C705)→中控箱 X1：705→控制 II 负电源 K202
4	各相分控箱内独立远方合闸回路	〔控制 I 正电源 K101→操作箱内手合继电器的动合触点或操作箱内重合闸重动继电器的动合触点→操作箱内自保持继电器→中控箱内远方合闸回路 (中控箱内 A 相对应端子 X1：610A，B 相对应端子 X1：610B，C 相对应端子 X1：610C)→中控箱内远方/就地把手 S4 的远方触点 (A 相对应触点为 9B-10B，B 相对应触点为 7B-8B，C 相对应触点为 1A-2A)〕或〔五防后正电源 K101S→中控箱端子 X1：601→中控箱内断路器就地分合闸把手 S1 的合闸触点 (A 相对应触点为 9-10，B 相对应触点为 5-6，C 相对应触点为 1-2)→中控箱内远方/就地把手 S4 的就地位置触点 (A 相对应触点为 11B-12B，B 相对应触点为 5B-6B，C 相对应触点为 3A-4A)〕→B 相中控箱内三相合闸储能监视接触器 K8 的动合触点 (A 相对应触点为 34-31，B 相对应触点为 24-21，C 相对应触点为 14-11)→对应相远方合闸回路 (中控箱内 A 相对应端子 XA：A610；B 相对应端子 XB；B610；C 相对应端子 XC：C610)→对应相分控箱内 (X1：610→远方/就地把手 S4 供远方合闸的 1-2 触点→X3：112)→对应相独立合闸公共回路
5	各相独立就地合闸回路	控制 I 正电源 K101→YBJ 五防电编码锁 1-2→五防后正电源 K101S→中控箱端子 X1：601→中控箱 (A 相对应端子 XA：A602，B 相对应端子 XB：B602，C 相对应端子 XC：C602)→对应相分控箱内 (端子 X1：602/X3：101→断路器就地分合闸把手 S1 的合闸触点 1-2→远方/就地把手 S4 的就地位置触点 3-4→X3：112)→对应相独立合闸公共回路
6	各相独立远方分闸 1 回路	〔控制 I 正电源 K101→操作箱内对应相手跳继电器的动合触点或操作箱内跳闸继电器或操作箱内永跳继电器 (一般由线路保护 I 三跳、永跳出口经三跳压板或线路保护 I 沟三出口经沟三压板或线路保护 I 收到远跳令经收信跳压板或辅助保护上失灵保护出口经失灵跳断路器 I 组压板或母差出口经跳断路器 I 组压板后启动) 的动合触点或本线保护 I 分相跳闸出口经分相跳闸 I 压板→中控箱内远方分闸 1 回路 (中控箱内 A 相对应端子 X1：630A，B 相对应端子 X1：630B，C 相对应端子 X1：630C)→中控箱内远方/就地把手 S4 的远方触点 (A 相对应触点为 7A-8A，B 相对应触点为 9A-10A，C 相对应触点为 13A-14A)〕或〔五防后正电源 K101S→中控箱端子 X1：601→中控箱内断路器就地分合闸把手 S1 的分闸触点 (A 相对应触点为 3-4，B 相对应触点为 7-8，C 相对应触点为 11-12)→中控箱内远方/就地把手 S4 的就地位置触点 (A 相对应触点为 5A-6A，B 相对应触点为 11A-12A，C 相对应触点为 15A-16A)〕→对应相远方分闸 1 回路 (中控箱内 A 相对应端子 XA：A630；B 相对应端子 XB；B630；C 相对应端子 XC：C630)→对应相分控箱内 (X1：630→远方/就地把手 S4 供远方分闸 1 的 7-8 触点→X3：105)→对应相独立分闸 1 公共回路

序号	模块名称	模块分解辨识
7	非全相分闸 1 回路	［控制Ⅰ正电源 K101→中控箱 X1：600→非全相强迫第一组直跳接触器 K38 出口触点（A 相对应 11-14、B 相对应 21-24、C 相对应 31-34）］→对应相远方分闸 1 回路（中控箱内 A 相对应端子 XA：A630；B 相对应端子 XB：B630；C 相对应端子 XC：C630）→对应相分控箱内（X1：630→远方/就地把手 S4 供远方分闸 1 的 7-8 触点→X3：105）→对应相独立分闸 1 公共回路
8	各相独立就地分闸 1 回路	控制Ⅰ正电源 K101→YBJ 五防电编码锁 1-2→五防后正电源 K101S→中控箱端子 X1：601→中控箱（A 相对应端子 XA：A602，B 相对应端子 XB：B602，C 相对应端子 XC：C602）→对应相分控箱内（端子 X1：602/X1：601/X3：100/X3：102→断路器就地分合闸把手 S1 的分闸触点 3-4→远方/就地把手 S4 的就地位置触点 17-18→X3：105）→对应相独立分闸 1 公共回路
9	各相独立远方分闸 2 回路	［控制Ⅱ正电源 K201→操作箱内对应相手跳继电器的动合触点或操作箱内跳闸继电器或操作箱内永跳继电器（一般由线路保护Ⅱ三跳、永跳出口经三跳压板或线路保护Ⅱ沟三出口经沟三压板后或线路保护Ⅱ收到远跳令经收信跳压板或辅助保护上失灵保护出口经失灵跳断路器Ⅱ组压板或母差出口经跳断路器Ⅱ组压板后启动）的动合触点或本线保护Ⅱ分相跳闸出口经分相跳闸Ⅱ压板→中控箱内远方分闸 2 回路（中控箱内 A 相对应端子 X1：730A，B 相对应端子 X1：730B，C 相对应端子 X1：730C）→中控箱内远方/就地把手 S4 的远方触点（A 相对应触点为 21A-22A，B 相对应触点为 27A-28A，C 相对应触点为 13B-14B）］→对应相远方分闸 2 回路（中控箱内 A 相对应端子 XA：A730；B 相对应端子 XB：B730；C 相对应端子 XC：C730）→对应相分控箱内（X1：730→远方/就地把手 S4 供远方分闸 2 的 9-10 触点→X3：125）→对应相独立分闸 2 公共回路
10	非全相分闸 2 回路	［控制Ⅱ正电源 K201→中控箱内端子 X1：700→非全相强迫第二组直跳接触器 K37 出口触点（A 相对应 14-11、B 相对应 24-21、C 相对应 34-31）］→对应相远方分闸 2 回路（中控箱内 A 相对应端子 XA：A730；B 相对应端子 XB：B730；C 相对应端子 XC：C730）→对应相分控箱内（X1：730→远方/就地把手 S4 供远方分闸 2 的 9-10 触点→X3：125）→对应相独立分闸 2 公共回路

三、二次回路元器件辨识及其异动说明

二次回路元器件辨识及其异动说明见表 2-14。

表 2-14 二次回路元器件辨识及其异动说明

序号	元器件名称编号	原始状态	元器件异动说明	元器件异动后果	元器件异动触发光字牌信号	
					断路器合闸状态	断路器分闸状态
1	SF₆ 密度继电器的微动开关 BD1（各相分控箱内均有）	低通压力触点，正常时断开	任一相断路器本体内 SF₆ 压力低于或等于 SF₆ 低气压报警接通值 0.72MPa 时，对应相 SF₆ 密度继电器内低通触点 1-2 触点通，沟通测控装置对应的信号光耦	任一相断路器本体内 SF₆ 压力低于或等于 SF₆ 低气压报警接通值 0.72MPa 时，对应相 SF₆ 密度继电器内低通触点 1-2 触点通，经测控装置对应信号光耦后发出"断路器 SF₆ 泄漏"光字牌	光字牌情况：断路器 SF₆ 泄漏	光字牌情况：断路器 SF₆ 泄漏

序号	元器件名称编号	原始状态	元器件异动说明	元器件异动后果	元器件异动触发光字牌信号	
					断路器合闸状态	断路器分闸状态
2	SF₆ 低总闭锁 1 接触器 K9（各相分控箱内均有）	正常时不励磁，触点上顶；动作后触点下压并掉桔黄色指示牌	任一相断路器本体内 SF₆ 压力低于或等于 SF₆ 总闭锁 1 接通值 0.70MPa 时，对应相 SF₆ 密度继电器内低通触点 3-4 通，沟通对应相 SF₆ 低总闭锁 1 接触器 K9 励磁	任一相 K9 接触器励磁后，其原来闭合的两对动断触点 32-31（分控箱 X3：111-BW1：13）、12-11（分控箱 X3：106-X0：11）断开并分别闭锁对应相合闸和分闸 1 回路，并通过 K9 接触器动合触点 21-24（分控箱 X1：872-X1：873）沟通测控装置内对应的信号光耦后发出"断路器 SF₆ 总闭锁 1"光字牌	(1) 光字牌情况： 1) 第一组控制回路断线； 2) 断路器 SF₆ 泄漏； 3) 断路器 SF₆ 总闭锁 1。 (2) 其他信号：操作箱上第一组对应相 OP 灯灭	(1) 光字牌情况： 1) 第一组控制回路断线； 2) 第二组控制回路断线； 3) 断路器 SF₆ 泄漏； 4) 断路器 SF₆ 总闭锁 1。 (2) 其他信号：测控柜上红绿灯均灭
3	SF₆ 低总闭锁 2 接触器 K10（各相分控箱内均有）	正常时不励磁，触点上顶；动作后触点下压并掉桔黄色指示牌	任一相断路器本体内 SF₆ 压力低于或等于 SF₆ 总闭锁 2 接通值 0.70MPa 时，对应相 SF₆ 密度继电器内低通触点 5-6 通，沟通对应相 SF₆ 低总闭锁 2 接触器 K10 励磁	任一相 K10 接触器励磁后，其原来闭合的动断触点 12-11（分控箱 X3：126-X0：21）断开并闭锁对应相分闸 2 回路，并通过 K10 接触器动合触点 21-24（分控箱 X1：960-X1：961）沟通测控装置内对应的信号光耦后发出"断路器 SF₆ 总闭锁 2"光字牌	(1) 光字牌情况： 1) 第二组控制回路断线； 2) 断路器 SF₆ 泄漏； 3) 断路器 SF₆ 总闭锁 2。 (2) 其他信号：操作箱上第二组对应相 OP 灯灭	光字牌情况： (1) 断路器 SF₆ 泄漏； (2) 断路器 SF₆ 总闭锁 2
4	防跳接触器 K3（各相分控箱内均有）	正常时不励磁，触点上顶；动作后触点下压并掉桔黄色指示牌	各相断路器合闸后，为防止断路器跳开后却因合闸脉冲又较长时出现多次合闸，厂家设计了一旦某相断路器合闸到位后，该相断路器的动合辅助触点闭合，此时只要该相合闸回路（不论远控近控）仍存在合闸脉冲，对应相的 K3 接触器励磁并通过其动合触点自保持	对应相 K3 接触器励磁后： (1) 通过其动合触点 24-21 实现对应相 K3 接触器自保持； (2) 串入对应相合闸回路的防跳接触器 K3 的动断触点 12-11 断开，闭锁对应相合闸回路	无	(1) 光字牌情况： 1) 第一组控制回路断线； 2) 第二组控制回路断线。 (2) 其他信号：测控柜上红绿灯均灭
5	弹簧储能行程开关 BW1、BW2（各相分控箱内均有）	未储能时动断触点闭合，储能到位后动合触点闭合	当断路器机构箱内弹簧未储能时，会即时发出"断路器弹簧未储能"信号，一般情况下经储能电机运转拉伸至已储能位置时，信号会自动消失，但若储能电机未能自动启动运转拉伸弹簧，此时将通过串接于对应相合闸公共回路中的弹簧储能行程开关 BW1 的已储能位置触点断开切断该相合闸回路，并通过中控箱内三相弹簧储能监视接触器 K8（注：三相均储能时励磁，任一相未储能时失磁）的动合触点断开切断三相合闸回路	当断路器机构箱内弹簧未储能时，会即时发出"断路器弹簧未储能"信号，一般情况下经储能电机运转拉伸至已储能位置时，信号会自动消失，但若储能电机未能自动启动运转拉伸弹簧，此时将通过串接于对应相合闸公共回路中的弹簧储能行程开关 BW1 的已储能位置触点断开切断该相合闸回路，并通过中控箱内三相弹簧储能监视接触器 K8（注：三相均储能时励磁，任一相未储能时失磁）的动合触点断开切断三相合闸回路	未储能时光字牌情况：断路器弹簧未储能	(1) 未储能时光字牌情况： 1) 断路器弹簧未储能； 2) 第一组控制回路断线； 3) 第二组控制回路断线。 (2) 未储能其他信号：测控柜上红绿灯均灭

序号	元器件名称编号	原始状态	元器件异动说明	元器件异动后果	元器件异动触发光字牌信号	
					断路器合闸状态	断路器分闸状态
6	储能电机手动/电动选择开关 Y7（各相分控箱内均有）	电动	当任一相断路器机构箱内弹簧未储能时，一般情况下该相储能电机会自动运转拉伸合闸弹簧至已储能位置，但若 Y7 被切换至手动位置，两台储能电机的电源空开 F1 及 F1.1 均将被 Y7 的手动触点短接跳开，导致储能电机交流控制回路及其驱动回路因失去电源而无法自动启动电机，此时将通过串接于对应合闸公共回路中的弹簧储能行程开关 BW1 的已储能位置触点断开切断该相合闸回路，并通过中控箱内三相弹簧储能监视接触器 K8（注：三相均储能时励磁，任一相未储能时失磁）的动合触点断开切断三相合闸回路	任一相分控箱内 Y7 切换至手动位置后，若碰巧又遇上该相断路器跳闸，该相合闸弹簧因分闸脱扣释放能量导致弹簧储能不足时无法即时恢复储能，可能造成断路器三相合闸均被闭锁（注：中控箱内三相弹簧储能监视接触器 K8 在任一相未储能时失磁，失磁后 K8 的动合触点断开切断三相合闸回路）	无	无
7	储能电机运转交流接触器 1（各相分控箱内均有）Q1	正常时不励磁，长凹形吸纽为平置状态；动作后吸纽为吸入状态	当合闸弹簧因分闸脱扣释放能量导致弹簧储能不足时，弹簧储能行程开关 BW2 的弹簧未储能闭合触点 21-22、41-42 闭合，沟通两台储能电机运转接触器 Q1、Q1.1 励磁，使两台电机启动拉伸合闸弹簧储能，当合闸弹簧拉伸至已储能位置时，BW2 的 21-22、41-42 触点自动切断储能电机控制回路停止储能	储能电机运转接触器 Q1 励磁后：（1）其两对动合触点 1-2、5-6 及 Q1 的 3-4 触点接通储能电机 M1 电源使 M1 运转；（2）其1对动合触点 3-4 串入储能电机 M1.1 驱动回路；（3）其1对动合触点 13-14 与储能电机运转交流接触器 Q1.1 的动合触点 13-14 及弹簧储能行程开关 BW2 的已储能触点 33-34 串接后备用（注：本型号断路器无"储能电机运转"信号外引线）	无	无
8	储能电机运转接触器 2（各相分控箱内均有）Q1.1	正常时不励磁，长凹形吸纽为平置状态；动作后吸纽为吸入状态	当合闸弹簧因分闸脱扣释放能量导致弹簧储能不足时，弹簧储能行程开关 BW2 的弹簧未储能闭合触点 21-22、41-42 闭合，沟通两台储能电机运转接触器 Q1、Q1.1 励磁，使两台电机启动拉伸合闸弹簧储能，当合闸弹簧拉伸至已储能位置时，BW2 的 21-22、41-42 触点自动切断储能电机控制回路停止储能	储能电机运转接触器 Q1.1 励磁后：（1）其两对动合触点 1-2、5-6 及 Q1 的 3-4 触点接通储能电机 M1.1 电源使 M1.1 运转；（2）其1对动合触点 3-4 串入储能电机 M1 驱动回路；（3）其1对动合触点 13-14 与储能电机运转交流接触器 Q1 的动合触点 13-14 及弹簧储能行程开关 BW2 的已储能触点 33-34 串接后备用（注：本型号断路器无"储能电机运转"信号外引线）	无	无

序号	元器件名称编号	原始状态	元器件异动说明	元器件异动后果	元器件异动触发光字牌信号	
					断路器合闸状态	断路器分闸状态
9	储能电机控制及 M1 驱动电源空开 F1（各相分控箱内均有）	合闸	当合闸弹簧因分闸脱扣释放能量导致弹簧储能不足时，弹簧储能行程开关 BW2 的弹簧未储能闭合触点 21-22、41-42 闭合，沟通两台储能电机运转接触器 Q1、Q1.1 励磁，使两台电机启动拉伸合闸弹簧储能，当合闸弹簧拉伸至已储能位置时，BW2 的 21-22、41-42 触点自动切断储能电机控制回路停止储能	任一相分控箱内 F1 空开跳开后，该相断路器机构的合闸弹簧储能电机运转接触器 Q1、Q1.1 将失去控制电源，合闸弹簧储能电机 M1 将失去动力电源，同时通过 F1 的 21-22［对应各分控箱内端子 X1：878-X1：879，对应中控箱内端子（XA：A878-XA：A879 为 A 相引来，XB：B878-XB：B879 为 B 相引来，XC：C878-XC：C879 为 C 相引来）］沟通测控装置内对应的信号光耦后发出"断路器电机电源空开跳开"信号，若短时间内不及时修复，当弹簧能量在运行中耗损后可能造成断路器三相合闸均被闭锁（注：中控箱内三相弹簧储能监视接触器 K8 在任一相未储能时失磁，失磁后 K8 的动合触点断开切断三相合闸回路）	光字牌情况：断路器电机电源跳开	光字牌情况：断路器电机电源跳开
10	储能电机 M1.1 驱动电源空开 F1.1（各相分控箱内均有）	合闸	当合闸弹簧因分闸脱扣释放能量导致弹簧储能不足时，弹簧储能行程开关 BW2 的弹簧未储能闭合触点 21-22、41-42 闭合，沟通两台储能电机运转接触器 Q1、Q1.1 励磁，使两台电机启动拉伸合闸弹簧储能，当合闸弹簧拉伸至已储能位置时，BW2 的 21-22、41-42 触点自动切断储能电机控制回路停止储能	任一相分控箱内 F1.1 空开跳开后，该相断路器机构的合闸弹簧储能电机运转接触器 Q1、Q1.1 将无法励磁，合闸弹簧储能电机 M1.1 将失去动力电源，同时通过 F1.1 的 21-22［对应各分控箱内端子 X1：878-X1：879，对应中控箱内端子（XA：A878-XA：A879 为 A 相引来，XB：B878-XB：B879 为 B 相引来，XC：C878-XC：C879 为 C 相引来）］沟通测控装置内对应的信号光耦后发出"断路器电机电源空开跳开"信号，若短时间内不及时修复，当弹簧能量在运行中耗损后可能造成断路器三相合闸均被闭锁（注：中控箱内三相弹簧储能监视接触器 K8 在任一相未储能时失磁，失磁后 K8 的动合触点断开切断三相合闸回路）	光字牌情况：断路器电机电源跳开	光字牌情况：断路器电机电源跳开

序号	元器件名称编号	原始状态	元器件异动说明	元器件异动后果	元器件异动触发光字牌信号	
					断路器合闸状态	断路器分闸状态
11	加热器及门灯电源空开 F2（各相分控箱内均有）	合闸	正常情况下，常投加热器电源空开 F2，启动加热器 E1 加热，当气温或湿度达到温湿度传感器设定值时，温控器输出触点自动启动加热器 E2 加热	任一相分控箱内 F2 电源空开跳开后，通过相应相分控箱内 F2 的 21-22〔对应各分控箱内端子 X1：884-X1：885，对应中控箱内端子（XA：A884-XA：A885 为 A 相引来，XB：B884-XB：B885 为 B 相引来，XC：C884-XC：C885 为 C 相引来）〕沟通测控装置内对应的信号光耦后发出"断路器加热器空开跳开"信号；在气候潮湿情况下，有可能引起一些对环境要求较高的元器件绝缘降低	光字牌情况：断路器加热器空开跳开	光字牌情况：断路器加热器空开跳开
12	隔离/就地/远控转换开关 S4（各相分控箱内均有）	远方	将 ABB 断路器分控箱内远方/就地转换开关 S4 切换至"就地"位置后，可通过分控箱就地分合闸操作把手 S1 操作断路器	将 ABB 断路器分控箱内远方/就地转换开关 S4 切换至"就地"位置后，将引起保护（含保护出口、本体非全相）、远控分合闸、中控箱分合闸回路断线，当保护有出口或需紧急操作时造成保护拒动或远控操作失灵	（1）光字牌情况： 1）第一组控制回路断线； 2）第二组控制回路断线； 3）断路器机构箱就地位置。 （2）其他信号： 1）测控柜上红绿灯均灭； 2）操作箱上两组对应相 OP 灯均灭	（1）光字牌情况： 1）第一组控制回路断线； 2）第二组控制回路断线； 3）断路器机构箱就地位置。 （2）其他信号：测控柜上红绿灯均灭
13	就地分合闸操作把手 S1（各相分控箱内均有）	中间位置	将 ABB 断路器分控箱内远方/就地转换开关 S4 切换至"就地"位置后，可通过分控箱就地分合闸操作把手 S1 操作断路器	在五防满足的情况下，可以实现就地分合闸，但规程规定为防止断路器非同期合闸，严禁就地合断路器（检修或试验除外）	无	无
14	断路器位置分闸指示绿灯 H1、合闸指示红灯 H3（各相分控箱内均有）	分闸位置时绿灯亮，合闸位置时红灯亮	分闸位置时绿灯亮，合闸位置时红灯亮	无	无	无

序号	元器件名称编号	原始状态	元器件异动说明	元器件异动后果	元器件异动触发光字牌信号	
					断路器合闸状态	断路器分闸状态
15	三相合闸储能监视接触器 K8（中控箱）	正常时励磁并掉桔黄色指示牌（任一相弹簧未储能时失磁）	当断路器机构箱内各相合闸弹簧均储能时，沟通三相合闸储能监视接触器 K8 励磁，此时若任一相断路器机构箱内弹簧未储能，将导致三相合闸储能监视接触器 K8 失磁实现断路器三相合闸闭锁	当某相断路器机构箱内弹簧未储能到位，对应相断路器机构内弹簧的合闸能量不足，该相断路器机构箱内弹簧储能行程开关 BW1 的弹簧已储能闭合触点 33-34 断开，三相合闸储能监视接触器 K8 失磁，其串接于断路器各合闸回路的动合触点（34-31、24-21、14-11）返回切断断路器合闸回路，无法进行断路器的合闸操作，一般情况下还会伴有"断路器弹簧未储能"信号	光字牌情况：断路器弹簧未储能	（1）光字牌情况： 1）断路器弹簧未储能； 2）第一组控制回路断线； 3）第二组控制回路断线。 （2）其他信号：测控柜上红绿灯均灭
16	非全相启动第一组直跳时间接触器 K36（中控箱）	正常时不励磁，触点上顶；动作后触点下压并掉桔黄色指示牌（断路器跳闸后不自保持）	在"投第一组非全相保护 LP31 压板"正常投入情况下，断路器此时若发生非全相运行，将沟通 K36 时间接触器励磁	K36 励磁并经设定时间延时后，其动合触点闭合沟通非全相强迫第一组直跳接触器 K38 励磁，由 K38 的三对动合触点分别沟通各相断路器第一组跳闸线圈跳闸，同时 K38 励磁后还输出 1 对动合触点沟通非全相保护 1 跳闸信号自保持接触器 K34 励磁，并由 K34 动合触点发出"断路器非全相保护 1 动作"光字牌	（1）光字牌情况：断路器非全相保护 1 动作（机构箱）。 （2）其他信号：中控箱内表示非全相保护动作的 FA31 内嵌指示灯亮	（1）光字牌情况：断路器非全相保护 1 动作（机构箱）。 （2）其他信号：中控箱内表示非全相保护动作的 FA31 内嵌指示灯亮
17	非全相强迫第一组直跳接触器 K38（中控箱）	正常时不励磁，触点上顶；动作后触点下压并掉桔黄色指示牌（断路器跳闸后不自保持）	在"投第一组非全相保护 LP31 压板"正常投入情况下，断路器此时若发生非全相运行，启动 K36 励磁并经设定时间延时后，由 K36 动合触点沟通 K38 接触器	K38 励磁后： （1）由 K38 三对动合触点 11-14（中控箱 X1；600-XA；A630）、21-24（中控箱 X1；600-XB；B630）、31-34（中控箱 X1；600-XC；C630）经分控箱内 S4 远方位置后分别沟通各相断路器第一组跳闸线圈跳闸； （2）还提供 1 对动合触点 44-41 沟通非全相保护 1 跳闸信号自保持接触器 K34 励磁，并由 K34 动合触点发出"断路器非全相保护 1 动作"光字牌	（1）光字牌情况：断路器非全相保护 1 动作（机构箱）。 （2）其他信号：中控箱内表示非全相保护动作的 FA31 内嵌指示灯亮	（1）光字牌情况：断路器非全相保护 1 动作（机构箱）。 （2）其他信号：中控箱内表示非全相保护动作的 FA31 内嵌指示灯亮

序号	元器件名称编号	原始状态	元器件异动说明	元器件异动后果	元器件异动触发光字牌信号	
					断路器合闸状态	断路器分闸状态
18	非全相保护1跳闸信号自保持接触器 K34（中控箱）	正常时不励磁，触点上顶；动作后触点下压，桔黄色指示掉牌后并自保持	断路器非全相时，经设定时间延时后沟通 K38 励磁，跳开合闸相，为了留下动作记录，由 K38 接触器输出一对动合触点沟通 K34 接触器励磁，并由 K34 接触器输出一对动合触点实现自保持	K34 励磁后，K34 输出 3 对动合触点：（1）其动合触点 24-21 闭合后实现 K34 接触器自保持；（2）其动合触点 14-11 点亮 FA31 复位按钮内嵌指示灯；（3）其动合触点 34-31［中控箱 X1：921-X：922］沟通测控装置内对应的信号光耦后发出"断路器非全相保护 1 动作（机构箱）"光字牌	（1）光字牌情况：断路器非全相保护 1 动作（机构箱）。（2）其他信号：中控箱内表示非全相保护动作的 FA31 内嵌指示灯亮	（1）光字牌情况：断路器非全相保护 1 动作（机构箱）。（2）其他信号：中控箱内表示非全相保护动作的 FA31 内嵌指示灯亮
19	非全相启动第二组直跳时间接触器 K35（中控箱）	正常时不励磁，触点上顶；动作后触点下压并掉桔黄色指示牌（断路器跳闸后不自保持）	在"投第二组非全相保护 LP32 压板"正常投入情况下，断路器此时若发生非全相运行，将沟通 K35 时间接触器励磁	K35 励磁并经设定时间延时后，其动合触点闭合沟通非全相强迫第二组直跳接触器 K37 励磁，由 K37 的三对动合触点分别沟通各相断路器第二组跳闸线圈跳闸，同时 K37 励磁后还输出 1 对动合触点沟通非全相保护 2 跳闸信号自保持接触器 K35，并由 K35 动合触点发出"断路器非全相保护 2 动作"光字牌	（1）光字牌情况：断路器非全相保护 2 动作（机构箱）。（2）其他信号：中控箱内表示非全相保护动作的 FA32 内嵌指示灯亮	（1）光字牌情况：断路器非全相保护 2 动作（机构箱）。（2）其他信号：中控箱内表示非全相保护动作的 FA32 内嵌指示灯亮
20	非全相强迫第二组直跳接触器 K37（中控箱）	正常时不励磁，触点上顶；动作后触点下压并掉桔黄色指示牌（断路器跳闸后不自保持）	在"投第二组非全相保护 LP32 压板"正常投入情况下，断路器此时若发生非全相运行，启动 K35 接触器励磁并经设定时间的延时后，由 K35 动合触点沟通 K37 接触器励磁	K37 励磁后：（1）由 K37 三对动合触点 14-11（中控箱 X1：700-XA；A730）、24-21（中控箱 X1：700-XB；B730）、34-31（中控箱 X1：700-XC；C730）经分控箱内 S4 远方位置后分别沟通各相断路器第二组跳闸线圈跳闸；（2）还提供 1 对动合触点 44-41 沟通非全相保护 2 跳闸信号自保持接触器 K33 励磁，并由 K33 动合触点发出"断路器非全相保护 2 动作"光字牌	（1）光字牌情况：断路器非全相保护 2 动作（机构箱）。（2）其他信号：中控箱内表示非全相保护动作的 FA32 内嵌指示灯亮	（1）光字牌情况：断路器非全相保护 2 动作（机构箱）。（2）其他信号：中控箱内表示非全相保护动作的 FA32 内嵌指示灯亮

序号	元器件名称编号	原始状态	元器件异动说明	元器件异动后果	元器件异动触发光字牌信号	
					断路器合闸状态	断路器分闸状态
21	非全相保护2跳闸信号自保持接触器 K33（中控箱）	正常时不励磁，触点上顶；动作后触点下压，桔黄色指示掉牌后并自保持	断路器非全相时，经设定时间延时后沟通 K37 励磁，跳开合闸相，为了留下动作记录，由 K37 接触器输出一对动合触点沟通 K33 接触器励磁，并由 K33 接触器输出一对动合触点实现自保持	K33 励磁后，K33 输出 3 对动合触点： （1）其动合触点 24-21 闭合后实现 K33 接触器自保持； （2）其动合触点 14-11 点亮 FA32 复位按钮内嵌指示灯； （3）其动合触点 34-31［中控箱 X1：923-X：924］沟通测控装置内对应的信号光耦后发出"断路器非全相保护2动作（机构箱）"光字牌	（1）光字牌情况：断路器非全相保护2动作（机构箱）。 （2）其他信号：中控箱内表示非全相保护动作的 FA32 内嵌指示灯亮	（1）光字牌情况：断路器非全相保护2动作（机构箱）。 （2）其他信号：中控箱内表示非全相保护动作的 FA32 内嵌指示灯亮
22	非全相保护1复位按钮 FA31（内嵌指示灯，中控箱）	内嵌指示灯不亮	断路器非全相保护动作1动作后，按下该按钮使 K34 非全相保护跳闸信号自保持接触器复归	按下 FA31 非全相复位按钮后，K34 非全相保护跳闸信号自保持接触器复归，FA31 内嵌指示灯灭，"非全相保护动作1"光字牌消失	无	无
23	非全相保护2复位按钮 FA32（内嵌指示灯，中控箱）	内嵌指示灯不亮	断路器非全相保护动作2动作后，按下该按钮使 K33 非全相保护跳闸信号自保持接触器复归	按下 FA32 非全相复位按钮后，并使 K33 非全相保护跳闸信号自保持接触器复归，FA32 内嵌指示灯灭，"非全相保护动作2"光字牌消失	无	无
24	就地/远控转换开关 S4（中控箱）	远方	将 ABB 断路器中控箱内远方/就地转换开关 S4 切换至"就地"位置后，可通过中控箱就地分合闸操作把手 S1 操作断路器分合闸	将 ABB 断路器中控箱内远方/就地转换开关 S4 切换至"就地"位置后，将引起保护（注：仅保护装置出口，不含本体非全相）及远控分合闸回路断线，当保护有出口或需紧急远方操作时造成保护拒动或远控操作失灵	（1）光字牌情况： 1）第一组控制回路断线； 2）第二组控制回路断线； 3）断路器中控箱就地位置。 （2）其他信号： 1）测控柜上红绿灯均灭； 2）操作箱上两组对应相 OP 灯均灭	（1）光字牌情况： 1）第一组控制回路断线； 2）第二组控制回路断线； 3）断路器中控箱就地位置。 （2）其他信号：测控柜上红绿灯均灭
25	就地分合闸操作把手 S1（中控箱）	中间位置	将 ABB 断路器中控箱内远方/就地转换开关 S4 切换至"就地"位置后，可通过中控箱就地分合闸操作把手 S1 操作断路器分合闸	在五防满足的情况下，可以实现就地分合闸，但规程规定为防止断路器非同期合闸，严禁就地合断路器（检修或试验除外）	无	无
26	中控箱加热器及门灯电源空开 F2（中控箱）	合闸	正常情况下，合上中控加热器及门灯电源空开 F2，启动加热器 E1 加热，当气温或湿度达到温湿度传感器设定值时，温控器输出触点自动启动加热器 E2 加热	中控箱加热器及门灯电源空开 F2 跳开后，在气候潮湿情况下，有可能引起一些对环境要求较高的元器件绝缘降低	无	无

第八节 河南平高公司 LW10B-550/CYT 型 500kV 高压断路器二次回路辨识

一、二次回路功能模块化分解原理图

1. 合闸及分闸回路 1 二次原理接线图

河南平高公司 LW10B-550/CYT 型 500kV 高压断路器合闸及分闸回路 1 二次原理接线图见图 2-120。

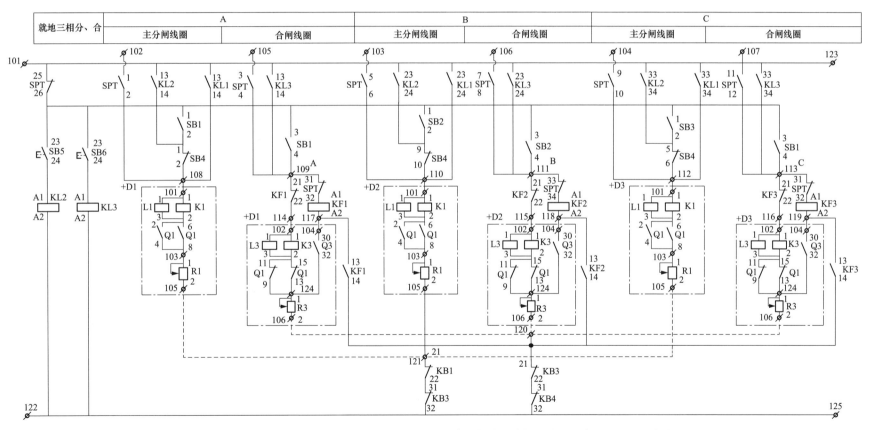

图 2-120 河南平高公司 LW10B-550/CYT 型 500kV 高压断路器合闸及分闸回路 1 二次原理接线图

2. 分闸回路 2 及非全相保护回路 1 二次原理接线图

河南平高公司 LW10B-550/CYT 型 500kV 高压断路器分闸回路 2 及非全相保护回路 1 二次原理接线图见 2-121。

副分闸回路电源	A	B	C	打压超时信号			电机打压信号			远、近控信号	非全相保护回路1及信号触点
	副分闸线圈	副分闸线圈	副分闸线圈	A	B	C	A	B	C		

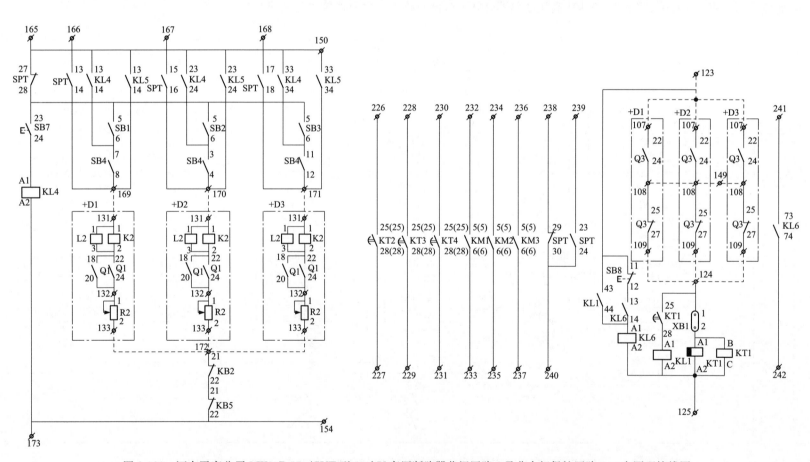

图 2-121　河南平高公司 LW10B-550/CYT 型 500kV 高压断路器分闸回路 2 及非全相保护回路 1 二次原理接线图

3. 油压闭锁继电器回路二次原理接线图

河南平高公司 LW10B-550/CYT 型 500kV 高压断路器油压闭锁继电器回路二次原理接线图见图 2-122。

分闸闭锁1			分闸闭锁2			合闸闭锁			重合闸闭锁			远、近控信号	闭锁信号				
A	B	C	A	B	C	A	B	C	A	B	C		低油压分闸闭锁1	低油压分闸闭锁2	低气压闭锁1	低油压合闸闭锁	低气压闭锁2

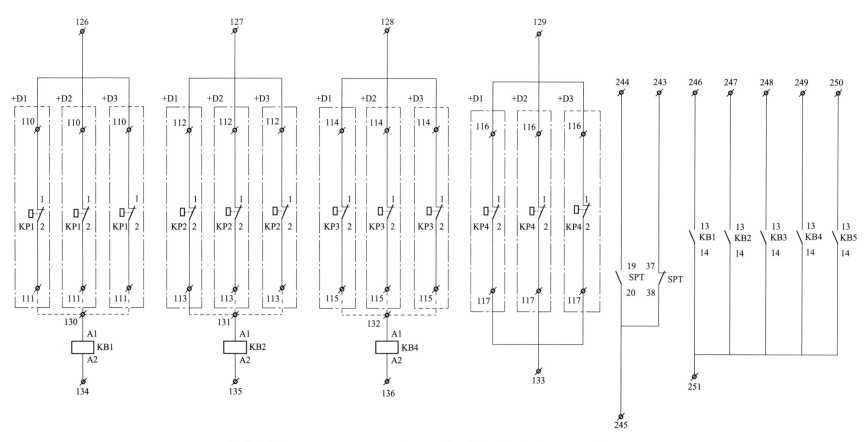

图 2-122 河南平高公司 LW10B-550/CYT 型 500kV 高压断路器油压闭锁继电器回路二次原理接线图

201

4. 交流电机二次原理接线图

河南平高公司 LW10B-550/CYT 型 500kV 高压断路器交流电机二次原理接线图见图 2-123。

A			B			C		
油泵交流电机	电机起停控制	油泵打压超时回路	油泵交流电机	电机起停控制	油泵打压超时回路	油泵交流电机	电机起停控制	油泵打压超时回路

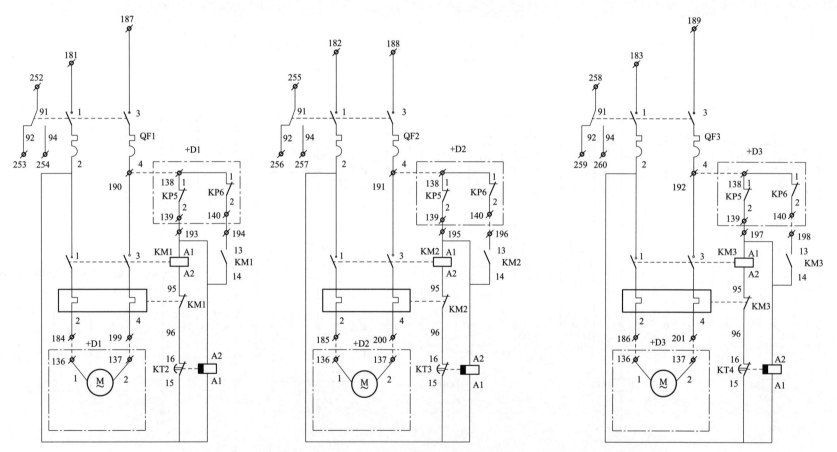

图 2-123　河南平高公司 LW10B-550/CYT 型 500kV 高压断路器交流电机二次原理接线图

5. 直流电机二次原理接线图

河南平高公司 LW10B-550/CYT 型 500kV 高压断路器直流电机二次原理接线图见图 2-124。

A			B			C		
油泵直流电机	电机起停控制	油泵打压超时回路	油泵直流电机	电机起停控制	油泵打压超时回路	油泵直流电机	电机起停控制	油泵打压超时回路

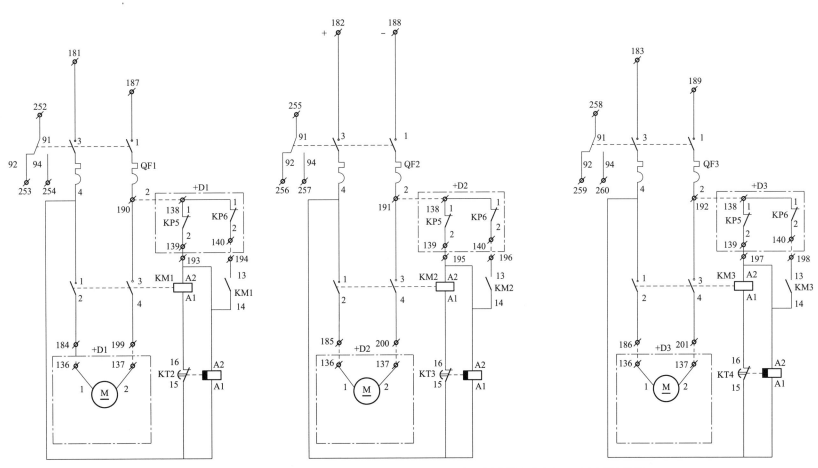

图 2-124　河南平高公司 LW10B-550/CYT 型 500kV 高压断路器直流电机二次原理接线图

6. 辅助回路二次原理接线图

河南平高公司 LW10B-550/CYT 型 500kV 高压断路器辅助回路二次原理接线图见图 2-125。

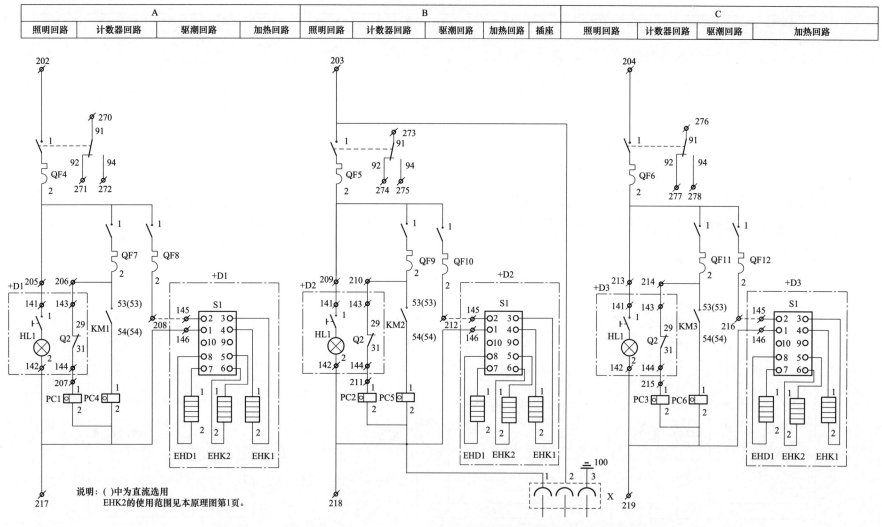

A				B					C			
照明回路	计数器回路	驱潮回路	加热回路	照明回路	计数器回路	驱潮回路	加热回路	插座	照明回路	计数器回路	驱潮回路	加热回路

说明：（ ）中为直流选用
EHK2的使用范围见本原理图第1页。

图 2-125　河南平高公司 LW10B-550/CYT 型 500kV 高压断路器辅助回路二次原理接线图

7. 辅助开关触点及汇控柜辅助回路二次接线图

河南平高公司 LW10B-550/CYT 型 500kV 高压断路器辅助开关触点及汇控柜辅助回路二次接线图见图 2-126。

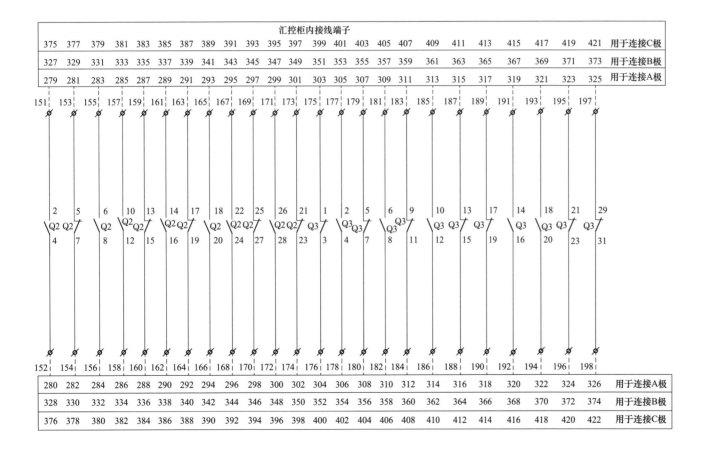

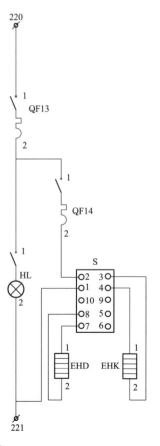

图 2-126 河南平高公司 LW10B-550/CYT 型 500kV 高压断路器辅助开关触点及汇控柜辅助回路二次接线图

8. SF₆ 闭锁继电器、压力整定值及非全相回路 2 二次原理接线图

河南平高公司 LW10B-550/CYT 型 500kV 高压断路器 SF₆ 闭锁继电器、压力整定值及非全相回路 2 二次原理接线图见图 2-127。

触 点									操动机构液压压力整定值	SF₆ 气体压力整定值	非全相保护回路2及信号触点
SF₆低气压报警			SF₆低气压闭锁1			SF₆低气压闭锁2					
A	B	C	A	B	C	A	B	C			

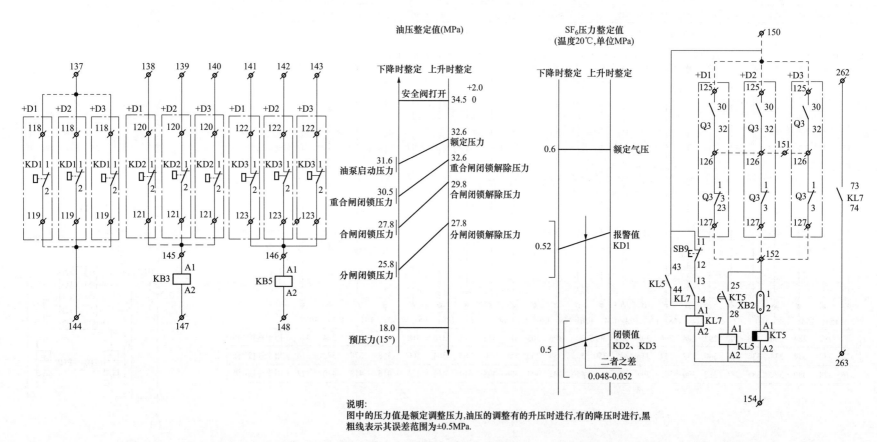

图 2-127　河南平高公司 LW10B-550/CYT 型 500kV 高压断路器 SF₆ 闭锁继电器、压力整定值及非全相回路 2 二次原理接线图

9. A相机构箱与汇控柜间电缆连接图

河南平高公司 LW10B-550/CYT 型 500kV 高压断路器 A 相机构箱与汇控柜间电缆连接图见图 2-128。

电缆规格	电缆号	电缆联接																				注：( )中为直流电机时选用
101 21×1.5mm² KVVP2/22	A相端子号	101	102	104	105	106	107	108	109	110	111	112	113	114	115	116	117	118	119	120	121	
	电缆编号	1	2	3	4	5	6	7	8	9	10	11	12	13	14	15	16	17	18	19	20	21
	汇控柜端子号	108	114	117	121	120	123	149	124	126	130	127	131	128	132	129	133	137	144	138	145	
102 7×1.5mm² KVVP2/22	A相端子号	131	133	122	123	125	126	127														
	电缆编号	1	2	3	4	5	6	7														
	汇控柜端子号	169	172	141	146	150	151	152														
103 7×2.5mm² KVVP2/22	A相端子号	138(138)	139(139)	140(140)	136(136)	137(137)																
	电缆编号	1	2	3	4	5	6	7														
	汇控柜端子号	190(190)	193(193)	194(194)	184(184)	199(199)																
104 19×2.5mm² KVVP2/22	A相端子号	141	142	143	144	145	146	185	186	187	188	189	190	191	192	193	194	195	196			
	电缆编号	1	2	3	4	5	6	7	8	9	10	11	12	13	14	15	16	17	18	19		
	汇控柜端子号	205	217	206	207	208	217	313	314	315	316	317	318	319	320	321	322	323	324			
105 27×1.5mm² KVVP2/22	A相端子号	151	152	153	154	155	156	157	158	159	160	161	162	163	164	165	166	167	168	169	170	171
	电缆编号	1	2	3	4	5	6	7	8	9	10	11	12	13	14	15	16	17	18	19	20	21
	汇控柜端子号	279	280	281	282	283	284	285	286	287	288	289	290	291	292	293	294	295	296	297	298	299
	A相端子号	172	173	174																		
	电缆编号	22	23	24	25	26	27															
	汇控柜端子号	300	301	302																		
106 14×1.5mm² KVVP2/22	A相端子号	175	176	177	178	179	180	181	182	183	184	197	198									
	电缆编号	1	2	3	4	5	6	7	8	9	10	11	12	13	14							
	汇控柜端子号	303	304	305	306	307	308	309	310	311	312	325	326									

图 2-128　河南平高公司 LW10B-550/CYT 型 500kV 高压断路器 A 相机构箱与汇控柜间电缆连接图

10. B相机构箱与汇控柜间电缆连接图

河南平高公司 LW10B-550/CYT 型 500kV 高压断路器 B相机构箱与汇控柜间电缆连接图见图 2-129。

电缆规格	电缆号	电缆联接																			注：()中为直流电机时选用
201 21×1.5mm² KVVP2/22	B相端子号	101	102	104	105	106	107	108	109	110	111	112	113	114	115	116	117	118	119	120	121	
	电缆编号	1	2	3	4	5	6	7	8	9	10	11	12	13	14	15	16	17	18	19	20	21
	汇控柜端子号	110	115	118	121	120	123	149	124	126	130	127	131	128	132	129	133	137	144	139	145	
202 4×1.5mm² KVVP2/22	B相端子号	131	133	122	123																	
	电缆编号	1	2	3	4	5	6	7														
	汇控柜端子号	170	172	142	146																	
203 7×2.5mm² KVVP2/22	B相端子号	138(138)	139(139)	140(140)	136(136)	137(137)																
	电缆编号	1	2	3	4	5	6	7														
	汇控柜端子号	191(191)	195(195)	196(196)	185(185)	200(200)																
204 19×2.5mm² KVVP2/22	B相端子号	141	142	143	144	145	146	185	186	187	188	189	190	191	192	193	194	195	196			
	电缆编号	1	2	3	4	5	6	7	8	9	10	11	12	13	14	15	16	17	18	19		
	汇控柜端子号	209	218	210	211	212	218	361	362	363	364	365	366	367	368	369	370	371	372			
205 27×1.5mm² KVVP2/22	B相端子号	151	152	153	154	155	156	157	158	159	160	161	162	163	164	165	166	167	168	169	170	171
	电缆编号	1	2	3	4	5	6	7	8	9	10	11	12	13	14	15	16	17	18	19	20	21
	汇控柜端子号	327	328	329	330	331	332	333	334	335	336	337	338	339	340	341	342	343	344	345	346	347
	B相端子号	172	173	174																		
	电缆编号	22	23	24	25	26	27															
	汇控柜端子号	348	349	350																		
206 14×1.5mm² KVVP2/22	B相端子号	175	176	177	178	179	180	181	182	183	184	197	198									
	电缆编号	1	2	3	4	5	6	7	8	9	10	11	12	13	14							
	汇控柜端子号	351	352	353	354	355	356	357	358	359	360	373	374									

图 2-129　河南平高公司 LW10B-550/CYT 型 500kV 高压断路器 B相机构箱与汇控柜间电缆连接图

11. C相机构箱与汇控柜间电缆连接图

河南平高公司LW10B-550/CYT型500kV高压断路器C相机构箱与汇控柜间电缆连接图见图2-130。

电缆规格	电缆号	电缆联接																	注:()中为直流电机时选用				
301 21×1.5mm² KVVP2/22	C相端子号	101	102	104	105	106	107	108	109	110	111	112	113	114	115	116	117	118	119	120	121		
	电缆编号	1	2	3	4	5	6	7	8	9	10	11	12	13	14	15	16	17	18	19	20	21	
	汇控柜端子号	112	116	119	121	120	123	149	124	126	130	127	131	128	132	129	133	137	144	140	145		
302 7×1.5mm² KVVP2/22	C相端子号	131	133	122	123																		
	电缆编号	1	2	3	4	5	6	7															
	汇控柜端子号	171	172	143	146																		
303 7×2.5mm² KVVP2/22	C相端子号	138(138)	139(139)	140(140)	136(136)	137(137)																	
	电缆编号	1	2	3	4	5	6	7															
	汇控柜端子号	192(192)	197(197)	198(198)	186(186)	201(201)																	
304 19×2.5mm² KVVP2/22	C相端子号	141	142	143	144	145	146	185	186	187	188	189	190	191	192	193	194	195	196				
	电缆编号	1	2	3	4	5	6	7	8	9	10	11	12	13	14	15	16	17	18	19			
	汇控柜端子号	213	219	214	215	216	219	409	410	411	412	413	414	415	416	417	418	419	420				
305 27×1.5mm² KVVP2/22	C相端子号	151	152	153	154	155	156	157	158	159	160	161	162	163	164	165	166	167	168	169	170	171	
	电缆编号	1	2	3	4	5	6	7	8	9	10	11	12	13	14	15	16	17	18	19	20	21	
	汇控柜端子号	375	376	377	378	379	380	381	382	383	384	385	386	387	388	389	390	391	392	393	394	395	
	C相端子号	172	173	174																			
	电缆编号	22	23	24	25	26	27																
	汇控柜端子号	396	397	398																			
306 14×1.5mm² KVVP2/22	C相端子号	175	176	177	178	179	180	181	182	183	184	197	198										
	电缆编号	1	2	3	4	5	6	7	8	9	10	11	12	13	14								
	汇控柜端子号	399	400	401	402	403	404	405	406	407	408	421	422										

图 2-130　河南平高公司 LW10B-550/CYT 型 500kV 高压断路器 C 相机构箱与汇控柜间电缆连接图

二、断路器二次回路功能模块化分解辨识

断路器二次回路功能模块化分解辨识见表 2-15。

表 2-15   断路器二次回路功能模块化分解辨识

序号	模块名称	分解辨识
1	合闸公共回路	对应相合闸电磁铁线圈 K3 的 1 (102)-2→对应相断路器两对动断辅助触点 Q1 的 15-13、11-9→对应相机构箱 124 端子→合闸电阻 R3 的 1-2→对应相机构箱 106 端子→SF₆ 低气压分合闸闭锁 1 接触器 KB3 动断触点 21-22→低油压合闸闭锁接触器 KB4 动断触点 31-32→控制 I 负电源 [汇控箱 K102/125]
2	分闸 1 公共回路	对应相分闸电磁铁线圈 K1 的 1 (101)-2→L1 [1-3] 或 K1 [1-2]→对应相断路器两对动合辅助触点 Q1 的 6-8、2-4→对应相机构箱 103 端子→分闸电阻 R1 的 1-2→对应相机构箱 105 端子→低油压分闸闭锁 1 接触器 KB1 动断触点 21-22→SF₆ 低气压分合闸闭锁 1 接触器 KB3 动断触点 31-32→控制 I 负电源 [汇控箱 K102/125]
3	分闸 2 公共回路	对应相分闸电磁铁线圈 K2 的 1 (131)-2→L1 [1-3] 或 K1 [1-2]→对应相断路器两对动合辅助触点 Q1 的 22-24、18-20→对应相机构箱 132 端子→分闸电阻 R2 的 1-2→对应相机构箱 133 端子→低油压分闸闭锁 2 接触器 KB2 动断触点 21-22→SF₆ 低气压分合闸闭锁 2 接触器 KB5 动断触点 21-22→控制 II 负电源 [汇控箱 K202/154]
4	远方合闸回路	控制 I 正电源 K101→操作箱内手合继电器的动合触点或操作箱内重合闸重动继电器的动合触点→远方合闸回路 [A 相对应回路为 7A/汇控箱端子 105；B 相对应回路为 7B/汇控箱端子 106；C 相对应回路为 7C/汇控箱端子 107]→远方/就地把手 SPT 供远方合闸的三对触点 [A 相对应触点为 3-4；B 相对应触点为 7-8；C 相对应触点为 11-12]→端子 [A：109、B：111、C：113]→KF1、KF2、KF3 动断触点 [21-22]→端子 [A：114；115；116]→合闸公共回路
5	就地三相合闸启动回路	控制 I 正电源 K101→YBJ 五防电编码锁 1-2→汇控箱 [K101S/100]→远方/就地把手 SPT 就地位置触点 25-26→SB6 就地三相合闸按钮 23-24→第一组就地直合接触器 KL3 的 A1-A2→控制 I 负电源 [汇控箱 K102/122]
6	合闸就地回路	{控制 I 正电源 [K101/123]→第一组就地直合接触器 KL3 的三对动合触点 [A 相对应触点为 13-14；B 相对应触点为 23-24；C 相对应触点为 33-34]} 或 {控制 I 正电源 K101→YBJ 五防电编码锁 1-2→汇控箱 [K101S/100]→远方/就地把手 SPT 就地位置触点 25-26→就地单相分合闸把手 [A 相对应把手为 SB1；B 相对应把手为 SB2；C 相对应把手为 SB3] 的合闸触点 3-4}→端子 [A：109、B：111、C：113]→KF1、KF2、KF3 动断触点 [21-22]→端子 [A：114；115；116]→合闸公共回路
7	远方分闸 1 回路	控制 I 正电源 K101→操作箱内对应相手跳继电器的动合触点或操作箱内永跳继电器 (一般由线路保护 I 三跳-永跳出口经三跳压板或线路保护 I 沟三出口经沟三压板或线路保护 I 收到远跳令经收信跳压板或辅助保护上失灵保护出口经失灵跳断路器 I 组压板或母差出口经跳断路器 I 组压板后启动) 的动合触点或本线保护 I 分相跳闸出口经分相跳闸 I 压板→远方分闸 1 回路 [A 相对应回路为 137A/汇控端子 102；B 相对应回路为 137B/汇控端子 103；C 相对应回路为 137C/汇控箱端子 104]→远方/就地把手 SPT 供远方分闸 1 的三对触点 [A 相对应触点为 1-2；B 相对应触点为 5-6；C 相对应触点为 9-10]→汇控箱端子 A 相 108；B 相 110；C 相 112→分闸 1 公共回路
8	非全相分闸 1 回路	控制 I 正电源 K101→非全相直跳第一组接触器 KL1 的 3 对动合触点 {A 相对应触点为 13-14 [汇控箱端子 123-108]；23-24 [汇控箱端子 123-110]；33-34 [汇控箱端子 123-122]}→汇控箱端子 A 相 108；B 相 110；C 相 112→分闸 1 公共回路
9	就地三相分闸启动回路	控制 I 正电源 K101→YBJ 五防电编码锁 1-2→汇控箱 [K101S/100]→远方/就地把手 SPT 的就地触点 25-26→SB5 就地三相分闸按钮 23-24→第一组就地直分接触器 KL2 的 A1-A2→控制 I 负电源 [汇控箱 K102/122]

序号	模块名称	分解辨识
10	分闸就地回路	〈控制Ⅰ正电源［K101/123］→第一组就地直分接触器 KL2 的三对动合触点［A 相对应触点为 13-14；B 相对应触点为 23-24；C 相对应触点为 33-34］〉或〈控制Ⅰ正电源 K101→YBJ 五防电编码锁 1-2→汇控箱［K101S/100］→SPT 就地位置触点 25-26→就地单相分合闸把手［A 相对应把手为 SB1；B 相对应把手为 SB2；C 相对应把手为 SB3］的分闸触点 1-2〉→主/副分转换把手 SB4 的主分触点 1-2→分闸 1 公共回路
11	远方分闸 2 回路	控制Ⅱ正电源 K201→操作箱内对应相手跳继电器的动合触点或操作箱内永跳继电器（一般由线路保护Ⅱ三跳-永跳出口经三跳压板或线路保护Ⅱ沟三出口经沟三压板后或线路保护Ⅱ收到远跳令经收信跳压板或辅助保护上失灵保护出口经失灵跳断路器Ⅱ组压板或母差出口经跳断路器Ⅱ组压板后启动）的动合触点或本线保护Ⅱ分相跳闸出口经分相跳闸Ⅱ压板→远方分闸 2 回路［A 相对应回路为 237A/汇控箱端子 166；B 相对应回路为 237B/汇控箱端子 167；C 相对应回路为 237C/汇控箱端子 168］→远方/就地把手 SPT 供远方分闸 2 的三对触点［A 相对应触点为 13-14；B 相对应触点为 15-16；C 相对应触点为 17-18］→汇控箱端子 A 相 169；B 相 170；C 相 171→分闸 2 公共回路
12	非全相分闸 2 回路	控制Ⅱ正电源 K201→非全相直跳第二组接触器 KL5 的 3 对动合触点｛A 相对应触点为 13-14［汇控箱端子 150-169］；B 相对应触点为 23-24［汇控箱端子 150-170］；C 相对应触点为 33-34［汇控箱端子 150-171］｝→汇控箱端子 A 相 169；B 相 170；C 相 171→分闸 2 公共回路

三、二次回路元器件辨识及其异动说明

二次回路元器件辨识及其异动说明见表 2-16。

表 2-16　　　　　　　　　　　　　　　　二次回路元器件辨识及其异动说明

序号	元器件名称编号	原始状态	元器件异动说明	元器件异动后果	元器件异动触发光字牌信号	
					断路器合闸状态	断路器分闸状态
1	低油压分闸闭锁 1 接触器 KB1	正常时不励磁，励磁后为吸入状态	由于某种原因，当断路器机构箱内任一相液压系统油压下降至 25.8MPa 时，KP1 微动开关接通触点 1-2 通，使得低油压分闸闭锁 1 接触器 KB1 励磁	KB1 励磁后：（1）其动断触点 21-22［121-KB3；31］断开，切断分闸 1 回路；（2）其动合触点 14-13［251-246］沟通测控装置内对应的信号光耦，并发出"低油压分闸闭锁 1"光字牌	（1）光字牌情况：1）第一组控制回路断线；2）低油压分闸闭锁。（2）其他信号：1）操作箱上第一组 3 盏 OP 灯灭；2）若同时伴有 KB4 动作，则断路器保护屏上重合闸充电灯灭	（1）光字牌情况：低油压分闸闭锁。（2）其他信号：若同时伴有 KB4 动作，则测控柜上红绿灯均灭
2	低油压分闸闭锁 2 接触器 KB2	正常时不励磁，励磁后为吸入状态	由于某种原因，当断路器机构箱内任一相液压系统油压下降至 25.8MPa 时，KP2 微动开关接通触点 1-2 通，使得低油压分闸闭锁 2 接触器 KB2 励磁	KB2 励磁后：（1）其动断触点 21-22［172-KB5；21］断开，切断分闸 2 回路；（2）其动合触点 14-13［251-247］沟通测控装置内对应的信号光耦，并发出"低油压分闸闭锁 2"光字牌	（1）光字牌情况：1）低油压分闸闭锁；2）第二组控制回路断线。（2）其他信号：1）操作箱上第二组 3 盏 OP 灯灭；2）若同时伴有 KB4 动作，则断路器保护屏上重合闸充电灯灭	（1）光字牌情况：低油压分闸闭锁。（2）其他信号：若同时伴有 KB4 动作，则测控柜上红绿灯均灭

序号	元器件名称编号	原始状态	元器件异动说明	元器件异动后果	元器件异动触发光字牌信号	
					断路器合闸状态	断路器分闸状态
3	低油压合闸闭锁接触器 KB4	正常时不励磁，励磁后为吸入状态	由于某种原因，当断路器机构箱内任一相液压系统油压下降至 27.8MPa 时，KP3 微动开关低通触点 1-2 通，使得低油压合闸闭锁接触器 KB4 励磁	KB4 励磁后： （1）其动断触点 31-32［KB3；22-KB3；32］断开，切除合闸回路； （2）其动合触点 14-13［251-249］沟通测控装置内对应的信号光耦，并发出"低油压合闸闭锁"光字牌	（1）光字牌情况：低油压闭锁合闸。 （2）其他信号：断路器保护屏上重合闸充电灯灭	（1）光字牌情况： 1）第一组控制回路断线； 2）第二组控制回路断线； 3）低油压闭锁合闸。 （2）其他信号：测控柜上红绿灯均灭
4	重合闸闭锁微动开关 KP4	动合压力触点	由于某种原因，当断路器机构箱内任一相液压系统油压下降至 30.5MPa 时，KP4 微动开关低通触点 1-2 通，短接操作箱内压力禁止重合闸继电器使其失磁，压力禁止重合闸继电器动断触点闭合，沟通测控装置对应的信号光耦直接发出"压力降低禁止重合闸"光字牌	当断路器机构箱内液压系统油压下降至低于重合闸闭锁压力接通值 30.5MPa 时，KP4 微动开关低通触点 1-2 通，短接操作箱内压力禁止重合闸继电器使其失磁，压力禁止重合闸继电器提供两对闭合的动断触点，1 对经 400ms 延时后开入重合闸装置使其放电，另 1 对沟通测控装置对应的信号光耦直接发出"压力降低禁止重合闸"光字牌	（1）光字牌情况：压力降低禁止合闸。 （2）其他信号：断路器保护屏上重合闸充电灯灭	光字牌情况：压力降低禁止重合闸
5	SF₆ 低气压分合闸闭锁 1 接触器 KB3	正常时不励磁，励磁后为吸入状态	当任一相断路器本体内 SF₆ 气体发生泄漏，压力降至 0.5MPa 时，SF₆ 密度继电器 KD2 低通触点 1-2 通，使 SF₆ 低气压闭锁分合闸接触器 KB3 励磁	KB3 励磁后： （1）其动断触点 31-32［KB1；22-KB4；32］断开，切除分闸 1 回路； （2）其动断触点 21-22［120-KB4；31］断开，切断合闸回路； （3）其动合触点 14-13［251-248］沟通测控装置内对应的信号光耦，并发出"SF₆ 低气压闭锁"光字牌	（1）光字牌情况： 1）第一组控制回路断线； 2）SF₆ 低气压闭锁。 （2）其他信号：操作箱上第一组 3 盏 OP 灯灭	（1）光字牌情况： 1）第一组控制回路断线； 2）第二组控制回路断线； 3）SF₆ 低气压闭锁。 （2）其他信号：测控柜上红绿灯均灭
6	SF₆ 低气压分合闸闭锁 2 接触器 KB5	正常时不励磁，励磁后为吸入状态	当任一相断路器本体内 SF₆ 气体发生泄漏，压力降至 0.5MPa 时，SF₆ 密度继电器 KD3 低通触点 1-2 通，使 SF₆ 低气压闭锁分闸 2 接触器 KB5 励磁	KB5 励磁后： （1）其动断触点 21-22［KB2；22-154］断开，切断分闸 2 回路； （2）其动合触点 14-13［251-250］沟通测控装置内对应的信号光耦，并发出"SF₆ 低气压闭锁"光字牌	（1）光字牌情况： 1）SF₆ 低气压闭锁； 2）第二组控制回路断线。 （2）其他信号： 1）操作箱上第二组 3 盏 OP 灯灭； 2）SF₆ 下降至闭锁值时操作箱上第一组 3 盏 OP 灯也会灭	（1）光字牌情况： 1）第一组控制回路断线； 2）第二组控制回路断线； 3）SF₆ 低气压闭锁。 （2）其他信号：SF₆ 下降至闭锁值时测控柜上红绿灯均灭

序号	元器件名称编号	原始状态	元器件异动说明	元器件异动后果	元器件异动触发光字牌信号	
					断路器合闸状态	断路器分闸状态
7	SF₆ 低气压报警微动开关 KD1	动合压力触点	当断路器机构箱内任一相 SF₆ 压力低于 SF₆ 低气压报警接通值 0.52MPa 时，KD1 微动开关低通触点 2-1 触点通，沟通测控装置对应的信号光耦	当断路器机构箱内任一相 SF₆ 密度继电器压力低于 SF₆ 低气压报警接通值 0.52MPa 时，KD1 微动开关低通触点 2-1 触点通，经测控装置对应光耦直接发出"SF₆ 低气压报警"光字牌	（1）光字牌情况：SF₆ 低气压报警；（2）其他信号：SF₆ 下降至闭锁值时操作箱上第一组 3 盏 OP 灯也会灭	（1）光字牌情况：SF₆ 低气压报警；（2）其他信号：SF₆ 下降至闭锁值时测控柜上红绿灯均灭
8	A、B、C 相防跳接触器 KF1、KF2、KF3	正常时不励磁，励磁后黄色三联片为吸入状态	断路器合闸后，为防止断路器跳开后却因合闸脉冲又较长时出现多次合闸，厂家设计了一旦断路器合闸到位后，其动合辅助触点闭合，此时只要其合闸回路（不论远控近控）仍存在合闸脉冲，A、B、C 相分别对应的防跳接触器 KF1、KF2、KF3 励磁并自保持	KF1、KF2、KF3 防跳接触器励磁后：（1）各自接触器通过其自身动合触点自保持；（2）串入对应相合闸回路的防跳接触器的动断触点 21-22 断开，闭锁对应相合闸回路	无	（1）光字牌情况：1）第一组控制回路断线；2）第二组控制回路断线。（2）其他信号：测控柜上红绿灯均灭
9	非全相启动第一组直跳时间继电器 KT1	正常时不励磁，U/T 绿灯灭，R 红灯灭；非全相时励磁，U/T 灯绿灯闪亮，延时 2.5s 后 R 红灯亮	在"投第一组非全相保护 XB1 压板"正常投入情况下，断路器此时若发生非全相运行，将沟通 KT1 时间继电器励磁	KT1 励磁并经设定时间延时后沟通非全相强迫第一组直跳接触器 KL1 励磁，由 KL1 提供 3 对动合触点沟通各相断路器第一组跳闸线圈跳闸，并由 KL1 另提供 1 对动合触点沟通断路器非全相跳闸信号接触器 KL6 励磁后自保持 KL6 的同时，由 KL6 提供 1 对动合触点经测控装置对应光耦发出"非全相跳闸"光字牌	光字牌情况：非全相跳闸（机构箱）	光字牌情况：非全相跳闸（机构箱）
10	非全相强迫第一组直跳接触器 KL1	正常时不励磁；断路器非全相运行时励磁，为吸入状态	在"投第一组非全相保护 XB1 压板"正常投入情况下，断路器发生非全相运行时沟通 KT1 励磁并经设定延时后，由 KT1 动合触点沟通 KL1 接触器励磁	KL1 励磁后，将输出 4 对动合触点：（1）其中 3 对动合触点 13-14 [123-108]、23-24 [123-111]、33-34 [123-113] 分别沟通断路器 A、B、C 相分闸 1 公共回路（不经远方/就地 SPT），跳开合闸相；（2）动合触点 43-44 闭合沟通非全相信号接触器 KL6 励磁并自保持 KL6 后，由 KL6 提供 1 对动合触点经测控装置对应光耦发出"非全相跳闸"光字牌	光字牌情况：非全相跳闸（机构箱）	光字牌情况：非全相跳闸（机构箱）
11	非全相跳闸信号自保持接触器 KL6	正常时不励磁；断路器非全相运行时励磁，为吸入状态并自保持	断路器非全相时，经设定时间延时后沟通 KL1 励磁，跳开合闸相，为了留下动作记录，由 KL1 接触器输出一对动合触点沟通 KL6 接触器励磁，并由 KL6 接触器输出一对动合触点实现自保持	KL6 励磁后，KL6 输出 2 对动合触点：（1）其动合触点 24-23 [242-241] 沟通测控装置内对应的信号光耦后直接发出"非全相跳闸（机构箱）"光字牌；（2）其动合触点 13-14 沟通 KL6 励磁实现自保持	光字牌情况：非全相跳闸（机构箱）	光字牌情况：非全相跳闸（机构箱）

序号	元器件名称编号	原始状态	元器件异动说明	元器件异动后果	元器件异动触发光字牌信号	
					断路器合闸状态	断路器分闸状态
12	非全相启动第二组直跳时间继电器KT5	正常时不励磁，U/T绿灯灭，R红灯灭；非全相时励磁，U/T灯绿灯闪亮，延时2.5s后R红灯亮	在"投第二组非全相保护XB2压板"正常投入情况下，断路器此时若发生非全相运行，将沟通KT5时间继电器励磁	KT5励磁并经设定时间延时后沟通引起非全相强迫第二组直跳接触器KL5励磁，由KL5提供3对动合触点沟通各相断路器第二组跳闸线圈跳闸，并由KL5另提供1对动合触点沟通断路器非全相跳闸信号接触器KL7励磁后并自保持KL7的同时，由KL7提供1对动合触点经测控装置对应光耦后发出"副非全相跳闸"光字牌	光字牌情况：副非全相跳闸（机构箱）	光字牌情况：副非全相跳闸（机构箱）
13	非全相强迫第二组直跳接触器KL5	正常时不励磁；断路器非全相运行时励磁，为吸入状态	在"投第二组非全相保护XB2压板"正常投入情况下，断路器发生非全相运行时沟通KT5励磁并经设定延时后，由KT5动合触点沟通KL5接触器励磁	KL5励磁后，将输出4对动合触点： （1）其中3对动合触点13-14［150-169］、23-24［150-170］、33-34［150-171］分别沟通断路器A、B、C相分闸2公共回路（不经远方/就地SPT），跳开合闸相； （2）动合触点43-44闭合沟通非全相信号接触器KL7励磁并自保持KL7后，由KL7提供1对动合触点经测控装置对应光耦后发出"副非全相跳闸"光字牌	光字牌情况：副非全相跳闸（机构箱）	光字牌情况：副非全相跳闸（机构箱）
14	非全相第二组跳闸信号自保持接触器KL7	正常时不励磁；断路器非全相运行时励磁，为吸入状态并自保持	断路器非全相时，经设定时间延时后沟通KL5励磁，跳开合闸相，为了留下动作记录，由KL5接触器输出一对动合触点沟通KL7接触器励磁，并由KL7接触器输出一对动合触点实现自保持	KL7励磁后，KL7输出2对动合触点： （1）其动合触点24-23［801/263-837/262］沟通测控装置内对应的信号光耦后发出"副非全相跳闸（机构箱）"光字牌； （2）其动合触点13-14沟通KL7励磁实现自保持	光字牌情况：副非全相跳闸（机构箱）	光字牌情况：副非全相跳闸（机构箱）
15	第一组就地直合接触器KL3	正常时不励磁，发给五防令后按压汇控箱就地合闸按钮SB6时励磁（为吸入状态），松开按钮后返回	在给出五防令的情况下，且"远方/就地转换开关SPT"打在"就地"位置时，可以按下就地合闸按钮SB6沟通第一组就地直合接触器KL3励磁；规程规定为防止断路器非同期合闸，严禁就地合断路器，故一般就地合断路器只适用于检修或试验时	KL3励磁后，输出3对动合触点13-14［123-109］、23-24［123-111］、33-34［123-113］分别沟通断路器A、B、C相合闸公共回路，实现断路器三相合闸	无	无

序号	元器件名称编号	原始状态	元器件异动说明	元器件异动后果	元器件异动触发光字牌信号	
					断路器合闸状态	断路器分闸状态
16	第一组就地直跳接触器KL2	正常时不励磁，发给五防令后按压汇控箱就地分闸按钮SB5时励磁（为吸入状态），松开按钮后返回	在给出五防令的情况下，且"远方/就地转换断路器SPT"打在"就地"位置时，可以按下就地分闸按钮SB5沟通第一组就地直跳接触器KL2励磁；一般规定只有在线路对侧已停电的情况下或检修或试验时方可就地分断路器	KL2励磁后，输出3对动合触点13［123］-14、23［123］-24、33［123］-34分别沟通断路器A、B、C相第一组分闸公共回路，实现断路器三相分闸	无	无
17	第二组就地直跳接触器KL4	无励磁电源，无法励磁	无法启动	误碰KL2接触器后，输出3对动合触点13［150］-14、23［150］-24、33［150］-34分别沟通断路器A、B、C相第二组分闸公共回路，实现断路器三相分闸	无	无
18	储能电机运转接触器KM1、KM2、KM3	正常时不励磁；启动打压时励磁，为吸入状态；若蓝色热耦动作，则切断相应的储能电机运转接触器使其失磁	当某一相储压筒油压降至31.6MPa时，该相液压系统"储能电机启动"微动开关KP5（低通触点）的1-2接通，沟通该相储能电机运转接触器励磁，使电机启动打压，并在油压达到额定压力32.6MPa前由储能电机运转接触器的动合触点自保持，保证电机持续运转储足压力，达到额定压力32.6MPa时，KP6的1-2断开，断开电机回路	储能电机运转接触器A相：KM1［或B相：KM2或C相：KM3］励磁后，均输出4对动合触点： （1）其两对动合触点｛1［该相电机空开的火线引出端2］-2（该相电机电源火线引入端136）｝，｛3［该相电机空开N线引出端4］-4（该相电机电源N线引入端137）｝分别接入储能电机电源引入端1-2，驱使储能电机打压； （2）其动合触点6-5［233/235/237-232/234/236］沟通测控装置内对应的信号光耦后发出"断路器电机打压"光字牌； （3）其动合触点14-13沟通本相储能电机运转接触器自保持，直至压力达到32.6MPa时，KP6的1-2断开后返回； （4）其动合触点53-54接入储能电机打压计数回路［A相对应PC4；B相对应PC5；C相对应PC6］，用于储能电机计数	光字牌情况：断路器电机打压	光字牌情况：断路器电机打压

序号	元器件名称编号	原始状态	元器件异动说明	元器件异动后果	元器件异动触发光字牌信号	
					断路器合闸状态	断路器分闸状态
19	储能电机打压超时继电器（3min）KT2、KT3、KT4	正常时不励磁，U/T绿灯灭，R1及R2红灯灭；启动打压时励磁，U/T灯绿灯闪亮，超时（300s＋15s）时相应的红灯亮	当某一相储压筒油压降至31.6MPa时，该相液压系统储能电机启动微动开关KP5的1-2接通，沟通该相储能电机运转接触器使电机启动打压的同时，也沟通储能电机打压超时继电器KT2（注：B相对应KT3；C相对应KT4）励磁并开始计时	某相储能电机打压超时继电器励磁后，将输出1对延时动合触点、1对延时动断触点：（1）延时动断触点15-16切断该相储能电机运转接触器励磁回路使其失磁，电机停止打压；（2）延时动合触点28-25［227/229/231-226/228/230］沟通测控装置内对应的信号光耦，并发出"断路器油泵打压超时"光字牌	光字牌情况：断路器油泵打压超时	光字牌情况：断路器油泵打压超时
20	远方/就地转换开关SPT	远方位置	手动进行切换，使断路器控制方式在"远方/就地"之间转换，对应动断或动合辅助触点接通相应的分合闸回路	当断路器汇控箱内SPT的近控触点30-29［240-238］闭合时，经测控装置对应光耦后发出"××断路器近控"报文	（1）光字牌情况：1）第一组控制回路断线；2）第二组控制回路断线。（2）其他信号：1）测控柜上红绿灯均灭；2）操作箱上两组6盏OP灯均灭	（1）光字牌情况：1）第一组控制回路断线；2）第二组控制回路断线。（2）其他信号：测控柜上红绿灯均灭
21	单相分合闸操作把手SB1～3	0位置	手动进行切换，使断路器就地控制方式在可以进行分合操作，对应动断或动合辅助触点接通相应的分合闸回路	SB1～3对应A、B、C相就地分相操作，因K101S电源仅接在第一组就地分合闸回路，故该把手仅适合检修或试验时就地操作用	无	无
22	主/副分转换把手SB4	主分位置	手动进行切换，使断路器就地分闸方式在主分闸线圈与副分闸线圈之间切换，对应动断或动合辅助触点接通相应的分闸回路	正常时要求保留在主分位置，若无意中切换至副分位置，因无信号上传，运行人员是无法知晓其状态的，且SB4仅在就地第一组跳闸回路中，故该把手仅适合检修或试验时就地分闸第一组跳圈用	无	无
23	就地三相第一组分闸按钮SB5	不接通	无	该按钮仅适合检修或试验时就地分闸用	无	无

序号	元器件名称编号	原始状态	元器件异动说明	元器件异动后果	元器件异动触发光字牌信号	
					断路器合闸状态	断路器分闸状态
24	就地三相合闸按钮 SB6	不接通	无	在五防满足的情况下，可以实现就地合闸，但规程规定为防止断路器非同期合闸，严禁就地合断路器（检修或试验除外）	无	无
25	就地三相第二组分闸按钮 SB7	不接通	无	因无电源，故按压 SB7 按钮并不会引起就地第二组跳闸线圈三相分闸的后果	无	无
26	非全相跳闸信号复归按钮 SB8	不接通	无	按下 SB8 非全相复位按钮后，KL6 非全相跳闸信号自保持接触器复归，"非全相跳闸"光字牌消失	无	无
27	副非全相跳闸信号复归按钮 SB9	不接通	无	按下 SB9 非全相复位按钮后，KL7 副非全相跳闸信号自保持接触器复归，"副非全相跳闸"光字牌消失	无	无
28	储能电机交流电源空开（3个） QF1、QF2、QF3	合闸	无	空开过负荷自动脱扣跳开后，通过储能电机电源空开 92-91 触点［253/256/259-252/255/258］沟通测控装置内对应的信号光耦后"断路器油泵电机回路、计数器回路及加热器回路断电"光字牌。若不及时复位，将可能引起无法保持合适的油压	光字牌情况：断路器油泵电机回路、计数器回路及加热器回路断电	光字牌情况：断路器油泵电机回路、计数器回路及加热器回路断电
29	照明及加热器交流电源空开（3个）QF4、QF5、QF6	合闸	无	空开过负荷自动脱扣跳开后，通过照明及加热器交流电源空开 92-91 触点［271/274/277-270/273/276］沟通测控装置内对应的信号光耦后报出"计数器回路及加热器回路断电"报文。若不及时复位，在气候潮湿情况下，有可能引起一些对环境要求较高的元器件绝缘降低	光字牌情况：断路器油泵电机回路、计数器回路及加热器回路断电	光字牌情况：断路器油泵电机回路、计数器回路及加热器回路断电

第九节 河南平高公司 LW10B-550/YT 型 500kV 高压断路器二次回路辨识

一、二次回路功能模块化分解原理图

1. 合闸及分闸回路 1 二次原理接线图

河南平高公司 LW10B-550/YT 型 500kV 高压断路器合闸及分闸回路 1 二次原理接线图见图 2-131。

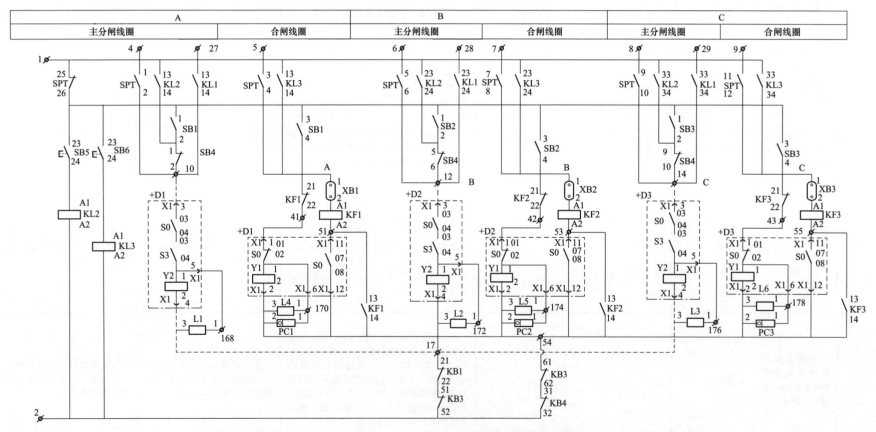

图 2-131 河南平高公司 LW10B-550/YT 型 500kV 高压断路器合闸及分闸回路 1 二次原理接线图

2. 分闸回路 2、储能信号、非全相信号二次原理接线图

河南平高公司 LW10B-550/YT 型 500kV 高压断路器分闸回路 2、储能信号、非全相信号二次原理接线图见图 2-132。

A	B	C	打压超时信号			电机打压信号			远、近控信号	非全相保护信号触点
副分闸线圈	副分闸线圈	副分闸线圈	A	B	C	A	B	C		

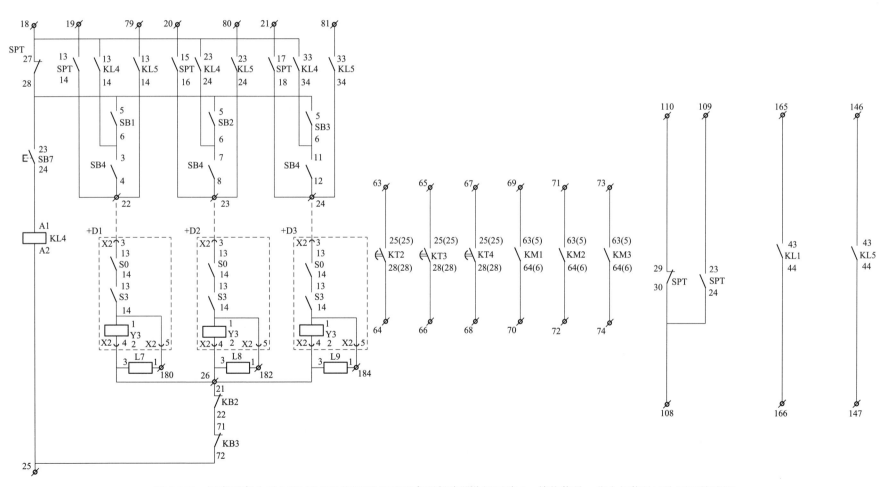

图 2-132 河南平高公司 LW10B-550/YT 型 500kV 高压断路器分闸回路 2、储能信号、非全相信号二次原理接线图

219

3. 油压闭锁继电器回路及其信号回路二次原理接线图

河南平高公司 LW10B-550/YT 型 500kV 高压断路器油压闭锁继电器回路及其信号回路二次原理接线图见图 2-133。

分闸闭锁1			分闸闭锁2			合闸闭锁			重合闸闭锁			闭锁信号			
A	B	C	A	B	C	A	B	C	A	B	C	低油压分闸闭锁1	低油压分闸闭锁2	低气压闭锁	低油压合闸闭锁

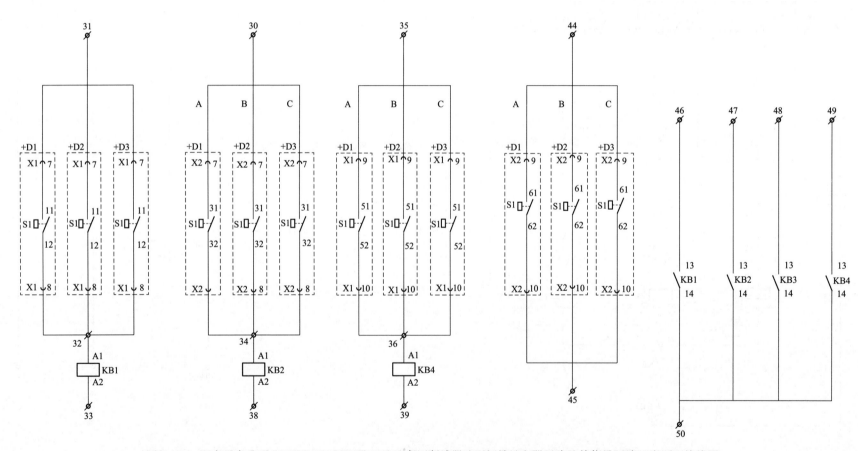

图 2-133　河南平高公司 LW10B-550/YT 型 500kV 高压断路器油压闭锁继电器回路及其信号回路二次原理接线图

220

4. 交流电机二次原理接线图

河南平高公司 LW10B-550/YT 型 500kV 高压断路器交流电机二次原理接线图见图 2-134。

A			B			C		
油泵交流电机	电机起停控制	油泵打压超时回路	油泵交流电机	电机起停控制	油泵打压超时回路	油泵交流电机	电机起停控制	油泵打压超时回路

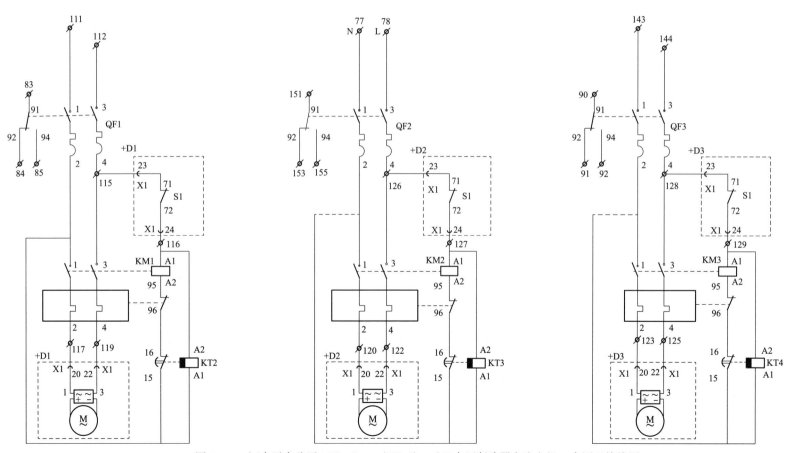

图 2-134 河南平高公司 LW10B-550/YT 型 500kV 高压断路器交流电机二次原理接线图

5. 直流电机二次原理接线图

河南平高公司 LW10B-550/YT 型 500kV 高压断路器直流电机二次原理接线图见图 2-135。

A			B			C		
油泵直流电机	电机起停控制	油泵打压超时回路	油泵直流电机	电机起停控制	油泵打压超时回路	油泵直流电机	电机起停控制	油泵打压超时回路

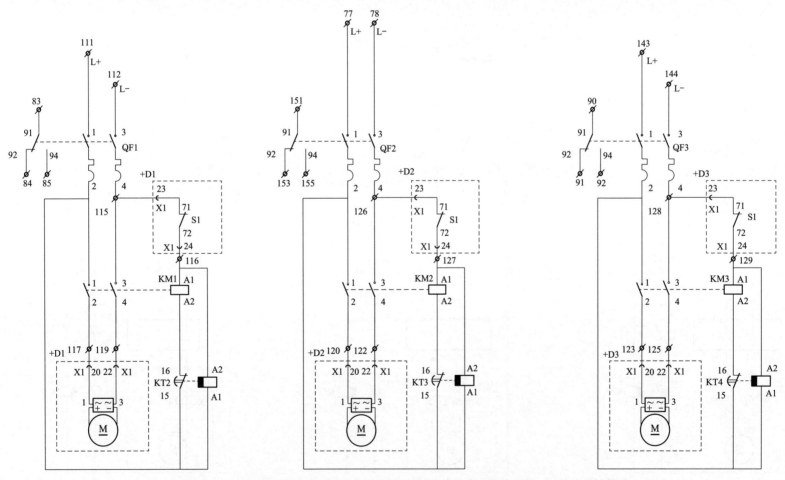

图 2-135　河南平高公司 LW10B-550/YT 型 500kV 高压断路器直流电机二次原理接线图

6. 机构箱计数器、加热器等辅助回路二次原理接线图

河南平高公司 LW10B-550/YT 型 500kV 高压断路器机构箱计数器、加热器等辅助回路二次原理接线图见图 2-136。

A	B		C	A	B	C
计数器回路	计数器回路	插座	计数器回路	驱潮/延时块加热器回路	驱潮/延时块加热器回路	驱潮/延时块加热器回路

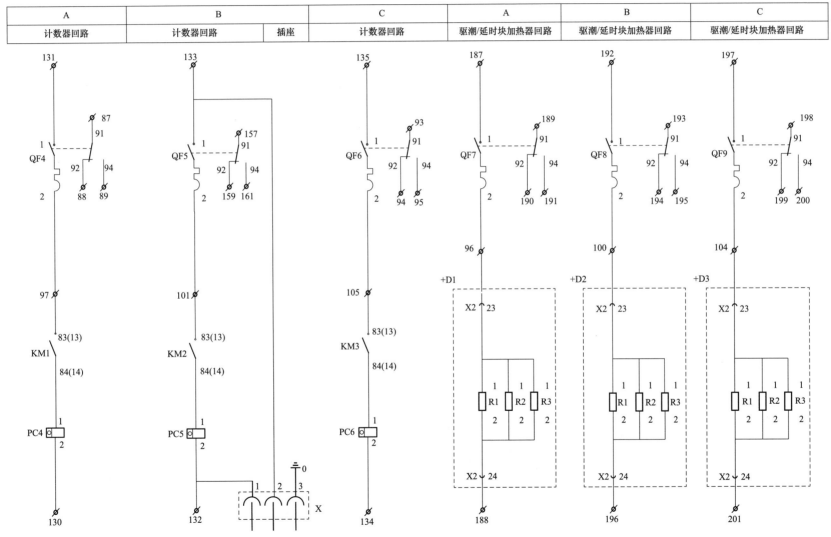

图 2-136　河南平高公司 LW10B-550/YT 型 500kV 高压断路器机构箱计数器、加热器等辅助回路二次原理接线图

7. SF₆闭锁继电器，非全相保护及汇控柜辅助回路二次原理接线图

河南平高公司 LW10B-550/YT 型 500kV 高压断路器 SF₆ 闭锁继电器，非全相保护及汇控柜辅助回路二次原理接线图见图 2-137。

触点						汇控柜照明驱潮加热回路	非全相保护回路
SF₆低气压报警			SF₆低气压闭锁			电源C65N/1P+SD(C6)(AC220V)	
A	B	C	A	B	C		

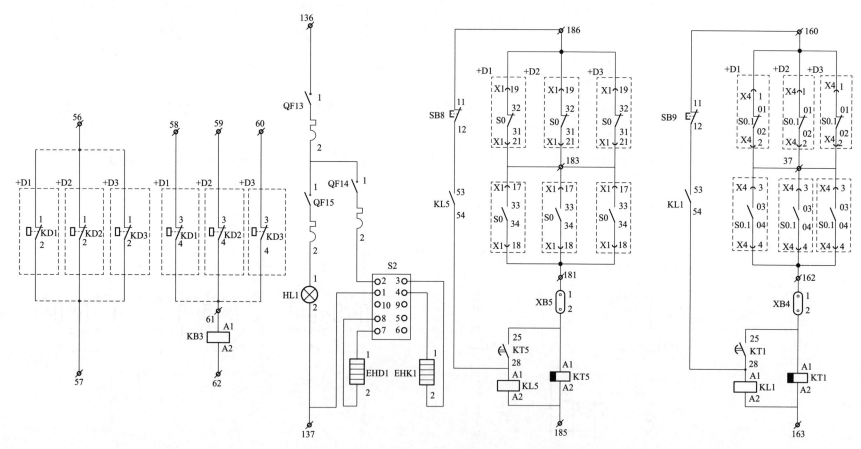

图 2-137　河南平高公司 LW10B-550/YT 型 500kV 高压断路器 SF₆ 闭锁继电器，非全相保护及汇控柜辅助回路二次原理接线图

8. 断路器辅助开关触点图

河南平高公司 LW10B-550/YT 型 500kV 高压断路器辅助开关触点图见图 2-138。

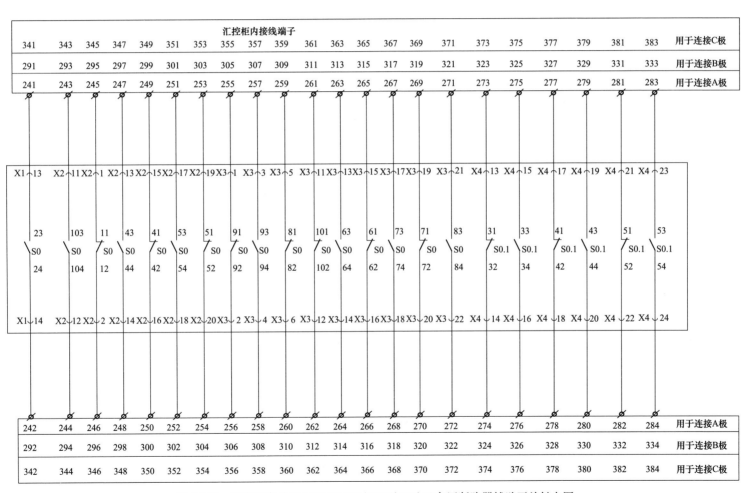

图 2-138　河南平高公司 LW10B-550/YT 型 500kV 高压断路器辅助开关触点图

9. 压力整定值示意图

河南平高公司 LW10B-550/YT 型 500kV 高压断路器压力整定值示意图见图 2-139。

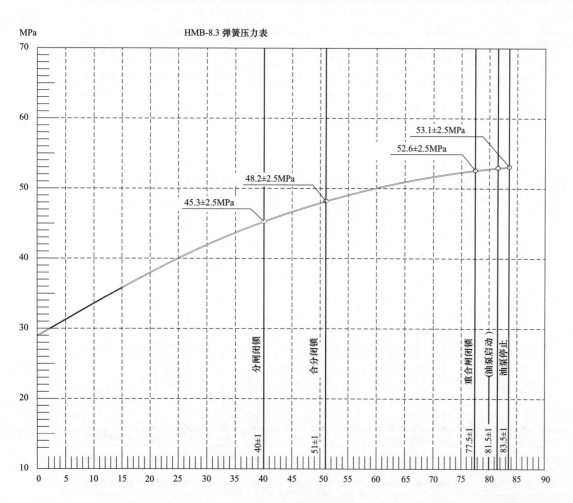

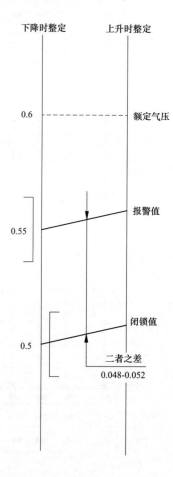

图 2-139　河南平高公司 LW10B-550/YT 型 500kV 高压断路器压力整定值示意图

10. A 相机构箱与汇控柜间电缆连接图

河南平高公司 LW10B-550/YT 型 500kV 高压断路器 A 相机构箱与汇控柜间电缆连接图见图 2-140。

A1 24×1.5(B)KVVP			A2 24×1.5(B)KVVP			A3 21×1.5(B)KVVP			A4 21×1.5(B)KVVP			A5 7×1.5(B)KVVP			A6 7×1.5(B)KVVP		
汇控柜	序号	机构	汇控柜	序号	机构	汇控柜	序号	机构	汇控柜	序号	机构	汇控柜	序号	机构密度继电器	汇控柜	序号	机构
41	1	D1-X1:1	245	1	D1-X2:1	255	1	D1-X3:1	160	1	D1-X4:1	56	1	D1-KD1:1	117	1	D1-X6:3
54	2	D1-X1:2	246	2	D1-X2:2	256	2	D1-X3:2	37	2	D1-X4:2	57	2	D1-KD1:2	119	2	D1-X6:4
10	3	D1-X1:3	22	3	D1-X2:3	257	3	D1-X3:3	37	3	D1-X4:3	58	3	D1-KD1:3	115	3	D1-X6:5
17	4	D1-X1:4	26	4	D1-X2:4	258	4	D1-X3:4	162	4	D1-X4:4	61	4	D1-KD1:4	116	4	D1-X6:6
168	5	D1-X1:5	180	5	D1-X2:5	259	5	D1-X3:5	273	5	D1-X4:13		5		96	5	D1-X6:11
170	6	D1-X1:6	30	6	D1-X2:7	260	6	D1-X3:6	274	6	D1-X4:14		6		188	6	D1-X6:12
31	7	D1-X1:7	34	7	D1-X2:8	261	7	D1-X3:11	275	7	D1-X4:15		7			7	
32	8	D1-X1:8	44	8	D1-X2:9	262	8	D1-X3:12	276	8	D1-X4:16						
35	9	D1-X1:9	45	9	D1-X2:10	263	9	D1-X3:13	277	9	D1-X4:17						
36	10	D1-X1:10	243	10	D1-X2:11	264	10	D1-X3:14	278	10	D1-X4:18						
51	11	D1-X1:11	244	11	D1-X2:12	265	11	D1-X3:15	279	11	D1-X4:19						
54	12	D1-X1:12	247	12	D1-X2:13	266	12	D1-X3:16	280	12	D1-X4:20						
241	13	D1-X1:13	248	13	D1-X2:14	267	13	D1-X3:17	281	13	D1-X4:21						
242	14	D1-X1:14	249	14	D1-X2:15	268	14	D1-X3:18	282	14	D1-X4:22						
183	15	D1-X1:17	250	15	D1-X2:16	269	15	D1-X3:19	283	15	D1-X4:23						
181	16	D1-X1:18	251	16	D1-X2:17	270	16	D1-X3:20	284	16	D1-X4:24						
186	17	D1-X1:19	252	17	D1-X2:18	271	17	D1-X3:21		17							
183	18	D1-X1:21	253	18	D1-X2:19	272	18	D1-X3:22		18							
	19		254	19	D1-X2:20		19			19							
	20			20			20			20							
	21			21			21			21							
	22			22														
	23			23														
	24			24														

图 2-140　河南平高公司 LW10B-550/YT 型 500kV 高压断路器 A 相机构箱与汇控柜间电缆连接图

227

11．B 相机构箱与汇控柜间电缆连接图

河南平高公司 LW10B-550/YT 型 500kV 高压断路器 B 相机构箱与汇控柜间电缆连接图见图 2-141。

B1 24×1.5(B)KVVP			B2 24×1.5(B)KVVP			B3 21×1.5(B)KVVP			B4 21×1.5(B)KVVP			B5 7×1.5(B)KVVP			B6 7×1.5(B)KVVP		
汇控柜	序号	机构	汇控柜	序号	机构	汇控柜	序号	机构	汇控柜	序号	机构	汇控柜	序号	机构密度继电器	汇控柜	序号	机构
42	1	D2-X1:1	295	1	D2-X2:1	305	1	D2-X3:1	160	1	D2-X4:1	56	1	D2-KD2:1	120	1	D2-X6:3
54	2	D2-X1:2	296	2	D2-X2:2	306	2	D2-X3:2	37	2	D2-X4:2	57	2	D2-KD2:2	122	2	D2-X6:4
12	3	D2-X1:3	23	3	D2-X2:3	307	3	D2-X3:3	37	3	D2-X4:3	59	3	D2-KD2:3	126	3	D2-X6:5
17	4	D2-X1:4	26	4	D2-X2:4	308	4	D2-X3:4	162	4	D2-X4:4	61	4	D2-KD2:4	127	4	D2-X6:6
172	5	D2-X1:5	182	5	D2-X2:5	309	5	D2-X3:5	323	5	D2-X4:13		5		100	5	D2-X6:11
174	6	D2-X1:6	30	6	D2-X2:7	310	6	D2-X3:6	324	6	D2-X4:14		6		196	6	D2-X6:12
31	7	D2-X1:7	34	7	D2-X2:8	311	7	D2-X3:11	325	7	D2-X4:15		7			7	
32	8	D2-X1:8	44	8	D2-X2:9	312	8	D2-X3:12	326	8	D2-X4:16						
35	9	D2-X1:9	45	9	D2-X2:10	313	9	D2-X3:13	327	9	D2-X4:17						
36	10	D2-X1:10	293	10	D2-X2:11	314	10	D2-X3:14	328	10	D2-X4:18						
53	11	D2-X1:11	294	11	D2-X2:12	315	11	D2-X3:15	329	11	D2-X4:19						
54	12	D2-X1:12	297	12	D2-X2:13	316	12	D2-X3:16	330	12	D2-X4:20						
291	13	D2-X1:13	298	13	D2-X2:14	317	13	D2-X3:17	331	13	D2-X4:21						
292	14	D2-X1:14	299	14	D2-X2:15	318	14	D2-X3:18	332	14	D2-X4:22						
183	15	D2-X1:17	300	15	D2-X2:16	319	15	D2-X3:19	333	15	D2-X4:23						
181	16	D2-X1:18	301	16	D2-X2:17	320	16	D2-X3:20	334	16	D2-X4:24						
186	17	D2-X1:19	302	17	D2-X2:18	321	17	D2-X3:21		17							
183	18	D2-X1:21	303	18	D2-X2:19	322	18	D2-X3:22		18							
	19		304	19	D2-X2:20		19			19							
	20			20			20			20							
	21			21			21			21							
	22			22														
	23			23														
	24			24														

图 2-141　河南平高公司 LW10B-550/YT 型 500kV 高压断路器 B 相机构箱与汇控柜间电缆连接图

12. C 相机构箱与汇控柜间电缆连接图

河南平高公司 LW10B-550/YT 型 500kV 高压断路器 C 相机构箱与汇控柜间电缆连接图见图 2-142。

C1 24×1.5(B)KVVP			C2 24×1.5(B)KVVP			C3 21×1.5(B)KVVP			C4 21×1.5(B)KVVP			C5 7×1.5(B)KVVP			C6 7×1.5(B)KVVP		
汇控柜	序号	机构	汇控柜	序号	机构	汇控柜	序号	机构	汇控柜	序号	机构	汇控柜	序号	机构密度继电器	汇控柜	序号	机构
43	1	D3-X1:1	345	1	D3-X2:1	355	1	D3-X3:1	160	1	D3-X4:1	56	1	D3-KD3:1	123	1	D3-X6:3
54	2	D3-X1:2	346	2	D3-X2:2	356	2	D3-X3:2	37	2	D3-X4:2	57	2	D3-KD3:2	125	2	D3-X6:4
14	3	D3-X1:3	24	3	D3-X2:3	357	3	D3-X3:3	37	3	D3-X4:3	60	3	D3-KD3:3	128	3	D3-X6:5
17	4	D3-X1:4	26	4	D3-X2:4	358	4	D3-X3:4	162	4	D3-X4:4	61	4	D3-KD3:4	129	4	D3-X6:6
176	5	D3-X1:5	184	5	D3-X2:5	359	5	D3-X3:5	373	5	D3-X4:13		5		104	5	D3-X6:11
178	6	D3-X1:6	30	6	D3-X2:7	360	6	D3-X3:6	374	6	D3-X4:14		6		201	6	D3-X6:12
31	7	D3-X1:7	34	7	D3-X2:8	361	7	D3-X3:11	375	7	D3-X4:15		7			7	
32	8	D3-X1:8	44	8	D3-X2:9	362	8	D3-X3:12	376	8	D3-X4:16						
35	9	D3-X1:9	45	9	D3-X2:10	363	9	D3-X3:13	377	9	D3-X4:17						
36	10	D3-X1:10	343	10	D3-X2:11	364	10	D3-X3:14	378	10	D3-X4:18						
55	11	D3-X1:11	344	11	D3-X2:12	365	11	D3-X3:15	379	11	D3-X4:19						
54	12	D3-X1:12	347	12	D3-X2:13	366	12	D3-X3:16	380	12	D3-X4:20						
341	13	D3-X1:13	348	13	D3-X2:14	367	13	D3-X3:17	381	13	D3-X4:21						
342	14	D3-X1:14	349	14	D3-X2:15	368	14	D3-X3:18	382	14	D3-X4:22						
183	15	D3-X1:17	350	15	D3-X2:16	369	15	D3-X3:19	383	15	D3-X4:23						
181	16	D3-X1:18	351	16	D3-X2:17	370	16	D3-X3:20	384	16	D3-X4:24						
186	17	D3-X1:19	352	17	D3-X2:18	371	17	D3-X3:21		17							
183	18	D3-X1:21	353	18	D3-X2:19	372	18	D3-X3:22		18							
	19		354	19	D3-X2:20		19			19							
	20			20			20			20							
	21			21			21			21							
	22			22														
	23			23														
	24			24														

图 2-142 河南平高公司 LW10B-550/YT 型 500kV 高压断路器 C 相机构箱与汇控柜间电缆连接图

13. 各相 SF₆ 密度继电器与汇控柜间电缆连接图

河南平高公司 LW10B-550/YT 型 500kV 高压断路器各相 SF₆ 密度继电器与汇控柜间电缆连接图见图 2-143。

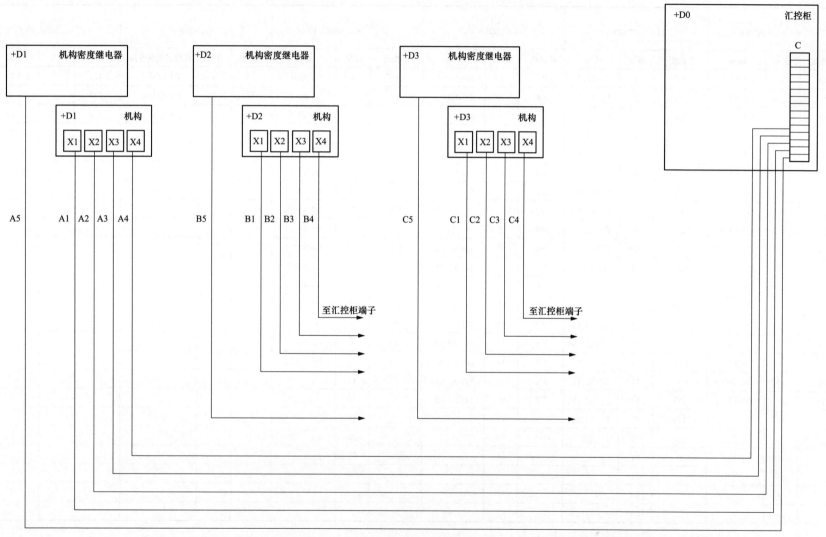

图 2-143 河南平高公司 LW10B-550/YT 型 500kV 高压断路器各相 SF₆ 密度继电器与汇控柜间电缆连接图

二、断路器二次回路功能模块化分解辨识

断路器二次回路功能模块化分解辨识见表 2-17。

表 2-17   断路器二次回路功能模块化分解辨识

序号	模块名称	分解辨识
1	合闸公共回路	对应"远方/就地"切换把手 SPT 触点（A 相：4、B 相 8、C 相 12）→A 相 KF1（B 相 KF2，C 相 KF3）[21-22]→A 相 41（B 相 42、C 相 43）→+D1S0 [01-02] 动断触点→合闸线圈 Y1 [1-2]→对应相机构箱 54 端子→SF₆ 低气压分合闸闭锁 1 接触器 KB3 动断触点 61-62→低油压合闸闭锁接触器 KB4 动断触点 31-32→控制 I 负电源 [汇控箱 K102/125]
2	分闸 1 公共回路	对应相分闸回路端子（A：10、B 相 12、C 相 14）→+D1S0 [03-04] 动断触点→S3 [03-04]→分闸线圈 Y2 [1-2]→对应端子 17→对应相机构箱 105 端子→低油压分闸闭锁 1 接触器 KB1 动断触点 21-22→SF₆ 低气压分合闸闭锁 1 接触器 KB3 动断触点 51-52→控制 I 负电源 [汇控箱 K102/125]
3	分闸 2 公共回路	对应相分闸回路端子（A：22、B 相 23、C 相 24）→+D1S0 [13-14] 动断触点→S3 [13-14]→分闸线圈 Y3 [1-2]→对应端子 26→低油压分闸闭锁 2 接触器 KB2 动断触点 21-22→SF₆ 低气压分合闸闭锁 2 接触器 KB5 动断触点 21-22→控制 II 负电源 [汇控箱 K202/154]
4	远方合闸回路	控制 I 正电源 K101→操作箱内手合继电器的动合触点或操作箱内重合闸重动继电器的动合触点→远方合闸回路 [A 相对应回路为 7A/汇控箱端子 105；B 相对应回路为 7B/汇控箱端子 106；C 相对应回路为 7C/汇控箱端子 107]→远方/就地把手 SPT 供远方合闸的三对触点 [A 相对应触点为 3-4；B 相对应触点为 7-8；C 相对应触点为 11-12]→合闸公共回路
5	就地三相合闸启动回路	控制 I 正电源 K101→YBJ 五防电编码锁 1-2→汇控箱 [K101S/100]→远方/就地把手 SPT 就地位置触点 25-26→SB6 就地三相合闸按钮 23-24→第一组就地直合接触器 KL3 的 A1-A2→控制 I 负电源 [汇控箱 K102/122]
6	合闸就地回路	｛控制 I 正电源 [K101/123]→第一组就地直合接触器 KL3 的三对动合触点 [A 相对应触点为 13-14；B 相对应触点为 23-24；C 相对应触点为 33-34]｝或 ｛控制 I 正电源 K101→YBJ 五防电编码锁 1-2→汇控箱 [K101S/100]→远方/就地把手 SPT 就地位置触点 25-26→就地单相分合闸把手 [A 相对应把手为 SB1；B 相对应把手为 SB2；C 相对应把手为 SB3] 的合闸触点 3-4]→合闸公共回路
7	远方分闸 1 回路	控制 I 正电源 K101→操作箱内对应相手跳继电器的动合触点或操作箱内永跳继电器（一般由线路保护 I 三跳-永跳出口经三跳压板或线路保护 I 沟三出口经沟三压板或线路保护 I 收到远跳令经收信跳压板或辅助保护 I 失灵保护出口经失灵跳断路器 I 组压板或母差出口经跳断路器 I 组压板后启动）的动合触点或本线保护 I 分相跳闸出口经分相跳闸 I 压板→远方分闸 1 回路 [A 相对应回路为 137A/汇控箱端子 4；B 相对应回路为 137B/汇控端子 6；C 相对应回路为 137C/汇控箱端子 8]→远方/就地把手 SPT 供远方分闸 1 的三对触点 [A 相对应触点为 1-2；B 相对应触点为 5-6；C 相对应触点为 9-10]→分闸 1 公共回路
8	非全相分闸 1 回路	控制 I 正电源 K101→非全相直跳第一组接触器 KL1 的 3 对动合触点 ｛A 相对应触点为 13-14 [汇控箱端子 27-10]；23-24 [汇控箱端子 28-12]；33-34 [汇控箱端子 29-14]｝→分闸 1 公共回路
9	就地三相分闸启动回路	控制 I 正电源 K101→YBJ 五防电编码锁 1-2→汇控箱 [K101S/100]→远方/就地把手 SPT 的就地触点 25-26→SB5 就地三相分闸按钮 23-24→第一组就地直分接触器 KL2 的 A1-A2→控制 I 负电源 [汇控箱 K102/122]
10	分闸就地回路	｛控制 I 正电源 [K101/123]→第一组就地直分接触器 KL2 的三对动合触点 [A 相对应触点为 13-14；B 相对应触点为 23-24；C 相对应触点为 33-34]｝或 ｛控制 I 正电源 K101→YBJ 五防电编码锁 1-2→汇控箱 [K101S/100]→SPT 就地位置触点 25-26→就地单相分合闸把手 [A 相对应把手为 SB1；B 相对应把手为 SB2；C 相对应把手为 SB3] 的分闸触点 1-2]→主-副分转换把手 SB4 的主分触点 1-2→分闸 1 公共回路

序号	模块名称	分解辨识
11	远方分闸2回路	控制Ⅱ正电源K201→操作箱内对应相手跳继电器的动合触点或操作箱内永跳继电器（一般由线路保护Ⅱ三跳-永跳出口经三跳压板或线路保护Ⅱ沟三出口经沟三压板后或线路保护Ⅱ收到远跳令经收信跳压板或辅助保护上失灵保护出口经失灵跳断路器Ⅱ组压板或母差出口经跳断路器Ⅱ组压板后启动）的动合触点或本线保护Ⅱ分相跳闸出口经分相跳闸Ⅱ压板→远方分闸2回路［A相对应回路为237A/汇控箱端子19；B相对应回路为237B/汇控箱端子20；C相对应回路为237C/汇控箱端子21］→远方/就地手SPT供远方分闸2的三对触点［A相对应触点为13-14；B相对应触点为15-16；C相对应触点为17-18］→分闸2公共回路
12	非全相分闸2回路	控制Ⅱ正电源K201→非全相直跳第二组接触器KL5的3对动合触点A相对应触点为13-14［汇控箱端子79-22］；B相对应触点为23-24［汇控箱端子80-23］；C相对应触点为33-34［汇控箱端子81-24］→分闸2公共回路

三、二次回路元器件辨识及其异动说明

二次回路元器件辨识及其异动说明见表2-18。

表2-18　　二次回路元器件辨识及其异动说明

序号	元器件名称编号	原始状态	元器件异动说明	元器件异动后果	元器件异动触发光字牌信号	
					断路器合闸状态	断路器分闸状态
1	低油压分闸闭锁1接触器KB1	正常时不励磁，励磁后为吸入状态	由于某种原因，当断路器机构箱内任一相液压系统油压下降至45.3MPa时，机构箱内：A相+D1（B相对应D2，C相对应D3）的S1（机构油压闭锁）微动开关低通触点11-12通，使得低油压分闸闭锁1接触器KB1励磁	KB1励磁后：（1）其动断触点21-22［17-KB3；51］断开，切断分闸1回路；（2）其动合触点13-14［46-50］沟通测控装置内对应的信号光耦，并发出"低油压分闸闭锁1"光字牌	（1）光字牌情况：1）第一组控制回路断线；2）低油压分闸闭锁。（2）其他信号：1）操作箱上第一组3盏OP灯灭；2）若同时伴有KB4动作，则断路器保护屏上重合闸充电灯灭	（1）光字牌情况：低油压分闸闭锁。（2）其他信号：若同时伴有KB4动作，则测控柜上红绿灯均灭
2	低油压分闸闭锁2接触器KB2	正常时不励磁，励磁后为吸入状态	由于某种原因，当断路器机构箱内任一相液压系统油压下降至45.3MPa时，机构箱内：A相+D1（B相对应D2，C相对应D3）的S1（机构油压闭锁）微动开关低通触点31-32通，使得低油压分闸闭锁2接触器KB2励磁	KB2励磁后：（1）其动断触点21-22［26-KB5；71］断开，切断分闸2回路；（2）其动合触点13-14［47-50］沟通测控装置内对应的信号光耦，并发出"低油压分闸闭锁2"光字牌	（1）光字牌情况：1）低油压分闸闭锁；2）第二组控制回路断线。（2）其他信号：1）操作箱上第二组3盏OP灯灭；2）若同时伴有KB4动作，则断路器保护屏上重合闸充电灯灭	（1）光字牌情况：低油压分闸闭锁。（2）其他信号：若同时伴有KB4动作，则测控柜上红绿灯均灭

序号	元器件名称编号	原始状态	元器件异动说明	元器件异动后果	元器件异动触发光字牌信号	
					断路器合闸状态	断路器分闸状态
3	低油压合闸闭锁接触器 KB4	正常时不励磁，励磁后为吸入状态	由于某种原因，当断路器机构箱内任一相液压系统油压下降至 48.2MPa 时，机构箱内：A 相＋D1（B 相对应 D2，C 相对应 D3）的 S1（机构油压闭锁）微动开关低通触点 51-52 通，使得低油压合闸闭锁接触器 KB4 励磁	KB4 励磁后： （1）其动断触点 31-32［KB3：62-2］断开，切断合闸回路； （2）其动合触点 13-14［49-50］沟通测控装置内对应的信号光耦，并发出"低油压合闸闭锁"光字牌	（1）光字牌情况：低油压闭锁合闸。 （2）其他信号：断路器保护屏上重合闸充电灯灭	（1）光字牌情况： 1）第一组控制回路断线； 2）第二组控制回路断线； 3）低油压闭锁合闸。 （2）其他信号：测控柜上红绿灯均灭
4	重合闸闭锁微动开关 S1［61-62］＋D1［44-45］（B 相对应 D2，C 相对应 D3）	动合压力触点（低通触点）	由于某种原因，当断路器机构箱内任一相液压系统油压下降至 52.6MPa 时，机构箱内 S1（机构油压闭锁）微动开关低通触点 61-62 通，短接操作箱内压力禁止重合闸继电器使其失磁，压力禁止重合闸继电器断触点闭合，沟通测控装置对应的信号光耦直接发出压力降低禁止重合闸光字牌	当断路器机构箱内液压系统油压下降至低于重合闸闭锁压力接通值 52.6MPa 时，S1＋D1（D2/D3）微动开关低通触点 61-62 通，短接操作箱内压力禁止重合闸继电器使其失磁，压力禁止重合闸继电器提供两对闭合的动断触点，1 对延时后开入重合闸装置使其放电，另 1 对沟通测控装置对应的信号光耦直接发出压力降低禁止重合闸光字牌	（1）光字牌情况：压力降低禁止重合闸。 （2）其他信号：断路器保护屏上重合闸充电灯灭	光字牌情况：压力降低禁止重合闸
5	SF₆ 低气压分合闸闭锁接触器 KB3	正常时不励磁，励磁后为吸入状态	当任一相断路器本体内 SF₆ 气体发生泄漏，压力降至 0.5MPa 时，SF₆ 密度继电器 KD（A 相 KD1、B 相 KD2、C 相 KD3）低通触点 3-4 通，使 SF₆ 低气压闭锁分合闸 1 接触器 KB3 励磁	KB3 励磁后： （1）其动断触点 51-52［KB1：22-KB4：32］断开，切断分闸 1 回路； （2）其动断触点 61-62［54-KB4：31］断开，切断合闸回路； （3）其动断触点 71-72［KB2：22］断开，切断分闸 2 回路； （4）其动合触点 13-14［48-50］沟通测控装置内对应的信号光耦，并发出"SF₆ 低气压闭锁"光字牌	（1）光字牌情况： 1）第一组控制回路断线； 2）SF₆ 低气压闭锁。 （2）其他信号：操作箱上第一组 3 盏 OP 灯灭	（1）光字牌情况： 1）第一组控制回路断线； 2）第二组控制回路断线； 3）SF₆ 低气压闭锁。 （2）其他信号：测控柜上红绿灯均灭
6	SF₆ 低气压报警微动开关 KD1［1-2］＋D1（B 相对应 KD2＋D2，C 相对应 KD3＋D3）	动合压力触点（低通触点）	当断路器机构箱内任一相 SF₆ 压力低于 SF₆ 低气压报警接通值 0.52MPa 时，KD1＋D1（B 相对应 KD2＋D2，C 相对应 KD3＋D3）微动开关低通触点 2-1 接通，沟通测控装置对应的信号光耦	当断路器机构箱内任一相 SF₆ 密度继电器压力低于 SF₆ 低气压报警接通值 0.52MPa 时，KD1 微动开关低通触点 2-1 接通，汇控柜端子（［56-57］）经测控装置对应光耦直接发出"SF₆ 低气压报警"光字牌	光字牌情况：SF₆ 低气压报警	光字牌情况：SF₆ 低气压报警

序号	元器件名称编号	原始状态	元器件异动说明	元器件异动后果	元器件异动触发光字牌信号	
					断路器合闸状态	断路器分闸状态
7	A、B、C相防跳接触器KF1、KF2、KF3	正常时不励磁，励磁后黄色三联片为吸入状态	断路器合闸后，为防止断路器跳开后却因合闸脉冲又较长时出现多次合闸，厂家设计了一旦断路器合闸到位，其动合辅助触点闭合，此时只要其合闸回路（不论远控近控）仍存在合闸脉冲，A、B、C相分别对应的防跳接触器KF1、KF2、KF3励磁并自保持	KF1、KF2、KF3防跳接触器励磁后： （1）各自接触器通过其自身动合触点自保持； （2）串入对应相合闸回路的防跳接触器的动断触点21-22断开，闭锁对应相合闸回路	无	（1）光字牌情况： 1）第一组控制回路断线； 2）第二组控制回路断线。 （2）其他信号：测控柜上红绿灯均灭
8	非全相启动第一组直跳时间继电器KT1	正常时不励磁，U/T绿灯灭，R红灯灭；非全相时励磁，U/T灯绿灯闪亮，延时设定时间后R红灯亮	在"投第一组非全相保护XB4压板"正常投入情况下，断路器此时若发生非全相运行，将沟通KT1时间继电器励磁	KT1励磁并经设定延时后沟通非全相第一组中间继电器KL1励磁，由KL1提供3对动合触点13-14、23-24、33-34分别沟通各相断路器第一组跳闸线圈跳闸，并由KL1另提供1对（53-54）动合触点沟通非全相第一组中间继电器KL1励磁后并自保持的同时，由KL1提供1对（43-44）动合触点经测控装置对应光耦发出"非全相跳闸"光字牌	光字牌情况：非全相跳闸（机构箱）	光字牌情况：非全相跳闸（机构箱）
9	非全相第一组中间继电器KL1	正常时不励磁；断路器非全相运行时励磁，为吸入状态	在"投第一组非全相保护XB4压板"正常投入情况下，断路器发生非全相运行时沟通KT1励磁并经设定延时后由KT1动合触点沟通KL1接触器励磁	KL1励磁后，将输出5对动合触点： （1）其中3对动合触点13-14、23-24、33-34分别沟通断路器A、B、C相分闸1公共回路（不经远方/就地SPT），跳开合闸相； （2）动合触点53-54闭合沟通使非全相第一组中间继电器KL1励磁并自保持后，提供1对43-44动合触点经测控装置对应光耦发出"非全相跳闸"光字牌	光字牌情况：非全相跳闸（机构箱）	光字牌情况：非全相跳闸（机构箱）
10	非全相启动第二组直跳时间继电器KT5	正常时不励磁，U/T绿灯灭，R红灯灭；非全相时励磁，U/T灯绿灯闪亮，延时设定时间后R红灯亮	在"投第二组非全相保护XB5压板"正常投入情况下，断路器此时若发生非全相运行，将沟通KT5时间继电器励磁	KT5励磁并经设定延时后沟通非全相第二组中间继电器KL5励磁，由KL5提供3对动合触点13-14、23-24、33-34分别各相断路器第二组跳闸线圈跳闸，并由KL5另提供1对（53-54）动合触点沟通非全相第二组中间继电器KL5励磁后并自保持的同时，由KL5提供1对（43-44）动合触点经测控装置对应光耦直接发出"非全相跳闸"光字牌	光字牌情况：副非全相跳闸（机构箱）	光字牌情况：副非全相跳闸（机构箱）

序号	元器件名称编号	原始状态	元器件异动说明	元器件异动后果	元器件异动触发光字牌信号	
					断路器合闸状态	断路器分闸状态
11	非全相第二组中间继电器 KL5	正常时不励磁；断路器非全相运行时励磁，为吸入状态	在"投第二组非全相保护 XB5 压板"正常投入情况下，断路器发生非全相运行时沟通 KT1 励磁并经设定延时后，由 KT5 动合触点沟通 KL5 接触器	KL5 励磁后，将输出 5 对动合触点：（1）其中 3 对动合触点 13-14、23-24、33-34 分别沟通断路器 A、B、C 相分闸 1 公共回路（不经远方/就地 SPT），跳开合闸相；（2）动合触点 53-54 闭合沟通使非全相第二组中间继电器 KL5 励磁并自保持后，提供 1 对 43-44 动合触点经测控装置对应光耦发出"非全相跳闸"光字牌	光字牌情况：副非全相跳闸（机构箱）	光字牌情况：副非全相跳闸（机构箱）
12	第一组就地直合中间继电器 KL3	正常时不励磁，发给五防令后按压汇控箱就地合闸按钮 SB6 时励磁（为吸入状态），松开按钮后返回	在给出五防令的情况下，且"远方/就地转换断路器 SPT"打在"就地"位置时，可以按下就地合闸按钮 SB5 沟通第一组就地直合接触器 KL3 励磁；规程规定为防止断路器非同期合闸，严禁就地合断路器，故一般就地合断路器只适用于检修或试验时	KL3 励磁后，输出 3 对动合触点 13-14、23-24、33-34 分别沟通断路器 A、B、C 相合闸公共回路，实现断路器三相合闸	无	无
13	第一组就地直跳中间继电器 KL2	正常时不励磁，发给五防令后按压汇控箱就地分闸按钮 SB5 时励磁（为吸入状态），松开按钮后返回	在给出五防令的情况下，且"远方/就地转换断路器 SPT"打在"就地"位置，及 SB4（第一组/第二组分闸选择断路器）打在"主分"位置的情况下，可以按下就地分闸按钮 SB5 沟通第一组就地直跳接触器 KL2 励磁；一般规定只有在线路对侧已停电的情况下或检修或试验时方可就地分断路器	KL2 励磁后，输出 3 对动合触点 13-14、23-24、33-34 分别沟通断路器 A、B、C 相第一组分闸公共回路，实现断路器三相分闸	无	无
14	第二组就地直跳中间继电器 KL4	正常时不励磁，发给五防令后按压汇控箱就地分闸按钮 SB7 时励磁（为吸入状态），松开按钮后返回	在给出五防令的情况下，且"远方/就地转换断路器 SPT"打在"就地"位置及 SB4（第一组/第二组分闸选择开关）打在"副分"位置符合的情况下，可以按下就地分闸按钮 SB7 沟通第一组就地直跳接触器 KL4 励磁；一般规定只有在线路对侧已停电的情况下或检修或试验时方可就地分断路器	KL4 励磁后，输出 3 对动合触点 13-14、23-24、33-34 分别沟通断路器 A、B、C 相第二组分闸公共回路，实现断路器三相分闸	无	无

序号	元器件名称编号	原始状态	元器件异动说明	元器件异动后果	元器件异动触发光字牌信号	
					断路器合闸状态	断路器分闸状态
15	储能电机运转接触器 KM1、KM2、KM3	正常时不励磁；启动打压时励磁，为吸入状态；若蓝色热耦动作，则切断相应的储能电机运转接触器使其失磁	当某一相储压筒油压降至 52.6MPa 时，该相液压系统"储能电机启动"微动开关 S1 的 71-72 接通，沟通该相储能电机运转接触器励磁，使电机启动打压，并油压在达到额定压力 53.1MPa 前由储能电机运转接触器的动合触点自保持保证电机持续运转储足压力	储能电机运转接触器 KM1［或 KM2 或 KM3］励磁后，均输出 3 对动合触点： （1）其动合触点｛1［该相电机电源空开 QF1-2]-3（该相电机电源 QF1-4115）｝，分别接入储能电机电源引入端 1-3（对应端子 A 相 117，119；B 相 120，12；C 相 123，125），沟通储能回路，驱使储能电机打压； （2）其动合触点 63-64［69/71/73-70/72/74］沟通测控装置内对应的信号光耦直接发出"断路器电机打压"光字牌； （3）其动合触点 14-13 沟通本相储能电机运转接触器自保持，直至压力达到 53.1MPa 后返回； （4）其动合触点 83-84 接入储能电机打压计数回路［A 相对应 PC4；B 相对应 PC5；C 相对应 PC6］，用于储能电机计数	光字牌情况：断路器电机打压	光字牌情况：断路器电机打压
16	储能电机打压超时继电器 KT2、KT3、KT4（3min）	正常时不励磁，U/T 绿灯灭，R1 及 R2 红灯灭；启动打压时励磁，U/T 灯绿灯闪亮，超时（300s＋15s）时相应的红灯亮	当某一相储压筒油压降至 52.8MPa 时，该相液压系统储能电机启动微动开关 S1 的 71-72 接通，沟通该相储能电机运转接触器使电机启动打压的同时，也沟通储能电机打压超时继电器 KT2 励磁［注：B 相对应 KT3；C 相对应 KT4］，励磁并开始计时	某相储能电机打压超时继电器励磁后，将输出 1 对延时动合触点、1 对延时动断触点： （1）延时动断触点 15-16 切断该相储能电机运转接触器励磁回路使其线圈失磁，电机停止打压； （2）延时动合触点 28-25［63/65/67-64/66/68］沟通测控装置内对应的信号光耦，并发出"断路器油泵打压超时"光字牌	光字牌情况：断路器油泵打压超时	光字牌情况：断路器油泵打压超时
17	远方/就地转换开关 SPT	远方位置	手动进行切换，使断路器控制方式在"远方/就地"之间转换，对应动断或动合辅助触点接通相应的分合闸回路	当断路器汇控箱内 SPT 的近控触点 30-29［240-238］闭合时，经测控装置对应光耦发出"××断路器近控"报文	（1）光字牌情况： 1）第一组控制回路断线； 2）第二组控制回路断线。 （2）其他信号： 1）测控柜上红绿灯均灭； 2）操作箱上两组 6 盏 OP 灯均灭	（1）光字牌情况： 1）第一组控制回路断线； 2）第二组控制回路断线。 （2）其他信号：测控柜上红绿灯均灭

序号	元器件名称编号	原始状态	元器件异动说明	元器件异动后果	元器件异动触发光字牌信号	
					断路器合闸状态	断路器分闸状态
18	单相分合闸操作把手 SB1~3	0 位置	手动进行切换，使断路器就地控制方式在可以进行分相操作，对应动断或动合辅助触点接通相应的分合闸回路	SB1~3 对应 A、B、C 相就地分相操作，因 K101S 电源仅接在第一组就地分合闸回路，故该把手仅适合检修或试验时就地操作用	无	无
19	主/副分转换把手 SB4	主分位置	手动进行切换，使断路器就地分闸方式在主分闸线圈与副分闸线圈之间切换，对应动断或动合辅助触点接通相应的分闸回路	正常时要求保留在主分位置，若无意中切换至副分位置，因无信号上传，运行人员是无法知晓其状态的，且 SB4 仅在就地第一组跳闸回路中，故该把手仅适合检修或试验时就地分闸第一组跳闸线圈用	无	无
20	就地三相第一组分闸按钮 SB5	不接通	无	该按钮仅适合检修或试验时就地分闸用	无	无
21	就地三相合闸按钮 SB6	不接通	无	在五防满足的情况下，可以实现就地合闸，但规程规定为防止断路器非同期合闸，严禁就地合断路器（检修或试验除外）	无	无
22	就地三相第二组分闸按钮 SB7	不接通	无	因无电源，故按压 SB7 按钮并不会引起就地第二组跳闸线圈三相分闸的后果	无	无
23	非全相跳闸信号复归按钮 SB9	不接通	无	按下 SB9 非全相复位按钮后，KL1 非全相跳闸信号自保持接触器复归，"非全相跳闸"光字牌消失	无	无
24	副非全相跳闸信号复归按钮 SB8	不接通	无	按下 SB8 非全相复位按钮后，KL5 副非全相跳闸信号自保持接触器复归，"副非全相跳闸"光字牌消失	无	无

序号	元器件名称编号	原始状态	元器件异动说明	元器件异动后果	元器件异动触发光字牌信号	
					断路器合闸状态	断路器分闸状态
25	储能电机交流电源空开 QF1、QF2、QF3（3个）	合闸	电机过热时空开会脱扣，导致电机无法储能，对应辅助触点接通上送告警信号	空开过荷自动脱扣跳开后，通过储能电机电源断路器92-91触点〔84/153/91-83/151/90〕沟通测控装置内对应的信号光耦发出"油泵电机回路、计数器回路及加热器回路断电"光字牌。若不及时复位，将可能引起无法保持合适的油压	光字牌情况：油泵电机回路、计数器回路及加热器回路断电	光字牌情况：油泵电机回路、计数器回路及加热器回路断电
26	照明及加热器交流电源空开 QF4、QF5、QF6（3个）	合闸	空开过负荷时会脱扣，对应辅助触点接通上送告警信号	空开过负荷自动脱扣跳开后，通过照明及加热器交流电源空开 92-91 触点〔88/159/94-87/157/93〕沟通测控装置内对应的信号光耦触发出"断路器油泵电机回路、计数器回路及加热器回路断电"光字牌。若不及时复位，在气候潮湿情况下，有可能引起一些对环境要求较高的元器件绝缘降低	光字牌情况：油泵电机回路、计数器回路及加热器回路断电	光字牌情况：油泵电机回路、计数器回路及加热器回路断电

第一节　杭州西门子公司 3AQ1-EE 型 220kV 高压断路器二次回路辨识

一、二次回路功能模块化分解原理图

1. 合闸回路原理接线图

杭州西门子公司 3AT1-EE 型 220kV 高压断路器合闸回路原理接线图见图 3-1。

2. 分闸回路 1 原理接线图

杭州西门子公司 3AT1-EE 型 220kV 高压断路器分闸回路 1 原理接线图见图 3-2。

3. 分闸回路 2 原理接线图

杭州西门子公司 3AT1-EE 型 220kV 高压断路器分闸回路 2 原理接线图见图 3-3。

4. 非全相保护回路 1 原理接线图

杭州西门子公司 3AT1-EE 型 220kV 高压断路器非全相保护回路 1 原理接线图见图 3-4。

5. 闭锁继电器回路 1 二次原理接线图

杭州西门子公司 3AT1-EE 型 220kV 高压断路器闭锁继电器回路 1 原理接线图见图 3-5。

6. 非全相保护回路 2 及闭锁继电器回路 2 原理接线图

杭州西门子公司 3AT1-EE 型 220kV 高压断路器非全相保护回路 2 及闭锁继电器回路 2 二次原理接线图见图 3-6。

7. 储能电机回路及加热器等辅助回路原理接线图

杭州西门子公司 3AT1-EE 型 220kV 高压断路器储能电机回路及加热器等辅助回路原理接线图见图 3-7。

8. 计数器及信号回路原理接线图

杭州西门子公司 3AT1-EE 型 220kV 高压断路器计数器及信号回路原理接线图见图 3-8。

9. 备用辅助触点图

杭州西门子公司 3AT1-EE 型 220kV 高压断路器备用辅助触点图见图 3-9。

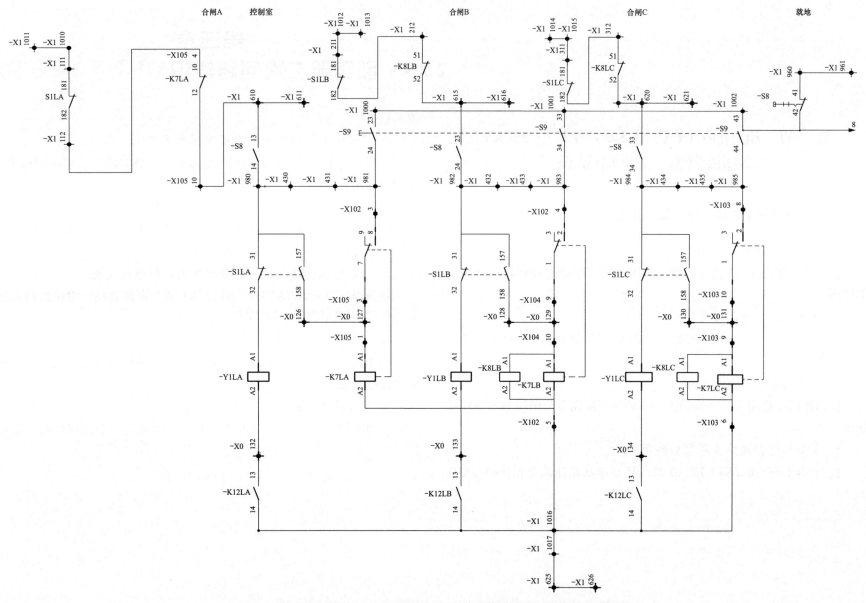

图 3-1　杭州西门子公司 3AT1-EE 型 220kV 高压断路器合闸回路原理接线图

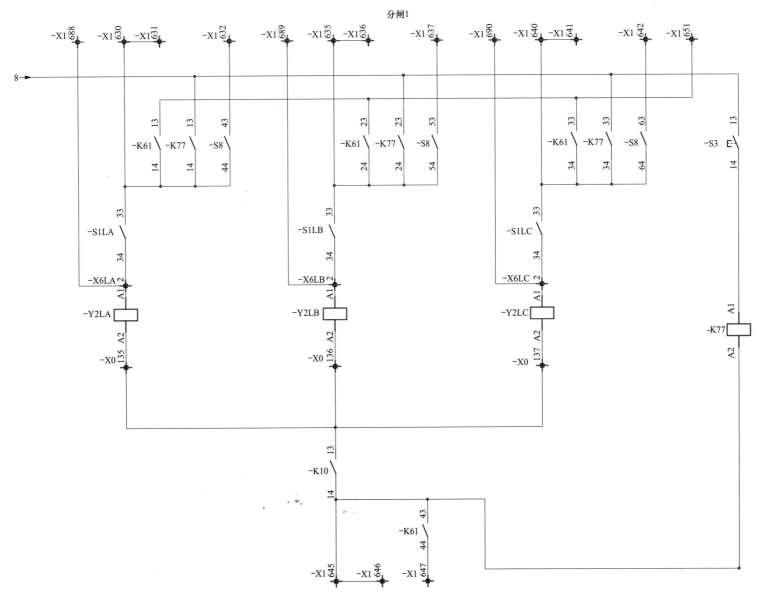

图 3-2　杭州西门子公司 3AT1-EE 型 220kV 高压断路器分闸回路 1 原理接线图

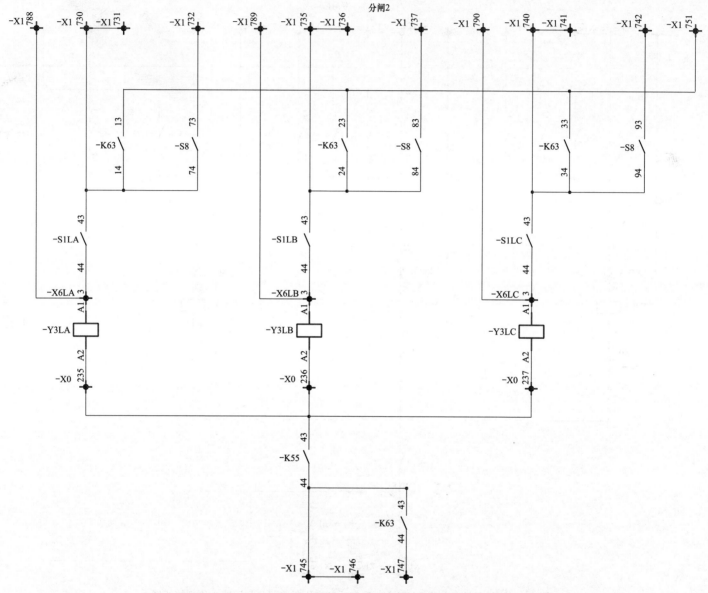

图 3-3　杭州西门子公司 3AT1-EE 型 220kV 高压断路器分闸回路 2 原理接线图

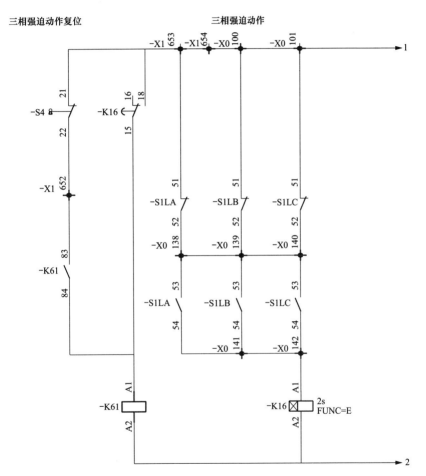

图 3-4　杭州西门子公司 3AT1-EE 型 220kV 高压断路器非全相保护回路 1 原理接线图

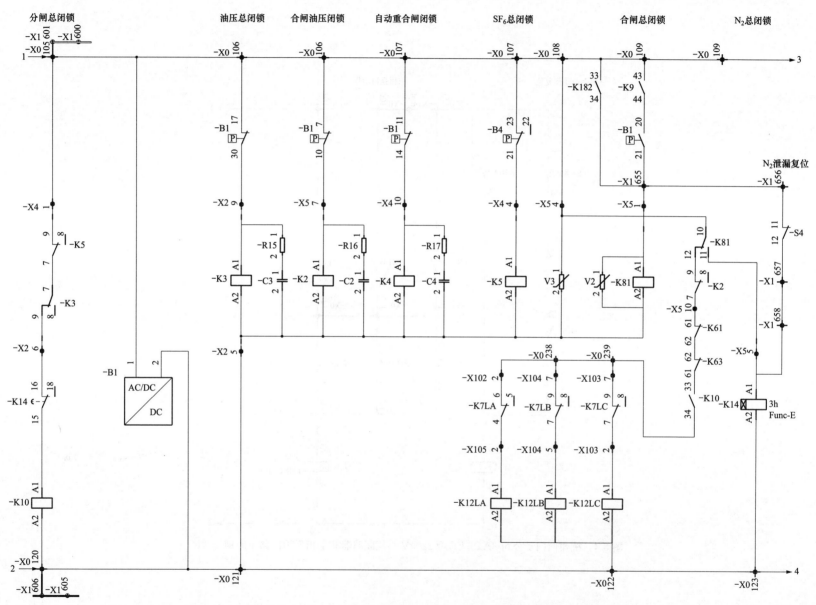

图 3-5 杭州西门子公司 3AT1-EE 型 220kV 高压断路器闭锁继电器回路 1 原理接线图

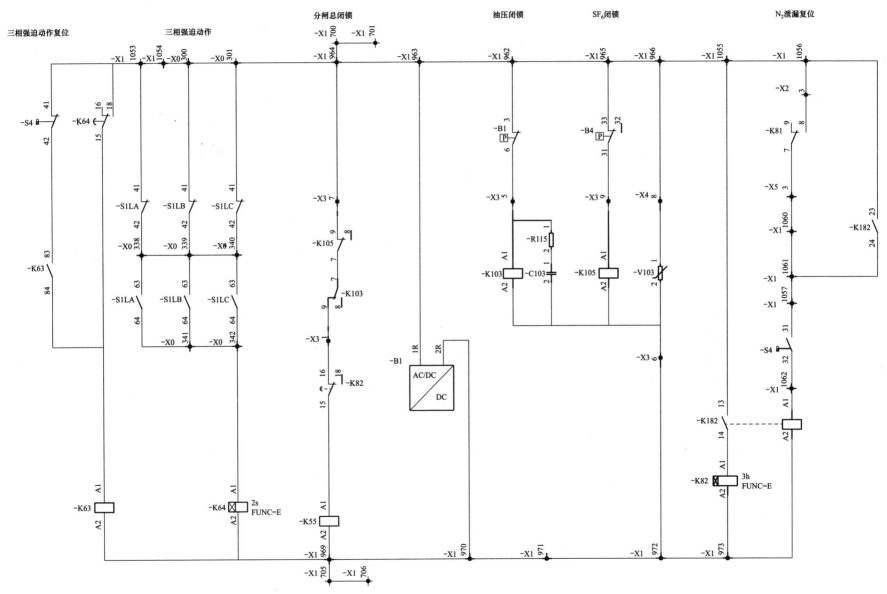

图 3-6　杭州西门子公司 3AT1-EE 型 220kV 高压断路器非全相保护回路 2 及闭锁继电器回路 2 二次原理接线图

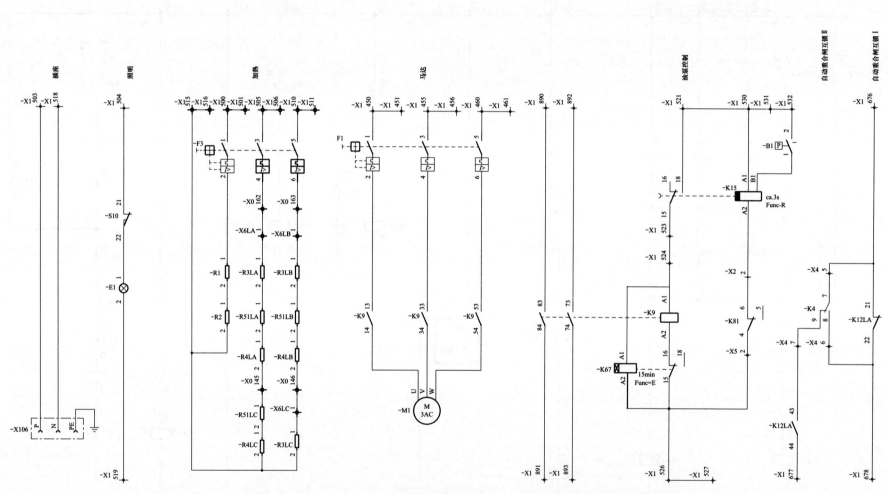

图 3-7　杭州西门子公司 3AT1-EE 型 220kV 高压断路器储能电机回路及加热器等辅助回路原理接线图

246

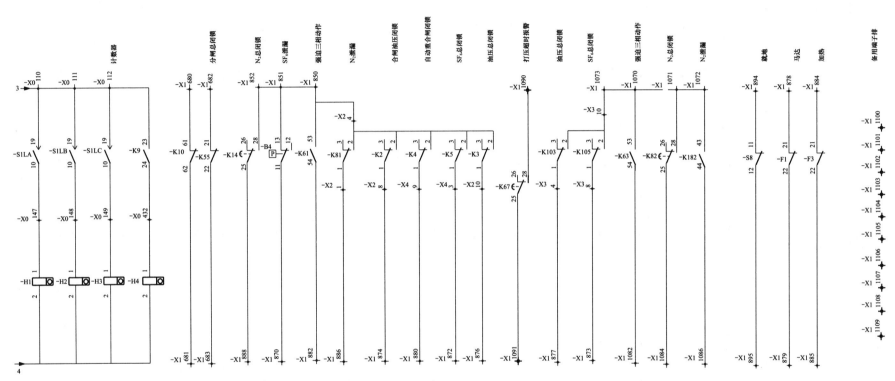

图 3-8 杭州西门子公司 3AT1-EE 型 220kV 高压断路器计数器及信号回路原理接线图

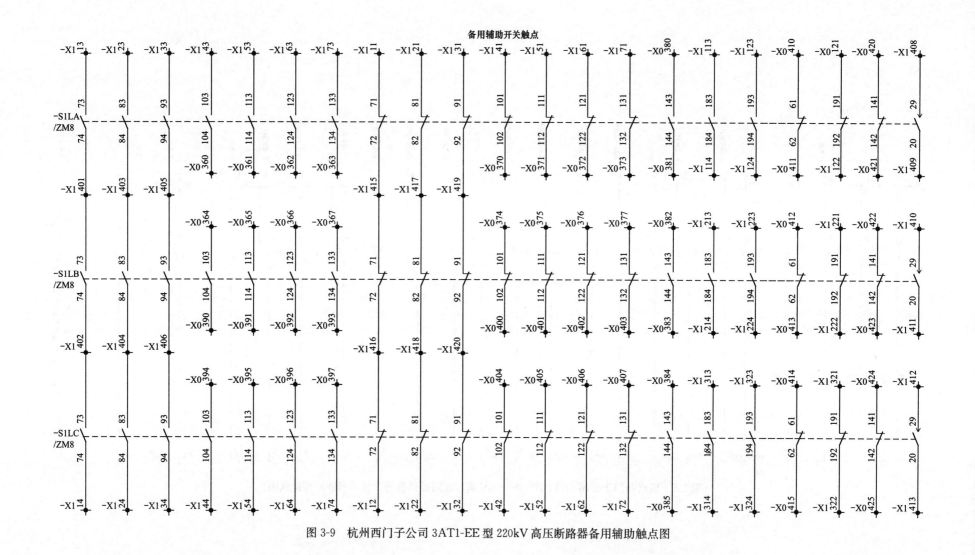

图 3-9　杭州西门子公司 3AT1-EE 型 220kV 高压断路器备用辅助触点图

二、断路器二次回路功能模块化分解辨识

断路器二次回路功能模块化分解辨识见表 3-1。

表 3-1

序号	模块名称	分解辨识
1	合闸公共回路	对应相开关动断辅助触点 S1 的 31（A 相对应 X1：980；B 相对应 X1：982；C 相对应 X1：984)-32→对应相合闸线圈 Y1 的 A1-A2（A 相对应 X0：132；B 相对应 X0：133；C 相对应 X0：134)→对应相合闸总闭锁接触器 K12 动合触点 13-14→X1：1016/X1：1017→控制Ⅰ负电源（K102/X1：625）
2	分闸 1 公共回路	对应相开关动断辅助触点 S1 的 33-34（A 相对应 X1：630-X1：688/X6LA：2；B 相对应 X1：635-X1：689/X6LB：2；C 相对应 X1：640-X1：690/X6LC：2)→对应相分闸线圈 Y2 的 A1-A2（A 相对应 X1：688/X6LA：2-X0：135；B 相对应 X1：689/X6LB：2-X0：136；C 相对应 X1：690/X6LC：2-X0：137)→三相分闸总闭锁 1 接触器 K10 动合触点 13-14→控制Ⅰ负电源（K102/X1：645）
3	分闸 2 公共回路	对应相开关动断辅助触点 S1 的 43-44（A 相对应 X1：730-X1：788/X6LA：3；B 相对应 X1：735-X1：789/X6LB：3；C 相对应 X1：740-X1：790/X6LC：3)→对应相分闸线圈 Y3 的 A1-A2（A 相对应 X1：788/X6LA：3-X0：235；B 相对应 X1：789/X6LB：3-X0：236；C 相对应 X1：790/X6LC：3-X0：237)→三相分闸总闭锁 2 接触器 K55 动合触点 43-44→控制Ⅱ负电源（K202/X1：745）
4	远方合闸回路	控制Ⅰ正电源 K101→操作箱内手合继电器的动合触点或操作箱内重合闸重动继电器的动合触点→远方合闸回路（A 相对应回路为 7A/X1：610；B 相对应回路为 7B/X1：615；C 相对应回路为 7C/X1：620)→远方/就地把手 S8 的远方触点〔A 相对应触点为 13-14（X1：610-X1：980）；B 相对应触点为 23-24（X1：615-X1：982）；C 相对应触点为 13-14（X1：620-X1：984）〕；→合闸公共回路
5	合闸就地回路	控制Ⅰ正电源 K101→YBJ 五防电编码锁 1-2→K101S/X1：960→三相就地合闸公共的远方/就地把手 S8 就地位置触点 41-42→S9 就地三相合闸按钮〔A 相对应触点按钮为 23-24（X1：1000-X1：981/X1：980）；B 相对应按钮触点为 33-34（X1：1001-X1：983/X1：982）；C 相对应按钮触点为 43-44（X1：1002-X1：985/X1：984）〕→合闸公共回路
6	远方分闸 1 回路	控制Ⅰ正电源 K101→操作箱内对应相手跳继电器的动合触点或操作箱内第一组三跳继电器（一般由线路保护 1 经三跳压板后启动）的动合触点或操作箱内第一组永跳继电器（一般由母差/失灵保护经永跳压板后启动）的动合触点或本线保护 1 分相跳闸令经分相跳闸压板→远方分闸 1 回路〔A 相对应回路为 137A/X1：632；B 相对应回路为 137B/X1：637；C 相对应回路为 137C/X1：642)→远方/就地把手 S8 的三对远方触点〔A 相对应触点为 43-44（X1：632-X1：630）；B 相对应触点为 53-54（X1：637-X1：635）；C 相对应触点为 63-64（X1：642-X1：640）〕→分闸 1 公共回路
7	非全相分闸 1 回路	控制Ⅰ正电源（K101/X1：651)→第一组非全相直跳接触器 K61 的三对动合触点〔A 相对应触点为 13-14（X1：630）；B 相对应触点为 23-24（X1：635）；C 相对应触点为 33-34（X1：640）〕→分闸 1 公共回路
8	就地三相分闸启动回路	控制Ⅰ正电源 K101→YBJ 五防电编码锁 1-2→K101S/X1：960→三相就地合闸公共的远方/就地把手 S8 就地位置触点 41-42→S3 就地三相分闸按钮 13-14→第一组就地直跳接触器 K77 的 A1-A2→控制Ⅰ负电源（K102/X1：645）
9	分闸就地回路	控制Ⅰ正电源 K101→YBJ 五防电编码锁 1-2→K101S/X1：960→三相就地合闸公共的远方/就地把手 S8 就地位置触点 41-42→第一组就地三相分闸接触器 K77 的 3 对动合触点〔A 相对应 13-14（X1：630）；B 相对应 23-24（X1：635）；C 相对应 33-34（X1：640）〕→分闸 1 公共回路
10	远方分闸 2 回路	控制Ⅱ正电源 K201→操作箱内对应相手跳继电器的动合触点或操作箱内第二组三跳继电器（一般由线路保护 2 经三跳压板后启动）的动合触点或操作箱内第二组永跳继电器（一般由母差/失灵保护经永跳压板后启动）的动合触点或本线保护 2 分相跳闸令经分相跳闸压板→远方分闸 2 回路〔A 相对应回路为 237A/X1：732；B 相对应回路为 237B/X1：737；C 相对应回路为 237C/X1：742〕→远方/就地把手 S8 的三对远方触点〔A 相对应触点为 73-74（X1：732-X1：730）；B 相对应触点为 83-84（X1：737-X1：735）；C 相对应触点为 93-94（X1：742-X1：740）〕→分闸 2 公共回路
11	非全相分闸 2 回路	控制Ⅱ正电源（K201/X1：751)→第二组非全相直跳接触器 K63 的三对动合触点〔A 相对应触点为 13-14（X1：730）；B 相对应触点为 23-24（X1：735）；C 相对应触点为 33-34（X1：740）〕→分闸 2 公共回路

三、二次回路元器件辨识及其异动说明

二次回路元器件辨识及其异动说明见表 3-2。

表 3-2 二次回路元器件辨识及其异动说明

序号	元器件名称编号	原始状态	元器件异动说明	元器件异动后果	元器件异动触发光字牌信号	
					断路器合闸状态	断路器分闸状态
1	分闸总闭锁 1 接触器 K10	正常时励磁，为吸入状态；失磁后为顶出状态	当发生诸如开关机构箱内液压系统油压下降至 25.3MPa 时（此时 K3 励磁，其触点 7-9 断开）或开关本体内 SF$_6$ 气体压力降至 0.62MPa 时（此时 K5 励磁，其触点 7-9 断开）或储压筒氮气发生泄漏发出报警达 3h（当发生 N$_2$ 泄漏时，将引起储能电机打压，此时 K81-K14 线圈通电动作，K14 动断触点 15-16 延时 3h 后断开）时，均会使得分闸总闭锁 1 接触器 K10 失电而复归	K10 接触器复归后： （1）其动合触点 13-14 断开使分闸 1 回路闭锁； （2）其动合触点 33-34 断开使合闸总闭锁接触器 K12LA、K12LB、K12LC 线圈失电复归； （3）通过其动断触点 61-62 沟通测控装置内对应的信号光耦，并发出"断路器跳闸闭锁"光字牌	（1）光字牌情况： 1）第一组控制回路断线； 2）断路器跳闸闭锁； 3）断路器压力降低禁止重合闸。 （2）其他信号： 1）操作箱上第一组 3 盏 OP 灯灭； 2）线路保护屏上重合闸充电灯灭	（1）光字牌情况： 1）第一组控制回路断线； 2）第二组控制回路断线； 3）断路器跳闸闭锁； 4）断路器压力降低禁止重合闸。 （2）其他信号：测控柜上红绿灯均灭
2	分闸总闭锁 2 接触器 K55	正常时励磁，为吸入状态；失磁后为顶出状态	当发生如开关机构箱内液压系统油压下降至 25.3MPa 时（此时 K103 励磁，其触点 7-9 断开）或开关本体内 SF$_6$ 气体压力降至 0.62MPa 时（此时 K105 励磁，其触点 7-9 断开）或储压筒氮气发生泄漏引起储能电机打压至 35.5MPa 时（此时 K81、K182、K82 通电动作，K82 动断触点 15-16 延时 3h 后断开）时，均会使得分闸总闭锁 2 接触器 K55 失电而复归	K55 接触器复归后： （1）其动合触点 43-44 断开使分闸 2 回路闭锁； （2）通过其动断触点 21-22 沟通测控装置内对应的信号光耦，并发出"断路器跳闸闭锁"光字牌	（1）光字牌情况： 1）断路器跳闸闭锁； 2）第二组控制回路断线。 （2）其他信号： 1）操作箱上第二组 3 盏 OP 灯灭； 2）若同时伴有 K12 复归，线路保护屏上重合闸充电灯灭	（1）光字牌情况：断路器跳闸闭锁。 （2）其他信号：若同时伴有 K12 复归，则测控柜上红绿灯均灭
3	合闸总闭锁接触器 K12LA、K12LB、K12LC	正常时励磁，为吸入状态；失磁后为顶出状态	当发生诸如开关机构箱内储压筒氮气泄漏引起储能电机打压至 35.5MPa（此时 K81 通电动作，K81 动断触点 10-12 断开）或液压系统油压下降至 27.3MPa（此时 K2 励磁，其触点 7-9 断开）或开关非全相运行（此时 K16 及 K61-K64 及 K63 励磁，K61 动断触点 61-62 断开-K63 动断触点 61-62 断开）或开关本体内 SF$_6$ 气体压力降至 0.62MPa（此时 K5 励磁并引起 K10 线圈复归，K10 动合触点 33-34 断开）时，均会使得合闸总闭锁接触器 K12LA、K12LB、K12LC 失电而复归	K12LA、K12LB、K12LC 接触器复归后： （1）其 K12LA 动合触点 13-14、K12LB 动合触点 13-14、K12LC 动合触点 13-14 断开并分别使对应相的合闸回路闭锁； （2）其动断触点 21-22 开入保护自动重合闸联锁 I 回路	（1）光字牌情况：断路器压力降低禁止重合闸。 （2）其他信号：线路保护屏上重合闸充电灯灭	（1）光字牌情况： 1）第一组控制回路断线； 2）第二组控制回路断线； 3）断路器压力降低禁止重合闸。 （2）其他信号：测控柜上红绿灯均灭

序号	元器件名称编号	原始状态	元器件异动说明	元器件异动后果	元器件异动触发光字牌信号	
					断路器合闸状态	断路器分闸状态
4	油压低合闸闭锁继电器 K2	正常时不励磁，触点上顶；动作后触点下压	由于某种原因，当开关机构箱内液压系统油压下降至 27.3MPa 时，第一组电子式压力开关 B1 的油压低合闸闭锁低通触点 7-10 通，使得油压低合闸闭锁继电器 K2 励磁	K2 励磁后： （1）其动断触点 9-7 断开，使合闸总闭锁接触器 K12LA、K12LB、K12LC 失磁，切断合闸回路； （2）其动合触点 2-1 沟通测控装置内对应的信号光耦，并发出"断路器合闸油压闭锁"光字牌	（1）光字牌情况： 1）断路器合闸油压闭锁； 2）自动重合闸压力低闭锁； 3）断路器压力降低禁止重合闸。 （2）其他信号：线路保护屏上重合闸充电灯灭	（1）光字牌情况： 1）第一组控制回路断线； 2）第二组控制回路断线； 3）断路器合闸油压闭锁； 4）自动重合闸压力低闭锁； 5）断路器压力降低禁止重合闸。 （2）其他信号：测控柜上红绿灯均灭
5	油压低总闭锁 1 继电器 K3	正常时不励磁，触点上顶；动作后触点下压	由于某种原因，当开关机构箱内液压系统油压下降至 25.3MPa 时，第一组电子式压力开关 B1 的油压低总闭锁 1 低通触点 27-30 通，使得油压低总闭锁 1 继电器 K3 励磁	K3 励磁后： （1）其动断触点 7-9 断开，使分闸总闭锁 1 接触器 K10 失磁，切断分闸 1 回路；同时由于 K10 失磁，K10 的 33-34 动合触点断开，使得合闸总闭锁接触器 K12LA、K12LB、K12LC 失磁，切断合闸回路； （2）其动合触点 2-1 沟通测控装置内对应的信号光耦，并发出"断路器油压总闭锁"光字牌	（1）光字牌情况： 1）第一组控制回路断线； 2）自动重合闸压力低闭锁； 3）断路器油压总闭锁； 4）断路器跳闸闭锁； 5）断路器压力降低禁止重合闸。 （2）其他信号： 1）操作箱上第一组 3 盏 OP 灯灭； 2）线路保护屏上重合闸充电灯灭	（1）光字牌情况： 1）第一组控制回路断线； 2）第二组控制回路断线； 3）自动重合闸压力低闭锁； 4）断路器油压总闭锁； 5）断路器跳闸闭锁； 6）断路器压力降低禁止重合闸。 （2）其他信号：测控柜上红绿灯均灭
6	油压低总闭锁 2 继电器 K103	正常时不励磁，触点上顶；动作后触点下压	由于某种原因，当开关机构箱内液压系统油压下降至 25.3MPa 时，第 2 组电子式压力开关 B1 的油压低总闭锁 2 低通触点 3-6 通，使得油压低总闭锁 2 继电器 K103 励磁	K103 励磁后： （1）其动断触点 7-9 断开，使分闸总闭锁 2 接触器 K55 失磁，切断分闸 2 回路； （2）其动合触点 2-1 沟通测控装置内对应的信号光耦，并发出"断路器油压总闭锁"光字牌	（1）光字牌情况： 1）自动重合闸压力低闭锁； 2）断路器油压总闭锁； 3）断路器跳闸闭锁； 4）第二组控制回路断线。 （2）其他信号： 1）操作箱上第二组 3 盏 OP 灯灭； 2）线路保护屏上重合闸充电灯灭	（1）光字牌情况： 1）自动重合闸压力低闭锁； 2）断路器油压总闭锁； 3）断路器跳闸闭锁。 （2）其他信号：油压下降至合闸闭锁值以下时测控柜上红绿灯均灭

序号	元器件名称编号	原始状态	元器件异动说明	元器件异动后果	元器件异动触发光字牌信号	
					断路器合闸状态	断路器分闸状态
7	SF₆ 低总闭锁 1 继电器 K5	正常时不励磁，触点上顶；动作后触点下压	当开关本体内 SF₆ 气体发生泄漏，压力降至 0.62MPa 时，SF₆ 气压低微动开关盒 B4 内的低通触点 23-21 通，使 SF₆ 低总闭锁 1 继电器 K5 励磁	K5 励磁后： (1) 其动断触点 9-7 断开，使分闸总闭锁 1 接触器 K10 失磁，切断分闸 1 回路；同时由于 K10 失磁，K10 的 33-34 动合触点断开，使得合闸总闭锁接触器 K12LA、K12LB、K12LC 失磁，切断合闸回路； (2) 其动合触点 2-1 沟通测控装置内对应的信号光耦，并发出"SF₆ 或 N₂ 总闭锁"光字牌	(1) 光字牌情况：第一组控制回路断线； 1) 断路器跳闸总闭锁； 2) SF₆ 或 N₂ 总闭锁； 3) 断路器压力降低禁止重合闸。 (2) 其他信号： 1) 操作箱上第一组 3 盏 OP 灯灭； 2) 线路保护屏上重合闸充电灯灭	(1) 光字牌情况：第一组控制回路断线； 1) 第二组控制回路断线； 2) 断路器跳闸总闭锁； 3) SF₆ 或 N₂ 总闭锁； 4) 断路器压力降低禁止重合闸。 (2) 其他信号：测控柜上红绿灯均灭
8	SF₆ 低总闭锁 2 继电器 K105	正常时不励磁，触点上顶；动作后触点下压	当开关本体内 SF₆ 气体发生泄漏，压力降至 0.62MPa 时，SF₆ 气压低微动开关盒 B4 内的低通触点 33-31 通，使 SF₆ 低总闭锁 2 继电器 K105 励磁	K105 励磁后： (1) 其动断触点 9-7 断开，使分闸总闭锁 2 接触器 K55 失磁，切断分闸 2 回路； (2) 其动合触点 2-1 沟通测控装置内对应的信号光耦，并发出"SF₆ 或 N₂ 总闭锁"光字牌	(1) 光字牌情况： 1) SF₆ 或 N₂ 总闭锁； 2) 断路器跳闸总闭锁； 3) 第二组控制回路断线。 (2) 其他信号： 1) 操作箱上第二组 3 盏 OP 灯灭； 2) SF₆ 下降至闭锁值时操作箱上第一组 3 盏 OP 灯也会灭； 3) SF₆ 下降至闭锁值时线路保护屏上重合闸充电灯灭	(1) 光字牌情况： 1) SF₆ 或 N₂ 总闭锁； 2) 断路器跳闸总闭锁。 (2) 其他信号：SF₆ 下降至闭锁值时测控柜上红绿灯均灭
9	SF₆ 低报警微动开关 B4	动合压力触点	当开关机构箱内 SF₆ 压力低于 SF₆ 低气压报警接通值 0.64MPa 时，SF₆ 气压低微动开关盒 B4 内低通触点 13-11 触点通，沟通测控装置对应的信号光耦	当开关机构箱内 SF₆ 密度继电器 B4 的压力低于 SF₆ 泄漏告警接通值 0.64MPa 时，B4 的 SF₆ 低报警微动开关 11-13 触点通，沟通测控装置内对应的信号光耦直接发出"SF₆ 或 N₂ 泄漏"光字牌	光字牌情况：SF₆ 或 N₂ 泄漏	光字牌情况：SF₆ 或 N₂ 泄漏
10	油压低重合闸闭锁继电器 K4	正常时不励磁，触点上顶；动作后触点下压	由于某种原因，当开关机构箱内液压系统油压下降至 30.8MPa 时，第一组电子式压力开关 B1 的重合闸闭锁低通触点 11-14 通，使得油压低重合闸闭锁继电器 K4 励磁	K4 励磁后： (1) 其动合触点 8-7 开入保护自动重合闸联动 I 回路； (2) 其动合触点 2-1 沟通测控装置内对应的信号光耦直接发出"自动重合闸压力低闭锁"光字牌	(1) 光字牌情况： 1) 自动重合闸压力低闭锁； 2) 断路器压力降低禁止重合闸。 (2) 其他信号：线路保护屏上重合闸充电灯灭	(1) 光字牌情况： 1) 自动重合闸压力低闭锁； 2) 断路器压力降低禁止重合闸。 (2) 其他信号：线路保护屏上重合闸充电灯灭

序号	元器件名称编号	原始状态	元器件异动说明	元器件异动后果	元器件异动触发光字牌信号	
					断路器合闸状态	断路器分闸状态
11	漏 N_2 闭锁合闸继电器 K81	正常时不励磁，触点上顶；动作后触点下压	当开关机构箱内储压筒氮气发生泄漏时，压力立即很快的降至液压系统第一组电子式压力开关 B1 的储能电机启动触点 16-17 接通值（低于 32.0MPa 时 16-17 通），此时，储能电机运转接触器 K9 动作，启动油泵打压的同时 K9 动合触点 43-44 闭合，活塞移动到止当管的位置，压力急剧上升，但由于电机储能后打压延时返回继电器 K15 的延时打压时间是固定的，在 3s 内，压力极快的上升而超过压力值 35.5MPa，第一组电子式压力开关 B1 的 N_2泄漏报警高通触点 20-21 闭合，沟通漏 N_2闭锁合闸继电器 K81 励磁	K81 继电器励磁后： （1）其动断触点 10-12 断开，使合闸总闭锁接触器 K12LA、K12LB、K12LC 失电而复归，合闸回路闭锁； （2）其动合触点 10-11 闭合，实现 K81 自保持，并启动 N_2泄漏 3h 后闭锁分闸 1 继电器 K14 开始时； （3）其动断触点 6-4 断开，切断开关储能电机控制回路（即 K15 继电器回路）； （4）其动合触点 8-7 闭合，沟通漏 N_2 自保持接触器 K182，K182 动合触点 13-14 启动 N_2泄漏 3h 后闭锁分闸 2 继电器 K82 开始计时，同时 K182 的动合触点 33-34 沟通 K81 自保持回路； （5）通过其动合触点 2-1 沟通测控装置内对应的信号光耦，并发出"SF_6 或 N_2泄漏"光字牌	（1）光字牌情况： 1）SF_6 或 N_2泄漏； 2）断路器压力降低禁止重合闸。 （2）其他信号：线路保护屏上重合闸充电灯灭	（1）光字牌情况： 1）SF_6 或 N_2泄漏； 2）第一组控制回路断线； 3）第二组控制回路断线； 4）断路器压力降低禁止重合闸。 （2）其他信号：测控柜上红绿灯均灭
12	N_2泄漏 3h 后闭锁分闸 1 继电器 K14	正常时失磁，继电器绿灯及触点绿灯均灭；通电后继电器绿灯闪亮，到延时设定值后输出动作触点并燃亮触点绿灯	当开关机构箱储压筒氮气发生泄漏时，压力立即很快的降至液压系统第一组电子式压力开关 B1 的储能电机启动低通点 16-17 接通值（低于 32.0MPa 时 16-17 通），此时，储能电机运转接触器 K9 动作，启动油泵打压的同时 K9 动合触点 43-44 闭合，活塞移动到止当管的位置，压力急剧上升，但由于电机储能后打压延时返回继电器 K15 的延时打压时间是固定的，在 3s 内，压力极快的上升而超过压力值 35.5MPa，第一组电子式压力开关 B1 的 N_2泄漏报警高通触点 20-21 闭合，沟通 N_2泄漏 3h 后闭锁分闸 1 继电器 K14 线圈励磁	K14 继电器励磁后即开始计时，直至 3h 后输出延时触点： （1）其动断触点 16-15 断开，使分闸 1 总闭锁接触器 K10 失电而复归，分闸 1 回路闭锁，K10 失电后，其动合触点断开使得合闸总闭锁接触器 K12LA、K12LB、K12LC 失电复归，合闸回路随之闭锁； （2）通过其动合触点 28-25 沟通测控装置内对应的信号光耦，并发出"SF_6 或 N_2闭锁"光字牌	（1）光字牌情况： 1）SF_6 或 N_2泄漏； 2）SF_6 或 N_2闭锁； 3）断路器跳闸总闭锁； 4）第一组控制回路断线； 5）断路器压力降低禁止重合闸。 （2）其他信号： 1）操作箱上第一组 3 盏 OP 灯灭； 2）线路保护屏上重合闸充电灯灭； 3）N_2泄漏导致油压上升至 35.5MPa 超 3h 时操作箱上第二组 3 盏 OP 灯也会灭	（1）光字牌情况： 1）SF_6 或 N_2泄漏； 2）SF_6 或 N_2闭锁； 3）断路器跳闸总闭锁； 4）第一组控制回路断线； 5）第二组控制回路断线； 6）断路器压力降低禁止重合闸。 （2）其他信号：测控柜上红绿灯均灭

序号	元器件名称编号	原始状态	元器件异动说明	元器件异动后果	元器件异动触发光字牌信号	
					断路器合闸状态	断路器分闸状态
13	N_2泄漏3h后闭锁分闸2继电器K82	正常是失磁，继电器绿灯及触点绿灯均灭；漏N_2后继电器绿灯闪亮，当达到延时设定值后输出动作触点并燃亮触点绿灯	当开关机构箱储压筒氮气发生泄漏时，压力立即很快的降至液压系统第一组电子式压力开关B1的储能电机启动触点16-17接通值（低于32.0MPa时16-17通），此时，储能电机运转接触器K9动作，启动油泵打压的同时K9动合触点43-44闭合，活塞移动到止当管的位置，压力急剧上升，但由于电机储能后打压延时返回继电器K15的延时打压时间是固定的，在3s内，压力极快的上升而超过压力值35.5MPa，第一组电子式压力开关B1的N_2泄漏报警高通触点20-21闭合，使K81、K182相继动作，由K182动合触点13-14沟通N_2泄漏3h后闭锁分闸2继电器K82励磁	K82继电器励磁后即开始计时，直至3h后输出延时触点： （1）其动断触点16-15断开，使分闸2总闭锁接触器K55失电而复归，分闸2回路闭锁； （2）通过其动合触点28-25沟通测控装置内对应的信号光耦，并发出"SF$_6$或N$_2$闭锁"光字牌	（1）光字牌情况： 1）SF$_6$或N$_2$泄漏； 2）SF$_6$或N$_2$闭锁； 3）断路器压力降低禁止重合闸； 4）断路器跳闸总闭锁； 5）断路器第二组控制回路断线。 （2）其他信号： 1）N$_2$泄漏导致油压上升至35.5MPa时线路保护屏上重合闸充电灯灭； 2）操作箱上第二组3盏OP灯灭； 3）N$_2$泄漏导致油压上升至35.5MPa超3h时操作箱上第一组3盏OP灯也会灭	（1）光字牌情况： 1）SF$_6$或N$_2$泄漏； 2）SF$_6$或N$_2$闭锁； 3）断路器跳闸总闭锁； 4）断路器压力降低禁止重合闸； 5）第一组控制回路断线； 6）第二组控制回路断线。 （2）其他信号：N$_2$泄漏导致油压上升至35.5MPa超3h时测控柜上红绿灯均灭
14	漏N_2自保持接触器K182	正常时不励磁，为顶出状态；漏N_2时励磁，为吸入状态	当开关机构箱内储压筒氮气发生泄漏时，压力立即很快的降至液压系统第一组电子式压力开关B1的储能电机启动触点16-17接通值（低于32.0MPa时16-17通），此时，储能电机运转接触器K9动作，启动油泵打压的同时K9动合触点43-44闭合，活塞移动到止当管的位置，压力急剧上升，但由于电机储能后打压延时返回继电器K15的延时打压时间是固定的，在3s内，压力极快的上升而超过压力值35.5MPa，第一组电子式压力开关B1的N_2泄漏报警高通触点20-21闭合，使K81动作，由K81动合触点8-7沟通漏N_2自保持接触器K182励磁	K182继电器励磁后： （1）其动合触点23-24闭合，实现K182自保持； （2）其动合触点13-14沟通N_2泄漏3h后闭锁分闸2继电器K82开始计时； （3）其动合触点33-34闭合沟通K81励磁后由其动断触点断开各相储能电机控制回路及开关合闸回路； （4）通过其动合触点43-44沟通测控装置内对应的信号光耦，并发出"SF$_6$或N$_2$泄漏"光字牌	（1）光字牌情况： 1）SF$_6$或N$_2$泄漏； 2）断路器压力降低禁止重合闸。 （2）其他信号：N$_2$泄漏导致油压上升至35.5MPa时线路保护屏上重合闸充电灯灭	（1）光字牌情况： 1）SF$_6$或N$_2$泄漏； 2）第一组控制回路断线； 3）第二组控制回路断线； 4）断路器压力降低禁止重合闸。 （2）其他信号：N$_2$泄漏导致油压上升至35.5MPa时测控柜上红绿灯均灭

序号	元器件名称编号	原始状态	元器件异动说明	元器件异动后果	元器件异动触发光字牌信号	
					断路器合闸状态	断路器分闸状态
15	A、B、C 相防跳继电器 K7LA、K7LB、K7LC	正常时不励磁，为顶出状态；励磁后为吸入状态	断路器合闸后，为防止断路器跳开后却因合闸脉冲又较长时出现多次合闸，厂家设计了一旦断路器合闸到位后，其动合辅助触点闭合，此时只要其合闸回路（不论远控近控）仍存在合闸脉冲，A、B、C 相对应的防跳继电器 K7LA、K7LB、K7LC 接触器励磁并自保持	K7LA、K7LB、K7LC 继电器励磁后： (1) 各自继电器通过其自身动合触点自保持； (2) 各自继电器内动断触点断开，分别使对应相合闸总闭锁接触器 K12LA、K12LB、K12LC 失磁，切断对应相合闸回路负电源	无	(1) 光字牌情况： 1) 第一组控制回路断线； 2) 第二组控制回路断线。 (2) 其他信号：测控柜上红绿灯均灭
16	B、C 相遥合回路防跳继电器 K8LB、K8LC	正常时不励磁，为顶出状态；励磁后为吸入状态	断路器合闸后，为防止断路器跳开后却因合闸脉冲又较长时出现多次合闸，厂家设计了一旦断路器合闸到位后，其动合辅助触点闭合，此时只要其合闸回路（不论远控近控）仍存在合闸脉冲，B、C 相对应的防跳继电器 K8LB、K8LC 接触器励磁	K8LB、K8LC 继电器励磁后：通过其动断触点 21-22 触点断开，切断各相遥合回路正电源。为避免接入合闸回路的该继电器触点或远控把手触点接线松动导致拒合，一般情况下设计的遥合回路正电源直接跳过此触点回路	无	无
17	第一组就地直跳接触器 K77	正常时不励磁，为顶出状态；就地分闸时励磁，为吸入状态，分闸后返回	在五防满足的情况下，可以按下就地分闸按钮 S3 沟通第一组就地直跳接触器 K77 的线圈励磁；一般规定只有在线路对侧已停电的情况下或检修或试验时方可就地分开关	K77 励磁后，电源经远方/就地把手 S8 的就地位置触点 41-42 分别辐射引入 K77 输出的 3 对动合触点 13-14、23-24、33-34 去沟通开关的 A、B、C 相第一组分闸 1 公共回路，实现开关三相分闸	无	无
18	非全相强迫第一组直跳接触器 K61	正常时不励磁，为顶出状态；开关非全相运行时励磁，为吸入状态，并自保持，直至现场使用 S4 人为复归	断路器发生非全相运行时沟通 K16 经设定延时后，由 K16 动合触点沟通 K61 接触器励磁	K61 励磁后，将输出 5 对动合触点、1 对动断触点。 (1) 其中 3 对动合触点 13-14、23-24、33-34 分别沟通开关 A、B、C 相分闸 1 公共回路（不经远方 S8），跳开合闸相； (2) 其动断触点 61（X5：10）-62 断开，使得合闸总闭锁接触器 K12LA、K12LB、K12LC 失电复归，合闸回路随之闭锁； (3) 其动合触点 83-84 闭合实现非全相强迫第一组直跳接触器 K61 自保持； (4) 其动合触点 53-54 沟通测控装置内对应的信号光耦，并发出"断路器非全相保护动作（机构箱）"光字牌	(1) 光字牌情况： 1) 第一组控制回路断线； 2) 第二组控制回路断线； 3) 断路器非全相保护动作（机构箱）； 4) 断路器压力降低禁止重合闸。 (2) 其他信号：测控柜上红绿灯均灭	(1) 光字牌情况： 1) 第一组控制回路断线； 2) 第二组控制回路断线； 3) 断路器非全相保护动作（机构箱）； 4) 断路器压力降低禁止重合闸。 (2) 其他信号：测控柜上红绿灯均灭

序号	元器件名称编号	原始状态	元器件异动说明	元器件异动后果	元器件异动触发光字牌信号	
					断路器合闸状态	断路器分闸状态
19	非全相强迫第二组直跳接触器 K63	正常时不励磁，为顶出状态；开关非全相运行时励磁，为吸入状态，并自保持，直至现场使用 S4 人为复归	断路器发生非全相运行时沟通 K64 经设定延时后，由 K64 动合触点沟通 K63 接触器励磁	K63 励磁后，将输出 4 对动合触点： （1）其中 3 对动合触点 13-14、23-24、34-33 分别沟通开关 A-B-C 相分闸 2 公共回路（不经远方 S8），跳开合闸相； （2）其动断触点 62-61 断开，使得合闸总闭锁接触器 K12LA、K12LB、K12LC 失电复归，合闸回路随之闭锁； （3）其动合触点 83-84 闭合实现非全相强迫第二组直跳接触器 K63 自保持； （4）其动合触点 53-54 沟通测控装置内对应的信号光耦，并发出"断路器非全相保护动作（机构箱）"光字牌	（1）光字牌情况： 1）第一组控制回路断线； 2）第二组控制回路断线； 3）断路器非全相保护动作（机构箱）； 4）断路器压力降低禁止重合闸； （2）其他信号：非全相时测控柜上红绿灯均灭（误碰该接触器使开关跳闸后测控柜上绿灯会亮）	（1）光字牌情况： 1）第一组控制回路断线； 2）第二组控制回路断线； 3）断路器非全相保护动作（机构箱）； 4）断路器压力降低禁止重合闸； （2）其他信号：非全相时测控柜上红绿灯均灭（误碰该接触器使开关跳闸后测控柜上绿灯会亮）
20	非全相启动第一组直跳时间继电器 K16	正常时不励磁；非全相跳闸后继电器绿灯及触点绿灯均灭	断路器发生非全相运行时，将沟通 K16 时间继电器励磁	K16 励磁并经设定时间延时后，其动合触点闭合沟通非全相强迫第一组直跳接触器 K61 励磁，由 K61 提供 3 对动合触点沟通各相断路器第一组跳闸线圈跳闸，并由 K61 的另提供 1 对动合触点发出"断路器非全相保护动作"光字牌	（1）光字牌情况： 1）第一组控制回路断线； 2）第二组控制回路断线； 3）断路器非全相保护动作（机构箱）； 4）断路器压力降低禁止重合闸。 （2）其他信号：非全相时测控柜上红绿灯均灭	（1）光字牌情况： 1）第一组控制回路断线； 2）第二组控制回路断线； 3）断路器非全相保护动作（机构箱）； 4）断路器压力降低禁止重合闸。 （2）其他信号：非全相时测控柜上红绿灯均灭
21	非全相启动第二组直跳时间继电器 K64	正常时不励磁；非全相跳闸后继电器绿灯及触点绿灯均灭	断路器发生非全相运行时，将沟通 K64 时间继电器励磁	K64 励磁并经设定时间延时后，其动合触点闭合沟通非全相强迫第二组直跳接触器 K63 励磁，由 K63 提供 3 对动合触点沟通各相断路器第二组跳闸线圈跳闸，并由 K63 另提供 1 对动合触点发出"断路器非全相保护动作"光字牌	（1）光字牌情况： 1）第一组控制回路断线； 2）第二组控制回路断线； 3）断路器非全相保护动作（机构箱）； 4）断路器压力降低禁止重合闸。 （2）其他信号：非全相时测控柜上红绿灯均灭	（1）光字牌情况： 1）第一组控制回路断线； 2）第二组控制回路断线； 3）断路器非全相保护动作（机构箱）； 4）断路器压力降低禁止重合闸。 （2）其他信号：非全相时测控柜上红绿灯均灭

序号	元器件名称编号	原始状态	元器件异动说明	元器件异动后果	元器件异动触发光字牌信号	
					断路器合闸状态	断路器分闸状态
22	电机储能后打压延时返回继电器K15	正常时继电器绿灯常亮，触点绿灯灭，继电器处于不励磁状态	当开关机构箱储压筒油压降至32.0MPa时，液压系统第一组电子式压力开关B1的储能电机启动低通触点16-17沟通电机储能后打压延时返回继电器K15励磁	K15继电器励磁后，其延时返回动合触点沟通储能电机运转接触器K9励磁，使储能电机打压储能（即储能电机运转打压至32.0MPa后，储压筒内第一组电子式压力开关B1的储能电机启动低通触点16-17返回切断K15励磁回路，但其延时返回动合触点18-15仍能保持3s接通状态，使储能电机继续运转打压3s）	无	无
23	储能电机运转接触器K9	正常时不励磁，为顶出状态；储能电机运转时为吸入状态	当储压筒油压降至32.0MPa时，液压系统第一组电子式压力开关B1的储能电机启动低通触点16-17沟通电机储能后打压延时返回继电器K15，K15动作后，由其延时返回动合触点18-15沟通K9励磁	K9接触器励磁后，共输出6对动合触点： （1）其动合触点13-14、33-34、53-54（对应储能空开F1的2、4、6及电机U、V、W）分别接入储能电机交流A、B、C相动力电源回路，驱使储能电机打压； （2）其动合触点43（X0：109）-44串接入漏N₂闭锁合闸继电器K81启动回路，用于储能电机运转打压且油压极快上升至35.5MPa时启动K81励磁用； （3）其动合触点23-24接入储能电机打压计数器H4回路，用于储能电机计数（由控制电源I励磁）； （4）其动合触点83-84沟通测控装置内对应的信号光耦，并发出"断路器电机运转"光字牌	光字牌情况：断路器电机运转	光字牌情况：断路器电机运转
24	储能电机打压超时继电器K67（15min）	正常时继电器绿灯及触点绿灯均灭，继电器处于不励磁状态	当储压筒油压降至32.0MPa时，液压系统第一组电子式压力开关B1的储能电机启动低通触点16-17沟通电机储能后打压延时返回继电器K15励磁后，由K15的18-15动合触点沟通储能电机打压超时继电器K67励磁并开始计时	K67继电器励磁后，将输出1对延时动合触点，1对延时动断触点： （1）其延时动断触点16-15（X1：526）切断储能电机运转接触器K9回路，使K9接触器失磁，电机停止打压； （2）其延时动合动合触点28-25（X1：1090-X1：1091）沟通测控装置内对应的信号光耦，并发出"电机打压超时"光字牌	光字牌情况：电机打压超时	光字牌情况：电机打压超时

序号	元器件名称编号	原始状态	元器件异动说明	元器件异动后果	元器件异动触发光字牌信号	
					断路器合闸状态	断路器分闸状态
25	断路器分合计数器 H1~H3	正常时不励磁，开关位置突变时进行一次+1计数	不管开关是合闸还是分闸，在开关到位前，其滑动触头均会短时闭合，沟通断路器分合计数器励磁进行一次+1计数，当开关分合到位后，该对短时闭合的滑动触头已提前断开，实现了开关分闸次数的准确计数	无	无	无
26	储能电机打压计数器 H4	正常时不励磁，储能电机运转接触器 K9 动作时进行一次+1计数	储能电机运转接触器 K9 动作时，沟通储能电机打压计数器进行一次+1计数	无	无	无
27	储能电机电源空开 F1（1个）	合上	空开跳开后，将发出"断路器机构箱电机及加热器电源消失"光字牌	空开跳开后，将发出"储能电机或加热器电源消失"光字牌。若不及时复位，将可能引起无法保持合适的油压	光字牌情况：储能电机或加热器电源消失	光字牌情况：储能电机或加热器电源消失
28	加热器电源空开 F3（1个）	合上	空开跳开后，将发出"断路器机构箱电机及加热器电源消失"光字牌	在气候潮湿情况下，有可能引起一些对环境要求较高的元器件绝缘降低，如敏感度较高的 SF6 压力微动开关触点极易因绝缘降低而导致控制I/控制II直流互串	光字牌情况：储能电机或加热器电源消失	光字牌情况：储能电机或加热器电源消失
29	漏 N2/非全相复位转换开关 S4	0 位置	无	(1) 漏 N2 发生时 K81、K14、K182、K12 继电器复位用；(2) 非全相直跳接触器复位用	无	无
30	远方/就地转换开关 S8	启动说明略	无	无	(1) 光字牌情况：1) 第一组控制回路断线；2) 第二组控制回路断线；3) 报文：开关机构箱就地位置。(2) 其他信号：1) 测控柜上红绿灯均灭；2) 操作箱上两组6盏OP灯均灭	(1) 光字牌情况：1) 第一组控制回路断线；2) 第二组控制回路断线；3) 报文：开关机构箱就地位置。(2) 其他信号：测控柜上红绿灯均灭
31	就地分闸按钮 S3	无	无	无	无	无
32	就地合闸按钮 S9	无	无	无	无	无

第二节　杭州西门子公司 3AQ1-EG 型 220kV 高压断路器二次回路辨识

一、二次回路功能模块化分解原理图

1. 合闸回路原理接线图

杭州西门子公司 3AQ1-EG 型 220kV 高压断路器合闸回路原理接线图见图 3-10。

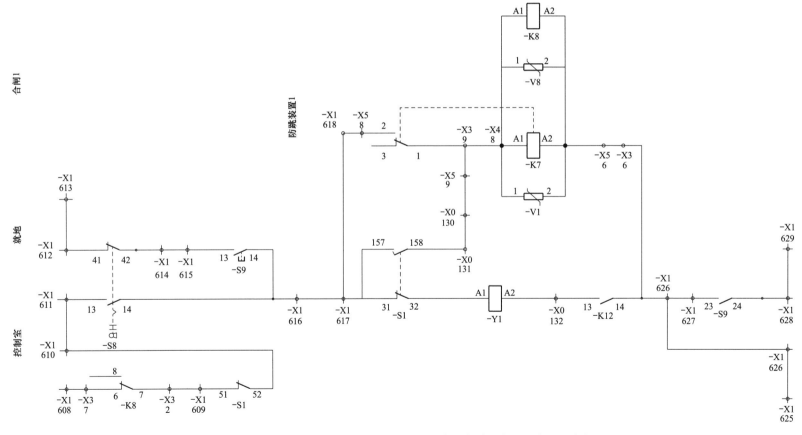

图 3-10　杭州西门子公司 3AQ1-EG 型 220kV 高压断路器合闸回路原理接线图

2. 分闸回路 1、2 及同步分闸回路原理接线图

杭州西门子公司 3AQ1-EG 型 220kV 高压断路器分闸回路 1、2 及同步分闸回路原理接线图见图 3-11。

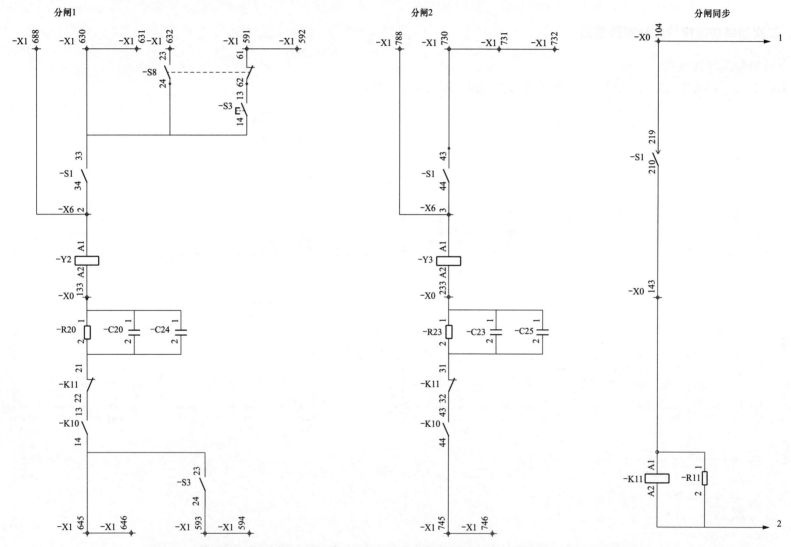

图 3-11　杭州西门子公司 3AQ1-EG 型 220kV 高压断路器分闸回路 1、2 及同步分闸回路原理接线图

3. 闭锁继电器回路 1 原理接线图

杭州西门子公司 3AQ1-EG 型 220kV 高压断路器闭锁继电器回路 1 原理接线图见图 3-12。

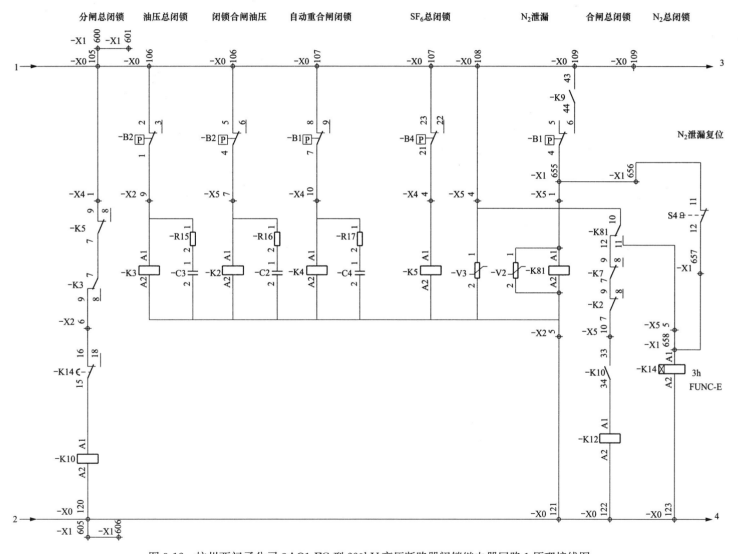

图 3-12　杭州西门子公司 3AQ1-EG 型 220kV 高压断路器闭锁继电器回路 1 原理接线图

4. 储能电机回路及加热器等辅助回路原理接线图

杭州西门子公司 3AQ1-EG 型 220kV 高压断路器储能电机回路及加热器等辅助回路原理接线图见图 3-13。

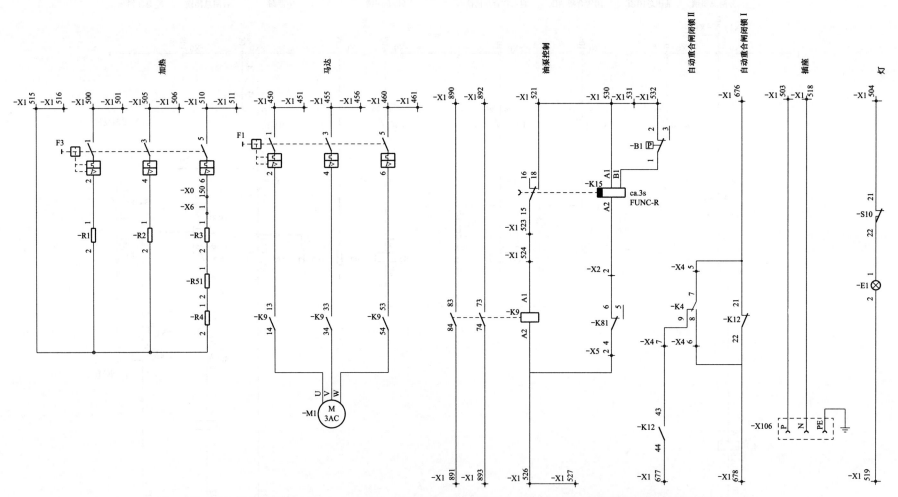

图 3-13　杭州西门子公司 3AQ1-EG 型 220kV 高压断路器储能电机回路及加热器等辅助回路原理接线图

5. 信号回路原理接线图

杭州西门子公司 3AQ1-EG 型 220kV 高压断路器信号回路原理接线图见图 3-14。

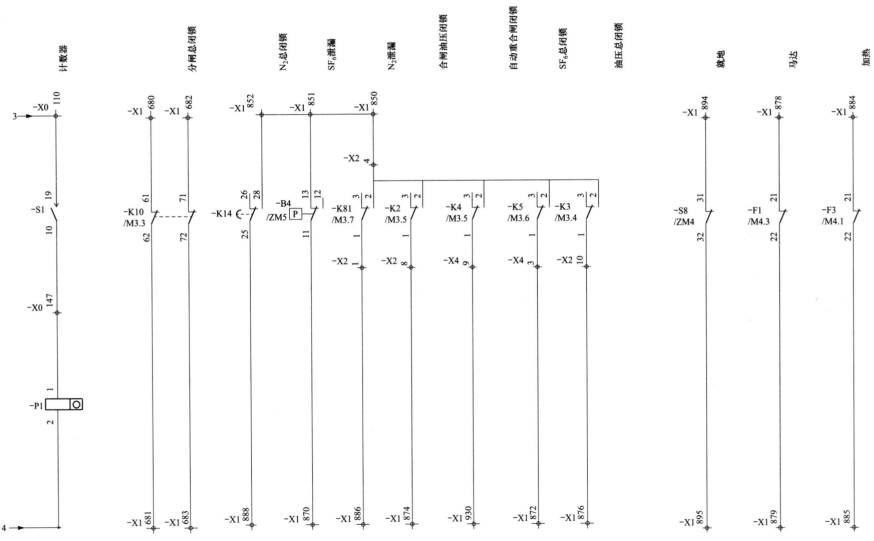

图 3-14　杭州西门子公司 3AQ1-EG 型 220kV 高压断路器信号回路原理接线图

6. 断路器备用辅助触点图

杭州西门子公司 3AQ1-EG 型 220kV 高压断路器备用辅助触点图见图 3-15。

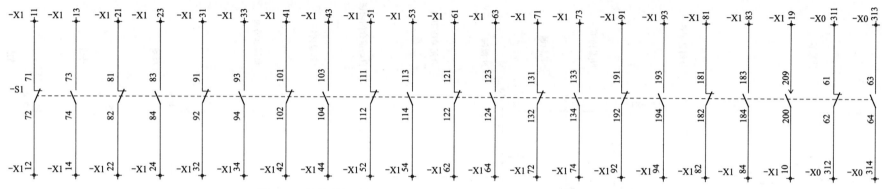

图 3-15　杭州西门子公司 3AQ1-EG 型 220kV 高压断路器备用辅助触点图

二、断路器二次回路功能模块化分解辨识

断路器二次回路功能模块化分解辨识见表 3-3。

表 3-3

断路器二次回路功能模块化分解辨识

序号	模块名称	分解辨识
1	合闸公共回路	断路器动断辅助触点 S1 的 31（X1：617）-32→三相合闸线圈 Y1 的 A1-A2（X0：132）→三相合闸总闭锁接触器 K12 动合触点 13-14（X0：132-X1：626）→控制 I 负电源（K102/X1：626）
2	分闸 1 公共回路	断路器动断辅助触点 S1 的 33-34（X1：630-X6：2）→三相分闸线圈 Y2 的 A1-A2（X6：2/X1：688-X0：133）→同步分闸接触器 K11 动断触点 21-22→三相分闸总闭锁接触器 K10 动合触点 13-14→控制 I 负电源（K102/X1：645）
3	分闸 2 公共回路	断路器动断辅助触点 S1 的 43-44（X1：730-X6：3/X1：788）→三相分闸线圈 Y3 的 A1-A2（X6：3/X1：788-X0：233）→同步分闸接触器 K11 动断触点 31-32→三相分闸总闭锁接触器 K10 动合触点 43-44→控制 II 负电源（K202/X1：745）
4	远方合闸回路	控制 I 正电源 K101→操作箱手合继电器动合触点→远方合闸回路（107/X1：611）→串接远方合闸回路的远方/就地把手 S8 的远方触点 13-14（X1：611-X1：616）→合闸公共回路
5	合闸就地回路	控制 I 正电源 K101→YBJ 五防电编码锁 1-2→K101S/X1：612→远方/就地把手 S8 就地位置触点 41-42（X1：612-X1：614）→S9 就地三相合闸按钮 13-14（X1：615-X1：616）→合闸公共回路
6	远方分闸 1 回路	控制 I 正电源 K101→操作箱手跳继电器的动合触点或操作箱永跳继电器触点经"跳断路器 I 组压板"或母差失灵出口经"跳断路器 I 组压板"后启动的动合触点→远方分闸 1 回路（137/X1：632）→串接远方分闸 1 回路的远方/就地把手 S8 的远方触点 23-24（X1：632-X1：630/X1：631）→分闸 1 公共回路

序号	模块名称	分解辨识
7	分闸就地回路	控制Ⅰ正电源 K101→YBJ 五防电编码锁 1-2→1S/X1：591→远方/就地把手 S8 就地位置触点 61（X1：591)-62→S3 就地三相分闸按钮 13-14（X1：630)→分闸 1 公共回路
8	远方分闸 2 回路	控制Ⅱ正电源 K201→操作箱手跳继电器的动合触点或操作箱永跳继电器触点经"跳断路器Ⅱ组压板"或母差失灵出口经"跳断路器Ⅱ组压板"后启动的动合触点→远方分闸 2 回路（237/X1：732)→分闸 2 公共回路

三、二次回路元器件辨识及其异动说明

二次回路元器件辨识及其异动说明见表 3-4。

表 3-4 二次回路元器件辨识及其异动说明

序号	元器件名称编号	原始状态	元器件异动说明	元器件异动后果	元器件异动触发光字牌信号	
					断路器合闸状态	断路器分闸状态
1	分闸总闭锁接触器 K10	正常时励磁，为吸入状态；失磁后为顶出状态	当发生诸如断路器机构箱内液压系统油压下降至 25.3MPa（此时 K3 励磁，其触点 7-9 断开）或断路器本体内 SF$_6$ 气体压力降至 0.62MPa 时（此时 K5 励磁，其触点 9-7 断开）或储压筒氮气发生泄漏发出报警达 3h（当发生 N$_2$ 泄漏时，将引起储能电机打压，此时 K81、K14 励磁，K14 动断触点 16-15 延时 3h 后断开）时，均会使得分闸总闭锁接触器 K10 失电而复归	K10 接触器复归后： (1) 其动合触点 13-14（X0：133-X1：645），动合触点 43-44（X0：233-X1：745）断开分别使分闸 1 回路、分闸 2 回路闭锁； (2) 其动断触点 33-34 断开使合闸总闭锁接触器 K12 失电复归； (3) 其动断触点 61-62（X1：680-X1：681）沟通测控装置内对应的信号光耦后发出"断路器分闸闭锁"光字牌	(1) 光字牌情况： 1) 第一组控制回路断线； 2) 断路器分闸总闭锁。 (2) 其他信号：操作箱上两组 6 盏 OP 灯灭	(1) 光字牌情况： 1) 第一组控制回路断线； 2) 第二组控制回路断线； 3) 断路器分闸总闭锁。 (2) 其他信号：测控柜上红绿灯均灭
2	合闸总闭锁接触器 K12	正常时励磁，为吸入状态；失磁后为顶出状态	当发生诸如断路器机构箱内储压筒氮气发生泄漏引起储能电机打压至 35.5MPa（此时 K81 励磁，K81 动断触点 10-12 断开）或防跳回路接通（此时防跳继电器 K7 励磁，其触点 9-7 断开）或液压系统油压下降至 27.3MPa（此时 K2 励磁，其触点 9-7 断开）或断路器本体内 SF$_6$ 气体压力降至 0.62MPa 时（此时 K5 励磁并引起 K10 复归，K10 动合触点 33-34 断开）时，均会使得合闸总闭锁接触器 K12 失电而复归	K12 接触器复归后，K12 动合触点 13-14（X0：132-X1：626）断开各相合闸回路负电源，使断路器无法合闸	无	(1) 光字牌情况： 1) 第一组控制回路断线； 2) 第二组控制回路断线。 (2) 其他信号：测控柜上红绿灯均灭

序号	元器件名称编号	原始状态	元器件异动说明	元器件异动后果	元器件异动触发光字牌信号	
					断路器合闸状态	断路器分闸状态
3	油压低合闸闭锁继电器 K2	正常时不励磁，触点上顶；动作后触点下压	由于某种原因，当断路器机构箱内液压系统油压下降至 27.3MPa 时，B2 的油压合闸闭锁微动开关 5-4 接通，使得油压低合闸闭锁继电器 K2 励磁	K2 励磁后： （1）其动断触点 9-7 断开，使合闸总闭锁接触器 K12 失磁，切断各相合闸回路负电源； （2）其动合触点 2-1（X2：4-X2：8）沟通测控装置内对应的信号光耦，并发出"合闸油压闭锁"光字牌	光字牌情况：合闸油压闭锁	光字牌情况： （1）第一组控制回路断线； （2）第二组控制回路断线； （3）合闸油压闭锁
4	油压低总闭锁继电器 K3	正常时不励磁，触点上顶；动作后触点下压	由于某种原因，当断路器机构箱内液压系统油压下降至 25.3MPa 时，B2 的油压低总闭锁微动开关接通触点 2-1 通，使得油压低总闭锁继电器 K3 励磁	K3 励磁后： （1）其动断触点 7-9 断开，使分闸总闭锁接触器 K10 失磁，切断分闸 1 及分闸 2 回路；同时由于 K10 失磁，K10 的 33-34 动合触点断开，使得合闸总闭锁接触器 K12 失磁，其动合触点切断合闸回路负电源； （2）其动合触点 2-1（X2：4-X2：10）沟通测控装置内对应的信号光耦后发出"油压总闭锁"光字牌	（1）光字牌情况： 1）第一组控制回路断线； 2）断路器分闸总闭锁； 3）合闸油压闭锁； 4）油压总闭锁。 （2）其他信号：操作箱上两组 6 盏 OP 灯灭	（1）光字牌情况： 1）第一组控制回路断线； 2）第二组控制回路断线； 3）断路器分闸总闭锁； 4）合闸油压闭锁； 5）油压总闭锁。 （2）其他信号：测控柜上红绿灯均灭
5	SF$_6$ 低总闭锁继电器 K5	正常时不励磁，触点上顶；动作后触点下压	当断路器本体内 SF$_6$ 气体发生泄漏，压力降至 0.62MPa 时，SF$_6$ 密度继电器 B4 低通触点 23-21 通，使 SF$_6$ 低总闭锁继电器 K5 励磁	K5 励磁后： （1）其动断触点 9-7 断开，使分闸总闭锁接触器 K10 失磁，切断分闸 1 及分闸 2 回路；同时由于 K10 失磁，K10 的 33-34 动合触点断开，使得合闸总闭锁接触器 K12 失磁，切断合闸回路负电源； （2）其动合触点 2-1（X2：4-X4：3）沟通测控装置内对应的信号光耦后发出"N$_2$ 或 SF$_6$ 总闭锁"光字牌	（1）光字牌情况： 1）第一组控制回路断线； 2）断路器分闸总闭锁； 3）N$_2$ 或 SF$_6$ 总闭锁。 （2）其他信号：操作箱上两组 6 盏 OP 灯灭	（1）光字牌情况： 1）第一组控制回路断线； 2）第二组控制回路断线； 3）断路器分闸总闭锁； 4）N$_2$ 或 SF$_6$ 总闭锁。 （2）其他信号：测控柜上红绿灯均灭
6	SF$_6$ 低报警微动断路器 B4	动合压力触点	当断路器机构箱内 SF$_6$ 压力低于 SF$_6$ 低气压报警接通值 0.64MPa 时，B4 微动开关低通触点 13-11 接通，沟通测控装置对应的信号光耦	当断路器机构箱内 SF$_6$ 密度继电器 B4 的压力低于 SF$_6$ 泄漏告警接通值 0.64MPa 时，B4 的 SF$_6$ 低报警微动开关 13-11 触点接通测控装置信号光耦后发出"N$_2$ 或 SF$_6$ 泄漏"光字牌	光字牌情况：N$_2$ 或 SF$_6$ 泄漏	光字牌情况：N$_2$ 或 SF$_6$ 泄漏

序号	元器件名称编号	原始状态	元器件异动说明	元器件异动后果	元器件异动触发光字牌信号	
					断路器合闸状态	断路器分闸状态
7	油压低重合闸闭锁继电器 K4	正常时不励磁，触点上顶；动作后触点下压	由于某种原因，当断路器机构箱内液压系统油压下降至 30.8MPa 时，B1 的重合闸闭锁微动开关低通触点 8-7 通，使得油压低重合闸闭锁继电器 K4 励磁	K4 励磁后，其动合触点 7-8（X4：5-X4：6）开入保护自动重合闸联锁 II 回路，动合触点 2-1（X2：4-X1：930）用于发自动重合闸闭锁光字信号（注：上述两回路均未与外部的保护或测控装置连接，故其作用无法体现）	无	无
8	漏 N_2 闭锁合闸继电器 K81	正常时不励磁，触点上顶；动作后触点下压	当储压筒氮气发生泄漏时，压力立即降至液压系统 B1 的储能电机启动微动开关 1-2 的接通值（低于 32.0MPa 时 1-2 通），此时，储能电机运转接触器 K9 动作，启动油泵打压的同时，K9 动合触点 43-44 闭合，活塞移动到止当管的位置，压力急剧上升，但由于电机储能后打压延时返回继电器 K15 的延时打压时间是固定的，在 3s 内，压力极快的上升而超过压力值 35.5MPa，B1 的 N_2 泄漏报警微动开关高通触点 6-4 闭合，沟通漏 N_2 闭锁合闸继电器 K81 励磁	K81 继电器励磁后：（1）其动断触点 10（X5：4)-12 断开，使合闸总闭锁接触器 K12 失电而复归，合闸回路闭锁；（2）其动合触点 10-11（X5：4-X5：5）闭合，实现 K81 自保持，并启动 N_2 泄漏 3h 后闭锁分闸继电器 K14 开始计时；（3）其动断触点 6-4（X2：2-X5：2）断开，切断断路器储能电机控制回路内 K15 继电器负电源；（4）通过其动合触点 2-1（X2：4-X2：1）沟通测控装置内对应的信号光耦后发出"N_2 或 SF_6 泄漏"光字牌	光字牌情况：N_2 或 SF_6 泄漏	（1）光字牌情况：1）第一组控制回路断线；2）第二组控制回路断线；3）N_2 或 SF_6 泄漏。（2）其他信号：测控柜上红绿灯均灭
9	N_2 泄漏 3h 后闭锁分闸继电器 K14	正常时失磁，U/t 绿灯及 R 黄灯均灭；通电后 U/t 绿灯闪亮，到延时设定值后输出动作触点并燃亮 R 黄灯	当储压筒氮气发生泄漏时，压力立即降至液压系统 B1 的储能电机启动微动开关 1-2 的接通值（低于 32.0MPa 时 1-2 通），此时，储能电机运转接触器 K9 动作，启动油泵打压的同时 K9 动合触点 43-44 闭合，活塞移动到止当管的位置，压力急剧上升，但由于电机储能后打压延时返回继电器 K15 的延时打压时间是固定的，在 3s 内，压力极快的上升而超过压力值 35.5MPa，B1 的 N_2 泄漏报警微动开关高通触点 6-4 闭合，沟通 N_2 泄漏 3h 后闭锁分闸继电器 K14 励磁	K14 继电器励磁后即开始计时，直至 3h 后输出延时触点：（1）其动断触点 16（X2：6)-15 断开，使分闸总闭锁接触器 K10 失电而复归，分闸 1 及分闸 2 回路闭锁，K10 失电后，其动合触点断使得合闸总闭锁接触器 K12 失电复归，合闸回路随之闭锁；（2）通过其动合触点 28-25（X1：852-X1：888）沟通测控装置内对应的信号光耦后发出"N_2 或 SF_6 总闭锁"光字牌	（1）光字牌情况：1）N_2 或 SF_6 泄漏；2）N_2 或 SF_6 总闭锁；3）断路器分闸总闭锁；4）第一组控制回路断线。（2）其他信号：1）操作箱上两组 OP 灯灭；2）测控柜上红绿灯均灭	（1）光字牌情况：1）N_2 或 SF_6 泄漏；2）N_2 或 SF_6 总闭锁；3）断路器分闸总闭锁；4）第一组控制回路断线；5）第二组控制回路断线。（2）其他信号：测控柜上红绿灯均灭

序号	元器件名称编号	原始状态	元器件异动说明	元器件异动后果	元器件异动触发光字牌信号	
					断路器合闸状态	断路器分闸状态
10	防跳继电器K7	正常时不励磁，为顶出状态；励磁后为吸入状态	断路器合闸后，为防止断路器跳开后却因合闸脉冲又较长时出现多次合闸，厂家设计了一旦断路器合闸到位后，其断路器的动合辅助触点闭合，此时只要其合闸回路（不论远控近控）仍存在合闸脉冲，K7继电器励磁并通过其动合触点自保持	K7继电器励磁后：（1）通过其动合触点的1-2触点实现断路器防跳接触器K7自保持；（2）合闸总闭锁回路中K7动断触点9-7断开，合闸总闭锁接触器K12失磁，于是串入断路器合闸回路的K12的动合触点13-14断开，闭锁合闸回路	无	（1）光字牌情况：1）第一组控制回路断线；2）第二组控制回路断线。（2）其他信号：测控柜上红绿灯均灭
11	遥合回路防跳继电器K8	正常时不励磁，为顶出状态；励磁后为吸入状态	断路器合闸后，为防止断路器跳开后却因合闸脉冲又较长时出现多次合闸，厂家设计了一旦断路器合闸到位后，其断路器的动合辅助触点闭合，此时只要其合闸回路（不论远控近控）仍存在合闸脉冲，K8继电器励磁	K8继电器励磁后，通过其动断触点9-7触点断开，切断断路器遥合回路正电源。为避免接入合闸回路的该继电器触点或远控把手触点接线松动导致拒合，一般情况下设计的遥合回路正电源直接跳过此触点回路	无	无
12	同步分闸接触器K11	正常时不励磁，为顶出状态；就地分闸时励磁，为吸入状态，分闸后返回	为了避免断路器手合于故障时因断路器未完全合闸到位又立即受令分闸导致断路器机械部分产生较大冲击以及分闸时断路器灭弧室有足够的灭弧开断距离，这就要求断路器必须在完全合闸到位后，方才可以进行下一步的分闸操作。所以西门子断路器厂家在控制回路设计中引用了同步分闸接触器来控制断路器的分合闸回路，即当断路器合闸时，在断路器动合、动断2对辅助触点状态切换前输出1对闭合滑动触头去沟通同步分闸接触器K11励磁从而保证在断路器合闸过程中分闸回路是断开的，直到断路器快合闸到位时原闭合的滑动触头再自行断开K11励磁回路使其失电从而保证断路器惯性合闸到位瞬间分闸回路恢复导通，即在电气回路设计上保证了断路器在完全合闸到位情况下方可进行分闸操作	当断路器合闸时，在断路器动合动断2对辅助触点状态切换前输出1对闭合滑动触头去沟通同步分闸接触器K11励磁，K11励磁后输出两对动断触点（21-22，31-32）并分别切断断路器的第一组、第二组分闸回路从而保证在断路器合闸过程中分闸回路是断开的，直到断路器快合闸到位时原闭合的滑动触头再自行断开K11励磁回路使其失电从而保证断路器惯性合闸到位瞬间分闸回路恢复导通，即在电气回路设计上保证了断路器在完全合闸到位情况下方可进行分闸操作	无	无

续表

序号	元器件名称编号	原始状态	元器件异动说明	元器件异动后果	元器件异动触发光字牌信号	
					断路器合闸状态	断路器分闸状态
13	电机储能后打压延时返回继电器 K15	正常时 U/t 绿灯常亮，继电器不励磁；液压系统 B1 的储能电机启动低通触点 1-2 接通时励磁（且 R 黄灯亮），当 B1 低通触点 1-2 返回并延时 3s 后 R 黄灯灭	当储压筒油压降至 32.0MPa 时，该相液压系统 B1 的储能电机启动微动开关 1-2 接通，沟通该相电机储能后打压延时返回继电器 K15 继电器线圈励磁	K15 继电器励磁后，其延时返回动合触点沟通储能电机运转接触器 K9 励磁，使储能电机打压储能（即储能电机运转打压至 32.0MPa 后，储压筒内 B1 储能电机启动微动开关低通触点 2-1 返回切断 K15 励磁回路，但其延时返回动合触点 18-15 仍能保持 3s 接通状态，使储能电机继续运转打压 3s）	无	无
14	储能电机运转接触器 K9	正常时不励磁，为顶出状态；储能电机运转时为吸入状态	当储压筒油压降至 32.0MPa 时，液压系统 B1 的储能电机启动微动开关 2-1 接通，沟通电机储能后打压延时返回继电器 K15 励磁，由其延时返回动合触点 18-15 沟通 K9 励磁	某相 K9 接触器励磁后，共输出 5 对动合触点：（1）其动合触点 13-14、33-34、53-54（对应 F1 的 2、4、6 及电机 U、V、W）分别接入储能电机交流 A、B、C 相动力电源回路，驱使储能电机打压；（2）其动合触点 43（X0；109)-44 串接入漏 N_2 闭锁合闸继电器 K81 启动回路，用于储能电机运转打压且油压极快上升至 35.5MPa 时启动 K81 励磁用；（3）其动合触点 83-84（X1；890-X1；891）沟通测控装置内对应的信号光耦后发出"断路器电机运转"光字牌	光字牌情况：断路器电机运转	光字牌情况：断路器电机运转
15	断路器分合计数器 P1	正常时不励磁，断路器位置突变时进行一次+1 计数	不管断路器是合闸还是分闸，在断路器到位前，其滑动触头均会短时闭合，沟通断路器分合计数器励磁进行一次+1 计数，当断路器分合到位后，该对短时闭合的滑动触头已提前断开，实现了断路器分闸次数的准确计数	无	无	无
16	储能电机电源空开 F1	合上	无	电源空开跳开后，通过储能电机电源空开 F1 的 21-22（X1；878-X1；879）沟通测控装置内对应的信号光耦后发出"电机及加热器电源消失"光字牌。若不及时复位，将可能引起无法保持合适的油压	光字牌情况：电机及加热器电源消失	光字牌情况：电机及加热器电源消失

序号	元器件名称编号	原始状态	元器件异动说明	元器件异动后果	元器件异动触发光字牌信号	
					断路器合闸状态	断路器分闸状态
17	加热器电源空开 F3	合上	无	电源空开跳开后，通过加热器电源空开 F3 的 21-22（X1：884-X1：885）沟通测控装置内对应的信号光耦后发出"电机及加热器电源消失"光字牌；在气候潮湿情况下，有可能引起一些对环境要求较高的元器件绝缘降低，如 SF_6 密度继电器	光字牌情况：电机及加热器电源消失	光字牌情况：电机及加热器电源消失
18	漏 N_2 复位转换开关 S4	0 位置	无	漏 N_2 发生时 K81、K14、K12 继电器复位用	无	无
19	远方/就地转换开关 S8	远方位置	无	将断路器机构箱内远方/就地转换开关 S8 切换至"就地"位置后，将引起保护及远控分合闸回路断线，当保护有出口或需紧急操作时造成保护拒动或远控操作失灵	（1）光字牌情况： 1）第一组控制回路断线； 2）第二组控制回路断线。 （2）其他信号： 1）测控柜上红绿灯均灭； 2）操作箱上两组 6 盏 OP 灯均灭	（1）光字牌情况： 1）第一组控制回路断线； 2）第二组控制回路断线。 （2）其他信号：测控柜上红绿灯均灭
20	就地分闸按钮 S3	无	无	在五防满足的情况下，可以实现就地分闸	无	无
21	就地合闸按钮 S9	无	无	在五防满足的情况下，可以实现就地合闸，但规程规定为防止断路器非同期合闸，严禁就地合断路器（检修或试验除外）	无	无

第三节　杭州西门子公司 3AP1-FI-252 型 220kV 高压断路器二次回路 1 辨识

一、二次回路功能模块化分解原理图

1. 合闸回路原理接线图

杭州西门子公司 3AP1-FI-252 型 220kV 高压断路器合闸回路原理接线图见图 3-16。

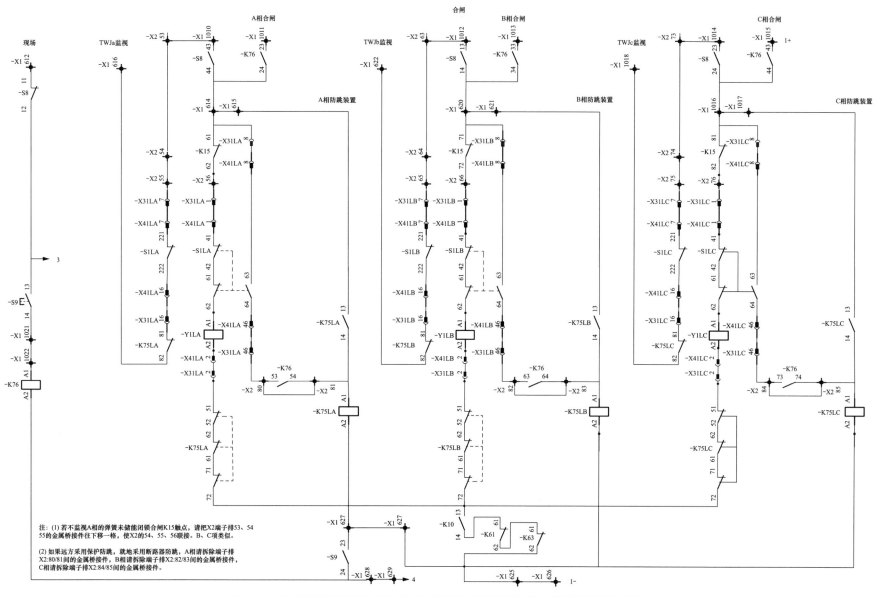

图 3-16　杭州西门子公司 3AP1-FI-252 型 220kV 高压断路器合闸回路原理接线图

2. 分闸回路 1 原理接线图

杭州西门子公司 3AP1-FI-252 型 220kV 高压断路器分闸回路 1 原理接线图见图 3-17。

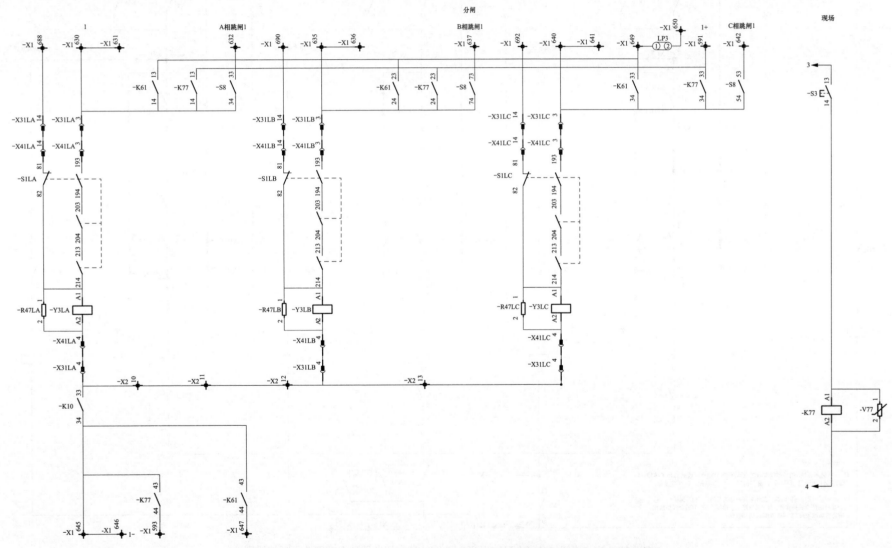

图 3-17　杭州西门子公司 3AP1-FI-252 型 220kV 高压断路器分闸回路 1 原理接线图

3. 分闸回路 2 原理接线图

杭州西门子公司 3AP1-FI-252 型 220kV 高压断路器分闸回路 2 原理接线图见图 3-18。

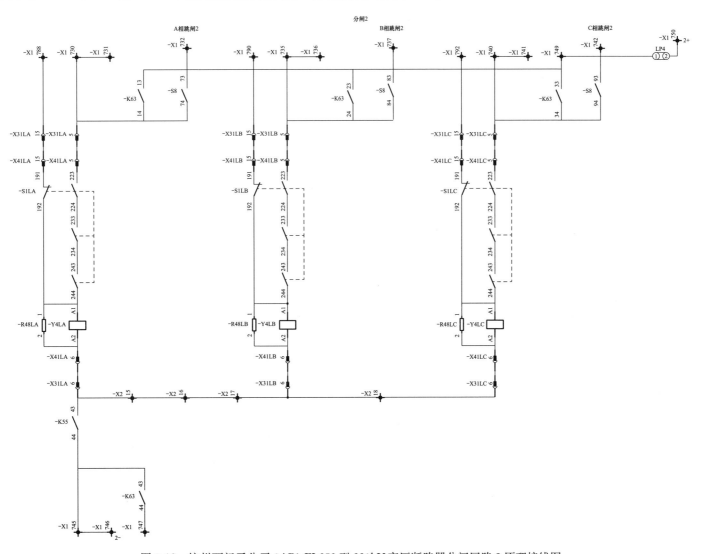

图 3-18　杭州西门子公司 3AP1-FI-252 型 220kV 高压断路器分闸回路 2 原理接线图

4. 非全相保护回路 1、2 及断路器计数器、断路器 SF₆ 总闭锁回路 1 原理接线图

杭州西门子公司 3AP1-FI-252 型 220kV 高压断路器非全相保护回路 1、2 及断路器计数器、断路器 SF₆ 总闭锁回路 1 原理接线图见图 3-19。

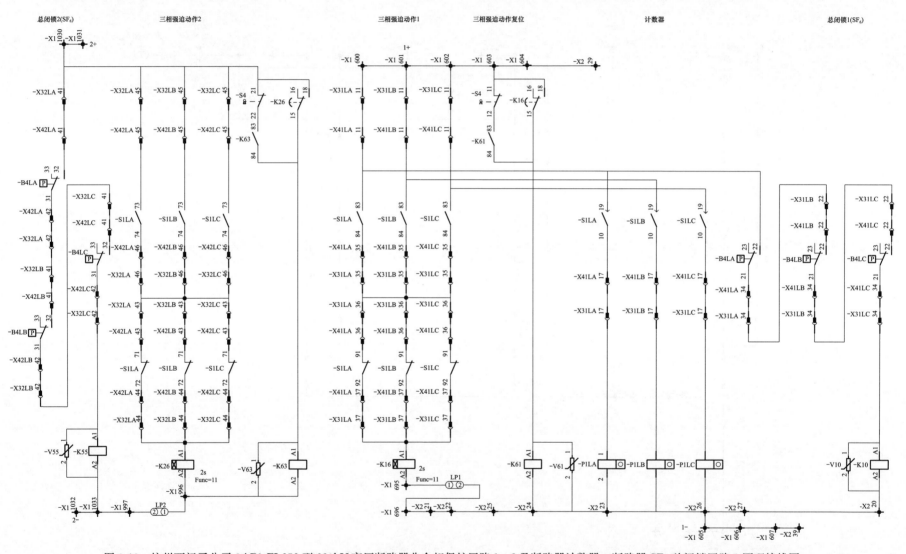

图 3-19　杭州西门子公司 3AP1-FI-252 型 220kV 高压断路器非全相保护回路 1、2 及断路器计数器、断路器 SF₆ 总闭锁回路 1 原理接线图

274

5. 自动重合闸联锁回路原理接线图

杭州西门子公司 3AP1-FI-252 型 220kV 高压断路器自动重合闸联锁回路原理接线图见图 3-20。

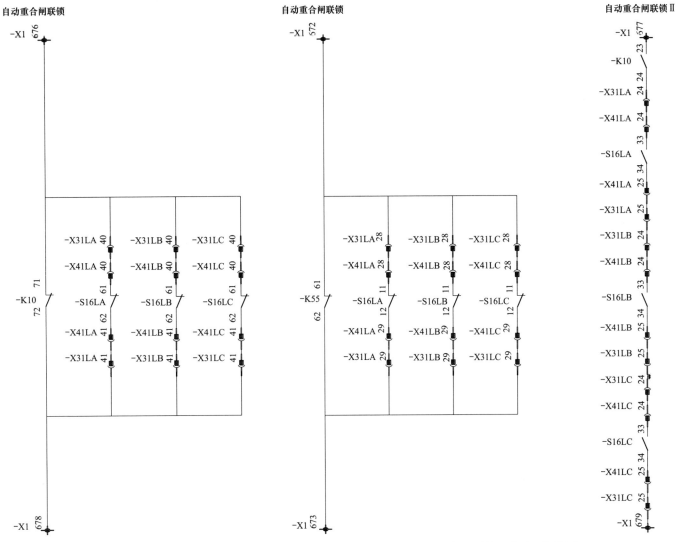

图 3-20　杭州西门子公司 3AP1-FI-252 型 220kV 高压断路器自动重合闸联锁回路原理接线图

6. 储能电机回路原理接线图

杭州西门子公司 3AP1-FI-252 型 220kV 高压断路器储能电机回路原理接线图见图 3-21。

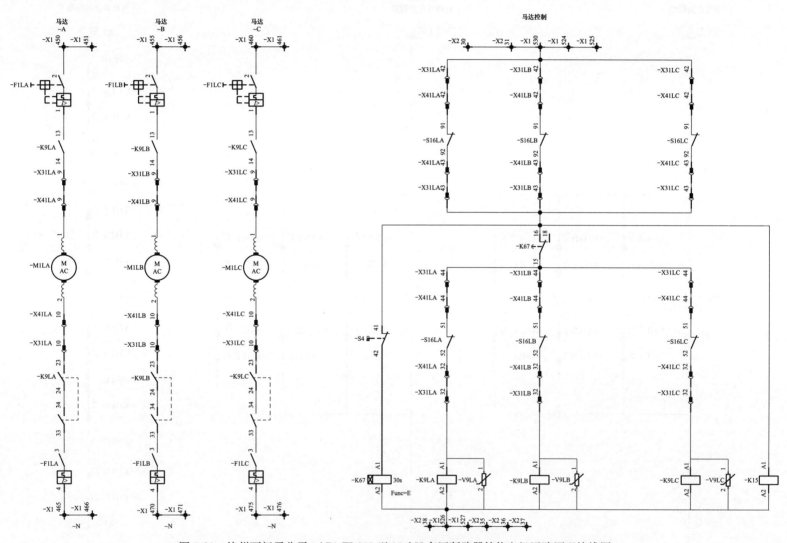

图 3-21　杭州西门子公司 3AP1-FI-252 型 220kV 高压断路器储能电机回路原理接线图

7. 加热器等辅助回路原理接线图

杭州西门子公司 3AP1-FI-252 型 220kV 高压断路器加热器等辅助回路原理接线图见图 3-22。

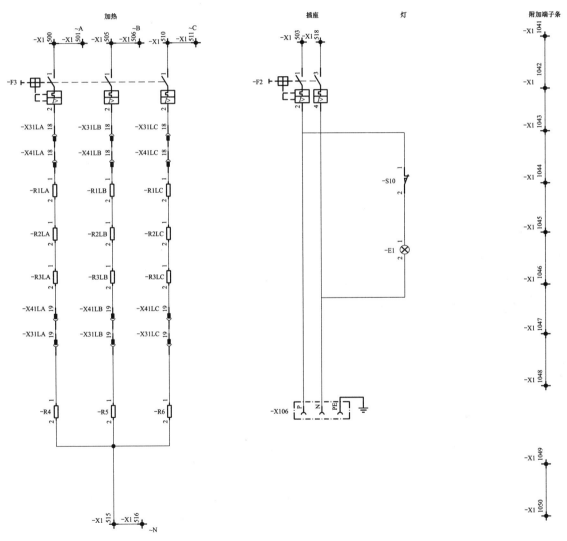

图 3-22　杭州西门子公司 3AP1-FI-252 型 220kV 高压断路器加热器等辅助回路原理接线图

8. 信号回路原理接线图

杭州西门子公司 3AP1-FI-252 型 220kV 高压断路器信号回路原理接线图见图 3-23。

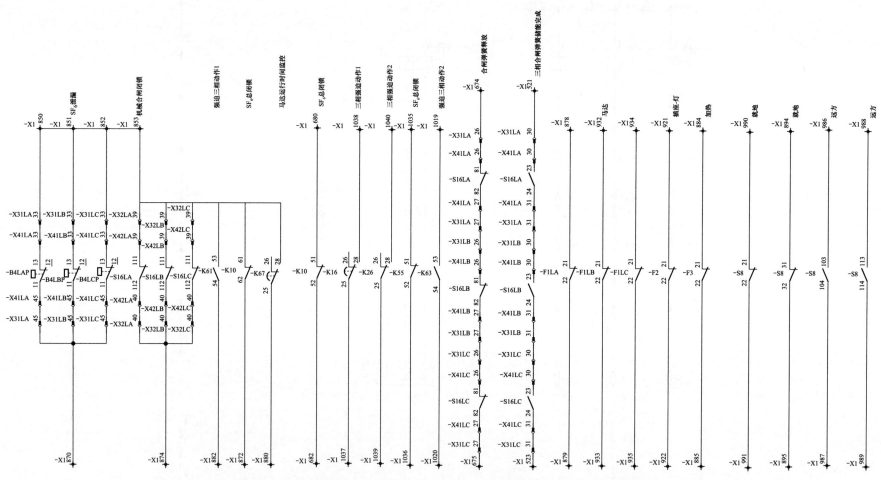

图 3-23   杭州西门子公司 3AP1-FI-252 型 220kV 高压断路器信号回路原理接线图

9. 备用辅助触点图

杭州西门子公司 3AP1-FI-252 型 220kV 高压断路器备用辅助触点图见图 3-24。

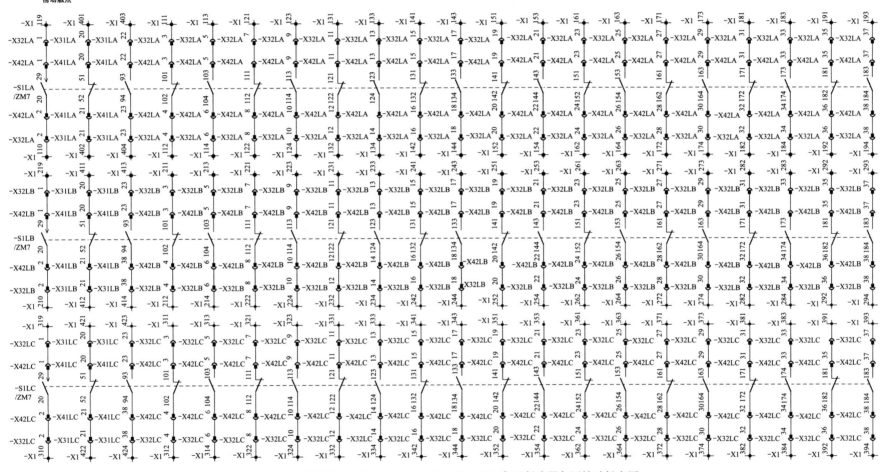

图 3-24　杭州西门子公司 3AP1-FI-252 型 220kV 高压断路器备用辅助触点图

二、断路器二次回路功能模块化分解辨识

断路器二次回路功能模块化分解辨识见表 3-5。

序号	模块名称	分解辨识
		表 3-5 　　断路器二次回路功能模块化分解辨识
1	合闸公共回路	弹簧未储能闭锁三相合闸接触器 K15 的动断触点 [A 相对应触点为 61-62（X1：614-X2：56）；B 相对应触点为 71-72（X1：620-X2：66）；C 相对应触点为 81-82（X1：1016-X2：76）]→对应相断路器合闸线圈航插组 [A 相对应 X31LA：1/X41LA：1→两对串接的断路器动断辅助触点 S1LA 的 41-42、61-62→合闸线圈 Y1LA 的 A1-A2→X41LA：2/X31LA：2；B 相对应 X31LB：1/X41LB：1→两对串接的断路器动断辅助触点 S1LB 的 41-42、61-62→合闸线圈 Y1LB 的 A1-A2→X41LB：2/X31LB：2；C 相对应 X31LC/X41LC：1：1→两对串接的断路器动断辅助触点 S1LC 的 41-42、61-62→合闸线圈 Y1LC 的 A1-A2→X41LC：2/X31LC：2]→对应相 3 对串接的防跳接触器 K75 的动断触点 51-52、61-62、71-72→公共闭锁回路 [SF₆ 总闭锁 1 接触器 K10 动合触点 13-14→第一组非全相直跳接触器 K61 动断触点 61-62→第二组非全相直跳接触器 K63 动断触点 61-62]→控制 I 负电源（K102/X1：625）
2	分闸 1 公共回路	X1：630→对应相断路器分闸线圈 1 航插组 [A 相对应 X31LA：3/X41LA：3→三对串接的断路器动合辅助触点 S1LA 的 193-194、203-204、213-214→分闸线圈 Y3LA 的 A1-A2→X41LA：4/X31LA：4；B 相对应 X31LB：3/X41LB：3→三对串接的断路器动合辅助触点 S1LB 的 193-194、203-204、213-214→分闸线圈 Y3LB 的 A1-A2→X41LB：4/X31LB：4；C 相对应 X31LC：3/X41LC：3→三对串接的断路器动合辅助触点 S1LC 的 193-194、203-204、213-214→分闸线圈 Y3LC 的 A1-A2→X41LC：4/X31LC：4]→X2：10→公共闭锁回路 [SF₆ 总闭锁 1 接触器 K10 动合触点 33-34]→控制 I 负电源（K102/X1：645）
3	分闸 2 公共回路	X1：730→对应相断路器分闸线圈 2 航插组 [A 相对应 X31LA：5/X41LA：5→三对串接的断路器动合辅助触点 S1LA 的 223-224、233-234、243-244→分闸线圈 Y4LA 的 A1-A2→X41LA：6/X31LA：6；B 相对应 X31LB：5　X41LB：5→三对串接的断路器动合辅助触点 S1LB 的 223-224、233-234、243-244→分闸线圈 Y4LB 的 AI-A2→X41LB：6/X31LB：6；C 相对应 X31LC：5/X41LC：5→三对串接的断路器动合辅助触点 S1LC 的 223-224、233-234、243-244→分闸线圈 Y4LC 的 A1-A2→X41LC：6/X31LC：6]→X2：15→公共闭锁回路 [SF₆ 总闭锁 2 接触器 K55 动合触点 43-44]→控制 II 负电源（K202/X1：745）
4	远方合闸回路	控制 I 正电源 K101→操作箱内手合继电器的动合触点或操作箱内重合闸重动继电器的动合触点→远方合闸回路（A 相对应回路为 7A/X1：1010；B 相对应回路为 7B/X1：1012；C 相对应回路为 7C/X1：1014）→远方/就地把手 S8 的远方触点 [A 相对应触点为 43-44（X1：1010-X1：614）；B 相对应触点为 13-14（X1：1012-X1：620）；C 相对应触点为 23-24（X1：1014-X1：1016）]→合闸公共回路
5	合闸就地回路	控制 I 正电源 K101→第一组就地三相合闸接触器 K76 的 3 对动合触点 [A 相对应 23-24（X1：1011-X1：614）；B 相对应 33-34（X1：1013-X1：620）；C 相对应 43-44（X1：1015-X1：1016）]→合闸公共回路
6	远方分闸 1 回路	控制 I 正电源 K101→操作箱内对应相手跳继电器的动合触点或操作箱内第一组手跳继电器（一般由线路保护 1 经三跳压板后启动）的动合触点或操作箱内第一组永跳继电器（一般由母差/失灵保护经永跳压板后启动）的动合触点或本线保护 1 分相跳闸令经分相跳闸压板→远方分闸 1 回路 [A 相对应回路为 137A/X1：632；B 相对应回路为 137B/X1：637；C 相对应回路为 137C/X1：642]→远方/就地把手 S8 的三对远方触点 [A 相对应触点为 33-34（X1：632-X1：630）；B 相对应触点为 73-74（X1：637-X1：635）；C 相对应触点为 53-54（X1：642-X1：640）]→分闸 1 公共回路
7	非全相分闸 1 回路	控制 I 正电源（K101/X1：650）→非全相第一组出口压板 LP3 的 2-1→X1：649→第一组非全相直跳接触器 K61 的三对动合触点 [A 相对应触点为 13-14（X1：630）；B 相对应触点为 23-24（X1：635）；C 相对应触点为 33-34（X1：640）]→分闸 1 公共回路
8	就地三相合闸启动回路	控制 I 正电源 K101→YBJ 五防电编码锁 1-2→K101S/X1：612→远方/就地把手 S8 就地位置触点 11-12→S9 就地三相合闸按钮 13-14→X1：1021/X1：1022→第一组就地直合接触器 K76 的 A1-A2→控制 I 负电源（K102/X1：628）

序号	模块名称	分解辨识
9	就地三相分闸启动回路	控制Ⅰ正电源 K101→YBJ 五防电编码锁 1-2→K101S/X1：612→远方/就地把手 S8 就地位置触点 11-12→S3 就地三相分闸按钮 13-14→第一组就地直跳接触器 K77 的 A1-A2→控制Ⅰ负电源（K102/X1：628）
10	分闸就地回路	控制Ⅰ正电源（K101/X1：591）→第一组就地三相分闸接触器 K77 的 3 对动合触点 [A 相对应 13-14（X1：630）；B 相对应 23-24（X1：635）；C 相对应 33-34（X1：640）]→分闸 1 公共回路
11	远方分闸 2 回路	控制Ⅱ正电源 K201→操作箱内对应相手跳继电器的动合触点或操作箱内第二组手跳继电器（一般由线路保护 2 经三跳压板后启动）的动合触点或操作箱内第二组永跳继电器（一般由母差/失灵保护经永跳压板后启动）的动合触点或本线保护 2 分相跳闸令经分相跳闸压板→远方分闸 2 回路 {A 相对应回路为 237A/X1：730；B 相对应回路为 237B/X1：735；C 相对应回路为 237C/X1：740}→分闸 2 公共回路
12	非全相分闸 2 回路	控制Ⅱ正电源（K201/X1：750）→非全相第二组出口压板 LP4 的 2-1→X1：749→第二组非全相直跳接触器 K63 的三对动合触点 [A 相对应触点为 13-14（X1：730）；B 相对应触点为 23-24（X1：735）；C 相对应触点为 33-34（X1：740）]→分闸 2 公共回路

三、二次回路元器件辨识及其异动说明

二次回路元器件辨识及其异动说明见表 3-6。

表 3-6 　　二次回路元器件辨识及其异动说明

序号	元器件名称编号	原始状态	元器件异动说明	元器件异动后果	元器件异动触发光字牌信号	
					断路器合闸状态	断路器分闸状态
1	SF₆ 压力低微动开关 B4LA、B4LB、B4LC	低通压力触点，正常时断开	当断路器机构箱内任一相 SF₆ 压力低于 SF₆ 低气压报警接通值 0.52MPa 时，B4 微动开关低通触点 13-11 触点通，沟通测控装置对应的信号光耦	当断路器机构箱内任一相 SF₆ 微动开关 B4 的压力低于 SF₆ 泄漏告警接通值 0.52MPa 时，B4 的 SF₆ 低报警微动开关 11-13 触点通，沟通测控装置内对应的信号光耦直接发出"断路器 SF₆ 泄漏"光字牌	光字牌情况：断路器 SF₆ 泄漏	光字牌情况：断路器 SF₆ 泄漏
2	SF₆ 总闭锁 1 接触器 K10	正常时励磁，为吸入状态；失磁后为顶出状态	当任一相断路器本体内 SF₆ 气体发生泄漏，压力降至 0.50MPa 时，相应的 SF₆ 微动开关 B4 高通触点 22-21 断，使得分闸总闭锁 1 接触器 K10 失电而复归	K10 接触器复归后：（1）其动合触点 33-34 断开使分闸 1 回路闭锁；（2）其动合触点 13-14 断开使合闸回路闭锁；（3）通过其动断触点 61-62 沟通测控装置内对应的信号光耦，并发出"断路器 SF₆ 总闭锁 1"光字牌；（4）通过其动断触点 71-72 沟通测控装置内对应的信号光耦，并发出"断路器自动重合闸闭锁 1"光字牌	（1）光字牌情况：1）第一组控制回路断线；2）断路器 SF₆ 泄漏；3）断路器 SF₆ 总闭锁 1；4）断路器自动重合闸闭锁。（2）其他信号：操作箱上第一组 3 盏 OP 灯灭	（1）光字牌情况：1）第一组控制回路断线；2）第二组控制回路断线；3）断路器 SF₆ 泄漏；4）断路器 SF₆ 总闭锁 1；5）断路器自动重合闸闭锁。（2）其他信号：测控柜上红绿灯均灭

281

序号	元器件名称编号	原始状态	元器件异动说明	元器件异动后果	元器件异动触发光字牌信号	
					断路器合闸状态	断路器分闸状态
3	SF₆总闭锁2接触器K55	正常时励磁，为吸入状态；失磁后为顶出状态	当任一相断路器本体内 SF₆ 气体发生泄漏，压力降至 0.50MPa 时，相应的 SF₆ 微动开关 B4 高通触点 32-31 断，使得分闸总闭锁2接触器 K55 失电而复归	K55 接触器复归后：(1) 其动合触点 43-44 断开使分闸2回路闭锁；(2) 通过其动断触点 51-52 沟通测控装置内对应的信号光耦，并发出"断路器 SF₆ 总闭锁2"光字牌；(3) 通过其动断触点 61-62 沟通测控装置内对应的信号光耦并发出"断路器自动重合闸闭锁2"光字牌	(1) 光字牌情况：1) 第二组控制回路断线；2) 断路器 SF₆ 泄漏；3) 断路器 SF₆ 总闭锁2；4) 断路器自动重合闸闭锁。(2) 其他信号：操作箱上第二组3盏 OP 灯灭	(1) 光字牌情况：1) 第一组控制回路断线；2) 第二组控制回路断线；3) 断路器 SF₆ 泄漏；4) 断路器 SF₆ 总闭锁2；5) 断路器自动重合闸闭锁。(2) 其他信号：测控柜上红绿灯均灭
4	A、B、C 相防跳继电器 K75LA、K75LB、K75LC	正常时不励磁，为顶出状态；励磁后为吸入状态	断路器合闸后，为防止断路器跳开后却因合闸脉冲又较长时出现多次合闸，厂家设计了一旦断路器合闸到位后，对应相断路器的动合辅助触点闭合，此时只要合闸回路（不论远控近控）仍存在合闸脉冲，对应相 K75 接触器励磁并通过其动合触点自保持	K75LA、K75LB、K75LC 继电器励磁后：(1) 通过其动合触点的 13-14 触点实现该相防跳继电器自保持；(2) 其串入对应相合闸回路的防跳继电器的三对动断触点串开（即改相合闸负电源回路上的防跳继电器动断触点 51-52、62-61、71-72 断开），闭锁合闸回路	无	(1) 光字牌情况：1) 第一组控制回路断线；2) 第二组控制回路断线。(2) 其他信号：测控柜上红绿灯均灭
5	第一组就地合接触器 K76	正常时不励磁，为顶出状态；就地合闸时励磁，为吸入状态，合闸后返回	在五防满足的情况下，可以按下就地合闸按钮 S9 沟通第一组就地直合接触器 K76 励磁；规程规定为防止断路器非同期合闸，严禁就地合断路器，故一般就地断路器只适用于检修或试验时	K76 励磁后，输出 3 对动合触点 23-24（X1：1011-X1：614）、33-34（X1：1013-X1：620）、43-44（X1：1015-X1：1016）分别沟通断路器 A、B、C 相合闸公共回路，实现断路器三相合闸	无	无
6	第一组就地直跳接触器 K77	正常时不励磁，为顶出状态；就地分闸时励磁，为吸入状态，分闸后返回	在五防满足的情况下，可以按下就地分闸按钮 S3 沟通第一组就地直跳接触器 K77 励磁；一般规定只有在线路对侧已停电的情况下或检修或试验时方可就地分断路器	K77 励磁后，输出 3 对动合触点 13-14（X1：591-X1：630）、23-24（X1：591-X1：635）、33-34（X1：591-X1：640）分别沟通断路器 A、B、C 相第一组分闸1公共回路（不经远方 S8），实现断路器三相分闸	无	无

序号	元器件名称编号	原始状态	元器件异动说明	元器件异动后果	元器件异动触发光字牌信号	
					断路器合闸状态	断路器分闸状态
7	非全相强迫第一组直跳接触器K61	正常时不励磁，为顶出状态；断路器非全相运行时励磁，为吸入状态，并自保持，直至现场使用S4人为复归	断路器发生非全相运行时沟通K16励磁并经设定延时后，由K16动合触点沟通K61接触器励磁	K61励磁，将输出5对动合触点、1对动断触点： （1）其中3对动合触点13-14（X1：649-X1：630）、23-24（X1：649-X1：635）、33-34（X1：649-X1：640）分别沟通断路器A、B、C相分闸1公共回路（不经远方S8），跳开合闸相； （2）动断触点61-62断开后切断各相合闸回路，在使用S4把手复归非全相直跳接触器K61前，三相合闸回路被闭锁； （3）动合触点83-84闭合实现非全相强迫第一组直跳接触器K61自保持； （4）动合触点53-54（X1：853-X1：882）沟通测控装置内对应的信号光耦，并发出"断路器非全相保护动作（机构箱）"光字牌	（1）光字牌情况： 1）第一组控制回路断线； 2）第二组控制回路断线； 3）断路器非全相保护动作（机构箱）。 （2）其他信号：非全相时测控柜上红绿灯均灭	（1）光字牌情况： 1）第一组控制回路断线； 2）第二组控制回路断线； 3）断路器非全相保护动作（机构箱）。 （2）其他信号：非全相时测控柜上红绿灯均灭
8	非全相强迫第二组直跳接触器K63	正常时不励磁，为顶出状态；断路器非全相运行时励磁，为吸入状态，并自保持，直至现场使用S4人为复归	断路器发生非全相运行时沟通K26励磁并经设定延时后，由K26动合触点沟通K63接触器励磁	K63励磁，将输出5对动合触点、1对动断触点： （1）其中3对动合触点13-14（X1：749-X1：730）、23-24（X1：749-X1：735）、33-34（X1：749-X1：740）分别沟通断路器A、B、C相分闸2公共回路（不经远方S8），跳开合闸相； （2）动断触点61-62断开后切断各相合闸回路，在使用S4把手复归非全相直跳接触器K63前，三相合闸回路被闭锁； （3）动合触点83-84闭合实现非全相强迫第二组直跳接触器K63自保持； （4）动合触点53-54（X1：1019-X1：1020）沟通测控装置内对应的信号光耦，并发出"断路器非全相保护动作（机构箱）"光字牌	（1）光字牌情况： 1）第一组控制回路断线； 2）第二组控制回路断线； 3）断路器非全相保护动作（机构箱）。 （2）其他信号：非全相时测控柜上红绿灯均灭	（1）光字牌情况： 1）第一组控制回路断线； 2）第二组控制回路断线； 3）断路器非全相保护动作（机构箱）。 （2）其他信号：非全相时测控柜上红绿灯均灭

序号	元器件名称编号	原始状态	元器件异动说明	元器件异动后果	元器件异动触发光字牌信号	
					断路器合闸状态	断路器分闸状态
9	非全相启动第一组直跳时间继电器 K16	正常时不励磁；断路器非全相运行时励磁，power 灯闪亮，到延时设定值后输出动作触点并燃亮触点灯，非全相跳闸后 power 灯及触点灯均灭	断路器发生非全相运行时，将沟通 K16 时间继电器励磁	K16 励磁并经设定时间延时后，其动合触点闭合沟通非全相强迫第一组直跳接触器 K61 励磁，K61 动作后自保持的同时，其串接于断路器公共合闸回路的动断触点返回切断断路器合闸回路，控制 I 电源经"非全相出口压板 LP3"及闭合的 3 对 K61 出口触点强迫各相断路器第一组跳闸线圈跳闸，K61 还另提供 1 对动合触点发出"断路器非全相保护动作（机构箱）"光字牌	(1) 光字牌情况： 1) 第一组控制回路断线； 2) 第二组控制回路断线； 3) 断路器非全相保护动作（机构箱）。 (2) 其他信号：非全相时测控柜上红绿灯均灭	(1) 光字牌情况： 1) 第一组控制回路断线； 2) 第二组控制回路断线； 3) 断路器非全相保护动作（机构箱）。 (2) 其他信号：非全相时测控柜上红绿灯均灭
10	非全相启动第二组直跳时间继电器 K26	正常时不励磁；断路器非全相运行时励磁，power 灯闪亮，到延时设定值后输出动作触点并燃亮触点灯，非全相跳闸后 power 灯及触点灯均灭	断路器发生非全相运行时，将沟通 K26 时间继电器励磁	K26 励磁并经设定时间延时后，其动合触点闭合沟通非全相强迫第二组直跳接触器 K63 励磁，K63 动作后自保持的同时，其串接于断路器公共合闸回路的动断触点返回切断断路器合闸回路，控制 II 电源经"非全相出口压板 LP4"及闭合的 3 对 K63 出口触点强迫各相断路器第二组跳闸线圈跳闸，K63 还另提供 1 对动合触点发出"断路器非全相保护动作（机构箱）"光字牌	(1) 光字牌情况： 1) 第一组控制回路断线； 2) 第二组控制回路断线； 3) 断路器非全相保护动作（机构箱）。 (2) 其他信号：非全相时测控柜上红绿灯均灭	(1) 光字牌情况： 1) 第一组控制回路断线； 2) 第二组控制回路断线； 3) 断路器非全相保护动作（机构箱）。 (2) 其他信号：非全相时测控柜上红绿灯均灭
11	弹簧储能微动开关 S16LA、S16LB、S16LC	未储能时动断触点闭合，储能到位后动合触点闭合	当任一相断路器机构箱内弹簧未储能且未能自动启动打压拉伸弹簧至已储能位置时，除了即时发出"断路器机械合闸闭锁""断路器自动重合闸 I 闭锁""断路器自动重合闸 II 闭锁""电机打压超时"信号外，还将通过串接于各相合闸回路中的"弹簧未储能闭锁合闸接触器 K15"的常闭触点断开切断三相合闸回路，同时，由于打压超时缘故，此时三相储能电机直流控制回路也被切断	当任一相断路器机构箱内弹簧未储能且未能自动启动打压拉伸弹簧至已储能位置时，除了即时发出"断路器机械合闸闭锁""断路器自动重合闸 I 闭锁""断路器自动重合闸 II 闭锁""电机打压超时"信号外，还将通过串接于各相合闸回路中的"弹簧未储能闭锁合闸接触器 K15"的常闭触点断开切断三相合闸回路，同时，由于打压超时缘故，此时三相储能电机直流控制回路也被切断 注："断路器三相弹簧未储能"信号一般只在断路器停役，拉开各相储能电机交流电源并进行合分操作释放合闸弹簧能量后才能发出	未储能时光字牌情况： (1) 断路器机械合闸闭锁； (2) 断路器自动重合闸闭锁； (3) 电机打压超时	(1) 未储能时光字牌情况： 1) 断路器机械合闸闭锁； 2) 断路器自动重合闸闭锁； 3) 电机打压超时； 4) 第一组控制回路断线； 5) 第二组控制回路断线。 (2) 未储能时其他信号：测控柜上红绿灯均灭

序号	元器件名称编号	原始状态	元器件异动说明	元器件异动后果	元器件异动触发光字牌信号	
					断路器合闸状态	断路器分闸状态
12	弹簧未储能闭锁三相合闸接触器 K15	正常时不励磁，为顶出状态；任一相弹簧未储能时励磁，为吸入状态	当任一相断路器机构箱内弹簧未储能导致断路器弹簧未储能闭锁三相合闸接触器 K15 励磁实现断路器合闸闭锁时，还将启动该相储能电机运转接触器 K9 励磁及储能电机打压超时继电器 K67 计时，此时三相储能电机控制回路被切断，断路器三相合闸回路被闭锁，断路器机构发自动重合闸闭锁告警	当某相断路器机构箱内弹簧未储能到位，对应相断路器机构内弹簧的合闸能量不足，该断路器机构箱内合闸弹簧储能位置 S16 的常闭触点闭合后触发测控装置开入光耦发出"机械合闸闭锁"信号，与此同时，弹簧未储能闭锁三相合闸接触器 K15 励磁，其串接于断路器各相合闸回路的动断触点（61-62、71-72、81-82）返回切断断路器合闸回路，无法进行断路器的合闸操作	光字牌情况： （1）断路器机械合闸闭锁； （2）断路器自动重合闸闭锁； （3）电机打压超时	（1）光字牌情况： 1）断路器机械合闸闭锁； 2）断路器自动重合闸闭锁； 3）电机打压超时； 4）第一组控制回路断线； 5）第二组控制回路断线。 （2）其他信号：测控柜上红绿灯均灭
13	储能电机打压超时继电器 K67（30s）	正常时不励磁；任一相断路器弹簧未储能时励磁闪亮 power 灯，到延时设定值（30s）后输出动作触点并燃亮触点灯	当任一相断路器机构箱内弹簧未储能导致断路器弹簧未储能闭锁三相合闸接触器 K15 励磁实现断路器合闸闭锁时，还将启动该相储能电机运转接触器 K9 励磁及储能电机打压超时继电器 K67 计时，此时三相储能电机控制回路被切断，断路器三相合闸回路被闭锁，断路器机构发自动重合闸闭锁告警	K67 继电器励磁后，将输出 1 对延时动合触点、1 对延时动断触点： （1）其串接于各相储能接触器励磁公共回路的动断触点 16-15 返回切断储能电机 K9LA、K9LB、K9LC 控制回路，电机停止打压，此时须到现场使用 S4 人为复归或设法恢复弹簧至已储能状态后方能解除被切断的储能电机励磁回路； （2）延时动合触点 28-25（X1：853-X1：880）沟通测控装置内对应的信号光耦，并发出"电机打压超时"光字牌	光字牌情况： （1）电机打压超时； （2）断路器机械合闸闭锁； （3）断路器自动重合闸闭锁	光字牌情况： （1）电机打压超时； （2）断路器机械合闸闭锁； （3）断路器自动重合闸闭锁
14	储能电机运转接触器 K9LA、K9LB、K9LC	正常时不励磁；任一相断路器弹簧未储能时励磁闪亮 power 灯，到延时设定值（30s）后输出动作触点并燃亮触点灯	当任一相断路器机构箱内弹簧未储能导致断路器弹簧未储能闭锁三相合闸接触器 K15 励磁实现断路器合闸闭锁时，还将启动该相储能电机运转接触器 K9 励磁及储能电机打压超时继电器 K67 计时，若电机正常储能，则弹簧储能到位后断路器三相合闸回路恢复正常	某相 K9 接触器励磁后，动合触点 13-14、33-34、33-34 串接入单相储能电机交流动力电源回路，驱使储能电机打压	光字牌情况：储能电机运转	光字牌情况：储能电机运转

285

序号	元器件名称编号	原始状态	元器件异动说明	元器件异动后果	元器件异动触发光字牌信号	
					断路器合闸状态	断路器分闸状态
15	断路器分合计数器 P1LA、P1LB、P1LC	正常时不励磁，断路器位置突变时进行一次+1计数	不管断路器是合闸还是分闸，在断路器到位前，其滑动触头均会短时闭合，沟通断路器分合计数器励磁进行一次+1计数，当断路器分合到位后，该对短时闭合的滑动触头已提前断开，实现了断路器分闸次数的准确计数	无	无	无
16	储能电机电源空开 F1LA、F1LB、F1LC	合上	无	空开跳开后，将发出"断路器储能电机电源消失"光字牌，若不及时复位，当断路器弹簧未储能时将造成储能电机无法运转储能，导致断路器合闸回路被闭锁等影响	光字牌情况：断路器储能电机电源消失	光字牌情况：断路器储能电机电源消失
17	加热器电源空开 F3（1个）	合上	无	在气候潮湿情况下，有可能引起一些对环境要求较高的元器件绝缘降低，如 SF_6 压力微动开关	光字牌情况：断路器加热器电源消失	光字牌情况：断路器加热器电源消失
18	非全相/打压超时复位转换开关 S4	0 位置	无	（1）弹簧未储能引起打压超时继电器动作后短时复位用；（2）非全相直跳接触器复位用	无	无
19	远方/就地转换开关 S8	远方位置	无	将断路器机构箱内远方/就地转换开关 S8 切换至"就地"位置后，将引起保护及远控分合闸回路断线，当保护有出口或需紧急操作时造成保护拒动或远控操作失灵	（1）光字牌情况：1）第一组控制回路断线；2）第二组控制回路断线。（2）其他信号：1）测控柜上红绿灯均灭；2）操作箱上两组 6 盏 OP 灯均灭	（1）光字牌情况：1）第一组控制回路断线；2）第二组控制回路断线。（2）其他信号：测控柜上红绿灯均灭
20	就地分闸按钮 S3	无	无	在五防满足的情况下，可以实现就地分闸	无	无
21	就地合闸按钮 S9	无	无	在五防满足的情况下，可以实现就地合闸，但规程规定为防止断路器非同期合闸，严禁就地合断路器（检修或试验除外）	无	无

第四节 杭州西门子公司 3AP1-FI-252 型 220kV 高压断路器二次回路 2 辨识

一、二次回路功能模块化分解原理图

1. 合闸回路原理接线图

杭州西门子公司 3AP1-FI-252 型 220kV 高压断路器合闸回路原理接线图见图 3-25。

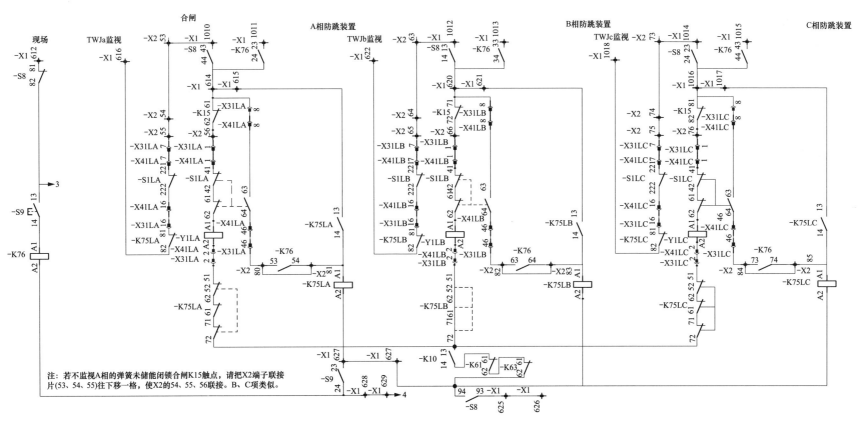

图 3-25 杭州西门子公司 3AP1-FI-252 型 220kV 高压断路器合闸回路原理接线图

2. 分闸回路 1 原理接线图

杭州西门子公司 3AP1-FI-252 型 220kV 高压断路器分闸回路 1 原理接线图见图 3-26。

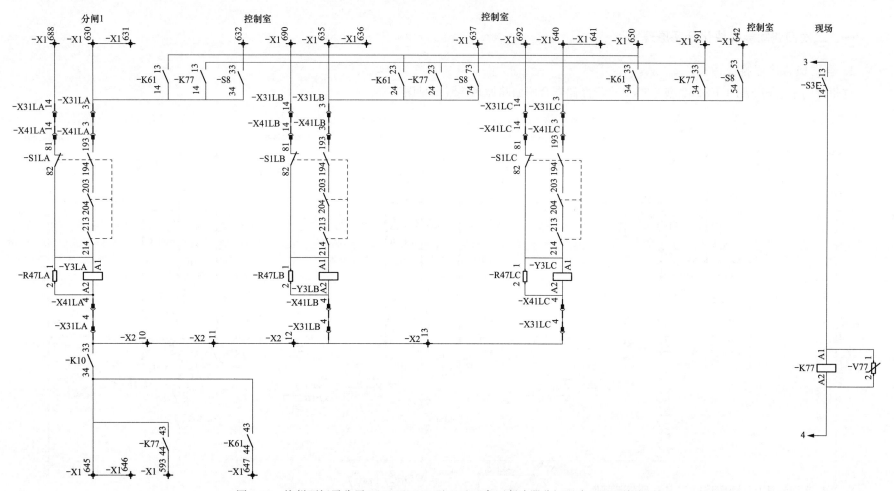

图 3-26　杭州西门子公司 3AP1-FI-252 型 220kV 高压断路器分闸回路 1 原理接线图

3. 分闸回路 2 原理接线图

杭州西门子公司 3AP1-FI-252 型 220kV 高压断路器分闸回路 2 原理接线图见图 3-27。

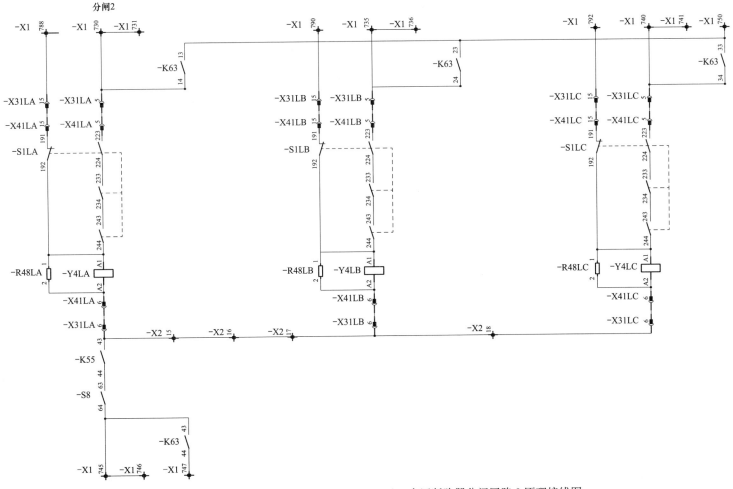

图 3-27　杭州西门子公司 3AP1-FI-252 型 220kV 高压断路器分闸回路 2 原理接线图

4. 非全相保护回路 1、2 及断路器计数器、断路器 SF₆ 总闭锁回路 1 原理接线图

杭州西门子公司 3AP1-FI-252 型 220kV 高压断路器非全相保护回路 1、2 及断路器计数器、断路器 SF₆ 总闭锁回路 1 原理接线图见图 3-28。

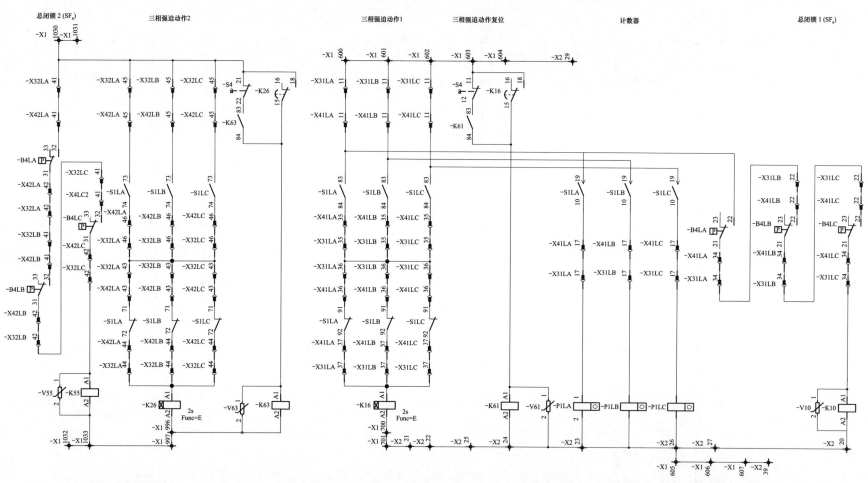

图 3-28　杭州西门子公司 3AP1-FI-252 型 220kV 高压断路器非全相保护回路 1、2 及断路器计数器、断路器 SF₆ 总闭锁回路 1 原理接线图

5. 储能电机回路原理接线图

杭州西门子公司 3AP1-FI-252 型 220kV 高压断路器储能电机回路原理接线图见图 3-29。

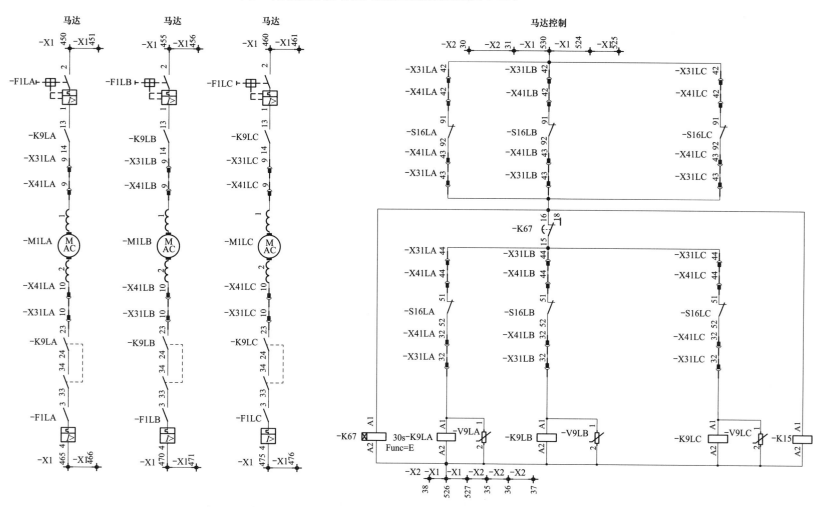

图 3-29 杭州西门子公司 3AP1-FI-252 型 220kV 高压断路器储能电机回路原理接线图

6. 加热器等辅助回路原理接线图

杭州西门子公司 3AP1-FI-252 型 220kV 高压断路器加热器等辅助回路原理接线图见图 3-30。

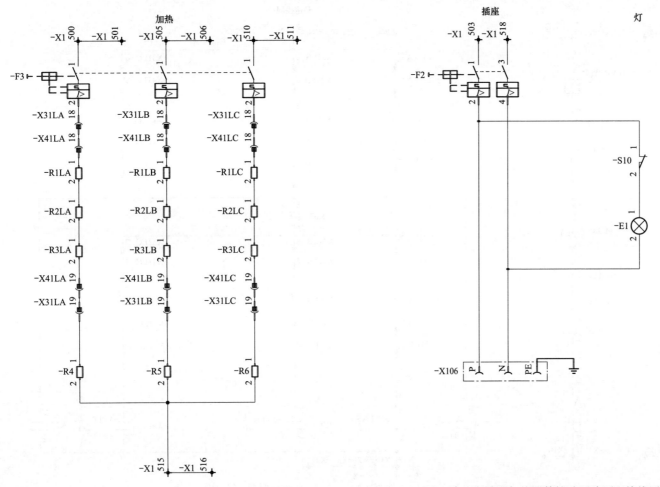

图 3-30　杭州西门子公司 3AP1-FI-252 型 220kV 高压断路器加热器等辅助回路原理接线图

292

7. 信号回路原理接线图

杭州西门子公司 3AP1-FI-252 型 220kV 高压断路器信号回路原理接线图见图 3-31 及图 3-32。

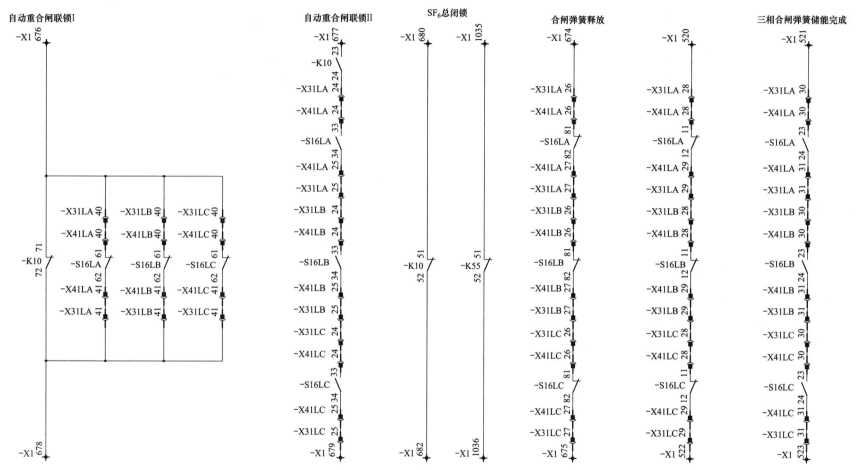

图 3-31　杭州西门子公司 3AP1-FI-252 型 220kV 高压断路器信号回路原理接线图 1

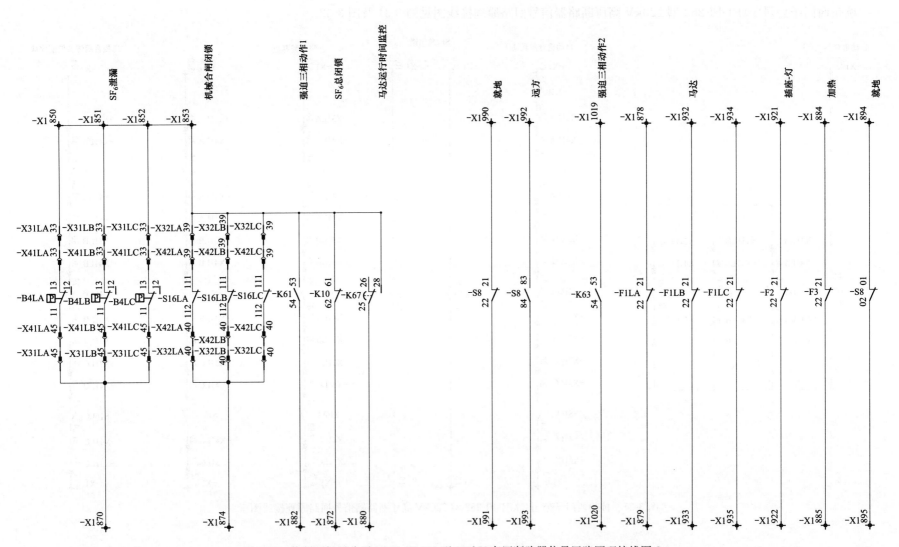

图 3-32　杭州西门子公司 3AP1-FI-252 型 220kV 高压断路器信号回路原理接线图 2

294

8. 备用辅助触点图

杭州西门子公司 3AP1-FI-252 型 220kV 高压断路器备用辅助触点图见图 3-33。

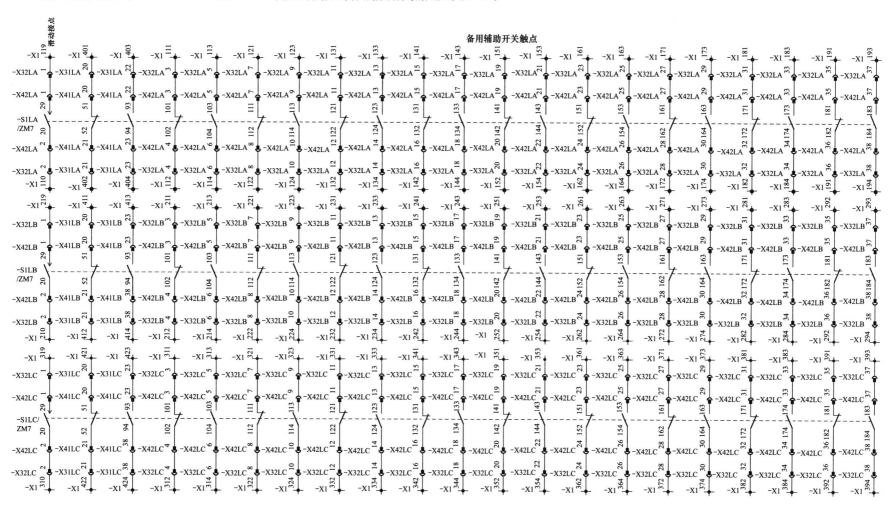

图 3-33　杭州西门子公司 3AP1-FI-252 型 220kV 高压断路器备用辅助触点图

二、断路器二次回路功能模块化分解辨识

断路器二次回路功能模块化分解辨识见表 3-7。

表 3-7   **断路器二次回路功能模块化分解辨识**

序号	模块名称	分解辨识
1	合闸公共回路	弹簧未储能闭锁三相合闸接触器 K15 的动断触点 [A 相对应触点为 61-62 (X1: 614-X2: 56); B 相对应触点为 71-72 (X1: 620-X2: 66); C 相对应触点为 81-82 (X1: 1016-X2: 76)]→对应相断路器合闸线圈航插组 [A 相对应 X31LA: 1/X41LA: 1→两对串接的断路器动断辅助触点 S1LA 的 41-42、61-62→合闸线圈 Y1LA 的 A1-A2→X41LA: 2/X31LA: 2; B 相对应 X31LB: 1/X41LB: 1→两对串接的断路器动断辅助触点 S1LB 的 41-42、61-62→合闸线圈 Y1LB 的 A1-A2→X41LB: 2/X31LB: 2; C 相对应 X31LC/X41LC: 1: 1→两对串接的断路器动断辅助触点 S1LC 的 41-42、61-62→合闸线圈 Y1LC 的 A1-A2→X41LC: 2/X31LC: 2]→对应相 3 对串接的防跳接触器 K75 的动断触点 51-52、62-61、71-72→公共闭锁回路 [SF6 总闭锁 1 接触器 K10 动合触点 13-14→第一组非全相直跳接触器 K61 动断触点 61-62→第二组非全相直跳接触器 K63 动断触点 61-62]→控制 I 负电源 (K102/X1: 625)
2	分闸 1 公共回路	对应相断路器分闸线圈 1 航插组 [A 相对应 X31LA: 3/X41LA: 3→三对串接的断路器动合辅助触点 S1LA 的 193-194、203-204、213-214→分闸线圈 Y3LA 的 A1-A2→X41LA: 4/X31LA: 4; B 相对应 X31LB: 3/X41LB: 3→三对串接的断路器动合辅助触点 S1LB 的 193-194、203-204、213-214→分闸线圈 Y3LB 的 A1-A2→X41LB: 4/X31LB: 4; C 相对应 X31LC: 3/X41LC: 3→三对串接的断路器动合辅助触点 S1LC 的 193-194、203-204、213-214→分闸线圈 Y3LC 的 A1-A2→X41LC: 4/X31LC: 4]→X2: 10→公共闭锁回路 [SF6 总闭锁 1 接触器 K10 动合触点 33-34]→控制 I 负电源 (K102/X1: 645)
3	分闸 2 公共回路	对应相断路器分闸线圈 2 航插组 [A 相对应 X31LA: 5/X41LA: 5→三对串接的断路器动合辅助触点 S1LA 的 223-224、233-234、243-244→分闸线圈 Y4LA 的 A1-A2→X41LA: 6/X31LA: 6; B 相对应 X31LB: 5/X41LB: 5→三对串接的断路器动合辅助触点 S1LB 的 223-224、233-234、243-244→分闸线圈 Y4LB 的 A1-A2→X41LB: 6/X31LB: 6; C 相对应 X31LC: 5/X41LC: 5→三对串接的断路器动合辅助触点 S1LC 的 223-224、233-234、243-244→分闸线圈 Y4LC 的 A1-A2→X41LC: 6/X31LC: 6]→X2: 15→公共闭锁回路 [SF6 总闭锁 2 接触器 K55 动合触点 43-44]→远方/就地把手 S8 触点 63-64→控制 II 负电源 (K202/X1: 745)
4	远方合闸回路	控制 I 正电源 K101→操作箱内手合继电器的动合触点或操作箱内重合闸重动继电器的动合触点→远方合闸回路 (A 相对应回路为 7A/X1: 1010; B 相对应回路为 7B/X1: 1012; C 相对应回路为 7C/X1: 1014)→远方/就地把手 S8 的远方触点 [A 相对应触点为 43-44 (X1: 1010-X1: 614); B 相对应触点为 13-14 (X1: 1012-X1: 620); C 相对应触点为 23-24 (X1: 1014-X1: 1016)]→合闸公共回路
5	合闸就地回路	控制 I 正电源 K101→第一组就地三相合闸接触器 K76 的 3 对动合触点 [A 相对应 23-24 (X1: 1011-X1: 614); B 相对应 33-34 (X1: 1013-X1: 620); C 相对应 43-44 (X1: 1015-X1: 1016)]→合闸公共回路
6	远方分闸 1 回路	控制 I 正电源 K101→操作箱内对应相手跳继电器的动合触点或操作箱内第一组手跳继电器 (一般由线路保护 1 经三跳压板后启动) 的动合触点或操作箱内第一组永跳继电器 (一般由母差/失灵保护经永跳压板后启动) 的动合触点或本线保护 1 分相跳闸令经分相跳闸压板→远方分闸 1 回路 [A 相对应回路为 137A/X1: 632; B 相对应回路为 137B/X1: 637; C 相对应回路为 137C/X1: 642]→远方/就地把手 S8 的三对远方触点 [A 相对应触点为 33-34 (X1: 632-X1: 630); B 相对应触点为 73-74 (X1: 637-X1: 635); C 相对应触点为 53-54 (X1: 642-X1: 640)]→分闸 1 公共回路
7	非全相分闸 1 回路	控制 I 正电源 (K101/X1: 650)→第一组非全相直跳接触器 K61 的三对动合触点 [A 相对应触点为 13-14 (X1: 630); B 相对应触点为 23-24 (X1: 635); C 相对应触点为 33-34 (X1: 640)]→分闸 1 公共回路
8	就地三相合闸启动回路	控制 I 正电源 K101→YBJ 五防电编码锁 1-2→K101S/X1: 612→远方/就地把手 S8 就地位置触点 81-82→S9 就地三相合闸按钮 13-14→第一组就地直合接触器 K76 的 A1-A2→控制 I 负电源 (K102/X1: 628)

296

序号	模块名称	分解辨识
9	就地三相分闸启动回路	控制 I 正电源 K101→YBJ 五防电码锁 1-2→K101S/X1：612→远方/就地把手 S8 就地位置触点 11-12→S3 就地三相分闸按钮 13-14→第一组就地直跳接触器 K77 的 A1-A2→控制 I 负电源（K102/X1：628）
10	分闸就地回路	控制 I 正电源（K101/X1：591）→第一组就地三相分闸接触器 K77 的 3 对动合触点〔A 相对应 13-14（X1：630）；B 相对应 23-24（X1：635），C 相对应 33-34（X1：640）〕→分闸 1 公共回路
11	远方分闸 2 回路	控制 II 正电源 K201→操作箱内对应手跳继电器的动合触点或操作箱内第二组手跳继电器（一般由线路保护 2 经三跳压板后启动）的动合触点或操作箱内第二组永跳继电器（一般由母差/失灵保护经永跳压板后启动）的动合触点或本线保护 2 分相跳闸令经分相跳闸压板→远方分闸 2 回路〔A 相对应回路为 237A/X1：730；B 相对应回路为 237B/X1：735；C 相对应回路为 237C/X1：740〕→分闸 2 公共回路
12	非全相分闸 2 回路	控制 II 正电源（K201/X1：750）→第二组非全相直跳接触器 K63 的三对动合触点〔A 相对应触点为 13-14（X1：730）；B 相对应触点为 23-24（X1：735）；C 相对应触点为 33-34（X1：740）〕→分闸 2 公共回路

三、二次回路元器件辨识及其异动说明

二次回路元器件辨识及其异动说明见表 3-8。

表 3-8　二次回路元器件辨识及其异动说明

序号	元器件名称编号	原始状态	元器件异动说明	元器件异动后果	元器件异动触发光字牌信号 断路器合闸状态	元器件异动触发光字牌信号 断路器分闸状态
1	SF₆ 总闭锁 1 接触器 K10	正常时励磁，为吸入状态；失磁后为顶出状态	当任一相断路器本体内 SF₆ 气体发生泄漏，压力降至 0.50MPa 时，相应的 SF₆ 微动开关 B4 高通触点 22-21 断，使得分闸总闭锁 1 接触器 K10 失电而复归	K10 接触器复归后：（1）其动合触点 33-34 断开使分闸 1 回路闭锁；（2）其动合触点 13-14 断开使合闸回路闭锁通过；（3）其动断触点 61-62（51-52）沟通测控装置内对应的信号光耦，并发出"SF₆ 总闭锁"光字牌；（4）通过其动断触点 71-72 沟通测控装置内对应的信号光耦，并发出"断路器自动重合闸闭锁"光字牌	（1）光字牌情况：1）第一组控制回路断线；2）断路器跳闸闭锁；3）断路器压力降低禁止重合闸。（2）其他信号：1）操作箱上第一组 3 盏 OP 灯灭；2）线路保护屏上重合闸充电灯灭	（1）光字牌情况：1）第一组控制回路断线；2）第二组控制回路断线；3）断路器跳闸闭锁；4）断路器压力降低禁止重合闸。（2）其他信号：测控柜上红绿灯均灭
2	SF₆ 总闭锁 2 接触器 K55	正常时励磁，为吸入状态；失磁后为顶出状态	当发生本断路器任何一相 SF₆ 压力气体压力降至 0.50MPa 时，均会使得分闸总闭锁 2 接触器 K55 失电而复归	K55 接触器复归后：（1）其动合触点 43-44 断开使分闸 2 回路闭锁；（2）其动断触点 51-52 沟通测控装置内对应的信号光耦，并发出"SF₆ 总闭锁"光字牌	（1）光字牌情况：1）断路器跳闸闭锁；2）第二组控制回路断线。（2）其他信号：1）操作箱上第二组 3 盏 OP 灯灭；2）线路保护屏上重合闸充电灯灭	（1）光字牌情况：断路器跳闸闭锁。（2）其他信号：测控柜上红绿灯均灭

序号	元器件名称编号	原始状态	元器件异动说明	元器件异动后果	元器件异动触发光字牌信号	
					断路器合闸状态	断路器分闸状态
3	第一组就地直合接触器 K76	正常时不励磁，为顶出状态；就地合闸时励磁，为吸入状态，合闸后返回	在五防满足的情况下，可以按下就地合闸按钮 S9 沟通第一组就地直合接触器 K76 励磁；规程规定为防止断路器非同期合闸，严禁就地合断路器，故一般就地合断路器只适用于检修或试验时	K76 励磁后，输出 3 对动合触点 23-24（X1：1011-X1：614）、33-34（X1：1013-X1：620）、43-44（X1：1015-X1：1016）分别沟通断路器 A、B、C 相合闸公共回路，实现断路器三相合闸	无	无
4	第一组就地直跳接触器 K77	正常时不励磁，为顶出状态；就地分闸时励磁，为吸入状态，分闸后返回	在五防满足的情况下，可以按下就地分闸按钮 S3 沟通第一组就地直跳接触器 K77 励磁；一般规定只有在线路对侧已停电的情况下或检修或试验时方可就地分断路器	K77 励磁后，输出 3 对动合触点 13-14（X1：591-X1：630）、23-24（X1：591-X1：635）、33-34（X1：591-X1：640）分别沟通断路器 A、B、C 相第一组分闸 1 公共回路（不经远方 S8），实现断路器三相分闸	无	无
5	非全相强迫第一组直跳接触器 K61	正常时不励磁，为顶出状态；断路器非全相运行时励磁，为吸入状态，并自保持，直至现场使用 S4 人为复归	断路器发生非全相运行时沟通 K16 励磁并经设定延时后，由 K16 动合触点沟通 K61 接触器励磁	K61 励磁后，将输出 5 对动合触点、1 对动断触点： (1) 其中 3 对动合触点 13 (X1：650)-14、23 (X1：650)-24、33 (X1：650)-34 分别沟通断路器 A、B、C 相分闸 1 公共回路（不经远方 S8），跳开合闸相； (2) 其动断触点 61-62 断开，合闸线圈 Y1LA、Y1LB、Y1LC 回路随之断开； (3) 其动合触点 83-84 闭合实现非全相强迫第一组直跳接触器 K61 自保持； (4) 其动合触点 53-54（X1：850-X1：882）沟通测控装置内对应的信号光耦，并发出"断路器非全相保护动作（机构箱）"光字牌	(1) 光字牌情况： 1) 第一组控制回路断线； 2) 第二组控制回路断线； 3) 断路器非全相保护动作（机构箱）； 4) 断路器压力降低禁止重合闸。 (2) 其他信号：测控柜上红绿灯均灭	(1) 光字牌情况： 1) 第一组控制回路断线； 2) 第二组控制回路断线； 3) 断路器非全相保护动作（机构箱）； 4) 断路器压力降低禁止重合闸。 (2) 其他信号：测控柜上红绿灯均灭
6	非全相强迫第二组直跳接触器 K63	正常时不励磁，为顶出状态；断路器非全相运行时励磁，为吸入状态，并自保持，直至现场使用 S4 人为复归	断路器发生非全相运行时沟通 K26 励磁并经设定延时后，由 K26 动合触点沟通 K63 接触器励磁	K63 励磁后，将输出 4 对动合触点： (1) 其中 3 对动合触点 13 (X1：750)-14、23 (X1：750)-24、33 (X：750)-34 分别沟通断路器 A、B、C 相分闸 2 公共回路（不经远方 S8），跳开合闸相；	(1) 光字牌情况： 1) 第一组控制回路断线； 2) 第二组控制回路断线； 3) 断路器非全相保护动作（机构箱）； 4) 断路器压力降低禁止重合闸。	(1) 光字牌情况： 1) 第一组控制回路断线； 2) 第二组控制回路断线； 3) 断路器非全相保护动作（机构箱）； 4) 断路器压力降低禁止重合闸。

序号	元器件名称编号	原始状态	元器件异动说明	元器件异动后果	元器件异动触发光字牌信号	
					断路器合闸状态	断路器分闸状态
6	非全相强迫第二组直跳接触器 K63	正常时不励磁,为顶出状态;断路器非全相运行时励磁,为吸入状态,并自保持,直至现场使用 S4 人为复归	断路器发生非全相运行时沟通 K26 励磁并经设定延时后,由 K26 动合触点沟通 K63 接触器励磁	(2) 其动断触点 62-61 断开,合闸线圈 Y1LA、Y1LB、Y1LC 回路随之断开; (3) 其动合触点 83-84 闭合实现非全相强迫第二组直跳接触器 K63 自保持; (4) 其动合触点 53-54 (X1:1019-X1:1020) 沟通测控装置内对应的信号光耦,并发出"断路器非全相保护动作(机构箱)"光字牌	(2) 其他信号:非全相时测控柜上红绿灯均灭(误碰该接触器使断路器跳闸后测控柜上绿灯会亮)	(2) 其他信号:非全相时测控柜上红绿灯均灭(误碰该接触器使断路器跳闸后测控柜上绿灯会亮)
7	非全相启动第一组直跳时间继电器 K16	正常时不励磁;断路器非全相运行时励磁,继电器绿灯闪亮,到延时设定值后输出动作触点并燃亮触点绿灯,非全相跳闸后继电器绿灯及触点绿灯均灭	断路器发生非全相运行时,将沟通 K16 时间继电器励磁	K16 励磁并经设定时间延时后沟通非全相强迫第一组直跳接触器 K61 励磁,由 K61 提供 3 对动合触点沟通各相断路器第一组跳闸线圈跳闸,并由 K61 提供的另 1 对动合触点发出"断路器非全相保护动作"光字牌	(1) 光字牌情况: 1) 第一组控制回路断线; 2) 第二组控制回路断线; 3) 断路器非全相保护动作(机构箱); 4) 断路器压力降低禁止重合闸。 (2) 其他信号:非全相时测控柜上红绿灯均灭	(1) 光字牌情况: 1) 第一组控制回路断线; 2) 第二组控制回路断线; 3) 断路器非全相保护动作(机构箱); 4) 断路器压力降低禁止重合闸。 (2) 其他信号:非全相时测控柜上红绿灯均灭
8	非全相启动第二组直跳时间继电器 K26	正常时不励磁;断路器非全相运行时励磁,继电器绿灯闪亮,到延时设定值后输出动作触点并燃亮触点绿灯,非全相跳闸后继电器绿灯及触点绿灯均灭	断路器发生非全相运行时,将沟通 K26 时间继电器励磁	K26 励磁并经设定时间延时后沟通非全相强迫第二组直跳接触器 K63 励磁,由 K63 提供 3 对动合触点沟通各相断路器第二组跳闸线圈跳闸,并由 K63 提供的另 1 对动合触点发出"断路器非全相保护动作"光字牌	(1) 光字牌情况: 1) 第一组控制回路断线; 2) 第二组控制回路断线; 3) 断路器非全相保护动作(机构箱); 4) 断路器压力降低禁止重合闸。 (2) 其他信号:非全相时测控柜上红绿灯均灭	(1) 光字牌情况: 1) 第一组控制回路断线; 2) 第二组控制回路断线; 3) 断路器非全相保护动作(机构箱); 4) 断路器压力降低禁止重合闸。 (2) 其他信号:非全相时测控柜上红绿灯均灭

序号	元器件名称编号	原始状态	元器件异动说明	元器件异动后果	元器件异动触发光字牌信号	
					断路器合闸状态	断路器分闸状态
9	弹簧未储能闭锁三相合闸接触器 K15	正常时不励磁，为顶出状态；任一相弹簧未储能时励磁，为吸入状态	当任一相断路器机构箱内弹簧未储能导致断路器弹簧未储能闭锁三相合闸接触器 K15 励磁实现断路器合闸闭锁时，还将启动该相储能电机运转接触器 K9 励磁及储能电机打压超时继电器 K67 计时，此时三相储能电机控制回路被切断，断路器三相合闸回路被闭锁，断路器机构发自动重合闸闭锁告警	当某相断路器机构箱内弹簧未储能到位，对应相断路器机构内弹簧的合闸能量不足，该断路器机构箱内合闸弹簧储能位置 S16 的常闭触点闭合后触发测控装置开入光耦发出"机械合闸闭锁"信号，与此同时，弹簧未储能闭锁三相合闸接触器 K15 励磁，其串接于断路器各合闸回路的动断触点（61-62，71-72，81-82）返回切断断路器合闸回路，无法进行断路器的合闸操作	光字牌情况： (1) 断路器机械合闸闭锁； (2) 断路器自动重合闸闭锁； (3) 储能电机打压超时	(1) 光字牌情况： 1) 断路器机械合闸闭锁； 2) 断路器自动重合闸闭锁； 3) 储能电机打压超时； 4) 第一组控制回路断线； 5) 第二组控制回路断线。 (2) 其他信号：测控柜上红绿灯均灭
10	储能电机打压超时继电器 K67（30s）	正常时继电器绿灯及触点绿灯均灭，继电器处于失磁状态；储能电机打压时继电器绿灯闪亮，当打压超 30s 时其触点绿灯也亮，并切断储能电机 K9L 控制回路	当断路器合闸后，S16 各相弹簧未储能闭合辅助触点（91－92）沟通储能电机打压超时继电器 K67 励磁并开始计时	K67 继电器励磁后，将输出 1 对延时动合触点、1 对延时动断触点： (1) 其延时动断触点 18-15 切断储能电机运转接触器 K9L 回路，使 K9L 接触器失磁，电机停止打压； (2) 其延时动合触点 28-25（X1：850-X1：880）沟通测控装置内对应的信号光耦，并发出"储能电机打压超时"光字牌	光字牌情况：储能电机打压超时	光字牌情况：储能电机打压超时
11	断路器分合计数器 P1LA、P1LB、P1LC	正常时不励磁，断路器位置突变时进行一次＋1 计数	不管断路器是合闸还是分闸，在断路器到位前，其滑动触头均会短时闭合，沟通断路器分合计数器励磁进行一次＋1 计数，当断路器分合到位后，该对短时闭合的滑动触头已提前断开，实现了断路器分闸次数的准确计数	无	无	无

序号	元器件名称编号	原始状态	元器件异动说明	元器件异动后果	元器件异动触发光字牌信号	
					断路器合闸状态	断路器分闸状态
12	弹簧储能微动开关 S16LA、S16LB、S16LC	未储能时动断触点闭合，储能到位后动合触点闭合	当任一相断路器机构箱内弹簧未储能且未能自动启动打压拉伸弹簧至已储能位置时，除了即时发出"断路器机械合闸闭锁""断路器自动重合闸闭锁""电机打压超时"信号外，还将通过串接于各相合闸回路中的"弹簧未储能闭锁合闸接触器 K15"的常闭触点断开切断三相合闸回路，同时，由于打压超时缘故，此时三相储能电机直流控制回路也被切断	当任一相断路器机构箱内弹簧未储能且未能自动启动打压拉伸弹簧至已储能位置时，除了即时发出"断路器机械合闸闭锁""断路器自动重合闸闭锁""电机打压超时"信号外，还将通过串接于各相合闸回路中的"弹簧未储能闭锁合闸接触器 K15"的常闭触点断开切断三相合闸回路，同时，由于打压超时缘故，此时三相储能电机直流控制回路也被切断。注："断路器三相弹簧未储能"信号一般只在断路器停役，拉开各储能电机交流电源并进行合分操作释放合闸弹簧能量后才能发出	未储能时光字牌情况：（1）断路器机械合闸闭锁；（2）断路器自动重合闸闭锁；（3）储能电机打压超时	（1）未储能时光字牌情况：1）断路器机械合闸闭锁；2）断路器自动重合闸闭锁；3）储能电机打压超时；4）第一组控制回路断线；5）第二组控制回路断线。（2）未储能时其他信号：测控柜上红绿灯均灭
13	储能电机运转接触器 K9LA、K9LB、K9LC	正常时不励磁；任一相断路器弹簧未储能时励磁闪亮 power 灯，到延时设定值（30s）后输出动作触点并燃亮触点灯	当任一相断路器机构箱内弹簧未储能导致断路器弹簧未储能闭锁三相合闸接触器 K15 励磁实现断路器合闸闭锁时，还将启动该相储能电机运转接触器 K9 励磁及储能电机打压超时继电器 K67 计时，若电机正常储能，则弹簧储能到位后断路器三相合闸回路恢复正常	某相 K9 接触器动作后，动合触点 13-14、33-34、23-24 串接入单相储能电机交流动力电源回路，驱使储能电机打压		
14	储能电机电源开关 F1LA、F1LB、F1LC	合上		穿开跳开后，通过储能电机电源空开 F1L 的 21-22 [A 相（X1：878-X1：879）、B 相（X1：932-X1：933）、C 相（X1：934-X1：935）]沟通保护测控装置内对应的信号光耦，将发出"断路器储能电机电源消失"光字牌，若不及时复位，当断路器弹簧未储能时将造成储能电机无法运转储能，导致断路器合闸回路被闭锁等影响	光字牌情况：断路器储能电机电源消失	光字牌情况：断路器储能电机电源消失

序号	元器件名称编号	原始状态	元器件异动说明	元器件异动后果	元器件异动触发光字牌信号	
					断路器合闸状态	断路器分闸状态
15	SF₆压力低微动开关 B4LA、B4LB、B4LC	低通压力触点，正常时断开	当断路器机构箱内任一相 SF₆ 压力低于 SF₆ 低气压报警接通值 0.52MPa 时，B4 微动开关低通触点 13-11 触通，沟通测控装置对应的信号光耦	当断路器机构箱内任一相 SF₆ 微动开关 B4 的压力低于 SF₆ 泄漏告警接通值 0.52MPa 时，B4 的 SF₆ 低报警微动开关 11-13 触点通，沟通测控装置内对应的信号光耦发出"断路器 SF₆ 泄漏"光字牌	光字牌情况：断路器 SF₆ 泄漏	光字牌情况：断路器 SF₆ 泄漏
16	A、B、C 相防跳接触器 K75LA、K75LB、K75LC	正常时不励磁，为顶出状态；励磁后为吸入状态	断路器合闸后，为防止断路器跳开后却因合闸脉冲又较长时出现多次合闸，厂家设计了一旦断路器合闸到位后，对应相断路器的动合辅助触点闭合，此时只要其合闸回路（不论远控近控）仍存在合闸脉冲，对应相 K75 接触器励磁并通过其动合触点自保持	K75LA、K75LB、K75LC 继电器励磁后：（1）通过其动合触点的 13-14 触点实现该相防跳继电器自保持；（2）其串入对应相合闸回路的防跳继电器的三对动合触点串开（即改相合闸负电源回路上的防跳继电器动断触点 51-52、62-61、71-72 断开），闭锁合闸回路	无	（1）光字牌情况：1）第一组控制回路断线；2）第二组控制回路断线。（2）其他信号：测控柜上红绿灯均灭
17	加热器电源空开 F3（1个）	合上	无	空开跳开后，通过加热器电源空开 F3 的 21-22（X1：884-X1：885）沟通保护测控装置内对应的信号光耦，并发出"加热器电机回路异常"光字牌；在气候潮湿情况下，有可能引起一些对环境要求较高的元器件绝缘降低，如 SF₆ 压力微动开关	光字牌情况：断路器加热器电源消失	光字牌情况：断路器加热器电源消失
18	非全相复位转换开关 S4	0 位置	无	非全相直跳接触器复位用	无	无
19	远方/就地转换开关 S8	远方位置	无	将断路器机构箱内远方/就地转换开关 S8 切换至"就地"位置后，将引起保护及远控分合闸回路断线，当保护有出口或需紧急操作时造成保护拒动或远控操作失灵	（1）光字牌情况：1）第一组控制回路断线；2）第二组控制回路断线。（2）其他信号：1）测控柜上红绿灯均灭；2）操作箱上两组 6 盏 OP 灯均灭	（1）光字牌情况：1）第一组控制回路断线；2）第二组控制回路断线。（2）其他信号：测控柜上红绿灯均灭
20	就地分闸按钮 S3	无	无	在五防满足的情况下，可以实现就地分闸	无	无
21	就地合闸按钮 S9	无	无	在五防满足的情况下，可以实现就地合闸，但规程规定为防止断路器非同期合闸，严禁就地合断路器（检修或试验除外）	无	无

第五节　北京 ABB 公司 HPL245B1/1P 型 220kV 高压断路器二次回路 1 辨识

一、二次回路功能模块化分解原理图

1. 合闸回路原理接线图

北京 ABB 公司 HPL245B1/1P 型 220kV 高压断路器合闸回路原理接线图见图 3-34。

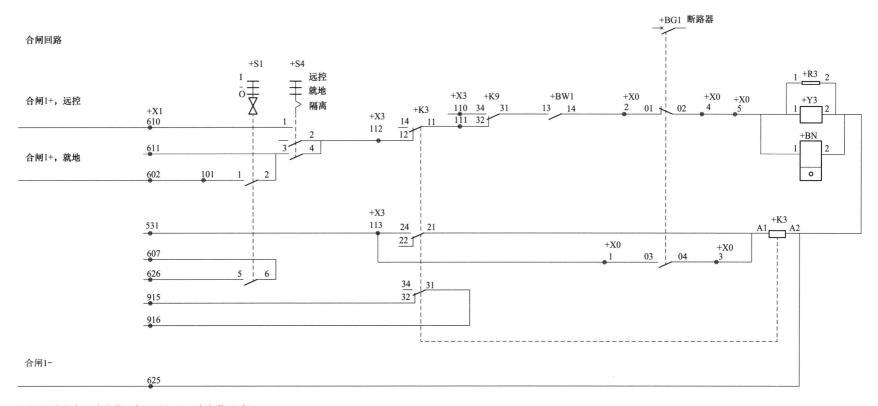

此套图纸为断路器A相机构二次原理图，B、C相机构同A相。

图 3-34　北京 ABB 公司 HPL245B1/1P 型 220kV 高压断路器合闸回路原理接线图

2. 分闸回路1原理接线图

北京 ABB 公司 HPL245B1/1P 型 220kV 高压断路器分闸回路 1 原理接线图见图 3-35。

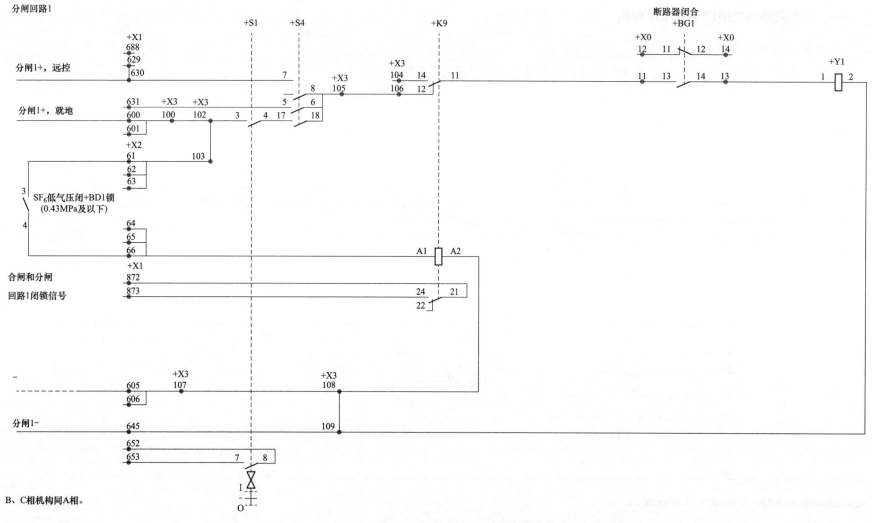

图 3-35 北京 ABB 公司 HPL245B1/1P 型 220kV 高压断路器分闸回路 1 原理接线图

3. 分闸回路 2 原理接线图

北京 ABB 公司 HPL245B1/1P 型 220kV 高压断路器分闸回路 2 原理接线图见图 3-36。

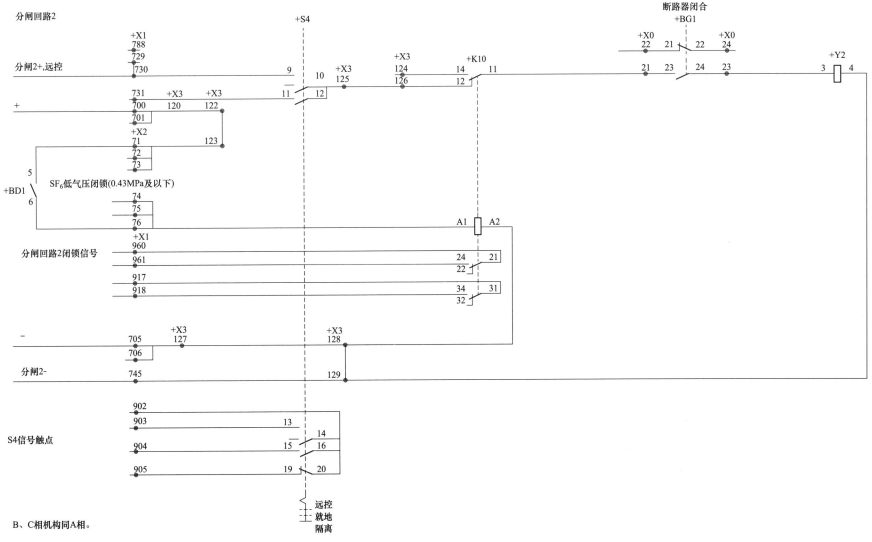

图 3-36 北京 ABB 公司 HPL245B1/1P 型 220kV 高压断路器分闸回路 2 原理接线图

4. 信号 1 原理接线图

北京 ABB 公司 HPL245B1/1P 型 220kV 高压断路器信号 1 原理接线图见图 3-37。

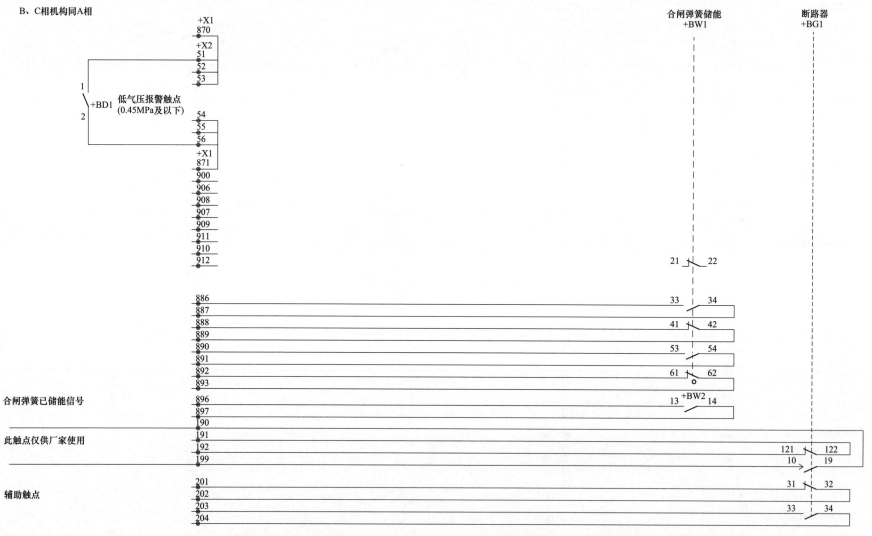

图 3-37　北京 ABB 公司 HPL245B1/1P 型 220kV 高压断路器信号 1 原理接线图

5. 指示灯及 BG1 辅助触点原理接线图

北京 ABB 公司 HPL245B1/1P 型 220kV 高压断路器指示灯及 BG1 辅助触点原理接线图见图 3-38。

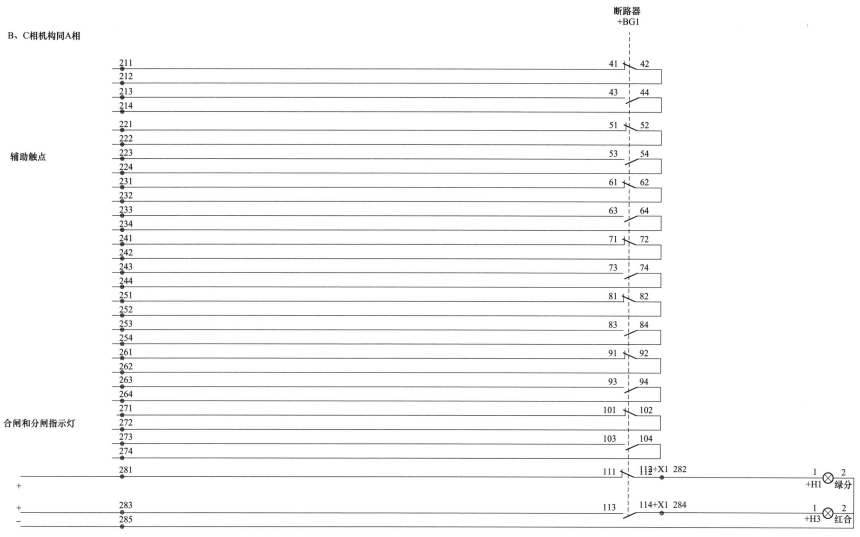

图 3-38 北京 ABB 公司 HPL245B1/1P 型 220kV 高压断路器指示灯及 BG1 辅助触点原理接线图

6. 储能加热回路原理接线图

北京 ABB 公司 HPL245B1/1P 型 220kV 高压断路器储能加热回路原理接线图见图 3-39。

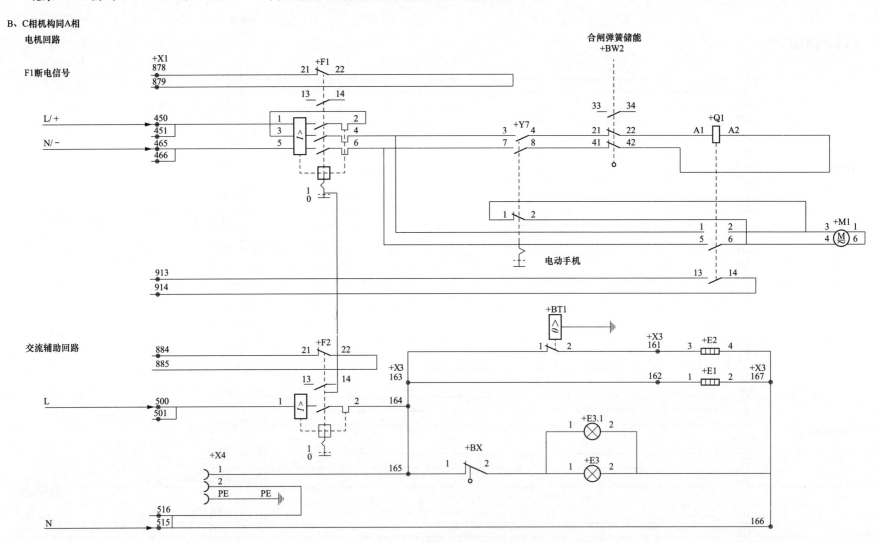

图 3-39 北京 ABB 公司 HPL245B1/1P 型 220kV 高压断路器储能加热回路原理接线图

7. 非全相保护 1 原理接线图

北京 ABB 公司 HPL245B1/1P 型 220kV 高压断路器非全相保护 1 原理接线图见图 3-40。

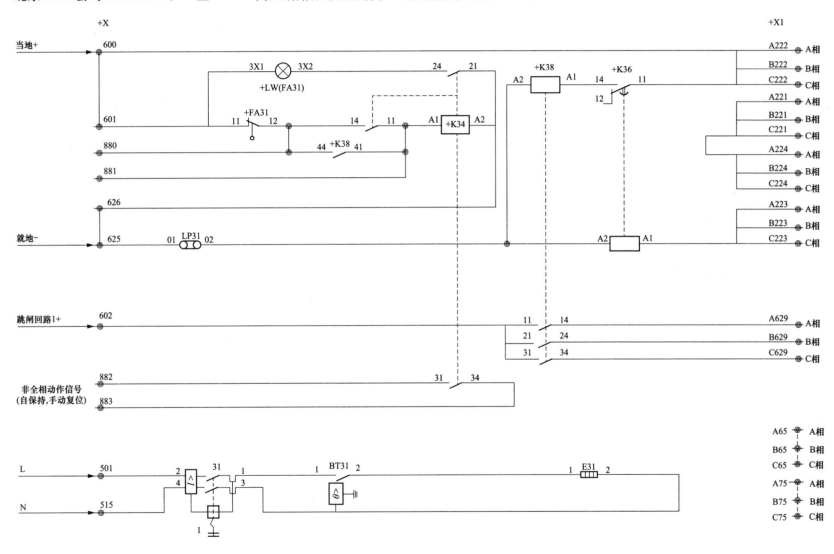

图 3-40　北京 ABB 公司 HPL245B1/1P 型 220kV 高压断路器非全相保护 1 原理接线图

8. 非全相保护2原理接线图

北京 ABB 公司 HPL245B1/1P 型 220kV 高压断路器非全相保护2原理接线图见图 3-41。

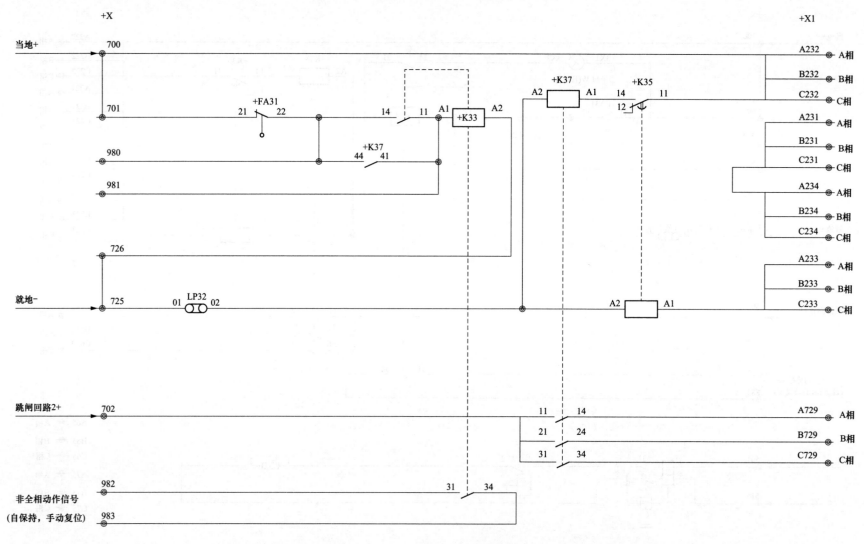

图 3-41　北京 ABB 公司 HPL245B1/1P 型 220kV 高压断路器非全相保护 2 原理接线图

9. 非全相保护箱至机构端子排接线图

北京 ABB 公司 HPL245B1/1P 型 220kV 高压断路器非全相保护箱至机构端子排接线图见图 3-42。

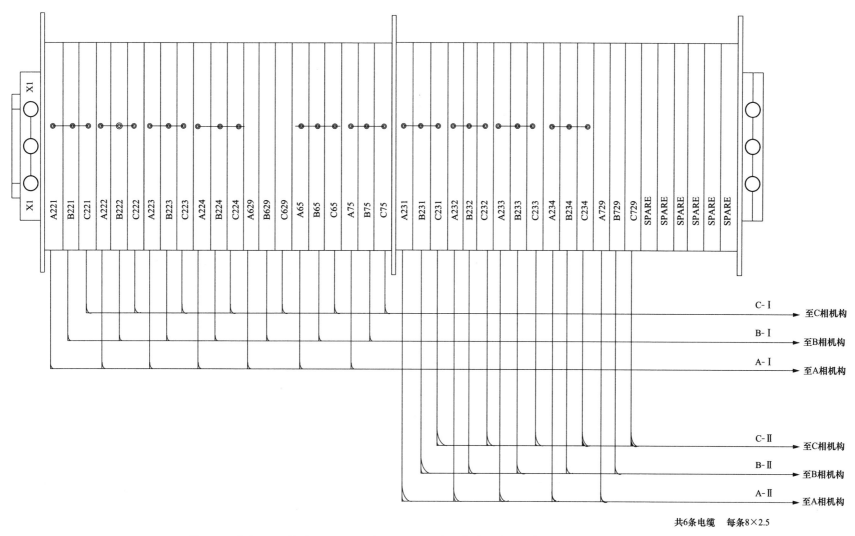

共6条电缆　每条8×2.5

图 3-42　北京 ABB 公司 HPL245B1/1P 型 220kV 高压断路器非全相保护箱至机构端子排接线图

10. 机构至非全相保护箱端子排接线图

北京 ABB 公司 HPL245B1/1P 型 220kV 高压断路器机构至非全相保护箱端子排接线图见图 3-43。

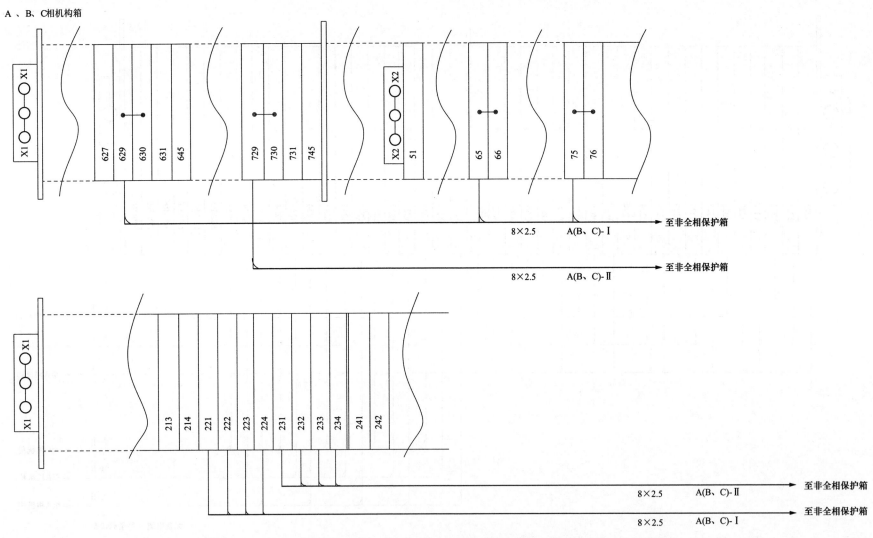

图 3-43　北京 ABB 公司 HPL245B1/1P 型 220kV 高压断路器机构至非全相保护箱端子排接线图

二、断路器二次回路功能模块化分解辨识

断路器二次回路功能模块化分解辨识见表 3-9。

表 3-9　　　　　　　　　　　　　　　　　**断路器二次回路功能模块化分解辨识**

序号	模块名称	分解辨识
1	各相独立合闸公共回路	对应相防跳接触器 K3 动断触点 12-11（X3：112-X3：111）→对应相 SF$_6$ 低总闭锁 1 接触器 K9 动断触点 32-31（X3：111-K9：31）→对应相合闸弹簧储能微动断路器 BW1 动合触点 13-14（K9：31-X0：2）→对应相断路器动断辅助触点 BG1 的 01-02（X0：2-X0：4）→对应相 X0：5→对应相合闸线圈 Y3（1-2）或对应相合闸计数器 BN（1-2）→控制 I 负电源（K102/对应相 X1：625）
2	各相独立分闸 1 公共回路	对应相 SF$_6$ 低总闭锁 1 接触器 K9 动断触点 12-11（X3：106-X0：11）→对应相断路器动合辅助触点 BG1 的 13-14（X0：11-X0：13）→对应相跳闸 1 线圈 Y1（1-2）→X3：109→控制 I 负电源（K102/X1：645）
3	各相独立分闸 2 公共回路	对应相 SF$_6$ 低总闭锁 2 接触器 K10 动断触点 12-11（X3：126-X0：21）→对应相断路器动合辅助触点 BG1 的 23-24（X0：21-X0：23）→对应相跳闸 2 线圈 Y2（3-4）→X3：129→控制 II 负电源（K202/X1：745）
4	各相独立远方合闸回路	控制 I 正电源（K101）→操作箱内手合继电器的动合触点或操作箱内重合闸重动继电器的动合触点→对应相远方合闸回路（A 相对应 A 相机构箱内 7A/X1：610；B 相对应 B 相机构箱内 7B/X1：610；C 相对应 C 相机构箱内 7C/X1：610）→对应相远方/就地把手 S4 供远方合闸的 1-2 触点（X1：610-X3：112）→对应相独立合闸公共回路
5	各相独立就地合闸回路	控制 I 正电源（K101）→YBJ 五防电编码锁 1-2（YK1-YK3）→对应相就地分合闸操作把手 S1 供就地合闸的 1-2 触点（K101S/X1：602-X1：611）→对应相远方/就地把手 S4 供就地合闸的 3-4 触点（X1：611-X3：112）→对应相独立合闸公共回路
6	各相独立远方分闸 1 回路	控制 I 正电源（K101）→操作箱内手跳继电器的动合触点或操作箱内三跳继电器（一般由线路保护经三跳压板后启动）的动合触点或操作箱内永跳继电器（一般由母差、失灵或主变压器保护经永跳压板后启动）的动合触点或本线保护 1 分相跳闸令经分相跳闸压板或非全相强迫第一组直跳接触器出口触点→对应相远方跳闸 1 回路（A 相对应 A 相机构箱内 137A/X1：630；B 相对应 B 相机构箱内 137B/X1：630；C 相对应 C 相机构箱内 137C/X1：630）→对应相远方/就地把手 S4 供远方跳闸 1 的 7-8 触点（X1：630-X3：105）→对应相独立分闸 1 公共回路
7	各相独立就地分闸 1 回路	控制 I 正电源（K101）→YBJ 五防电编码锁 1-2（YK1-YK3）→对应相就地分合闸操作把手 S1 供就地分闸 1 的 3-4 触点（K101S/X1：600/X3：100/X3：102-S4：17）→对应相远方/就地把手 S4 供远方分闸 1 的 17-18 触点（S1：4-X3：105）→对应相独立分闸 1 公共回路
8	各相独立远方分闸 2 回路	控制 II 正电源（K201）→操作箱内手跳继电器的动合触点或操作箱内三跳继电器（一般由线路保护经三跳压板后启动）的动合触点或操作箱内永跳继电器（一般由母差、失灵或主变压器保护经永跳压板后启动）的动合触点或本线保护 2 分相跳闸令经分相跳闸压板或非全相强迫第二组直跳接触器出口触点→对应相远方跳闸 2 回路（A 相对应 A 相机构箱内 237A/X1：730；B 相对应 B 相机构箱内 237B/X1：730；C 相对应 C 相机构箱内 237C/X1：730）→对应相远方/就地把手 S4 供远方分闸 2 的 9-10 触点（X1：730-X3：125）→对应相独立分闸 2 公共回路

三、二次回路元器件辨识及其异动说明

二次回路元器件辨识及其异动说明见表 3-10。

表 3-10　　　　　　　　　　　　　　　　　　　　二次回路元器件辨识及其异动说明

序号	元器件名称编号	原始状态	元器件异动说明	元器件异动后果	元器件异动触发光字牌信号	
					断路器合闸状态	断路器分闸状态
1	SF$_6$ 低总闭锁 1 接触器 K9（3个）	正常时不励磁，触点上顶；动作后触点下压并掉桔黄色指示牌	当任一相断路器机构箱内 SF$_6$ 压力低于 SF$_6$ 总闭锁 1 接通值 0.43MPa 时，对应相 BD1 微动开关 3-4 触点通，沟通对应相 K9 接触器	任一相 K9 接触器动作后，其原来闭合的两对动断触点 32（X3；111)-31、12-11（X3；106-X0；11）断开并分别闭锁对应相的合闸和分闸 1 回路，并通过 K9 接触器动合触点 21-24（X1；872-X1；873）沟通测控装置内对应的信号光耦后发出"断路器 SF$_6$ 总闭锁 1"光字牌	（1）光字牌情况： 1）第一组控制回路断线； 2）断路器 SF$_6$ 总闭锁 1； 3）三相不一致或非全相运行（保护屏）。 （2）其他信号：操作箱上第一组对应相 OP 灯灭	光字牌情况： （1）第一组控制回路断线； （2）第二组控制回路断线； （3）断路器 SF$_6$ 总闭锁 1
2	SF$_6$ 低总闭锁 2 接触器 K10（3个）	正常时不励磁，触点上顶；动作后触点下压并掉桔黄色指示牌	当断路器机构箱内任一相 SF$_6$ 压力低于 SF$_6$ 总闭锁 2 接通值 0.43MPa 时，对应相 BD1 微动开关 5-6 触点通，沟通对应相 K10 接触器	任一相 K10 接触器动作后，其动断触点 12-11（X3；126-X0；21）断开并闭锁分闸 2 回路，并通过 K10 接触器动合触点 21-24（X1；960-X1；961）沟通测控装置内对应的信号光耦后发出"断路器 SF$_6$ 总闭锁 2"光字牌	（1）光字牌情况： 1）第二组控制回路断线； 2）断路器 SF$_6$ 总闭锁 2； 3）三相不一致或非全相运行（保护屏）。 （2）其他信号：操作箱上第二组对应相 OP 灯灭	光字牌情况：断路器 SF$_6$ 总闭锁 2
3	防跳接触器 K3（3个）	正常时不励磁	各相断路器合闸后，为防止断路器跳开后却因合闸脉冲又较长时出现多次合闸，厂家设计了一旦某相断路器合闸到位后，该相断路器的动合辅助触点闭合，此时只要该相合闸回路（不论远控近控）仍存在合闸脉冲，对应相的 K3 接触器励磁并通过其动合触点自保持	对应相 K3 接触器励磁后： （1）通过其动合触点 24-21 实现对应相 K3 接触器自保持； （2）串入对应相合闸回路的防跳接触器 K3 的动断触点 12-11 断开，闭锁对应相合闸回路	无	（1）光字牌情况： 1）第一组控制回路断线； 2）第二组控制回路断线。 （2）其他信号：测控柜上红绿灯均灭
4	SF$_6$ 低报警微动开关 BD1（3个）	低通压力触点，正常时断开	任一相断路器机构箱内 SF$_6$ 压力低于 SF$_6$ 低气压报警接通值 0.45MPa 时，对应相 BD1 微动开关 1-2 触点通，沟通测控装置对应的信号光耦	任一相断路器机构箱内 SF$_6$ 压力低于 SF$_6$ 低气压报警接通值 0.45MPa 时，对应相 BD1 微动开关 1-2 触点通，经测控装置对应信号光耦后发出"断路器 SF$_6$ 气压降低"光字牌	光字牌情况：断路器 SF$_6$ 气压降低	光字牌情况：断路器 SF$_6$ 气压降低
5	弹簧储能行程开关 BW1、BW2（各3个）	未储能时动断触点闭合，储能到位后动合触点闭合	任一相断路器机构箱内合闸弹簧未储能，对应相 BW1 微动开关 61-62 触点通，沟通测控装置对应的信号光耦	任一相断路器机构合闸弹簧未储能时，BW1 微动开关 61-62 触点通，经测控装置对应信号光耦后发出"断路器合闸弹簧未储能"光字牌	光字牌情况：断路器合闸弹簧未储能	光字牌情况：断路器合闸弹簧未储能

序号	元器件名称编号	原始状态	元器件异动说明	元器件异动后果	元器件异动触发光字牌信号	
					断路器合闸状态	断路器分闸状态
6	非全相启动第一组直跳时间接触器 K36	正常时不励磁，触点上顶；动作后触点下压并掉桔黄色指示牌（断路器跳闸后不自保持）	在"投第一组非全相保护功能 LP31 压板"正常投入情况下，断路器此时若发生非全相运行，将沟通 K36 时间接触器励磁	K36 励磁并经设定时间延时后沟通非全相强迫第一组直跳接触器 K38 及非全相保护1跳闸信号自保持接触器 K34 励磁，由 K38 的动合触点沟通各相断路器第一组跳闸线圈跳闸，并由 K34 动合触点发出"断路器非全相保护 1 动作"光字牌	(1) 光字牌情况：断路器非全相保护1动作（机构箱）。(2) 其他信号：非全相保护箱内表示非全相保护动作的 FA31 内嵌指示灯亮	(1) 光字牌情况：断路器非全相保护1动作（机构箱）。(2) 其他信号：非全相保护箱内表示非全相保护动作的 FA31 内嵌指示灯亮
7	非全相强迫第一组直跳接触器 K38	正常时不励磁，触点上顶；动作后触点下压并掉桔黄色指示牌（断路器跳闸后不自保持）	在"投第一组非全相保护功能 LP31 压板"正常投入情况下，断路器此时若发生非全相运行，将沟通 K38 接触器励磁	K38 励磁后：(1) 由 K38 三对动合触点 11-14（X：602-X1：A629）、21-24（X：602-X1：B629）、31-34（X：602-X1：C629）经 S4 远方位置后分别沟通各相断路器第一组跳闸线圈跳闸；(2) 还提供1对动合触点沟通非全相保护1跳闸信号自保持接触器 K34 励磁，并由 K34 动合触点发出"断路器非全相保护1动作"光字牌	(1) 光字牌情况：断路器非全相保护1动作（机构箱）。(2) 其他信号：非全相保护箱内表示非全相保护动作的 FA31 内嵌指示灯亮	(1) 光字牌情况：断路器非全相保护1动作（机构箱）。(2) 其他信号：非全相保护箱内表示非全相保护动作的 FA31 内嵌指示灯亮
8	非全相保护1跳闸信号自保持接触器 K34	正常时不励磁，触点上顶；动作后触点下压，桔黄色指示掉牌后并自保持	断路器非全相时，经设定时间延时后沟通 K38 励磁，跳开合闸相，为了留下动作记录，由 K38 接触器输出一对触点沟通 K34 接触器励磁，并由 K34 接触器输出一对动合触点实现自保持	K34 励磁后，K34 输出3对动合触点：(1) 其动合触点 14-11 闭合后实现 K34 接触器自保持；(2) 其动合触点 24-21 点亮 FA31 复位按钮内嵌指示灯；(3) 其动合触点 31-34（X：882-X：883）沟通测控装置内对应的信号光耦后发出"断路器非全相保护1动作（机构箱）"光字牌	(1) 光字牌情况：断路器非全相保护1动作（机构箱）。(2) 其他信号：非全相保护箱内表示非全相保护动作的 FA31 内嵌指示灯亮	(1) 光字牌情况：断路器非全相保护1动作（机构箱）。(2) 其他信号：非全相保护箱内表示非全相保护动作的 FA31 内嵌指示灯亮
9	非全相启动第二组直跳时间接触器 K35	正常时不励磁，触点上顶；动作后触点下压并掉桔黄色指示牌（断路器跳闸后不自保持）	在"投第二组非全相保护功能 LP32 压板"正常投入情况下，断路器此时若发生非全相运行，将沟通 K35 时间接触器励磁	K35 励磁并经设定时间延时后沟通非全相强迫第二组直跳接触器 K37 及非全相保护2跳闸信号自保持接触器 K33 励磁，由 K37 的动合触点沟通各相断路器第二组跳闸线圈跳闸，并由 K33 动合触点发出"断路器非全相保护2动作"光字牌	(1) 光字牌情况：断路器非全相保护2动作（机构箱）。(2) 其他信号：非全相保护箱内表示非全相保护动作的 FA31 内嵌指示灯亮	(1) 光字牌情况：断路器非全相保护2动作（机构箱）。(2) 其他信号：非全相保护箱内表示非全相保护动作的 FA31 内嵌指示灯亮

序号	元器件名称编号	原始状态	元器件异动说明	元器件异动后果	元器件异动触发光字牌信号	
					断路器合闸状态	断路器分闸状态
10	非全相强迫第二组直跳接触器 K37	正常时不励磁，触点上顶；动作后触点下压并掉桔黄色指示牌（断路器跳闸后不自保持）	在"投第二组非全相保护功能 LP32 压板"正常投入情况下，断路器此时若发生非全相运行，将沟通 K37 接触器励磁	K37 励磁后： (1) 由 K37 三对动合触点 11-14（X：702-X1：A729）、21-24（X：702-X1；B729）、31-34（X：702-X1；C729）经 S4 远方位置后分别沟通各相断路器第二组跳闸线圈跳闸； (2) 另提供 1 对动合触点沟通非全相保护 2 跳闸信号自保持接触器 K33 励磁，并由 K33 动合触点发出"断路器非全相保护 2 动作"光字牌	(1) 光字牌情况：断路器非全相保护 2 动作（机构箱）。 (2) 其他信号：非全相保护箱内表示非全相保护动作的 FA31 内嵌指示灯亮	(1) 光字牌情况：断路器非全相保护 2 动作（机构箱）。 (2) 其他信号：非全相保护箱内表示非全相保护动作的 FA31 内嵌指示灯亮
11	非全相保护 2 跳闸信号自保持接触器 K33	正常时不励磁，触点上顶；动作后触点下压，桔黄色指示掉牌后并自保持	断路器非全相时，经设定时间延时后沟通 K37 励磁，跳开合闸相，为了留下动作记录，由 K37 接触器输出一对触点沟通 K34 接触器励磁，并由 K33 接触器输出一对动合触点实现自保持	K33 励磁后，K33 输出 2 对动合触点： (1) 其动合触点 14-11 闭合实现 K33 接触器自保持； (2) 其动合触点 31-34（X：982-X：983）沟通测控装置内对应的信号光耦后发出"断路器非全相保护 2 动作（机构箱）"光字牌	(1) 光字牌情况：断路器非全相保护 2 动作（机构箱）。 (2) 其他信号：非全相保护箱内表示非全相保护动作的 FA31 内嵌指示灯亮	(1) 光字牌情况：断路器非全相保护 2 动作（机构箱）。 (2) 其他信号：非全相保护箱内表示非全相保护动作的 FA31 内嵌指示灯亮
12	非全相复位按钮 FA31（内嵌指示灯）	内嵌指示灯不亮	无	按下 FA31 非全相复位按钮后，并使 K33 及 K34 非全相保护跳闸信号自保持接触器复归，FA31 内嵌指示灯灭，"非全相保护动作"光字牌消失	无	无
13	远方/就地转换开关 S4（3 个）	远方	无	将 ABB 断路器机构箱内远方/就地转换开关 S4 切换至"就地"位置后，将引起保护及远控分合闸回路断线，当保护有出口或需紧急操作时造成保护拒动或远控操作失灵	(1) 光字牌情况： 1) 第一组控制回路断线； 2) 第二组控制回路断线。 (2) 其他信号： 1) 测控柜上红绿灯均灭； 2) 操作箱上两组对应相 OP 灯均灭	(1) 光字牌情况： 1) 第一组控制回路断线； 2) 第二组控制回路断线。 (2) 其他信号：测控柜上红绿灯均灭
14	就地分合闸操作把手 S1（3 个）	中间位置	无	在五防满足的情况下，可以实现就地分合闸，但规程规定为防止断路器非同期合闸，严禁就地合断路器（检修或试验除外）	无	无

序号	元器件名称编号	原始状态	元器件异动说明	元器件异动后果	元器件异动触发光字牌信号	
					断路器合闸状态	断路器分闸状态
15	加热器及门灯电源空开 F2（3个）	合闸	无	在气候潮湿情况下，有可能引起一些对环境要求较高的元器件绝缘降低，如敏感度较高的 SF$_6$ 压力微动开关触点极易因绝缘降低而导致控制I/控制II直流互串	光字牌情况：断路器电机及加热器电源消失	光字牌情况：断路器电机及加热器电源消失
16	储能电机交流电源空开 F1（3个）	合闸	无	空开跳开后，若碰巧又遇上该相断路器瞬时跳闸，将因合闸弹簧储能电机失电而无法即时恢复储能，造成重合闸不成功	光字牌情况：断路器电机及加热器电源消失	光字牌情况：断路器电机及加热器电源消失
17	非全相保护箱加热器电源空开 F31	合闸	无	在气候潮湿情况下，有可能引起一些对环境要求较高的元器件绝缘降低，如敏感度较高的 SF$_6$ 压力微动开关	无	无
18	储能电机手动/电动选择开关 Y7（3个）	电动	无	切换至手动位置后，若碰巧又遇上该相断路器瞬时跳闸，合闸弹簧因分闸脱扣释放能量导致本相弹簧储能不足时无法即时恢复储能，造成重合闸不成功	无	无
19	储能电机运转交流接触器 Q1（3个）	正常时不励磁，长凹形吸纽为平置状态；动作后吸纽为吸入状态	当某一相合闸弹簧因分闸脱扣释放能量导致本相弹簧储能不足时，该相合闸弹簧储能微动开关 BW1 的储能不足触点（21-22）、（42-41）闭合，沟通该相储能电机运转交流接触器 Q1 励磁，使电机启动拉伸合闸弹簧储能，当合闸弹簧拉伸至已储能位置时由合闸弹簧储能微动开关 BW1 自动切断储能电机控制回路停止储能	储能电机运转交流接触器 Q1 励磁后，均输出 3 对动合触点：（1）储能电机电源火线端4、零线端6经闭合的两对动合触点 1-2、5-6 接通储能电机 M1 使其运转；（2）动合触点 13-14（X1：913-X1：914）沟通测控装置内对应的信号光耦直接发出"储能电机运转"光字牌	光字牌情况：储能电机运转	光字牌情况：储能电机运转

第六节　北京 ABB 公司 HPL245B1/1P 型 220kV 高压断路器二次回路 2 辨识

一、二次回路功能模块化分解原理图

1. 合闸回路原理接线图

北京 ABB 公司 HPL245B1/1P 型 220kV 高压断路器合闸回路原理接线图见图 3-44。

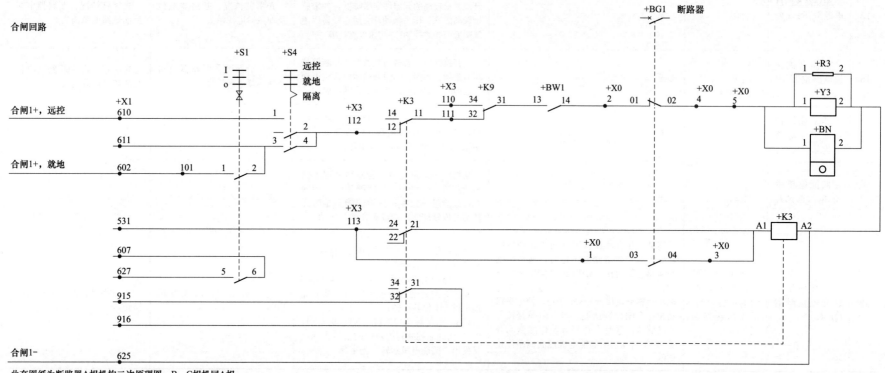

合闸回路

此套图纸为断路器A相机构二次原理图，B、C相机同A相。

图 3-44　北京 ABB 公司 HPL245B1/1P 型 220kV 高压断路器合闸回路原理接线图

2. 分闸回路1原理接线图

北京ABB公司HPL245B1/1P型220kV高压断路器分闸回路1原理接线图见图3-45。

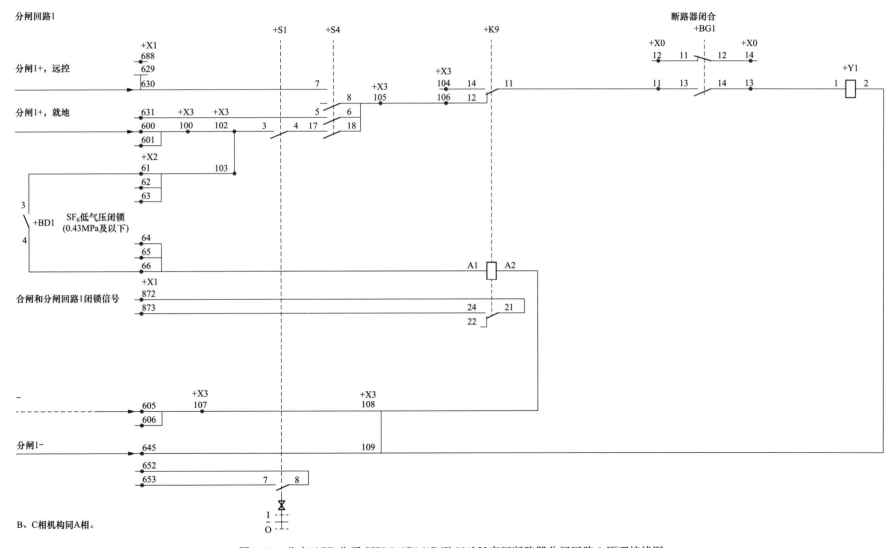

图 3-45　北京 ABB 公司 HPL245B1/1P 型 220kV 高压断路器分闸回路 1 原理接线图

3. 分闸回路 2 原理接线图

北京 ABB 公司 HPL245B1/1P 型 220kV 高压断路器分闸回路 2 原理接线图见图 3-46。

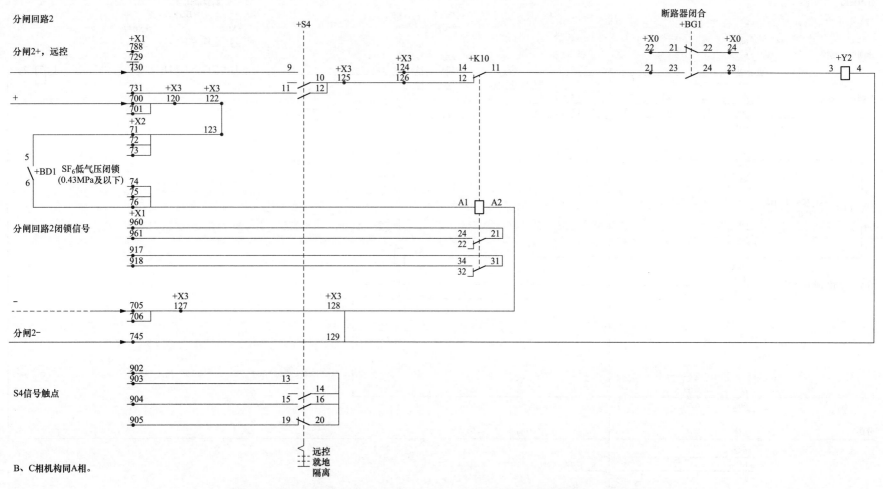

图 3-46　北京 ABB 公司 HPL245B1/1P 型 220kV 高压断路器分闸回路 2 原理接线图

4. 信号回路原理接线图

北京 ABB 公司 HPL245B1/1P 型 220kV 高压断路器信号回路原理接线图见图 3-47。

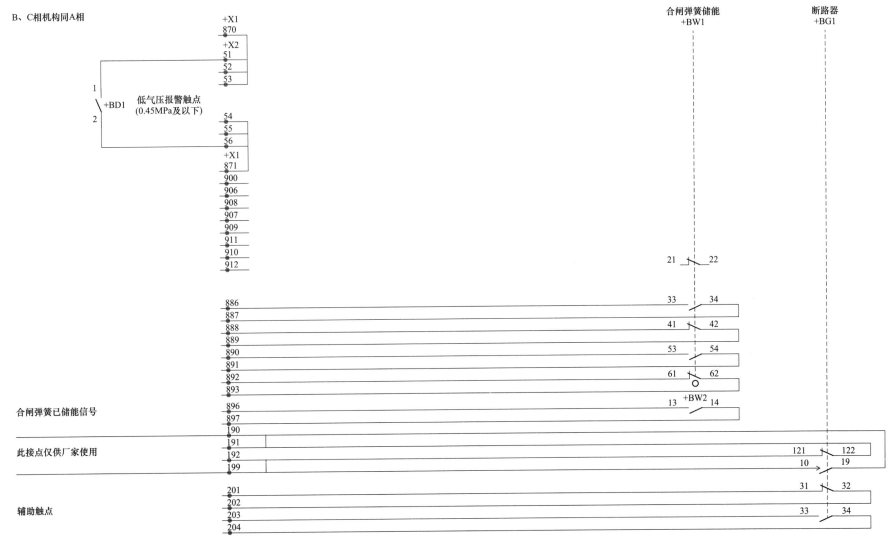

图 3-47　北京 ABB 公司 HPL245B1/1P 型 220kV 高压断路器信号回路原理接线图

5. 指示灯及 BG1 辅助触点原理接线图

北京 ABB 公司 HPL245B1/1P 型 220kV 高压断路器指示灯及 BG1 辅助触点原理接线图见图 3-48。

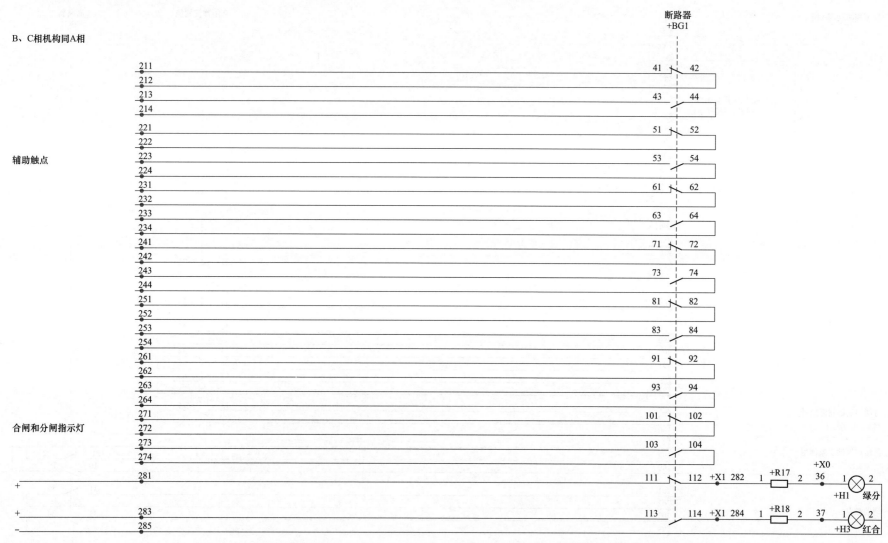

图 3-48　北京 ABB 公司 HPL245B1/1P 型 220kV 高压断路器指示灯及 BG1 辅助触点原理接线图

6. 储能加热回路原理接线图

北京 ABB 公司 HPL245B1/1P 型 220kV 高压断路器储能加热回路原理接线图见图 3-49。

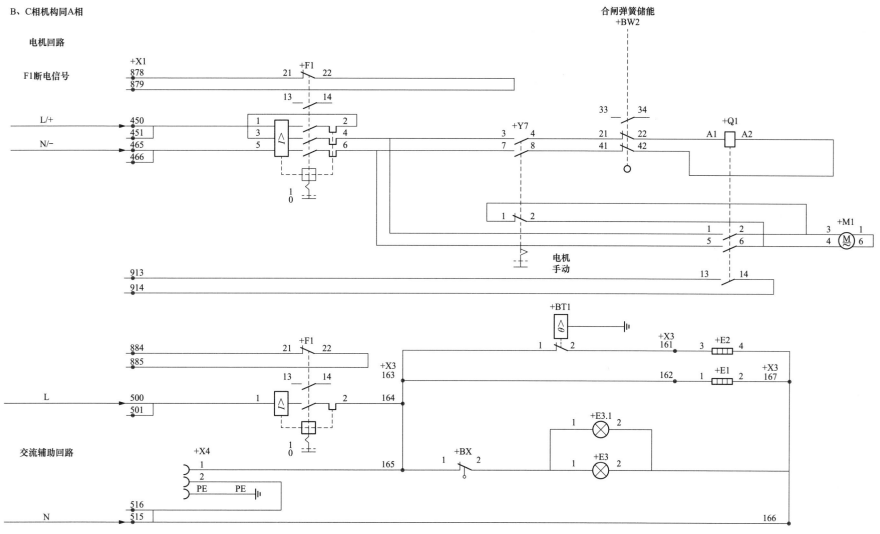

图 3-49　北京 ABB 公司 HPL245B1/1P 型 220kV 高压断路器储能加热回路原理接线图

323

7. 机构端子排接线图

北京 ABB 公司 HPL245B1/1P 型 220kV 高压断路器机构端子排接线图见图 3-50。

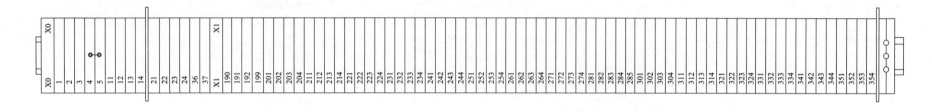

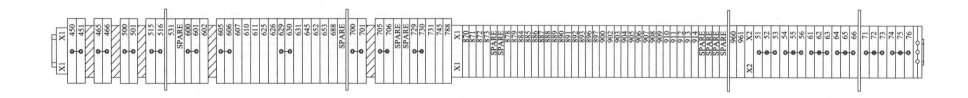

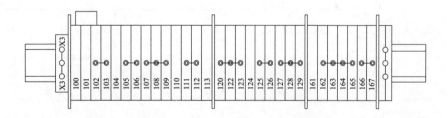

B、C 相机构同 A 相。

图 3-50　北京 ABB 公司 HPL245B1/1P 型 220kV 高压断路器机构端子排接线图

324

8. 非全相保护 1 原理接线图

北京 ABB 公司 HPL245B1/1P 型 220kV 高压断路器非全相保护 1 原理接线图见图 3-51。

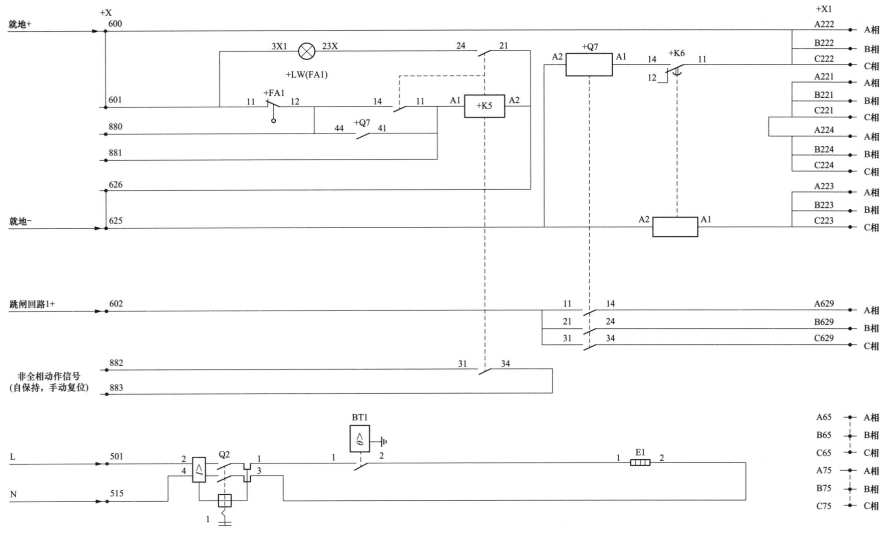

图 3-51　北京 ABB 公司 HPL245B1/1P 型 220kV 高压断路器非全相保护 1 原理接线图

9. 非全相保护 2 原理接线图

北京 ABB 公司 HPL245B1/1P 型 220kV 高压断路器非全相保护 2 原理接线图见图 3-52。

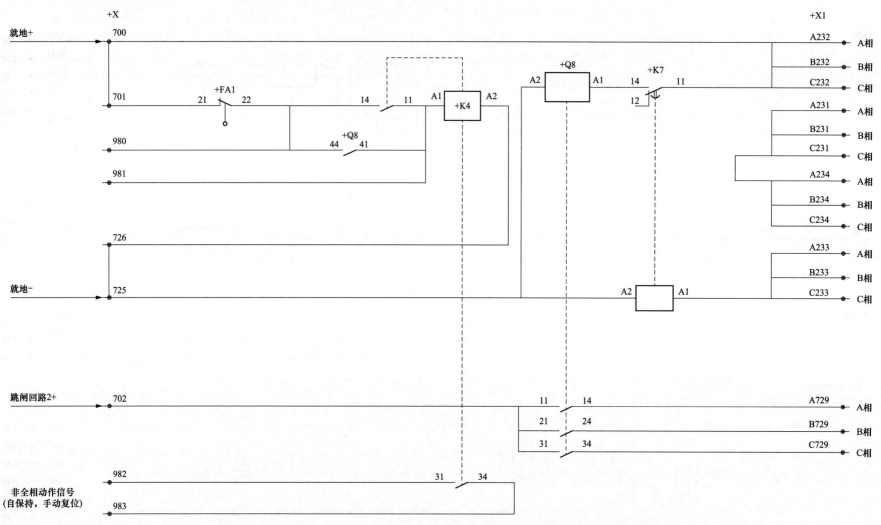

图 3-52   北京 ABB 公司 HPL245B1/1P 型 220kV 高压断路器非全相保护 2 原理接线图

10. 非全相保护箱至机构端子排接线图

北京 ABB 公司 HPL245B1/1P 型 220kV 高压断路器非全相保护箱至机构端子排接线图见图 3-53。

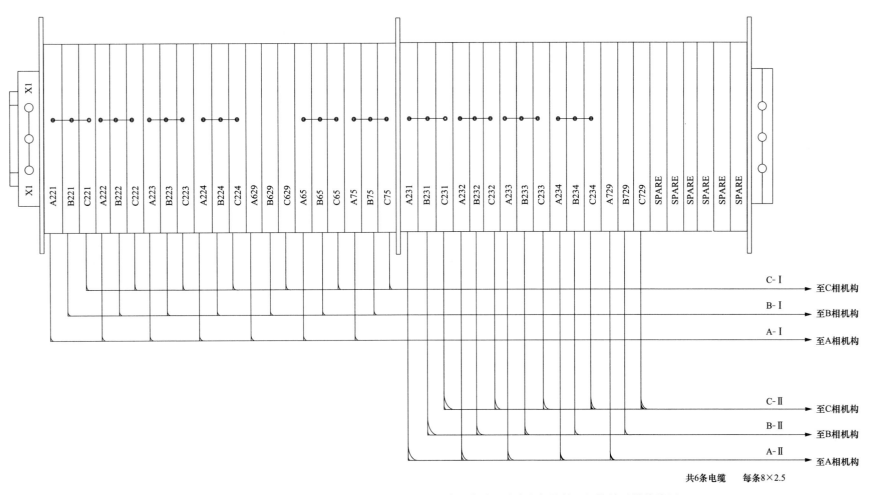

图 3-53 北京 ABB 公司 HPL245B1/1P 型 220kV 高压断路器非全相保护箱至机构端子排接线图

11. 机构至非全相保护箱端子排接线图

北京 ABB 公司 HPL245B1/1P 型 220kV 高压断路器机构至非全相保护端子排接线图见图 3-54。

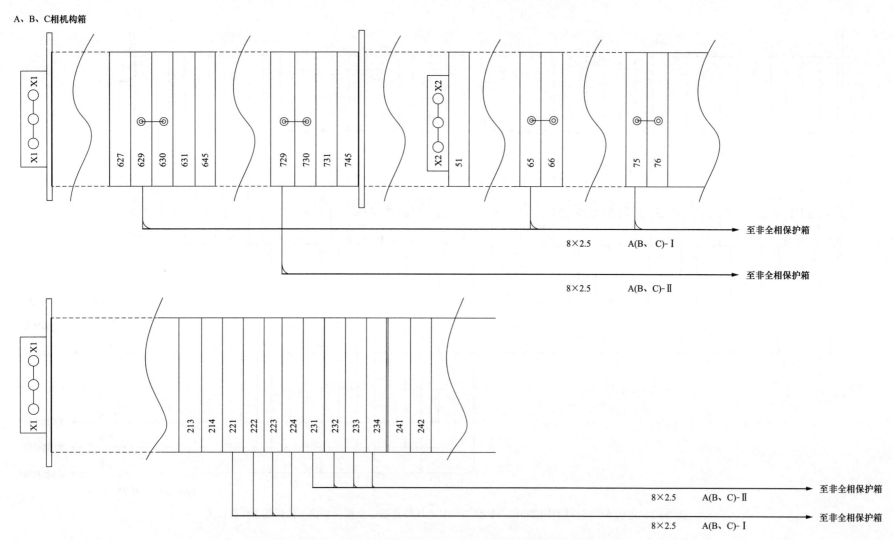

图 3-54　北京 ABB 公司 HPL245B1/1P 型 220kV 高压断路器机构至非全相保护箱端子排接线图

二、断路器二次回路功能模块化分解辨识

断路器二次回路功能模块化分解辨识见表 3-11。

表 3-11 　　　　　　　　　　　　　　　　　　　　　　　断路器二次回路功能模块化分解辨识

序号	模块名称	分解辨识
1	各相独立合闸公共回路	对应相防跳接触器 K3 动断触点 12-11（X3：112-X3：111）→对应相 SF₆ 低总闭锁 1 接触器 K9 动断触点 32-31（X3：111-K9：31）→对应相合闸弹簧储能微动开关 BW1 动合触点 13-14（K9：31-X0：2）→对应相断路器动断辅助触点 BG1 的 01-02（X0：2-X0：4）→对应相 X0：5→对应相合闸线圈 Y3（1-2）或对应相合闸计数器 BN（1-2）→控制 I 负电源（K102/对应相 X1：625）
2	各相独立分闸 1 公共回路	对应相 SF₆ 低总闭锁 1 接触器 K9 动断触点 12-11（X3：106-X0：11）→对应相断路器动合辅助触点 BG1 的 13-14（X0：11-X0：13）→对应相跳闸 1 线圈 Y1（1-2）→X3：109→控制 I 负电源（K102/X1：645）
3	各相独立分闸 2 公共回路	对应相 SF₆ 低总闭锁 2 接触器 K10 动断触点 12-11（X3：126-X0：21）→对应相断路器动合辅助触点 BG1 的 23-24（X0：21-X0：23）→对应相跳闸 2 线圈 Y2（3-4）→X3：129→控制 II 负电源（K202/X1：745）
4	各相独立远方合闸回路	控制 I 正电源（K101）→操作箱内手合继电器的动合触点或操作箱内重合闸重动继电器的动合触点→对应相远方合闸回路（A 相对应 A 相机构箱内 7A/X1：610；B 相对应 B 相机构箱内 7B/X1：610；C 相对应 C 相机构箱内 7C/X1：610）→对应相远方/就地把手 S4 供远方合闸的 1-2 触点（X1：610-X3：112）→对应相独立合闸公共回路
5	各相独立就地合闸回路	控制 I 正电源（K101）→YBJ 五防电编码锁 1-2（YK1-YK3）→对应相就地分合闸操作把手 S1 供就地合闸的 1-2 触点（K101S/X1：602-X1：611）→对应相远方/就地把手 S4 供就地合闸的 3-4 触点（X1：611-X3：112）→对应相独立合闸公共回路
6	各相独立远方分闸 1 回路	控制 I 正电源（K101）→操作箱内手跳继电器的动合触点或操作箱内三跳继电器（一般由线路保护经三跳压板后启动）的动合触点或操作箱内永跳继电器（一般由母差、失灵或主变压器保护经永跳压板后启动）的动合触点或本线保护 1 分相跳闸令经分相跳闸压板或非全相强迫第一组直跳接触器出口触点→对应相远方跳闸 1 回路（A 相对应 A 相机构箱内 137A/X1：630；B 相对应 B 相机构箱内 137B/X1：630；C 相对应 C 相机构箱内 137C/X1：630）→对应相远方/就地把手 S4 供远方跳闸 1 的 7-8 触点（X1：630-X3：105）→对应相独立分闸 1 公共回路
7	各相独立就地分闸 1 回路	控制 I 正电源（K101）→YBJ 五防电编码锁 1-2（YK1-YK3）→对应相就地分合闸操作把手 S1 供就地分闸 1 的 3-4 触点（K101S/X1：600/X3：100/X3：102-S4：17）→对应相远方/就地把手 S4 供远方分闸 1 的 17-18 触点（S1：4-X3：105）→对应相独立分闸 1 公共回路
8	各相独立远方分闸 2 回路	控制 II 正电源（K201）→操作箱内手跳继电器的动合触点或操作箱内三跳继电器（一般由线路保护经三跳压板后启动）的动合触点或操作箱内永跳继电器（一般由母差、失灵或主变压器保护经永跳压板后启动）的动合触点或本线保护 2 分相跳闸令经分相跳闸压板或非全相强迫第二组直跳接触器出口触点→对应相远方跳闸 2 回路（A 相对应 A 相机构箱内 237A/X1：730；B 相对应 B 相机构箱内 237B/X1：730；C 相对应 C 相机构箱内 237C/X1：730）→对应相远方/就地把手 S4 供远方分闸 2 的 9-10 触点（X1：730-X3：125）→对应相独立分闸 2 公共回路

三、二次回路元器件辨识及其异动说明

二次回路元器件辨识及其异动说明见表 3-12。

表 3-12　　　　　　　　　　　　　　　　　　　　二次回路元器件辨识及其异动说明

序号	元器件名称编号	原始状态	元器件异动说明	元器件异动后果	元器件异动触发光字牌信号	
					断路器合闸状态	断路器分闸状态
1	SF$_6$ 低总闭锁 1 接触器 K9（3个）	正常时不励磁，触点上顶；动作后触点下压并掉桔黄色指示牌	当任一相断路器机构箱内 SF$_6$ 压力低于 SF$_6$ 总闭锁 1 接通值 0.43MPa 时，对应相的 BD1 微动开关 3-4 触点通，沟通对应相 K9 接触器励磁	任一相 K9 接触器励磁后，其原来闭合的两对动断触点 32（X3：111)-31、12-11（X3：106-X0：11）断开并分别闭锁对应相合闸和分闸 1 回路，并通过 K9 接触器动合触点 21-24（X1：872-X1：873）沟通测控装置内对应的信号光耦后发出"断路器 SF$_6$ 总闭锁 1"光字牌	(1) 光字牌情况： 1) 第一组控制回路断线； 2) 断路器 SF$_6$ 泄漏； 3) 断路器 SF$_6$ 总闭锁 1。 (2) 其他信号：操作箱上第一组对应相 OP 灯灭	光字牌情况： (1) 第一组控制回路断线； (2) 第二组控制回路断线； (3) 断路器 SF$_6$ 泄漏； (4) 断路器 SF$_6$ 总闭锁 1
2	SF$_6$ 低总闭锁 2 接触器 K10（3个）	正常时不励磁，触点上顶；动作后触点下压并掉桔黄色指示牌	当任一相断路器机构箱内 SF$_6$ 压力低于 SF$_6$ 总闭锁 2 接通值 0.43MPa 时，对应相 BD1 微动开关 5-6 触点通，沟通对应相 K10 接触器	任一相 K10 接触器励磁后，其原来闭合的动断触点 12-11（X3：126-X0：21）断开并闭锁对应相分闸 2 回路，并通过 K10 接触器动合触点 21-24（X1：960-X1：961）沟通测控装置内对应的信号光耦后发出"断路器 SF$_6$ 总闭锁 2"光字牌	(1) 光字牌情况： 1) 第二组控制回路断线； 2) 断路器 SF$_6$ 泄漏； 3) 断路器 SF$_6$ 总闭锁 2。 (2) 其他信号：操作箱上第二组对应相 OP 灯灭	光字牌情况： (1) 断路器 SF$_6$ 泄漏； (2) 断路器 SF$_6$ 总闭锁 2
3	防跳接触器 K3（3个）	正常时不励磁	各相断路器合闸后，为防止断路器跳开后却因合闸脉冲又较长时出现多次合闸，厂家设计了一旦某相断路器合闸到位后，该相断路器的动合辅助触点闭合，此时只要该相合闸回路（不论远控近控）仍存在合闸脉冲，对应相的 K3 接触器励磁并通过其动合触点自保持	对应相 K3 接触器励磁后： (1) 通过其动合触点 24-21 实现对应相 K3 接触器自保持； (2) 串入对应相合闸回路的防跳接触器 K3 的动断触点 12-11 断开，闭锁对应相合闸回路	无	(1) 光字牌情况： 1) 第一组控制回路断线； 2) 第二组控制回路断线。 (2) 其他信号：测控柜上红绿灯均灭
4	SF$_6$ 低报警微动开关 BD1（3个）	低通压力触点，正常时断开	当任一相断路器机构箱内 SF$_6$ 压力低于 SF$_6$ 低气压报警接通值 0.45MPa 时，对应相 BD1 微动开关 1-2 触点通，沟通测控装置对应的信号光耦	任一相断路器机构箱内 SF$_6$ 压力低于 SF$_6$ 低气压报警接通值 0.45MPa 时，对应相 BD1 微动开关 1-2 触点通，经测控装置对应信号光耦后发出"断路器 SF$_6$ 气压降低"光字牌	光字牌情况：断路器 SF$_6$ 气压降低	光字牌情况：断路器 SF$_6$ 气压降低
5	弹簧储能行程开关 BW1、BW2（各3个）	未储能时动断触点闭合，储能到位后动合触点闭合	当任一相断路器机构箱内合闸弹簧未储能，对应相 BW1 微动开关 61-62 触点通，沟通测控装置对应的信号光耦	任一相断路器机构合闸弹簧未储能时，BW1 微动开关 61-62 触点通，经测控装置对应信号光耦直接发出"断路器合闸弹簧未储能"光字牌	光字牌情况：断路器合闸弹簧未储能	光字牌情况：断路器合闸弹簧未储能

序号	元器件名称编号	原始状态	元器件异动说明	元器件异动后果	元器件异动触发光字牌信号	
					断路器合闸状态	断路器分闸状态
6	非全相启动第一组直跳时间接触器 K6	正常时不励磁，触点上顶；动作后触点下压并掉桔黄色指示牌（断路器跳闸后不自保持）	断路器发生非全相运行时，将沟通 K6 时间接触器励磁	K6 励磁并经设定时间延时后，其动合触点闭合沟通非全相强迫第一组直跳接触器 Q7 及非全相保护1跳闸信号自保持接触器 K5 励磁，由 Q7 的动合触点沟通各相断路器第一组跳闸线圈跳闸，并由 K5 动合触点发出"断路器非全相保护1动作"光字牌	（1）光字牌情况：断路器非全相保护1动作（机构箱）。 （2）其他信号：非全相保护箱内表示非全相保护动作的 FA1 内嵌指示灯亮	（1）光字牌情况：断路器非全相保护1动作（机构箱）。 （2）其他信号：非全相保护箱内表示非全相保护动作的 FA1 内嵌指示灯亮
7	非全相强迫第一组直跳接触器 Q7	正常时不励磁，触点上顶；动作后触点下压并掉桔黄色指示牌（断路器跳闸后不自保持）	断路器发生非全相运行时沟通 K6 接触器励磁并经设定时间延时后 2.5s 延时后，由 K6 动合触点沟通 Q7 接触器励磁	Q7 励磁后： （1）由 Q7 三对动合触点 11-14（X：602-X1：A629）、21-24（X：602-X1：B629）、31-34（X：602-X1：C629）经 S4 远方位置后分别沟通各相断路器第一组跳闸线圈跳闸； （2）另提供1对动合触点沟通非全相保护1跳闸信号自保持接触器 K5 励磁，并由 K5 动合触点发出"断路器非全相保护1动作"光字牌	（1）光字牌情况：断路器非全相保护1动作（机构箱）。 （2）其他信号：非全相保护箱内表示非全相保护动作的 FA1 内嵌指示灯亮	（1）光字牌情况：断路器非全相保护1动作（机构箱）。 （2）其他信号：非全相保护箱内表示非全相保护动作的 FA1 内嵌指示灯亮
8	非全相保护1跳闸信号自保持接触器 K5	正常时不励磁，触点上顶；动作后触点下压，桔黄色指示掉牌后并自保持	断路器非全相时，经设定时间延时后沟通 Q7 励磁，跳开合闸相，为了留下动作记录，由 Q7 接触器输出一对动合触点沟通 K5 接触器励磁，并由 K5 接触器输出一对动合触点实现自保持	K5 励磁后，K5 输出 3 对动合触点： （1）其动合触点 14-11 闭合后实现 K5 接触器自保持； （2）其动合触点 24-21 闭合点亮 FA1 复位按钮内嵌指示灯； （3）其动合触点 31-34（X：882-X：883）闭合沟通测控装置内对应的信号光耦后发出"断路器非全相保护1动作（机构箱）"光字牌	（1）光字牌情况：断路器非全相保护1动作（机构箱）。 （2）其他信号：非全相保护箱内表示非全相保护动作的 FA1 内嵌指示灯亮	（1）光字牌情况：断路器非全相保护1动作（机构箱）。 （2）其他信号：非全相保护箱内表示非全相保护动作的 FA1 内嵌指示灯亮
9	非全相启动第二组直跳时间接触器 K7	正常时不励磁，触点上顶；动作后触点下压并掉桔黄色指示牌（断路器跳闸后不自保持）	断路器发生非全相运行时，将沟通 K7 时间接触器励磁	K7 励磁并经设定时间延时后，其动合触点闭合沟通非全相强迫第二组直跳接触器 Q8 及非全相保护2跳闸信号自保持接触器 K4 励磁，由 Q8 动合触点沟通断路器第二组跳闸线圈跳闸；并由 K4 动合触点发出"断路器非全相保护2动作"光字牌	（1）光字牌情况：断路器非全相保护2动作（机构箱）。 （2）其他信号：非全相保护箱内表示非全相保护动作的 FA1 内嵌指示灯亮	（1）光字牌情况：断路器非全相保护2动作（机构箱）。 （2）其他信号：非全相保护箱内表示非全相保护动作的 FA1 内嵌指示灯亮

序号	元器件名称编号	原始状态	元器件异动说明	元器件异动后果	元器件异动触发光字牌信号	
					断路器合闸状态	断路器分闸状态
10	非全相强迫第二组直跳接触器 Q8	正常时不励磁，触点上顶；动作后触点下压并掉桔黄色指示牌（断路器跳闸后不自保持）	断路器发生非全相运行时沟通 K7 接触器励磁并经设定时间延时后，由 K7 动合触点沟通 Q8 接触器励磁	Q8 励磁后： （1）由 Q8 三对动合触点 11-14（X：702-X1：A729）、21-24（X：702-X1：B729）、31-34（X：702-X1：C729）经 S4 远方位置后分别沟通断路器各相第二组跳闸线圈跳闸； （2）另提供 1 对动合触点（44-41）沟通非全相保护 2 跳闸信号自保持接触器 K4 励磁，并由 K4 动合触点发出"断路器非全相保护 2 动作"光字牌	（1）光字牌情况：断路器非全相保护 2 动作（机构箱）。 （2）其他信号：非全相保护箱内表示非全相保护动作的 FA1 内嵌指示灯亮	（1）光字牌情况：断路器非全相保护 2 动作（机构箱）。 （2）其他信号：非全相保护箱内表示非全相保护动作的 FA1 内嵌指示灯亮
11	非全相保护 2 跳闸信号自保持接触器 K4	正常时不励磁，触点上顶；动作后触点下压，桔黄色指示掉牌后并自保持	断路器非全相时，经设定时间延时后沟通 Q8 励磁，跳开合闸相，为了留下动作记录，由 Q8 接触器输出一对动合触点沟通 K4 接触器励磁，并由 K4 接触器输出一对动合触点实现自保持	K4 励磁后，K4 输出 2 对动合触点： （1）其动合触点 14-11 闭合后实现 K4 接触器自保持； （2）其动合触点 31-34（X：982-X：983）沟通测控装置内对应的信号光耦后发出"断路器非全相保护 2 动作（机构箱）"光字牌	（1）光字牌情况：断路器非全相保护 2 动作（机构箱）。 （2）其他信号：非全相保护箱内表示非全相保护动作的 FA1 内嵌指示灯亮	（1）光字牌情况：断路器非全相保护 2 动作（机构箱）。 （2）其他信号：非全相保护箱内表示非全相保护动作的 FA1 内嵌指示灯亮
12	非全相复位按钮 FA1	内嵌指示灯不亮		按下 FA1 非全相复位按钮后，K4 及 K5 非全相保护跳闸信号自保持接触器复归，FA1 内嵌指示灯灭，"非全相保护动作"光字牌消失	无	无
13	就地/远控转换开关 S4	远方	当 ABB 断路器某机构箱内远方/就地转换开关 S4 切换至"就地"位置后，将引起对应相保护（含保护出口、本体非全相）、远控分闸回路断线，当保护有出口或需紧急操作时造成保护拒动或远控操作失灵	将 ABB 断路器机构箱内远方/就地转换开关 S4 切换至"就地"位置后，将引起保护及远控分闸回路断线，当保护有出口或需紧急操作时造成保护拒动或远控操作失灵	（1）光字牌情况： 1）第一组控制回路断线； 2）第二组控制回路断线。 （2）其他信号： 1）测控柜上红绿灯均灭； 2）操作箱上两组对应相 OP 灯均灭	（1）光字牌情况： 1）第一组控制回路断线； 2）第二组控制回路断线。 （2）其他信号：测控柜上红绿灯均灭
14	就地分合闸操作把手 S1（3 个）	中间位置		在五防满足的情况下，可以实现就地分合闸，但规程规定为防止断路器非同期合闸，严禁就地合断路器（检修或试验除外）	无	无

序号	元器件名称编号	原始状态	元器件异动说明	元器件异动后果	元器件异动触发光字牌信号	
					断路器合闸状态	断路器分闸状态
15	加热器及门灯电源空开 F1（3个）	合闸	正常情况下，常投加热器电源空开 F1，启动加热器 E1 加热，当气温或湿度达到温湿度传感器设定值时，温控器输出触点自动启动加热器 E2 加热	在气候潮湿情况下，有可能引起一些对环境要求较高的元器件绝缘降低，如敏感度较高的 SF₆ 压力微动开关触点极易因绝缘降低而导致控制电源Ⅰ/控制电源Ⅱ直流互串	无	无
16	储能电机交流电源空开 F1（3个）	合闸	当合闸弹簧因分闸脱扣释放能量导致弹簧储能不足时，弹簧储能行程开关 BW2 的弹簧未储能闭合触点 21-22、41-42 闭合，沟通储能电机运转接触器 Q1 励磁，使电机启动拉伸合闸弹簧储能，当合闸弹簧拉伸至已储能位置时，BW2 的 21-22、41-42 触点自动断开，Q1 失电，动合触点 1-2、5-6 断开，储能电机停止储能	空开跳开后，若碰巧又遇上该相瞬时跳闸，将因合闸弹簧储能电机失电而无法即时恢复储能，造成重合闸不成功	光字牌情况：断路器储能电机空开断开	光字牌情况：断路器储能电机空开断开
17	非全相保护箱加热器电源空开 Q2	合闸	正常情况下，常投加热器电源空开 Q2，当气温或湿度达到温湿度传感器设定值时，温控器输出触点自动启动加热器 E1 加热	无	无	无
18	储能电机手动/电动选择开关 Y7（3个）	电动	当断路器机构箱内弹簧未储能时，一般情况下储能电机会自动运转拉伸合闸弹簧至已储能位置，但若 Y7 被切换至手动位置，储能电机的电源空开 F1 将被 Y7 的手动触点短接跳开，导致储能电机交流控制回路及其驱动回路因失去电源而无法自动启动电机，此时串接于合闸回路中的弹簧储能行程开关 BW1 的已储能位置触点断开切断三相合闸回路	切换至手动位置后，若碰巧又遇上该相瞬时跳闸，合闸弹簧因分闸脱扣释放能量导致本相弹簧储能不足时无法即时恢复储能，造成重合闸不成功	无	无
19	储能电机运转交流接触器 Q1（3个）	正常时不励磁，长凹形吸组为平置状态；动作后吸组为吸入状态	当某一相合闸弹簧因分闸脱扣释放能量导致本相弹簧储能不足时，该相合闸弹簧储能微动开关 BW2 的储能不足触点（21-22）、（42-41）闭合，沟通该相储能电机运转交流接触器 Q1 励磁，使电机启动拉伸合闸弹簧储能，当合闸弹簧拉伸至已储能位置时由合闸弹簧储能微动开关 BW1 自动切断储能电机控制回路停止储能	储能电机运转交流接触器 Q1 动作后，均输出 3 对动合触点：（1）储能电机电源火线端 4、零线端 6 经闭合的两对动合触点 1-2、5-6 接通储能电机 M1 使其运转；（2）动合触点 13-14（X1：913-X1：914）沟通测控装置内对应的信号光耦直接发出"储能电机运转"光字牌	光字牌情况：储能电机运转	光字牌情况：储能电机运转

第七节 北京 ABB 公司 HPL245B1/3P 型 220kV 高压断路器二次回路辨识

一、二次回路功能模块化分解原理图

1. 合闸回路原理接线图

北京 ABB 公司 HPL245B1/3P 型 220kV 高压断路器合闸回路原理接线图见图 3-55。

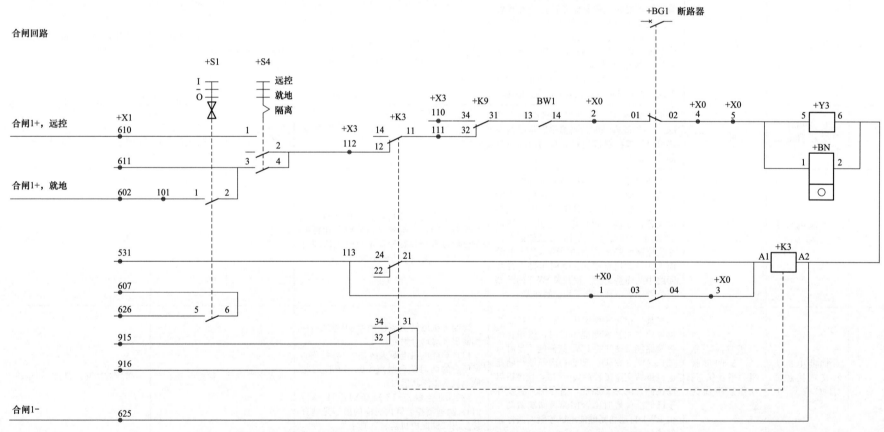

图 3-55 北京 ABB 公司 HPL245B1/3P 型 220kV 高压断路器合闸回路原理接线图

2. 分闸回路 1 原理接线图

北京 ABB 公司 HPL245B1/3P 型 220kV 高压断路器分闸回路 1 原理接线图见图 3-56。

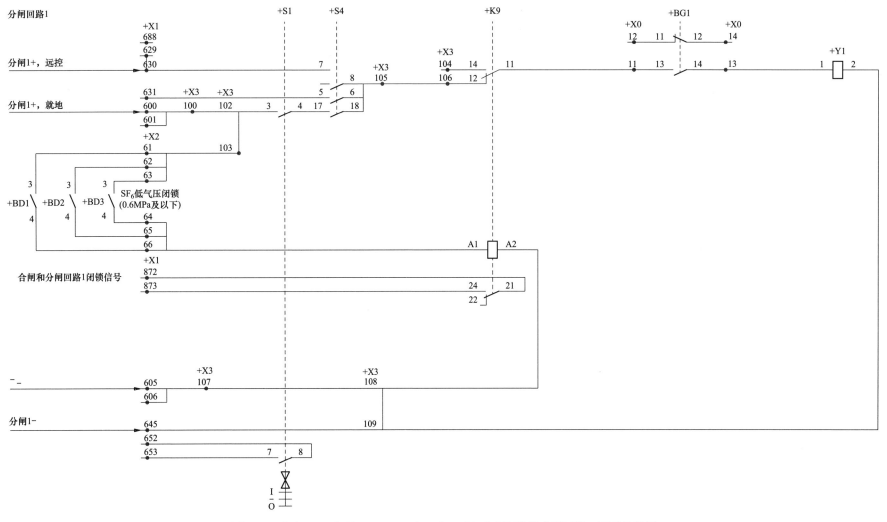

图 3-56　北京 ABB 公司 HPL245B1/3P 型 220kV 高压断路器分闸回路 1 原理接线图

3. 分闸回路 2 原理接线图

北京 ABB 公司 HPL245B1/3P 型 220kV 高压断路器分闸回路 2 原理接线图见图 3-57。

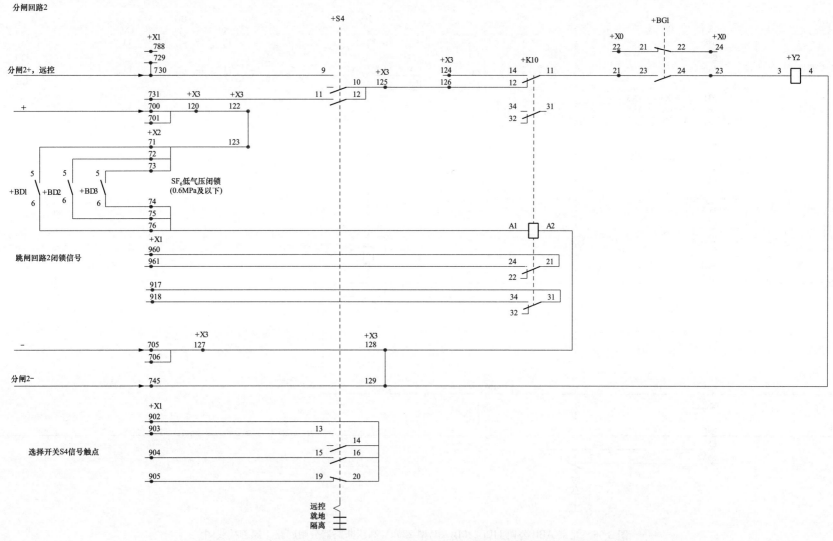

图 3-57　北京 ABB 公司 HPL245B1/3P 型 220kV 高压断路器分闸回路 2 原理接线图

4. SF₆ 报警触点、BW1 及 BW2 信号触点接线图

北京 ABB 公司 HPL245B1/3P 型 220kV 高压断路器 SF₆ 报警触点、BW1 及 BW2 信号触点接线图见图 3-58。

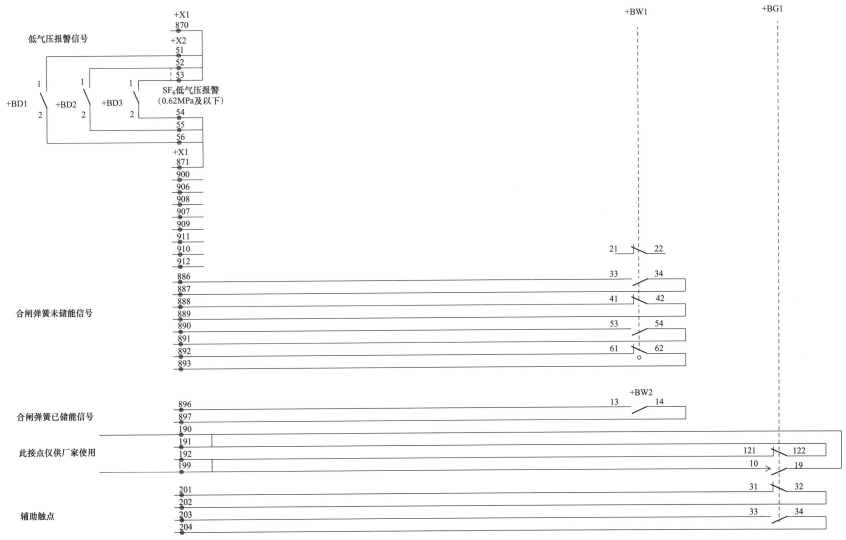

图 3-58   北京 ABB 公司 HPL245B1/3P 型 220kV 高压断路器 SF₆ 报警触点、BW1 及 BW2 信号触点接线图

5. 指示灯及 BG1 辅助触点原理接线图

北京 ABB 公司 HPL245B1/3P 型 220kV 高压断路器指示灯及 BG1 辅助触点原理接线图见图 3-59。

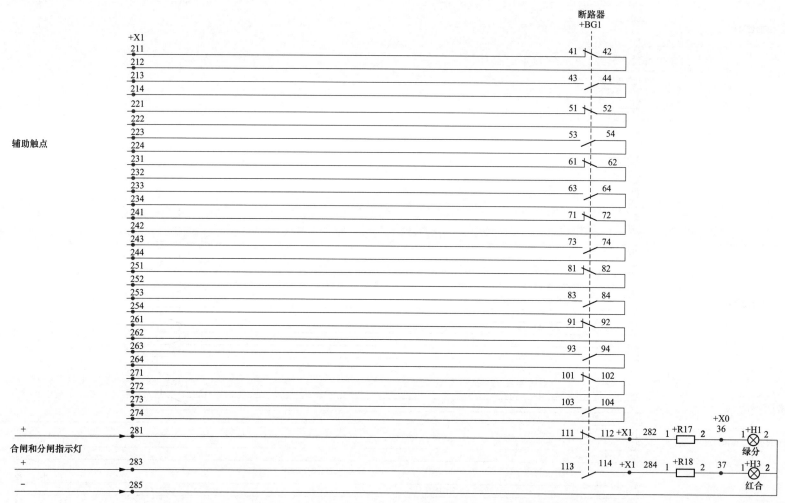

图 3-59　北京 ABB 公司 HPL245B1/3P 型 220kV 高压断路器指示灯及 BG1 辅助触点原理接线图

6. BG2 辅助触点接线图

北京 ABB 公司 HPL245B1/3P 型 220kV 高压断路器 BG2 辅助触点接线图见图 3-60。

图 3-60　北京 ABB 公司 HPL245B1/3P 型 220kV 高压断路器 BG2 辅助触点接线图

7. 储能电机及加热器回路原理接线图

北京 ABB 公司 HPL245B1/3P 型 220kV 高压断路器储能电机及加热器回路原理接线图见图 3-61。

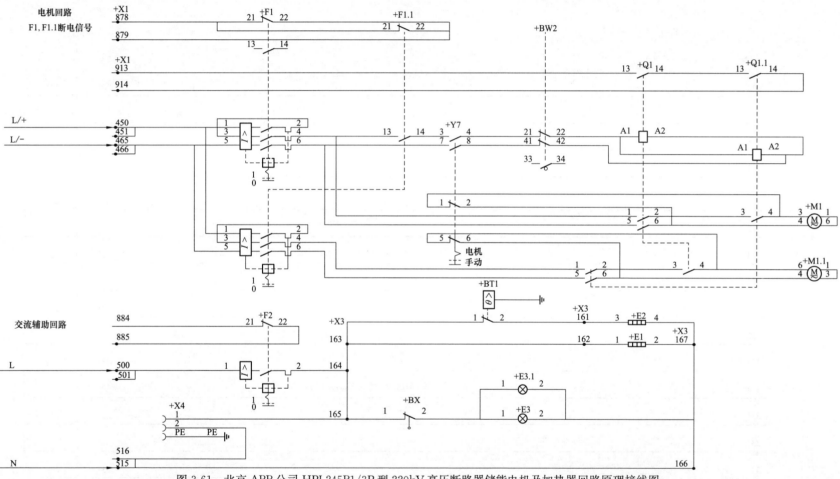

图 3-61 北京 ABB 公司 HPL245B1/3P 型 220kV 高压断路器储能电机及加热器回路原理接线图

二、断路器二次回路功能模块化分解辨识

断路器二次回路功能模块化分解辨识见表 3-13。

表 3-13
断路器二次回路功能模块化分解辨识

序号	模块名称	分解辨识
1	合闸公共回路	防跳接触器 K3 动断触点 12-11（X3：112-X3：111）→SF$_6$ 低总闭锁 1 接触器 K9 动断触点 32-31（X3：111-K9：31）→合闸弹簧储能微动断路器 BW1 动合触点 13-14（K9：31-X0：2）→断路器动断辅助触点 BG1 的 01-02（X0：2-X0：4）→A 相机构箱内 X0：5→三相合闸线圈 Y3（5-6）或合闸计数器 BN（1-2）→控制 I 负电源（K102/X1：625）
2	分闸 1 公共回路	SF$_6$ 低总闭锁 1 接触器 K9 动断触点 12-11（X3：106-X0：11）→断路器动合辅助触点 BG1 的 13-14（X0：11-X0：13）→三相跳闸 1 线圈 Y1（1-2）→A 相机构箱 X3：109→控制 I 负电源（K102/X1：645）
3	分闸 2 公共回路	SF$_6$ 低总闭锁 2 接触器 K10 动断触点 12-11（X3：126-X0：21）→断路器动合辅助触点 BG1 的 23-24（X0：21-X0：23）→对应相跳闸 2 线圈 Y2（3-4）→A 相机构箱 X3：129→控制 II 负电源（K202/X1：745）
4	远方合闸回路	控制 I 正电源（K101）→［(后台下发给测控柜的遥合脉冲) 或（YBJ 五防电编码锁 1-2→回路 K101S→测控柜手合操作令）→手合/遥合出口压板］或［操作箱内合闸保持继电器的自保持动合触点］→操作箱内合闸保持继电器→三相远方合闸回路 7→A 相机构箱 X1：610→远方/就地把手 S4 供远方合闸的 1-2 触点（X1：610-X3：112）→合闸公共回路
5	就地合闸回路	控制 I 正电源（K101）→YBJ 五防电编码锁 1-2（YK1-YK3）→就地分合闸操作把手 S1 供就地合闸的 1-2 触点（K101S/X1：602-X1：611）→远方/就地把手 S4 供就地合闸的 3-4 触点（X1：611-X3：112）→合闸公共回路
6	远方分闸 1 回路	控制 I 正电源（K101）→［YBJ 五防电编码锁 1-2（YK1-YK3）→回路 K101S→测控柜手跳操作令］或［测控柜遥跳脉冲→断路器遥跳出口压板］或［保护出口经对应压板］或［操作箱内跳闸保持继电器的自保持动合触点］→操作箱内跳闸保持继电器→远方跳闸 1 回路 137→A 相机构箱 X1：630→远方/就地把手 S4 供远方跳闸 1 的 7-8 触点（X1：630-X3：105）→分闸 1 公共回路
7	就地分闸 1 回路	控制 I 正电源（K101）→YBJ 五防电编码锁 1-2（YK1-YK3）→A 相机构箱内 1IS/X1：600→就地分合闸操作把手 S1 供就地分闸 1 的 3-4 触点（X3：100/X3：102-S4：17）→远方/就地把手 S4 供远方分闸 1 的 17-18 触点（S1：4-X3：105）→独立分闸 1 公共回路
8	远方分闸 2 回路	控制 II 正电源（K201）→［操作箱内手跳继电器的动合触点］或［保护出口经对应压板］或［操作箱内跳闸保持继电器的自保持动合触点］→操作箱内跳闸保持继电器→远方跳闸 2 回路 237→A 相机构箱内 X1：730→远方/就地把手 S4 供远方分闸 2 的 9-10 触点（X1：730-X3：125）→分闸 2 公共回路

三、二次回路元器件辨识及其异动说明

二次回路元器件辨识及其异动说明见表 3-14。

表 3-14   **二次回路元器件辨识及其异动说明**

序号	元器件名称编号	原始状态	元器件异动说明	元器件异动后果	元器件异动触发光字牌信号	
					断路器合闸状态	断路器分闸状态
1	SF$_6$ 低总闭锁 1 接触器 K9	正常时不励磁，触点上顶；动作后触点下压并掉桔黄色指示牌	任一相断路器本体内 SF$_6$ 压力低于 SF$_6$ 总闭锁 1 接通值 0.6MPa 时，对应相 SF$_6$ 低微动开关 3-4 触点通，沟通 SF$_6$ 低总闭锁 1 接触器 K9 励磁	K9 接触器励磁后，其原来闭合的两对动断触点 32（X3：111)-31、12-11（X3：106-X0：11）断开并分别闭锁三相合闸和分闸 1 回路，并通过 K9 接触器动合触点 21-24（X1：872-X1：873）沟通测控装置内对应的信号光耦，发出"断路器 SF$_6$ 总闭锁 1"光字牌	（1）光字牌情况：1）第一组控制回路断线；2）断路器 SF$_6$ 总闭锁 1。（2）其他信号：操作箱上第一组合位灯灭	光字牌情况：（1）第一组控制回路断线；（2）第二组控制回路断线；（3）断路器 SF$_6$ 总闭锁 1

序号	元器件名称编号	原始状态	元器件异动说明	元器件异动后果	元器件异动触发光字牌信号	
					断路器合闸状态	断路器分闸状态
2	SF$_6$低总闭锁2接触器K10	正常时不励磁，触点上顶；动作后触点下压并掉桔黄色指示牌	当任一相断路器本体内SF$_6$压力低于SF$_6$总闭锁2接通值0.6MPa时，对应相SF$_6$低微动开关5-6触点通，沟通SF$_6$低总闭锁2接触器K10励磁	K10接触器励磁后，其动断触点12-11（X3；126-X0；21）断开并闭锁分闸2回路，动合触点21-24（X1；960-X1；961）沟通测控装置内对应的信号光耦，并发出"断路器SF$_6$总闭锁2"光字牌	（1）光字牌情况： 1）第二组控制回路断线； 2）断路器SF$_6$总闭锁2。 （2）其他信号：操作箱上第二组合位灯灭	光字牌情况：断路器SF$_6$总闭锁2
3	防跳接触器K3	正常时不励磁	断路器合闸后，为防止断路器跳开后却因合闸脉冲又较长时出现多次合闸，厂家设计了一旦断路器合闸到位后，断路器的动合辅助触点闭合，此时只要合闸回路（不论远控近控）仍存在合闸脉冲，防跳接触器K3励磁并通过其动合触点自保持	K3接触器励磁后： （1）通过其动合触点24-21实现K3接触器自保持； （2）串入合闸回路的防跳接触器K3的动断触点12-11断开，闭锁合闸回路	无	（1）光字牌情况： 1）第一组控制回路断线； 2）第二组控制回路断线。 （2）其他信号：测控柜上红绿灯均灭
4	SF$_6$密度继电器的微动开关BD1、BD2、BD3	低通压力触点，正常时断开	任一相断路器本体内SF$_6$压力低于SF$_6$低气压报警接通值0.62MPa时，对应相SF$_6$低微动开关1-2触点通，沟通测控装置对应的信号光耦	任一相断路器本体内SF$_6$压力低于SF$_6$低气压报警接通值0.62MPa时，对应相SF$_6$低微动开关1-2触点通，经测控装置对应信号光耦后发出"断路器SF$_6$气压降低"光字牌	光字牌情况：断路器SF$_6$气压降低	光字牌情况：断路器SF$_6$气压降低
5	弹簧储能行程开关BW1、BW2	未储能时动断触点闭合，储能到位后动合触点闭合	三相联动断路器合闸弹簧未储能，BW1微动开关41-42触点通，沟通测控装置对应的信号光耦	三相联动断路器机构合闸弹簧未储能时，BW1微动开关41-42触点通，经测控装置对应信号光耦直接发出"断路器合闸弹簧未储能"光字牌	光字牌情况：断路器合闸弹簧未储能	光字牌情况：断路器合闸弹簧未储能
6	就地/远方转换开关S4	远方	其就地优先级高于测控的就地/远方转换开关，当ABB断路器某机构箱内远方/就地转换开关S4切换至"就地"位置后，将引起保护及远控分合闸回路断线，当保护有出口或需紧急操作时造成保护拒动或远控操作失灵	将ABB断路器机构箱内远方/就地转换开关S4切换至"就地"位置后，将引起保护及远控分合闸回路断线，当保护有出口或需紧急操作时造成保护拒动或远控操作失灵	（1）光字牌情况： 1）第一组控制回路断线； 2）第二组控制回路断线。 （2）其他信号： 1）测控柜上红绿灯均灭； 2）操作箱上两组合位灯均灭	（1）光字牌情况： 1）第一组控制回路断线； 2）第二组控制回路断线。 （2）其他信号：测控柜上红绿灯均灭
7	就地分合闸操作把手S1	中间位置	无	在五防满足的情况下，可以实现就地分合闸，但规程规定为防止断路器非同期合闸，严禁就地合断路器（检修或试验除外）	无	无

序号	元器件名称编号	原始状态	元器件异动说明	元器件异动后果	元器件异动触发光字牌信号	
					断路器合闸状态	断路器分闸状态
8	加热器及门灯电源空开 F2	合闸	无	在气候潮湿情况下，有可能引起一些对环境要求较高的元器件绝缘降低，如敏感度较高的 SF$_6$ 压力微动开关触点极易因绝缘降低而导致控制电源Ⅰ/控制电源Ⅱ直流互串	光字牌情况：断路器电机及加热器电源消失	光字牌情况：断路器电机及加热器电源消失
9	储能电机 M1.1 驱动电源空开 F1.1	合闸	无	空开跳开后，合闸弹簧储能电机将失去控制及其动力电源，若短时间内不及时修复，当弹簧能量在运行中耗损后将引起合闸闭锁	光字牌情况：断路器电机及加热器电源消失	光字牌情况：断路器电机及加热器电源消失
10	储能电机控制及 M1 驱动电源空开 F1	合闸	无	空开跳开后，合闸弹簧储能电机将失去控制及其动力电源，若短时间内不及时修复，当弹簧能量在运行中耗损后将引起合闸闭锁	光字牌情况：断路器电机及加热器电源消失	光字牌情况：断路器电机及加热器电源消失
11	储能电机手动/电动选择开关 Y7	电动	无	切换至手动位置后，若碰巧又遇上跳闸，合闸弹簧因分闸脱扣释放能量导致弹簧储能不足时无法即时恢复储能，造成断路器无法合闸	无	无
12	储能电机 M1 运转交流接触器 Q1	正常时不励磁，长凹形吸纽为平置状态；动作后吸纽为吸入状态	当合闸弹簧因分闸脱扣释放能量导致本相弹簧储能不足时，合闸弹簧储能微动开关 BW1 的储能不足触点（21-22）、（42-41）闭合，沟通两台储能电机运转交流接触器 Q1、Q1.1 励磁，使两台电机启动拉伸合闸弹簧储能，当合闸弹簧拉伸至已储能位置时由合闸弹簧储能微动开关 BW1 自动切断储能电机控制回路停止储能	储能电机运转交流接触器 Q1 励磁后，输出 4 对动合触点：（1）储能电机电源火线端 4、零线端 6 经闭合的两对动合触点 1-2、5-6 接通储能电机 M1 使其运转；（2）1 对动合触点 3-4 串入储能电机 M1.1 驱动回路；（3）1 对动合触点 13-14 与储能电机运转交流接触器 Q1.1 的动合触点 13-14 串接后经 X1：913-X1：914 沟通测控装置内对应的信号光耦发出"储能电机运转"光字牌	光字牌情况：储能电机运转	光字牌情况：储能电机运转
13	储能电机 M1.1 运转交流接触器 Q1.1	正常时不励磁，长凹形吸纽为平置状态；动作后吸纽为吸入状态	当合闸弹簧因分闸脱扣释放能量导致弹簧储能不足时，合闸弹簧储能微动开关 BW1 的储能不足触点（21-22）、（42-41）闭合，沟通两台储能电机运转交流接触器 Q1、Q1.1 励磁，使两台电机启动拉伸合闸弹簧储能，当合闸弹簧拉伸至已储能位置时由合闸弹簧储能微动开关 BW1 自动切断储能电机控制回路停止储能	储能电机运转交流接触器 Q1.1 励磁后，输出 4 对动合触点：（1）储能电机电源 2 火线端 4、零线端 6 经闭合的两对动合触点 1-2、5-6 接通储能电机 M1.1 使其运转；（2）1 对动合触点 3-4 串入储能电机 M1 驱动回路；（3）1 对动合触点 13-14 与储能电机运转交流接触器 Q1 的动合触点 13-14 串接后经 X1：913-X1：914 沟通测控装置内对应的信号光耦发出"储能电机运转"光字牌	光字牌情况：储能电机运转	光字牌情况：储能电机运转

第八节　北京 ABB 公司 LTB245E1/1P 型 220kV 高压断路器二次回路辨识

一、二次回路功能模块化分解原理图

1. 合闸回路原理接线图

北京 ABB 公司 LTB245E1/1P 型 220kV 高压断路器合闸回路原理接线图见图 3-62。

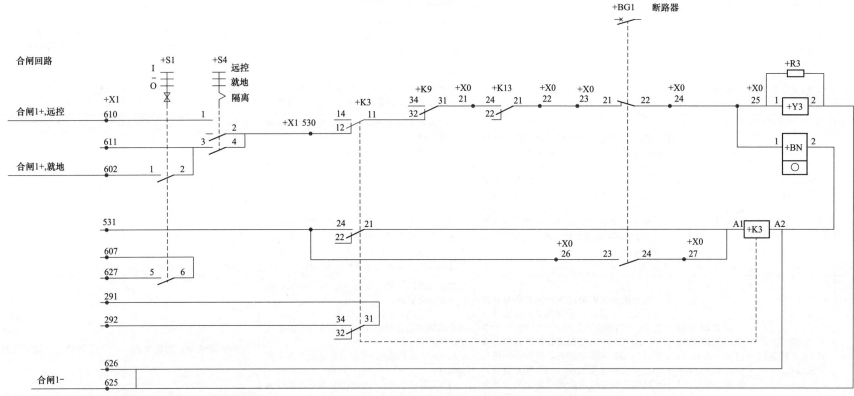

此套图纸为断路器A相机构二次原理图，B、C相机构同A相。

图 3-62　北京 ABB 公司 LTB245E1/1P 型 220kV 高压断路器合闸回路原理接线图

2. 分闸回路 1 原理接线图

北京 ABB 公司 LTB245E1/1P 型 220kV 高压断路器分闸回路 1 原理接线图见图 3-63。

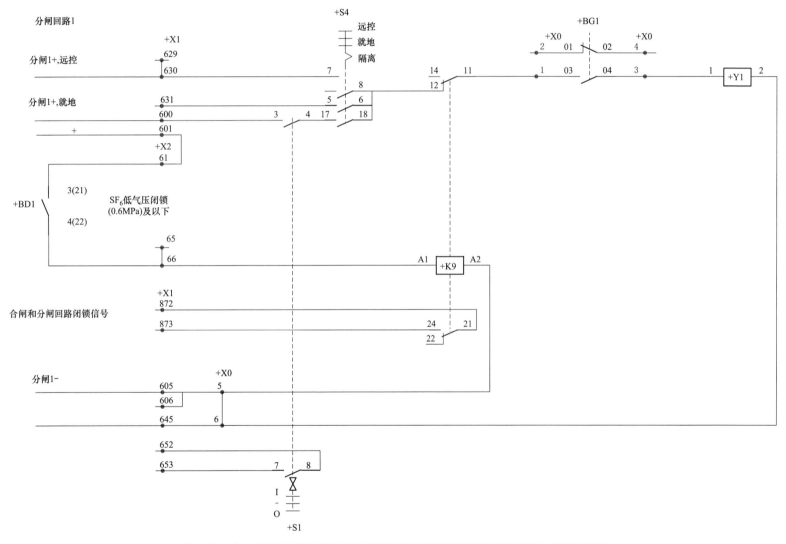

图 3-63　北京 ABB 公司 LTB245E1/1P 型 220kV 高压断路器分闸回路 1 原理接线图

3. 分闸回路 2 原理接线图

北京 ABB 公司 LTB245E1/1P 型 220kV 高压断路器分闸回路 2 原理接线图见图 3-64。

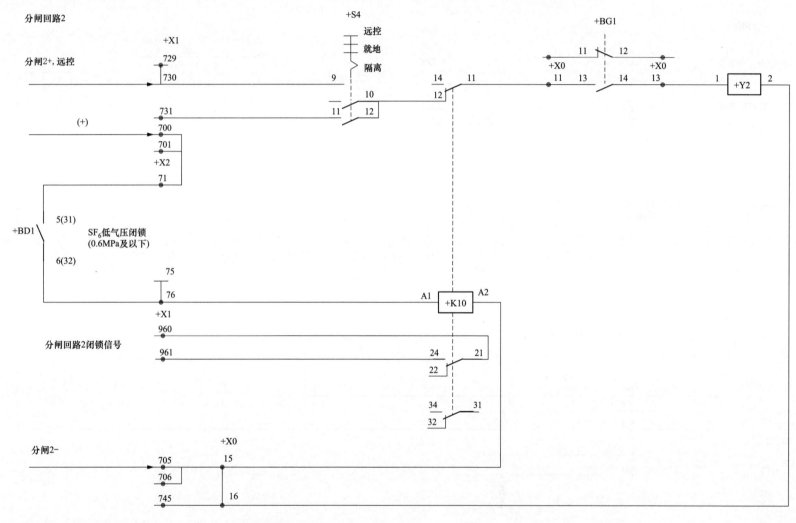

图 3-64 北京 ABB 公司 LTB245E1/1P 型 220kV 高压断路器分闸回路 2 原理接线图

4. 信号回路原理接线图

北京 ABB 公司 LTB245E1/1P 型 220kV 高压断路器信号回路原理接线图见图 3-65。

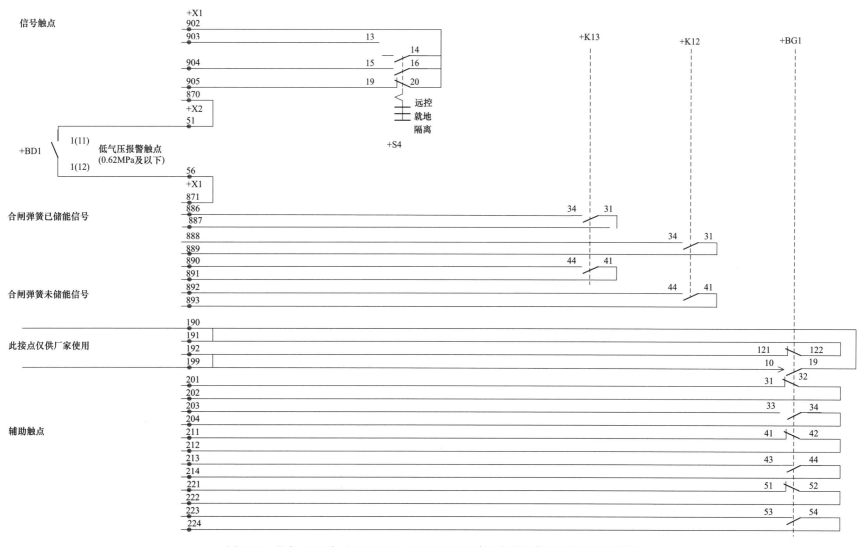

图 3-65　北京 ABB 公司 LTB245E1/1P 型 220kV 高压断路器信号回路原理接线图

347

5. 辅助触点及分合闸指示灯回路二次原理接线

北京 ABB 公司 LTB245E1/1P 型 220kV 高压断路器辅助触点及分合闸指示灯回路二次原理接线见图 3-66。

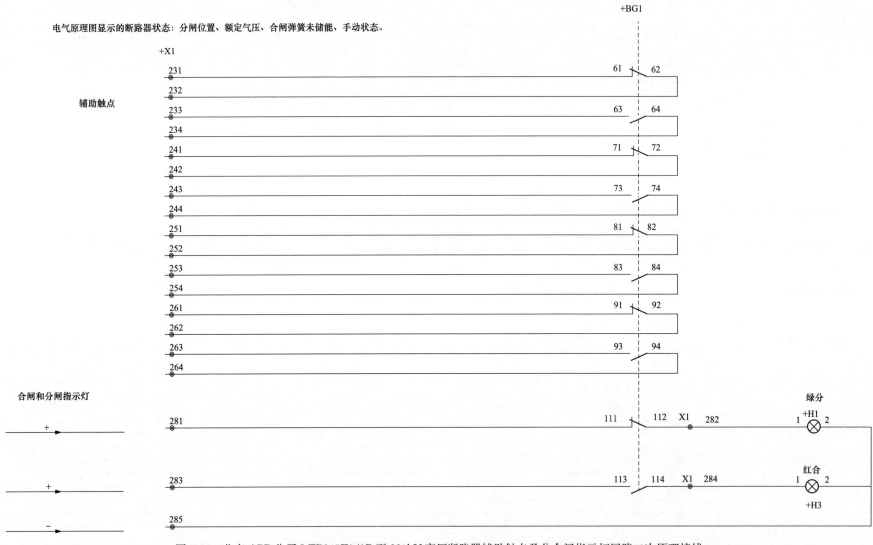

图 3-66　北京 ABB 公司 LTB245E1/1P 型 220kV 高压断路器辅助触点及分合闸指示灯回路二次原理接线

6. 辅助触点信号回路原理接线图

北京 ABB 公司 LTB245E1/1P 型 220kV 高压断路器辅助触点信号回路原理接线图见图 3-67。

图 3-67　北京 ABB 公司 LTB245E1/1P 型 220kV 高压断路器辅助触点信号回路原理接线图

7. 储能电机回路原理接线图

北京 ABB 公司 LTB245E1/1P 型 220kV 高压断路器储能电机回路原理接线图见图 3-68。

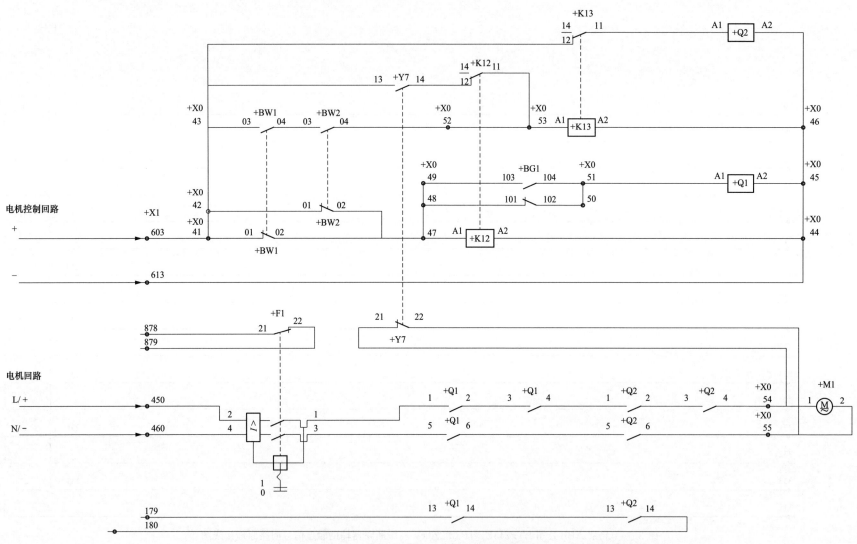

图 3-68　北京 ABB 公司 LTB245E1/1P 型 220kV 高压断路器储能电机回路原理接线图

8. 加热器等辅助回路原理接线图

北京 ABB 公司 LTB245E1/1P 型 220kV 高压断路器加热器等辅助回路原理接线图见图 3-69。

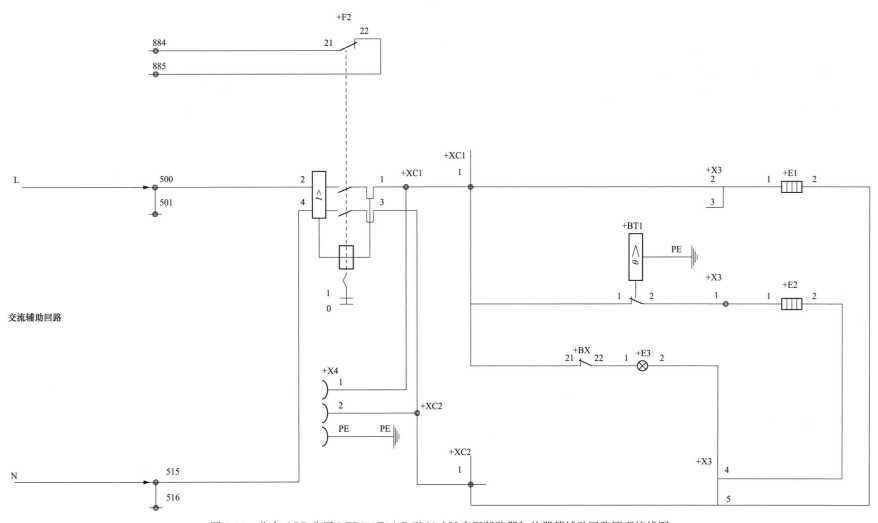

图 3-69 北京 ABB 公司 LTB245E1/1P 型 220kV 高压断路器加热器等辅助回路原理接线图

9. 机构箱端子排图

北京 ABB 公司 LTB245E1/1P 型 220kV 高压断路器机构箱端子排图见图 3-70。

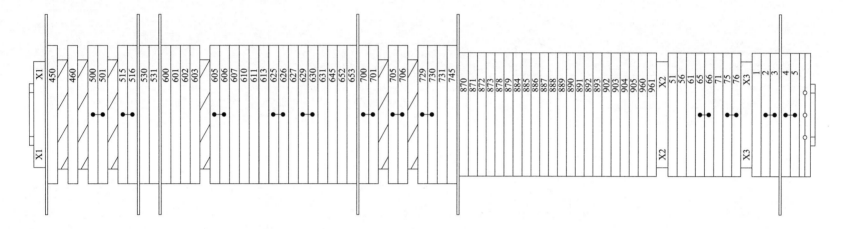

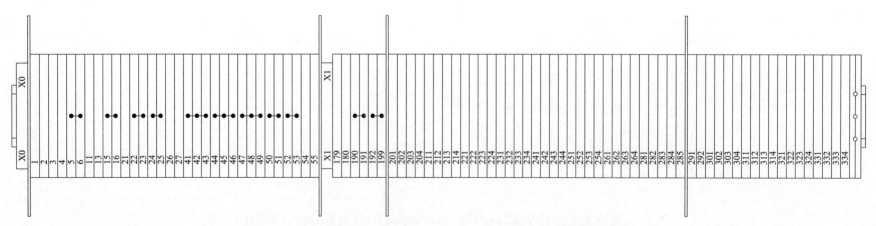

图 3-70 北京 ABB 公司 LTB245E1/1P 型 220kV 高压断路器机构箱端子排图

10. 非全相保护 1 原理接线图

北京 ABB 公司 LTB245E1/1P 型 220kV 高压断路器非全相保护 1 原理接线图见图 3-71。

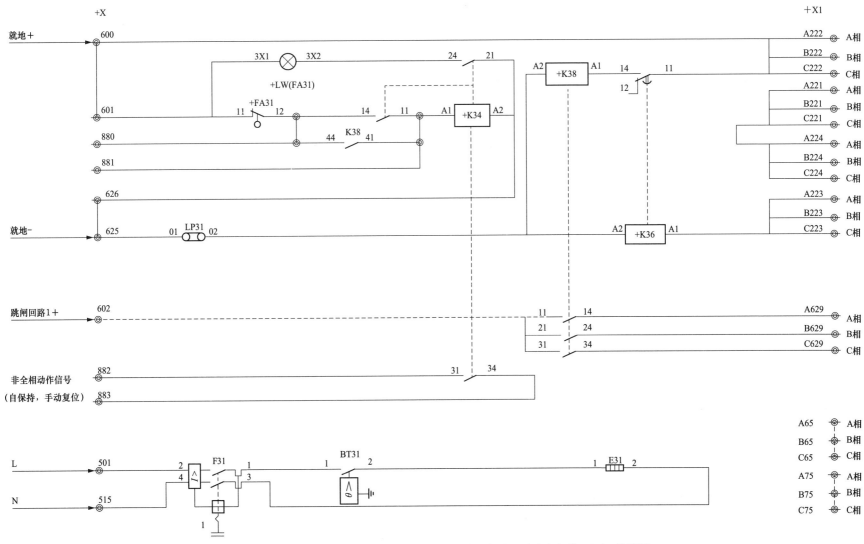

图 3-71　北京 ABB 公司 LTB245E1/1P 型 220kV 高压断路器非全相保护 1 原理接线图

11. 非全相保护 2 原理接线图

北京 ABB 公司 LTB245E1/1P 型 220kV 高压断路器非全相保护 2 原理接线图见图 3-72。

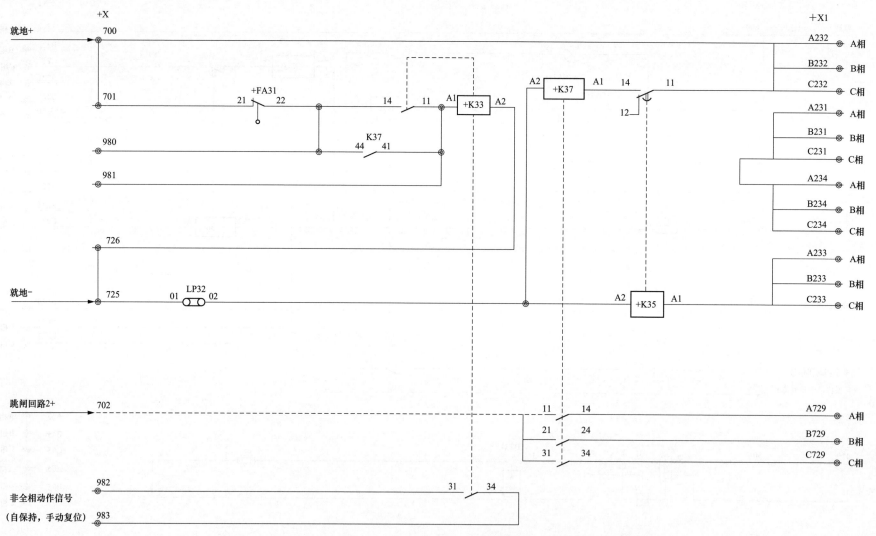

图 3-72 北京 ABB 公司 LTB245E1/1P 型 220kV 高压断路器非全相保护 2 原理接线图

12. 非全相保护箱端子排图

北京 ABB 公司 LTB245E1/1P 型 220kV 高压断路器非全相保护箱端子排图见图 3-73。

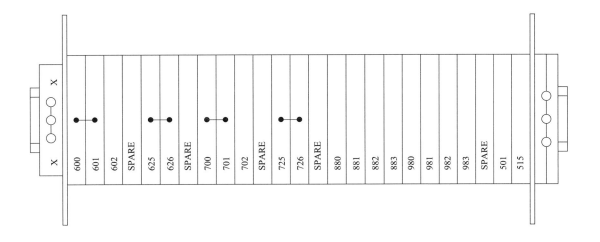

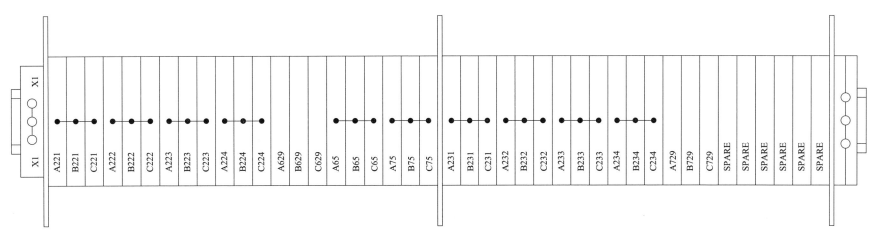

图 3-73 北京 ABB 公司 LTB245E1/1P 型 220kV 高压断路器非全相保护箱端子排图

13. 非全相保护箱至机构箱的端子排接线图

北京 ABB 公司 LTB245E1/1P 型 220kV 高压断路器非全相保护箱至机构箱的端子排接线图见图 3-74。

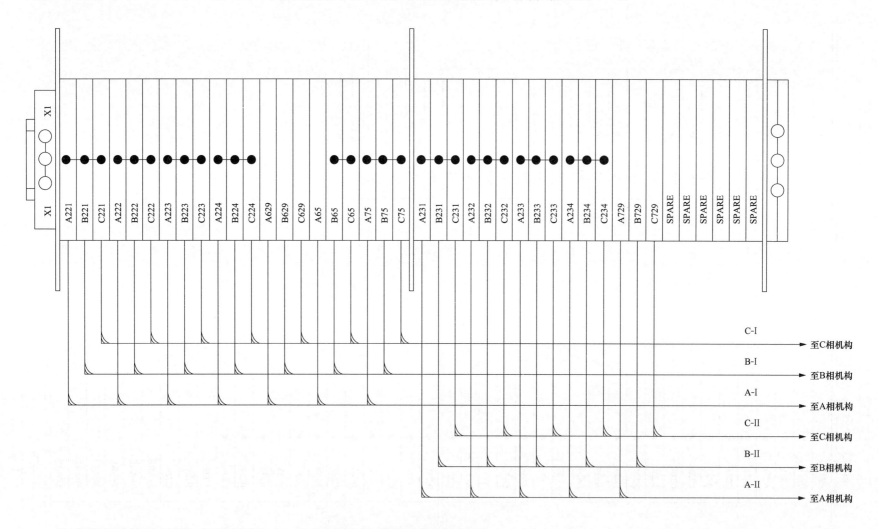

图中端子号与操作机构端子号对应，故取消电缆线号。如：A221表示该端子应与A相操作机构221端子连接。

（共6条电缆　每条8×2.5）

图 3-74　北京 ABB 公司 LTB245E1/1P 型 220kV 高压断路器非全相保护箱至机构箱的端子排接线图

14. 机构箱至非全相保护箱的端子排接线图

北京 ABB 公司 LTB245E1/1P 型 220kV 高压断路器机构箱至非全相保护箱的端子排接线图见图 3-75。

机构箱至非全相保护箱接线图 A(B′C)相机构箱

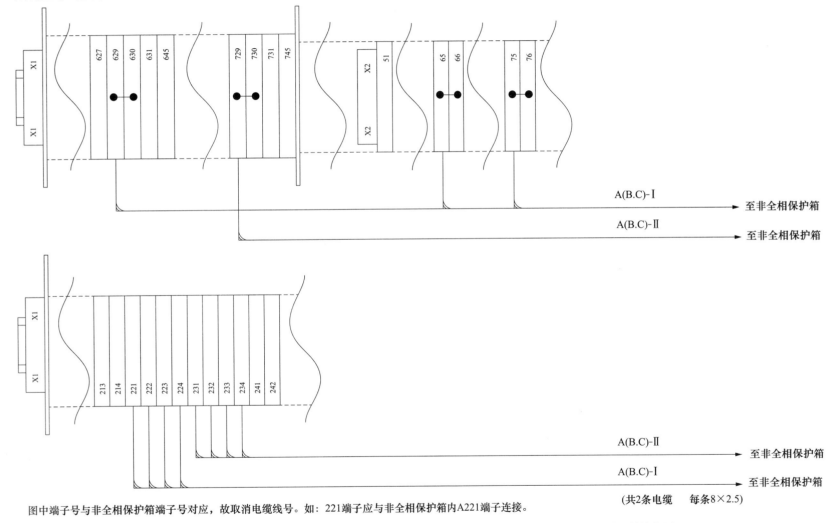

图中端子号与非全相保护箱端子号对应，故取消电缆线号。如：221端子应与非全相保护箱内A221端子连接。

图 3-75 北京 ABB 公司 LTB245E1/1P 型 220kV 高压断路器机构箱至非全相保护箱的端子排接线图

二、断路器二次回路功能模块化分解辨识

断路器二次回路功能模块化分解辨识见表 3-15。

表 3-15   **断路器二次回路功能模块化分解辨识**

序号	模块名称	分解辨识
1	各相独立合闸公共回路	对应相机构箱内［X1：530→防跳接触器 K3 动断触点 12-11→SF$_6$ 低总闭锁 1 接触器 K9 动断触点 32-31→(X0：21→合闸弹簧储能监视接触器 K13 的动合触点 24-21→X0：22)→(X0：23→断路器动断辅助触点 BG1 的 21-22→X0：24)→(X0：25→对应相合闸线圈 Y3 的 1-2) 或 (合闸计数器 BN 的 1-2)→X1：626/X1：625]→控制负电源 K102
2	各相独立分闸 1 公共回路	对应相机构箱内［SF$_6$ 低总闭锁 1 接触器 K9 动断触点 12-11→(X0：1→断路器动合辅助触点 BG1 的 03-04→X0：3)→对应相分闸线圈 Y1 的 1-2→X0：6→X1：645]→控制 I 负电源 K102
3	各相独立分闸 2 公共回路	对应相机构箱内［SF$_6$ 低总闭锁 2 接触器 K10 动断触点 12-11→(X0：11→断路器动合辅助触点 BG1 的 13-14→X0：13)→对应相分闸线圈 Y2 的 1-2→X0：16→X1：745]→控制 II 负电源 K202
4	各相独立远方合闸回路	控制 I 正电源 K101→操作箱内手合继电器的动合触点或操作箱内重合闸重动继电器的动合触点→对应相远方合闸回路→对应相机构箱内 (X1：610→远方/就地把手 S4 供远方合闸的触点 1-2→X1：530)→对应相独立合闸公共回路
5	各相独立就地合闸回路	控制 I 正电源 K101→YBJ 五防电编码锁 1-2→对应相机构箱内 (就地分合闸操作把手 S1 供就地合闸的触点 1-2→远方/就地把手 S4 供就地合闸的触点 3-4→X1：530)→对应相独立合闸公共回路
6	各相独立远方分闸 1 回路	控制 I 正电源 K101→操作箱内手跳继电器的动合触点或操作箱内三跳继电器 (一般由线路保护经三跳压板后启动) 的动合触点或操作箱内永跳继电器 (一般由母差、失灵或主变压器保护经永跳压板后启动) 的动合触点或本线保护 1 分相跳闸令经分相跳闸压板→对应相远方跳闸 1 回路→对应相机构箱内 (X1：630→对应相远方/就地把手 S4 供远方跳闸 1 的触点 7-8)→对应相独立分闸 1 公共回路
7	非全相分闸 1 回路	非全相保护内［控制 I 正电源 K101→X：602→非全相强迫第一组直跳接触器 K38 出口触点 (A 相对应 K38 的动合触点 11-14→X1：A629，B 相对应 K38 的动合触点 21-24→X1：B629、C 相对应 K38 的动合触点 31-34→X1：C629)]→对应相远方跳闸 1 回路→对应相机构箱内 (X1：630→对应相远方/就地把手 S4 供远方跳闸 1 的触点 7-8)→对应相独立分闸 1 公共回路
8	各相独立就地分闸 1 回路	控制 I 正电源 K101→YBJ 五防电编码锁 1-2→五防后正电源 K101S→对应相机构箱内 (就地分合闸操作把手 S1 供就地分闸 1 的触点 3-4→远方/就地把手 S4 供远方分闸 1 的触点 17-18)→对应相独立分闸 1 公共回路
9	各相独立远方分闸 2 回路	控制 II 正电源 K201→操作箱内手跳继电器的动合触点或操作箱内三跳继电器 (一般由线路保护经三跳压板后启动) 的动合触点或操作箱内永跳继电器 (一般由母差、失灵或主变压器保护经永跳压板后启动) 的动合触点或本线保护 2 分相跳闸令经分相跳闸压板→对应相远方跳闸 2 回路→对应相机构箱内 (X1：730→远方/就地把手 S4 供远方跳闸 2 的触点 9-10)→对应相独立分闸 2 公共回路
10	非全相分闸 2 回路	非全相保护箱内［控制 II 正电源 K201→X：702→非全相强迫第二组直跳接触器 K37 出口触点 (A 相对应 K37 的动合触点 11-14→X1：A729，B 相对应 K37 的动合触点 21-24→X1：B729、C 相对应 K37 的动合触点 31-34→X1：C729)]→对应相远方跳闸 2 回路→对应相机构箱内 (X1：730→对应相远方/就地把手 S4 供远方跳闸 2 的触点 9-10)→对应相独立分闸 2 公共回路

三、二次回路元器件辨识及其异动说明

二次回路元器件辨识及其异动说明见表 3-16。

表 3-16　　　　　　　　　　　　　　　　　　　　　　二次回路元器件辨识及其异动说明

序号	元器件名称编号	原始状态	元器件异动说明	元器件异动后果	元器件异动触发光字牌信号	
					断路器合闸状态	断路器分闸状态
1	SF$_6$ 密度继电器的微动开关 BD1、BD2、BD3	低通压力触点，正常时断开	任一相断路器本体内 SF$_6$ 压力低于 SF$_6$ 低气压报警接通值 0.62MPa 时，对应相 SF$_6$ 密度继电器内低通触点 1-2 触点通，沟通测控装置对应的信号光耦	任一相断路器本体内 SF$_6$ 压力低于 SF$_6$ 低气压报警接通值 0.62MPa 时，对应相 SF$_6$ 密度继电器内低通触点 1-2 触点通，经测控装置对应信号光耦后发出"断路器 SF$_6$ 泄漏"光字牌	光字牌情况：断路器 SF$_6$ 泄漏	光字牌情况：断路器 SF$_6$ 泄漏
2	SF$_6$ 低总闭锁 1 接触器 K9（各相机构箱均有 1 个）	正常时不励磁，触点上顶；动作后触点下压并掉桔黄色指示牌	任一相断路器本体内 SF$_6$ 压力低于 SF$_6$ 总闭锁 1 接通值 0.60MPa 时，对应相 SF$_6$ 密度继电器内低通触点 3-4 通，沟通对应相 SF$_6$ 低总闭锁 1 接触器 K9 励磁	任一相 K9 接触器励磁后，其原来闭合的两对动断触点 32-31（X0：21）、12-11（X0：1）断开并分别闭锁对应相合闸和分闸 1 回路，并通过 K9 接触器动合触点 21-24（X1：872-X1：873）沟通测控装置内对应的信号光耦后发出"断路器 SF$_6$ 总闭锁 1"光字牌	(1) 光字牌情况： 1) 第一组控制回路断线； 2) 断路器 SF$_6$ 泄漏； 3) 断路器 SF$_6$ 总闭锁 1。 (2) 其他信号：操作箱上第一组对应相 OP 灯灭	(1) 光字牌情况： 1) 第一组控制回路断线； 2) 第二组控制回路断线； 3) 断路器 SF$_6$ 泄漏； 4) 断路器 SF$_6$ 总闭锁 1。 (2) 其他信号：测控柜上红绿灯均灭
3	SF$_6$ 低总闭锁 2 接触器 K10（各相机构箱均有 1 个）	正常时不励磁，触点上顶；动作后触点下压并掉桔黄色指示牌	任一相断路器本体内 SF$_6$ 压力低于 SF$_6$ 低总闭锁 2 接通值 0.60MPa 时，对应相 SF$_6$ 密度继电器内低通触点 5-6 通，沟通对应相 SF$_6$ 低总闭锁 2 接触器 K10 励磁	任一相 K10 接触器励磁后，其原来闭合的动断触点 12-11（X0：11）断开并闭锁对应相分闸 2 回路，并通过 K10 接触器动合触点 21-24（X1：960-X1：961）沟通测控装置内对应的信号光耦后发出"断路器 SF$_6$ 总闭锁 2"光字牌	(1) 光字牌情况： 1) 第二组控制回路断线； 2) 断路器 SF$_6$ 泄漏； 3) 断路器 SF$_6$ 总闭锁 2。 (2) 其他信号：操作箱上第二组对应相 OP 灯灭	(1) 光字牌情况： 1) 断路器 SF$_6$ 泄漏； 2) 断路器 SF$_6$ 总闭锁 2。 (2) 其他信号：测控柜上红绿灯均灭
4	防跳接触器 K3（各相机构箱均有 1 个）	正常时不励磁，触点上顶；动作后触点下压并掉桔黄色指示牌	各相断路器合闸后，为防止断路器跳开后却因合闸脉冲又较长时出现多次合闸，厂家设计了一旦某相断路器合闸到位后，该相断路器的动合辅助触点闭合，此时只要该相合闸回路（不论远控近控）仍存在合闸脉冲，对应相的 K3 接触器励磁并通过其动合触点自保持	对应相 K3 接触器励磁后： (1) 通过其动合触点 24-21 实现对应相 K3 接触器自保持； (2) 串入对应相合闸回路的防跳接触器 K3 的动断触点 12-11 断开，闭锁对应相合闸回路	无	(1) 光字牌情况： 1) 第一组控制回路断线； 2) 第二组控制回路断线。 (2) 其他信号：测控柜上红绿灯均灭

序号	元器件名称编号	原始状态	元器件异动说明	元器件异动后果	元器件异动触发光字牌信号	
					断路器合闸状态	断路器分闸状态
5	弹簧储能行程开关 BW1、BW2	未储能时动断触点闭合，储能到位后动合触点闭合	当任一相断路器机构箱内弹簧未储能时，弹簧储能行程开关 BW1、BW2 的 01-02 触点闭合，即时沟通该相合闸未储能监视接触器 K12 励磁并发出"断路器弹簧未储能"信号，在断路器分合到位情况下还会沟通储能电机接触器 Q1 励磁，于此同时，合闸储能监视接触器 K13 的励磁回路因 K12 的动断触点断开而失磁，储能电机接触器 Q2 的励磁回路因 K13 的动断触点闭合而励磁，储能电机经 Q1、Q2 闭合的动合触点接通交流电源自动运转拉伸弹簧储能；一般情况下经储能电机储能至已储能位置时，信号会自动消失，但若储能电机未能自动启动运转拉伸弹簧，此时将通过串接于合闸回路中的合闸弹簧储能监视接触器 K13 的动合触点断开切断该相合闸回路	当任一相断路器机构箱内弹簧未储能时，弹簧储能行程开关 BW1、BW2 的 01-02 触点闭合，即时沟通该相合闸未储能监视接触器 K12 励磁并发出"断路器弹簧未储能"信号，一般情况下经储能电机运转拉伸至已储能位置时，信号会自动消失，但若储能电机未能自动运转拉伸弹簧，此时将通过串接于合闸回路中的合闸储能监视接触器 K13 动合触点断开切断了合闸回路	未储能时光字牌情况：断路器弹簧未储能	(1) 未储能时光字牌情况： 1) 断路器弹簧未储能； 2) 第一组控制回路断线； 3) 第二组控制回路断线。 (2) 未储能其他信号：测控柜上红绿灯均灭
6	合闸未储能监视接触器 K12（各相机构箱均有 1 个）	正常时不励磁，触点上顶；任一相弹簧未储能时该相 K12 励磁，动作后触点下压并掉桔黄色指示牌	当任一相断路器机构箱内弹簧未储能时，会即时沟通该相合闸未储能监视接触器 K12 励磁并发出"断路器弹簧未储能"信号，在断路器分合到位情况下还会沟通储能电机接触器 Q1 励磁，与此同时，合闸储能监视接触器 K13 的励磁回路因 K12 的动断触点断开而失磁，储能电机接触器 Q2 的励磁回路因 K13 的动断触点闭合而励磁，储能电机经 Q1、Q2 闭合的动合触点接通交流电源自动运转拉伸弹簧储能；一般情况下经储能电机储能至已储能位置时，信号会自动消失，但若储能电机未能自动启动运转拉伸弹簧，此时将通过串接于合闸回路中的合闸弹簧储能监视接触器 K13 的动合触点断开切断该相合闸回路	任一相断路器机构内弹簧未储能接触器 K12 及其储能接触器 Q1 同时励磁后，通过 K12 接触器动合触点 34-31（X1：888-X1：889）沟通测控装置内对应的信号光耦后发出"断路器弹簧未储能"光字牌，K12 原来闭合的动断触点 12-11 断开切断合闸储能接触器 K13 励磁回路，储能电机接触器 Q2 的励磁回路因 K13 的动断触点闭合而励磁，储能电机经 Q1、Q2 动合触点接通交流电源自动运转拉伸弹簧储能，储能过程中将通过串接于合闸回路中的合闸储能监视接触器 K13 的动合触点断开切断该相合闸回路，直至合闸弹簧储能至已储能位置时，被闭锁的合闸回路会自动复归	未储能时光字牌情况：断路器弹簧未储能	(1) 未储能时光字牌情况： 1) 断路器弹簧未储能； 2) 第一组控制回路断线； 3) 第二组控制回路断线。 (2) 未储能其他信号：测控柜上红绿灯均灭

序号	元器件名称编号	原始状态	元器件异动说明	元器件异动后果	元器件异动触发光字牌信号	
					断路器合闸状态	断路器分闸状态
7	合闸储能监视接触器 K13（各相机构箱均有 1 个）	正常时励磁触点下压并掉桔黄色指示牌；任一相弹簧未储能时该相 K13 失磁，触点上顶	当任一相断路器机构箱内弹簧已储能到位时，会即时沟通该相合闸储能接触器 K13 励磁，断路器合闸回路内的 K13 动合触点 24-21 闭合，确保该断路器是在本相机构合闸弹簧已储能情况下方可进行合闸，与此同时，K13 的动断触点 12-11 断开切断该相储能电机接触器 Q2 的励磁回路，使储能电机在弹簧储能到位情况下自动停止运转	任一相合闸储能监视接触器 K13 励磁后，表明该相断路器机构箱内合闸弹簧已储能到位，该相断路器合闸回路内表示弹簧已储能的 K13 动合触点闭合，与此同时，K13 的动断触点 12-11 断开切断该相储能电机接触器 Q2 的励磁回路，使储能电机在弹簧储能到位情况下自动停止运转	无	（1）K13 失磁后光字牌情况： 1）断路器弹簧未储能； 2）第一组控制回路断线； 3）第二组控制回路断线。 （2）K13 失磁后其他信号： 测控柜上红绿灯均灭
8	储能电机手动/电动选择开关 Y7（各相机构箱均有 1 个）	电动	当断路器机构箱内弹簧未储能时，一般情况下储能电机会自动运转拉伸合闸弹簧至已储能位置，但若 Y7 被切换至手动位置，储能电机驱动交流回路一通即跳（注：储能电机驱动电源空开 F1 在 Q1、Q2 均励磁后即被 Y7 的手动触点短接跳开），导致储能电机驱动回路因失去电源而无法自动启动电机，若弹簧仍然未储能到位，则串接于合闸回路中的合闸储能监视接触器 K13 的动合触点 24-21 断开切断该相合闸回路，并同时沟通该相合闸未储能监视接触器 K12 励磁发出"断路器弹簧未储能"信号	切换至手动位置后，若碰巧又遇上跳闸，合闸弹簧因分闸脱扣释放能量导致弹簧储能不足时无法即时恢复储能，可能造成断路器无法合闸	无	无
9	储能电机运转接触器 1（各相机构箱均有 1 个）Q1	正常时不励磁，长凹形吸组为平置状态；K12 励磁时动作，动作后吸组为吸入状态	当任一相断路器机构箱内弹簧未储能时，会即时沟通该相合闸未储能监视接触器 K12 励磁并发出"断路器弹簧未储能"信号，在断路器分合到位情况下还会沟通储能电机接触器 Q1 励磁，与此同时，合闸储能监视接触器 K13 的励磁回路因 K12 的动断触点断开而失磁，储能电机接触器 Q2 的励磁回路因 K13 的动断触点断开而励磁，储能电机接触器 Q1、Q2 闭合的动合触点接通交流电源后，储能电机运转拉伸弹簧储能，当合闸弹簧拉伸至已储能位置时，弹簧储能行程开关 BW1 的 01-02 与 BW2 的 01-02 触点断开，使合闸弹簧未储能监视接触器 K12 及储能电机接触器 Q1 失磁，与此同时，弹簧储能行程开关 BW1 的 03-04 与 BW2 的 03-04 触点闭合，自动沟通合闸弹簧储能监视接触器 K13 励磁使储能电机接触器 Q2 失磁，实现储能电机在弹簧储能到位时停止运转	储能电机运转接触器 Q1 励磁后，输出 4 对动合触点： （1）Q1 的三对动合触点 1-2、3-4、5-6（与 Q2 的三对动合触点 1-2、3-4、5-6 接通储能电机 M1 电源使 M1 运转）； （2）Q1 的 13-14 [与 Q2 的 13-14 动触点串（X1：179-X1：180）沟通测控装置内对应的信号光耦直接发出"断路器储能电机运转"光字牌]	光字牌情况：断路器储能电机运转	光字牌情况：断路器储能电机运转

361

序号	元器件名称编号	原始状态	元器件异动说明	元器件异动后果	元器件异动触发光字牌信号	
					断路器合闸状态	断路器分闸状态
10	储能电机运转接触器2（各相机构箱均有1个）Q2	正常时不励磁，长凹形吸纽为平置状态；K12励磁、K13失磁时动作，动作后吸纽为吸入状态	当任一相断路器机构箱内弹簧未储能时，会即时沟通该相合闸未储能监视接触器K12励磁并发出"断路器弹簧未储能"信号，在断路器分合到位情况下还会沟通储能电机接触器Q1励磁，与此同时，合闸储能监视接触器K13的励磁回路因K12的动断触点断开而失磁，储能电机接触器Q2的励磁回路因K13的动断触点闭合而励磁，储能电机经Q1、Q2闭合的动合触点接通交流电源后，储能电机运转拉伸弹簧储能；当合闸弹簧拉伸至已储能位置时，弹簧储能行程开关BW1的01-02与BW2的01-02触点断开，使合闸弹簧未储能监视接触器K12及储能电机接触器Q1失磁，与此同时，弹簧储能行程开关BW1的03-04与BW2的03-04触点闭合，自动沟通合闸弹簧储能监视接触器K13励磁后使储能电机接触器Q2失磁，实现储能电机在弹簧储能到位时停止运转	储能电机运转接触器Q2励磁后，输出4对动合触点： （1）Q2的三对动合触点1-2、3-4、5-6（与Q1的三对动合触点1-2、3-4、5-6接通储能电机M1电源使M1运转）； （2）Q2的13-14［与Q1的13-14动合触点串（X1：179-X1：180）沟通测控装置内对应的信号光耦直接发出"断路器储能电机运转"光字牌］	光字牌情况：断路器储能电机运转	光字牌情况：断路器储能电机运转
11	储能电机交流驱动电源空开F1（各相机构箱均有1个）	合闸	当任一相断路器机构箱内弹簧未储能时，会即时沟通该相合闸未储能监视接触器K12励磁并发出"断路器弹簧未储能"信号，在断路器分合到位情况下还会沟通储能电机接触器Q1励磁，与此同时，合闸储能监视接触器K13的励磁回路因K12的动断触点断开而失磁，储能电机接触器Q2的励磁回路因K13的动断触点闭合而励磁，储能电机经Q1、Q2闭合的动合触点接通交流电源后，储能电机运转拉伸弹簧储能；当合闸弹簧拉伸至已储能位置时，弹簧储能行程开关BW1的01-02与BW2的01-02触点断开，使合闸弹簧未储能监视接触器K12及储能电机接触器Q1失磁，与此同时，弹簧储能行程开关BW1的03-04与BW2的03-04触点闭合，自动沟通合闸弹簧储能监视接触器K13励磁后使储能电机接触器Q2失磁，实现储能电机在弹簧储能到位时停止运转	对应相F1空开跳开后，合闸弹簧储能电机M1将失去动力电源，同时通过对应相机构箱内F1的21-22（X1：878-X1：879）沟通测控装置内对应的信号光耦后发出"断路器电机电源空开跳开"信号，若短时间内不及时修复，当弹簧能量在运行中耗损后将引起合闸闭锁	光字牌情况：断路器电机电源空开跳开	光字牌情况：断路器电机电源空开跳开

序号	元器件名称编号	原始状态	元器件异动说明	元器件异动后果	元器件异动触发光字牌信号	
					断路器合闸状态	断路器分闸状态
12	加热器及门灯电源空开 F2（各相机构箱均有 1 个）	合闸	正常情况下，常投加热器电源空开 F2，启动加热器 E1 加热，当气温或湿度达到温湿度传感器设定值时，温控器输出触点自动启动加热器 E2 加热	F2 空开跳开跳开后，通过对应相机构箱内 F2 的 21-22（X1：884-X1：885）沟通测控装置内对应的信号光耦后发出"断路器加热器空开跳开"信号；在气候潮湿情况下，有可能引起一些对环境要求较高的元器件绝缘降低	光字牌情况：断路器加热器空开跳开	光字牌情况：断路器加热器空开跳开
13	就地/远方转换开关 S4（各相机构箱均有 1 个）	远方	当 ABB 断路器某机构箱内远方/就地转换开关 S4 切换至"就地"位置后，将引起对应相保护（含保护出口、本体非全相）、远控分合闸回路断线，当保护有出口或需紧急操作时造成保护拒动或远控操作失灵	将 ABB 断路器某机构箱内远方/就地转换开关 S4 切换至"就地"位置后，将引起对应相保护（含保护出口、本体非全相）、远控分合闸回路断线，当保护有出口或需紧急操作时造成保护拒动或远控操作失灵	（1）光字牌情况： 1）第一组控制回路断线； 2）第二组控制回路断线； 3）断路器机构箱就地位置。 （2）其他信号： 1）测控柜上红绿灯均灭； 2）操作箱上两组对应相 OP 灯均灭	（1）光字牌情况： 1）第一组控制回路断线； 2）第二组控制回路断线； 3）断路器机构箱就地位置。 （2）其他信号：测控柜上红绿灯均灭
14	就地分合闸操作把手 S1（各相机构箱均有 1 个）	中间位置		在五防满足的情况下，可以实现就地分合闸，但规程规定为防止断路器非同期合闸，严禁就地合断路器（检修或试验除外）	无	无
15	断路器位置分闸指示绿灯 H1、合闸指示红灯 H3（各相机构箱均有 1 个）	分闸位置时绿灯亮，合闸位置时红灯亮			无	无
16	非全相启动第一组直跳时间接触器 K36（非全相保护箱内）	正常时不励磁，触点上顶；动作后触点下压并掉出桔黄色指示牌（断路器跳闸后不自保持）	在"投第一组非全相保护功能 LP31 压板"正常投入情况下，断路器此时若发生非全相运行，将沟通 K36 时间接触器励磁	K36 励磁并经设定时间延时后，其动合触点闭合沟通非全相强迫第一组直跳接触器 K38 励磁，由 K38 的三对动合触点（11-14、21-24、31-34）分别沟通各相断路器第一组跳闸线圈跳闸，同时 K38 励磁后还输出 1 对动合触点（44-41）沟通非全相保护 1 跳闸信号自保持接触器 K34，并由 K34 动合触点发出"断路器非全相保护 1 动作"光字牌	（1）光字牌情况：断路器非全相保护 1 动作（机构箱）。 （2）其他信号：非全相保护箱内表示非全相保护动作的 FA31 内嵌指示灯亮	（1）光字牌情况：断路器非全相保护 1 动作（机构箱）。 （2）其他信号：非全相保护箱内表示非全相保护动作的 FA31 内嵌指示灯亮

序号	元器件名称编号	原始状态	元器件异动说明	元器件异动后果	元器件异动触发光字牌信号	
					断路器合闸状态	断路器分闸状态
17	非全相强迫第一组直跳接触器 K38（非全相保护箱内）	正常时不励磁，触点上顶；动作后触点下压并掉掉桔黄色指示牌（断路器跳闸后不自保持）	在"投第一组非全相保护功能 LP31 压板"正常投入情况下，断路器发生非全相运行时沟通 K36 接触器励磁并经设定时间延时后，由 K36 动合触点沟通 K38 接触器励磁	K38 励磁后：（1）由 K38 三对动合触点 11-14（非全相保护箱内端子 X；602-X1；A629）、21-24（非全相保护箱内端子 X；602-X1；B629）、31-34（非全相保护箱内端子 X；602-X1；C629）经对应相机构箱内 S4 远方位置后分别沟通各相断路器第一组跳闸线圈跳闸；（2）还提供 1 对动合触点 44-41 沟通非全相保护 1 跳闸信号自保持接触器 K34 励磁，并由 K34 动合触点发出"断路器非全相保护 1 动作"光字牌	（1）光字牌情况：断路器非全相保护 1 动作（机构箱）。（2）其他信号：非全相保护箱内表示非全相保护动作的 FA31 内嵌指示灯亮	（1）光字牌情况：断路器非全相保护 1 动作（机构箱）。（2）其他信号：非全相保护箱内表示非全相保护动作的 FA31 内嵌指示灯亮
18	非全相保护 1 跳闸信号自保持接触器 K34（非全相保护箱内）	正常时不励磁，触点上顶；动作后触点下压，桔黄色指示掉牌后并自保持	断路器非全相时，经设定时间延时后沟通 K38 励磁，跳开合闸相，为了留下动作记录，由 K38 接触器输出一对动合触点沟通 K34 接触器励磁，并由 K34 接触器输出一对动合触点实现自保持	K34 励磁后，K34 输出 3 对动合触点：（1）其动合触点 14-11 闭合后实现 K34 接触器自保持；（2）其动合触点 24-21 点亮 FA31 复位按钮内嵌指示灯；（3）其动合触点 31-34［非全相保护箱内 X；882-X；883］沟通测控装置内对应的信号光耦后发出"断路器非全相保护 1 动作（机构箱）"光字牌	（1）光字牌情况：断路器非全相保护 1 动作（机构箱）。（2）其他信号：非全相保护箱内表示非全相保护动作的 FA31 内嵌指示灯亮	（1）光字牌情况：断路器非全相保护 1 动作（机构箱）。（2）其他信号：非全相保护箱内表示非全相保护动作的 FA31 内嵌指示灯亮
19	非全相启动第二组直跳时间接触器 K35（非全相保护箱内）	正常时不励磁，触点上顶；动作后触点下压并掉掉桔黄色指示牌（断路器跳闸后不自保持）	在"投第二组非全相保护功能 LP32 压板"正常投入情况下，断路器此时若发生非全相运行，将沟通 K35 时间接触器励磁	K35 励磁并经设定时间延时后，其动合触点闭合沟通非全相强迫第二组直跳接触器 K37 励磁，由 K37 的三对动合触点（11-14、21-24、31-34）分别沟通各相断路器第二组跳闸线圈跳闸，同时 K37 励磁后还输出 1 对动合触点（44-41）沟通非全相保护 2 跳闸信号自保持接触器 K33，并由 K33 动合触点发出"断路器非全相保护 2 动作"光字牌	（1）光字牌情况：断路器非全相保护 2 动作（机构箱）。（2）其他信号：非全相保护箱内表示非全相保护动作的 FA31 内嵌指示灯亮	（1）光字牌情况：断路器非全相保护 2 动作（机构箱）。（2）其他信号：非全相保护箱内表示非全相保护动作的 FA31 内嵌指示灯亮

序号	元器件名称编号	原始状态	元器件异动说明	元器件异动后果	元器件异动触发光字牌信号	
					断路器合闸状态	断路器分闸状态
20	非全相强迫第二组直跳接触器K37（非全相保护箱内）	正常时不励磁，触点上顶；动作后触点下压并掉桔黄色指示牌（断路器跳闸后不自保持）	在"投第二组非全相保护功能LP32压板"正常投入情况下，断路器此时若发生非全相运行时沟通K35接触器励磁并经设定时间延时后，由K35动合触点沟通K37接触器励磁	K37励磁后： （1）由K7三对动合触点11-14（非全相保护箱内端子X：702-X1：A729）、21-24（非全相保护箱内端子X：702-X1：B729）、31-34（非全相保护箱内端子X：702-X1：C729）经对应相机构箱内S4远方位置后分别沟通各相断路器第二组跳闸线圈跳闸； （2）还提供1对动合触点44-41沟通非全相保护2跳闸信号自保持接触器K33励磁，并由K33动合触点发出"断路器非全相保护2动作"光字牌	（1）光字牌情况：断路器非全相保护2动作（机构箱）。 （2）其他信号：非全相保护箱内表示非全相保护动作的FA31内嵌指示灯亮	（1）光字牌情况：断路器非全相保护2动作（机构箱）。 （2）其他信号：非全相保护箱内表示非全相保护动作的FA31内嵌指示灯亮
21	非全相保护2跳闸信号自保持接触器K33（非全相保护箱内）	正常时不励磁，触点上顶；动作后触点下压，桔黄色指示掉牌后并自保持	断路器非全相时，经设定时间延时后沟通K37励磁，跳开闸相，为了留下动作记录，由K37接触器输出一对动合触点沟通K33接触器励磁，并由K33接触器输出一对动合触点实现自保持	K33励磁后，K33输出3对动合触点： （1）其动合触点14-11闭合后实现K33接触器自保持； （2）其动合触点31-34〔非全相保护箱内X：982-X：983〕沟通测控装置内对应的信号光耦后发出"断路器非全相保护2动作（机构箱）"光字牌	（1）光字牌情况：断路器非全相保护2动作（机构箱）。 （2）其他信号：非全相保护箱内表示非全相保护动作的FA31内嵌指示灯亮	（1）光字牌情况：断路器非全相保护2动作（机构箱）。 （2）其他信号：非全相保护箱内表示非全相保护动作的FA31内嵌指示灯亮
22	非全相复位按钮FA31（内嵌指示灯，非全相保护箱内）	内嵌指示灯不亮	非全相动作时，内嵌指示灯亮	按下FA31非全相复位按钮后，K33及K34非全相保护跳闸信号自保持接触器复归，FA31内嵌指示灯灭，"非全相保护动作1""非全相保护动作2"光字牌消失	无	无
23	非全相保护箱加热器电源空开F31（非全相保护箱内）	合闸	正常情况下，非全相保护箱加热器电源空开F31投入，当气温或湿度达到温湿度传感器设定值时，温控器输出触点自动启动加热器E31加热	非全相保护箱加热器电源空开跳开后，在气候潮湿情况下，有可能引起一些对环境要求较高的元器件绝缘降低	无	无

第九节　北京 ABB 公司 LTB245E1/3P 型 220kV 高压断路器二次回路辨识

一、二次回路功能模块化分解原理图

1. 合闸回路原理接线图

北京 ABB 公司 LTB245E1/3P 型 220kV 高压断路器合闸回路原理接线图见图 3-76。

2. 分闸回路 1 原理接线图

北京 ABB 公司 LTB245E1/3P 型 220kV 高压断路器分闸回路 1 原理接线图见图 3-77。

3. 分闸回路 2 原理接线图

北京 ABB 公司 LTB245E1/3P 型 220kV 高压断路器分闸回路 2 原理接线图见图 3-78。

4. SF₆ 报警触点、BW1 及 BW2 触点信号接线图

北京 ABB 公司 LTB245E1/3P 型 220kV 高压断路器 SF₆ 报警触点、BW1 及 BW2 触点信号接线图见图 3-79。

5. 储能电机及加热器回路原理接线图

北京 ABB 公司 LTB245E1/3P 型 220kV 高压断路器储能电机及加热回路原理接线图见图 3-80。

6. 指示灯回路及 BG1 触点原理接线图

北京 ABB 公司 LTB245E1/3P 型 220kV 高压断路器指示灯回路及 BG1 触点原理接线图见图 3-81。

7. 机构箱端子排图

北京 ABB 公司 LTB245E1/3P 型 220kV 高压断路器机构箱端子排图见图 3-82。

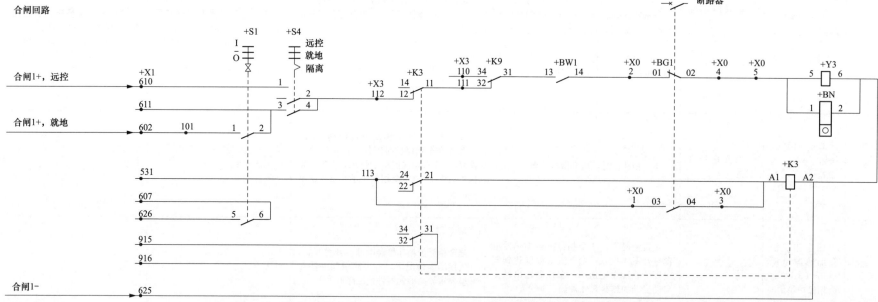

图 3-76　北京 ABB 公司 LTB245E1/3P 型 220kV 高压断路器合闸回路原理接线图

分闸回路1

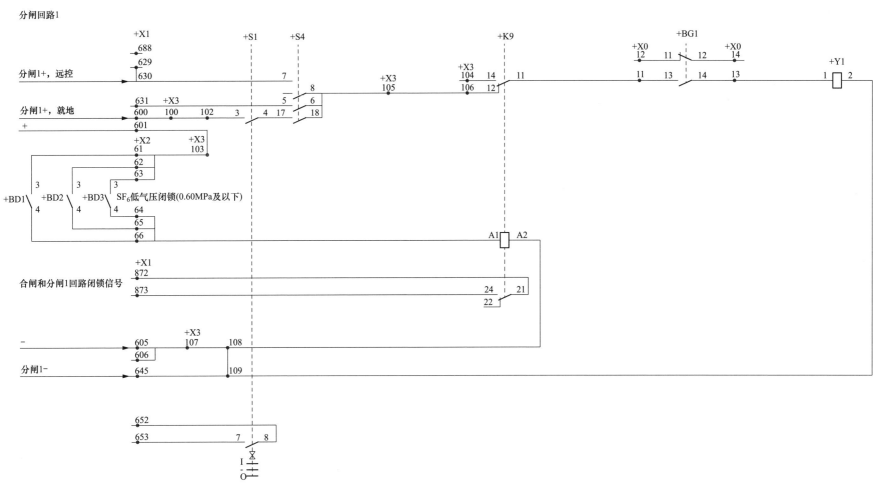

图 3-77   北京 ABB 公司 LTB245E1/3P 型 220kV 高压断路器分闸回路 1 原理接线图

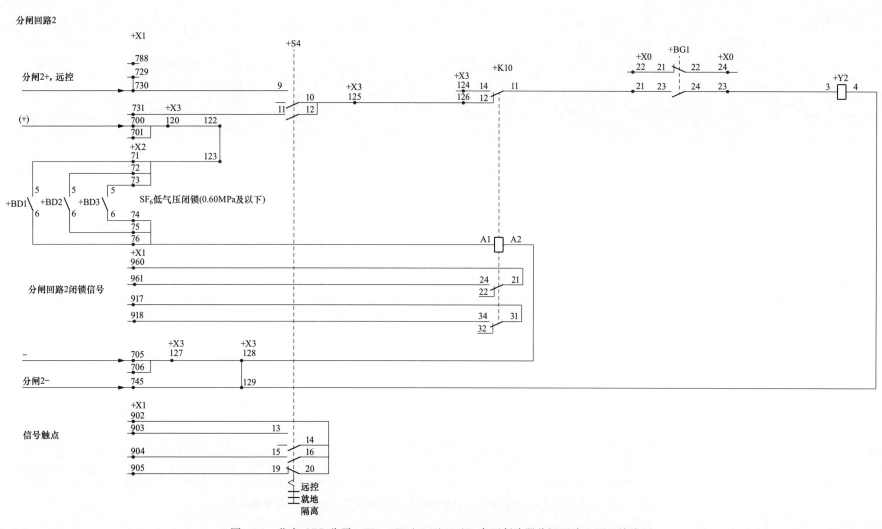

图 3-78　北京 ABB 公司 LTB245E1/3P 型 220kV 高压断路器分闸回路 2 原理接线图

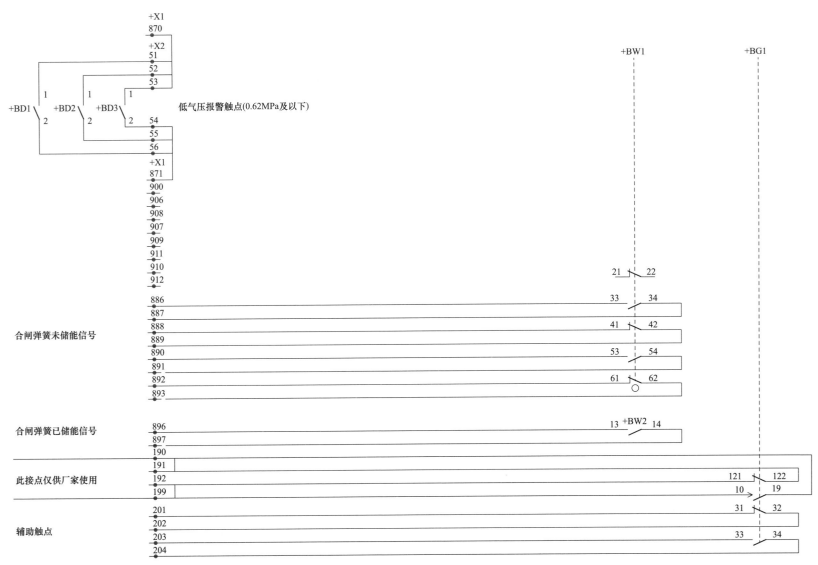

图 3-79　北京 ABB 公司 LTB245E1/3P 型 220kV 高压断路器 SF_6 报警触点、BW1 及 BW2 触点信号接线图

电机回路

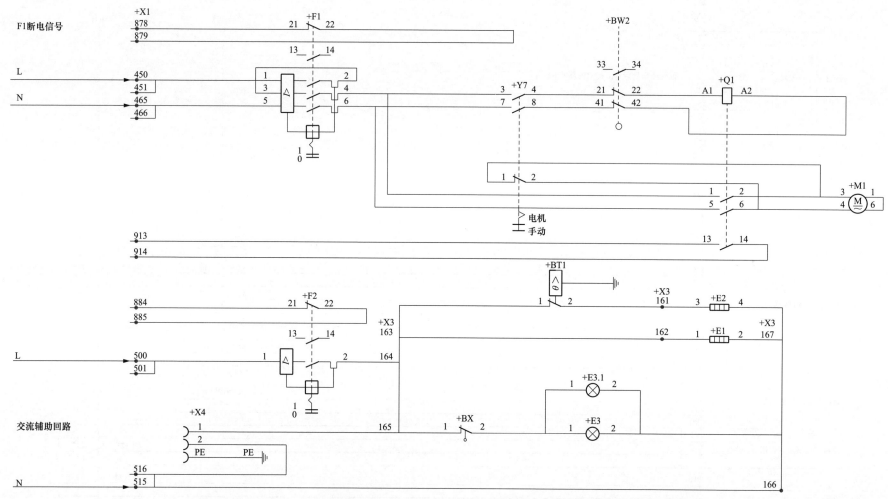

图 3-80　北京 ABB 公司 LTB245E1/3P 型 220kV 高压断路器储能电机及加热器回路原理接线图

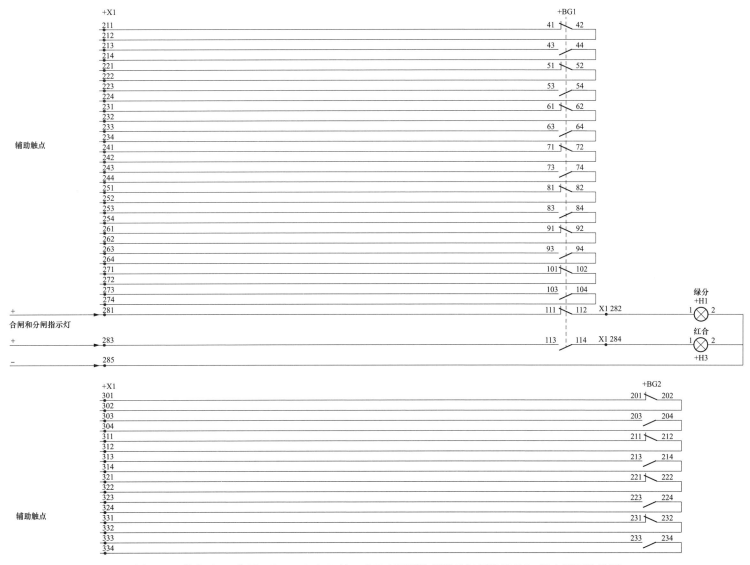

图 3-81 北京 ABB 公司 LTB245E1/3P 型 220kV 高压断路器指示灯回路及 BG1 触点原理接线图

接线端子排列图(垂直安装)(上)

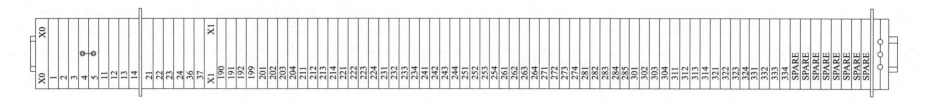

接线端子排列图(垂直安装)(下)

接线端子排列图(水平安装)(内部)

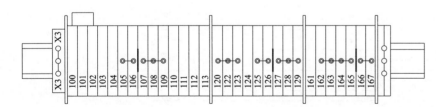

图 3-82　北京 ABB 公司 LTB245E1/3P 型 220kV 高压断路器机构箱端子排图

二、断路器二次回路功能模块化分解辨识

断路器二次回路功能模块化分解辨识见表 3-17。

表 3-17　断路器二次回路功能模块化分解辨识

序号	模块名称	分解辨识
1	合闸公共回路	X3：112→防跳接触器 K3 动断触点 12-11→X3：111→SF$_6$ 低总闭锁 1 接触器 K9 动断触点 32-31→弹簧储能行程开关 BW1 已储能触点 13-14→X0：2→断路器动断辅助触点 BG1 的 01-02→X0：4/X0：5→三相合闸线圈 Y3 的（5-6）或合闸计数器 BN 的（1-2）→控制电源Ⅰ负电源（K102/X1：625）
2	分闸 1 公共回路	X3：105→SF$_6$ 低总闭锁 1 接触器 K9 动断触点 12-11→X0：11→断路器动合辅助触点 BG1 的 13-14→X0：13→三相跳闸 1 线圈 Y1 的（1-2）→X3：109→控制电源Ⅰ负电源（K102/X1：645）
3	分闸 2 公共回路	X3：125/X3：126→SF$_6$ 低总闭锁 2 接触器 K10 动断触点 12-11→X0：21→断路器动合辅助触点 BG1 的 23-24→X0：23→三相跳闸 2 线圈 Y2 的（3-4）→X3：129→控制Ⅱ负电源（K202/X1：745）
4	远方合闸回路	控制Ⅰ正电源 K101→(测控就地或后台经测控装置发出的合闸脉冲→手合/遥合出口压板）或（YBJ 五防电编码锁 1-2→五防后正电源 K101S→测控柜直合操作令）或（操作箱内合闸保持继电器的自保持动合触点）→操作箱内合闸保持继电器→三相远方合闸回路 7→机构箱内 X1：610→远方/就地把手 S4 的远方触点 1-2→X3：112→合闸公共回路
5	就地合闸回路	控制电源Ⅰ正电源 K101→YBJ 五防电编码锁 1-2→五防后正电源（K101S/X1：602）→机构箱内 X3：101→断路器就地分合闸把手 S1 的合闸触点 1-2→X1：611→远方/就地把手 S4 的就地位置触点 3-4→X3：112 合闸公共回路
6	远方分闸 1 回路	控制电源Ⅰ正电源 K101→[YBJ 五防电编码锁 1-2→五防后正电源 K101S→测控柜直分操作令] 或 [测控就地或后台经测控装置发出的分闸脉冲→断路器遥跳出口压板] 或 [保护出口经对应压板] 或 [操作箱内跳闸保持继电器的自保持动合触点]→操作箱内跳闸保持继电器→三相远方跳闸 1 回路 137→机构箱 X1：630→远方/就地把手 S4 供远方跳闸 1 的 7-8 触点→X3：105→分闸 1 公共回路
7	就地分闸 1 回路	控制电源Ⅰ正电源 K101→YBJ 五防电编码锁 1-2→五防后正电源 K101S→机构箱内 X1：600/X3：100/X3：102→就地分合闸操作把手 S1 供就地分闸 1 的 3-4 触点→远方/就地把手 S4 供就地分闸 1 的 17-18 触点→X3：105→分闸 1 公共回路
8	远方分闸 2 回路	控制电源Ⅱ正电源 K201→[操作箱内手跳继电器的动合触点] 或 [保护出口经对应压板] 或 [操作箱内跳闸保持继电器的自保持动合触点]→操作箱内跳闸保持继电器→三相远方跳闸 2 回路 237→机构箱 X1：730→远方/就地把手 S4 供远方分闸 2 的 9-10 触点→X3：125→分闸 2 公共回路

三、二次回路元器件辨识及其异动说明

二次回路元器件辨识及其异动说明见表 3-18。

表 3-18　　二次回路元器件辨识及其异动说明

序号	元器件名称编号	原始状态	元器件异动说明	元器件异动后果	元器件异动触发光字牌信号	
					断路器合闸状态	断路器分闸状态
1	SF$_6$ 密度继电器的微动开关 BD1、BD2、BD3	低通压力触点，正常时断开	任一相断路器本体内 SF$_6$ 压力低于 SF$_6$ 低气压报警接通值 0.62MPa 时，对应相 SF$_6$ 密度继电器内低通触点 1-2 触点通，沟通测控装置对应的信号光耦	任一相断路器本体内 SF$_6$ 压力低于 SF$_6$ 低气压报警接通值 0.62MPa 时，对应相 SF$_6$ 密度继电器内低通触点 1-2 触点通，经测控装置对应信号光耦后发出"断路器低气压报警"光字牌	光字牌情况：断路器气压低报警	光字牌情况：断路器气压低报警

序号	元器件名称编号	原始状态	元器件异动说明	元器件异动后果	元器件异动触发光字牌信号	
					断路器合闸状态	断路器分闸状态
2	SF$_6$ 低总闭锁1接触器 K9	正常时不励磁，触点上顶；动作后触点下压并掉桔黄色指示牌	任一相断路器本体内 SF$_6$ 压力低于 SF$_6$ 总闭锁1接通值 0.60MPa 时，对应相 SF$_6$ 密度继电器内低通触点 3-4 通，沟通 SF$_6$ 低总闭锁1接触器 K9 励磁	K9 接触器励磁后，其原来闭合的两对动断触点 32-31（X3：111-BW1：13）、12-11（X3：106-X0：11）断开并分别闭锁三相合闸和分闸1回路，同时通过 K9 接触器动合触点 21-24（X1：872-X1：873）沟通测控装置内对应的信号光耦，发出"断路器合/分闸1回路闭锁"光字牌	(1) 光字牌情况： 1) 断路器气压低报警； 2) 断路器合/分闸1回路闭锁； (2) 其他信号：操作箱上第一组合位灯灭	(1) 光字牌情况： 1) 断路器气压低报警； 2) 断路器合/分闸1回路闭锁； 3) 第一组控制回路断线； 4) 第二组控制回路断线。 (2) 其他信号：测控柜上红绿灯均灭
3	SF$_6$ 低总闭锁2接触器 K10	正常时不励磁，触点上顶；动作后触点下压并掉桔黄色指示牌	任一相断路器本体内 SF$_6$ 压力低于 SF$_6$ 总闭锁2接通值 0.60MPa 时，对应相 SF$_6$ 密度继电器内低通触点 5-6 通，沟通 SF$_6$ 低总闭锁2接触器 K10 励磁	K10 接触器励磁后，其动断触点 12-11（X3：126-X0：21）断开并闭锁分闸2回路，动合触点 21-24（X1：960-X1：961）沟通测控装置内对应的信号光耦，并发出"断路器分闸2回路闭锁"光字牌	(1) 光字牌情况： 1) 断路器气压低报警； 2) 断路器分闸2回路闭锁； 3) 第二组控制回路断线。 (2) 其他信号：操作箱上第二组合位灯灭	(1) 光字牌情况： 1) 断路器气压低报警； 2) 断路器分闸2回路闭锁。 (2) 其他信号：测控柜上红绿灯均灭
4	防跳接触器 K3	正常时不励磁，触点上顶；动作后触点下压并掉桔黄色指示牌	断路器合闸后，为防止断路器跳开后却因合闸脉冲又较长时出现多次合闸，厂家设计了一旦断路器合闸到位，断路器的动合辅助触点闭合，此时只要合闸回路（不论远控近控）仍存在合闸脉冲，防跳接触器 K3 励磁并通过其动合触点自保持	K3 接触器励磁后： (1) 通过其动合触点 24-21 实现 K3 接触器自保持； (2) 串入合闸回路的防跳接触器 K3 的动断触点 12-11 断开，闭锁合闸回路	无	(1) 光字牌情况： 1) 第一组控制回路断线； 2) 第二组控制回路断线。 (2) 其他信号：测控柜上红绿灯均灭
5	弹簧储能行程开关 BW1、BW2	未储能时动断触点闭合，储能到位后动合触点闭合	当断路器机构箱内弹簧未储能时，会即时发出"断路器弹簧未储能"信号，一般情况下经储能电机储能至已储能位置时，信号会自动消失，但若储能电机未能自动启动运转拉伸弹簧，此时将通过串接于合闸回路中的弹簧储能行程开关 BW1 的已储能位置触点断开切断三相合闸回路	当断路器机构箱内弹簧未储能时，会即时发出"断路器弹簧未储能"信号，一般情况下经储能电机运转拉伸至已储能位置时，信号会自动消失，但若储能电机未能自动启动打压拉伸弹簧，此时将通过串接于合闸回路中的弹簧储能行程开关 BW1 的已储能位置触点断开切断三相合闸回路	光字牌情况：断路器弹簧未储能	(1) 光字牌情况： 1) 断路器弹簧未储能； 2) 第一组控制回路断线； 3) 第二组控制回路断线。 (2) 其他信号：测控柜上红绿灯均灭

序号	元器件名称编号	原始状态	元器件异动说明	元器件异动后果	元器件异动触发光字牌信号	
					断路器合闸状态	断路器分闸状态
6	储能电机手动/电动选择开关 Y7	电动	当断路器机构箱内弹簧未储能时，一般情况下储能电机会自动运转拉伸合闸弹簧至已储能位置，但若 Y7 被切换至手动位置，储能电机的电源空开 F1 将被 Y7 的手动触点短接跳开，导致储能电机交流控制回路及其驱动回路因失去电源而无法自动启动电机，此时串接于合闸回路中的弹簧储能行程开关 BW1 的已储能位置触点断开切断三相合闸回路	切换至手动位置后，若碰巧又遇上跳闸，合闸弹簧因分闸脱扣释放能量导致弹簧储能不足时无法即时恢复储能，可能造成断路器无法合闸	无	无
7	储能电机运转接触器 Q1	正常时不励磁，长凹形吸组为平置状态；动作后吸组为吸入状态	当合闸弹簧因分闸脱扣释放能量导致弹簧储能不足时，弹簧储能行程开关 BW2 的弹簧未储能闭合触点 21-22、41-42 闭合，沟通储能电机运转接触器 Q1 励磁，使电机启动拉伸合闸弹簧储能，当合闸弹簧拉伸至已储能位置时，BW2 的 21-22、41-42 触点自动切断储能电机控制回路停止储能	储能电机运转接触器 Q1 励磁后，输出3 对动合触点：（1）两对动合触点 1-2、5-6 接通储能电机 M1 电源使 M1 运转；（2）1 对动合触点 13-14（X1：913-X1：914）沟通测控装置内对应的信号光耦直接发出"断路器储能电机运转"光字牌	光字牌情况：断路器储能电机运转	光字牌情况：断路器储能电机运转
8	储能电机控制及驱动电源空开 F1	合闸	当合闸弹簧因分闸脱扣释放能量导致弹簧储能不足时，弹簧储能行程开关 BW2 的弹簧未储能闭合触点 21-22、41-42 闭合，沟通储能电机运转接触器 Q1 励磁，使电机启动拉伸合闸弹簧储能，当合闸弹簧拉伸至已储能位置时，BW2 的 21-22、41-42 触点自动切断储能电机控制回路停止储能	空开跳开后，合闸弹簧储能电机运转接触器 Q1 将失去控制电源，合闸弹簧储能电机 M1 将失去动力电源，同时通过 F1 的 21-22（X1：878-X1：879）沟通测控装置内对应的信号光耦后发出"断路器电机电源空开跳开"信号，若短时间内不及时修复，当弹簧能量在运行中耗损后将引起合闸闭锁	光字牌情况：断路器电机电源空开跳开	光字牌情况：断路器电机电源空开跳开

序号	元器件名称编号	原始状态	元器件异动说明	元器件异动后果	元器件异动触发光字牌信号	
					断路器合闸状态	断路器分闸状态
9	加热器及门灯电源空开 F2	合闸	正常情况下，常投加热器电源空开 F2，启动加热器 E1 加热，当气温或湿度达到温湿度传感器设定值时，温控器输出触点自动启动加热器 E2 加热	F2 空开跳开后，通过 F2 的 21-22 (X1：884-X1：885) 沟通测控装置内对应的信号光耦后发出"断路器加热器空开跳开"信号；在气候潮湿情况下，有可能引起一些对环境要求较高的元器件绝缘降低	光字牌情况：断路器加热器空开跳开	光字牌情况：断路器加热器空开跳开
10	就地/远方转换开关 S4	远方	其就地优先级高于测控的就地/远方转换开关，当断路器机构箱内远方/就地转换开关 S4 切换至"就地"位置后，将引起保护及远控分合闸回路断线，当保护有出口或需紧急操作时造成保护拒动或远控操作失灵	将断路器机构箱内远方/就地转换开关 S4 切换至"就地"位置后，将引起保护及远控分合闸回路断线，当保护有出口或需紧急操作时造成保护拒动或远控操作失灵	(1) 光字牌情况： 1) 断路器机构箱就地位置； 2) 第一组控制回路断线； 3) 第二组控制回路断线。 (2) 其他信号： 1) 测控柜上红绿灯均灭； 2) 操作箱上两组合位灯均灭	(1) 光字牌情况： 1) 断路器机构箱就地位置； 2) 第一组控制回路断线； 3) 第二组控制回路断线。 (2) 其他信号：测控柜上红绿灯均灭
11	就地分合闸操作把手 S1	中间位置	无	在五防满足的情况下，可以实现就地分合闸，但规程规定为防止断路器非同期合闸，严禁就地合断路器（检修或试验除外）	无	无

第十节　西安西电公司 LW15B-252/Y 型 220kV 高压断路器二次回路辨识

一、二次回路功能模块化分解原理图

1. 分合闸回路 1 原理接线图

西安西电公司 LW15B-252/Y 型 220kV 高压断路器分合闸回路 1 原理接线图见图 3-83。

2. 分闸回路 2 原理接线图

西安西电公司 LW15B-252/Y 型 220kV 高压断路器分闸回路 2 原理接线图见图 3-84。

3. 非全相保护回路原理接线图

西安西电公司 LW15B-252/Y 型 220kV 高压断路器非全相保护原理接线图见图 3-85。

4. 储能电机回路原理接线图

西安西电公司 LW15B-252/Y 型 220kV 高压断路器储能电机回路原理接线图见图 3-86。

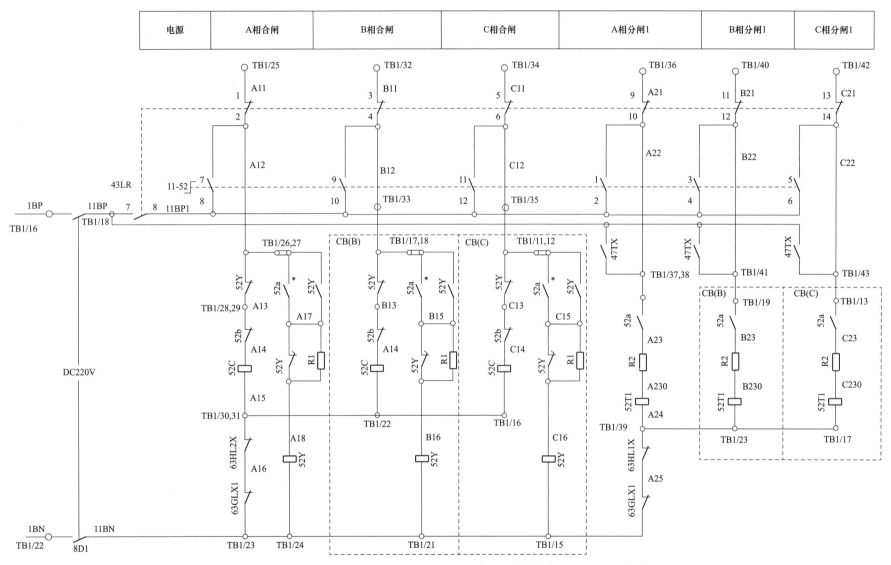

图 3-83　西安西电公司 LW15B-252/Y 型 220kV 高压断路器分合闸回路 1 原理接线图

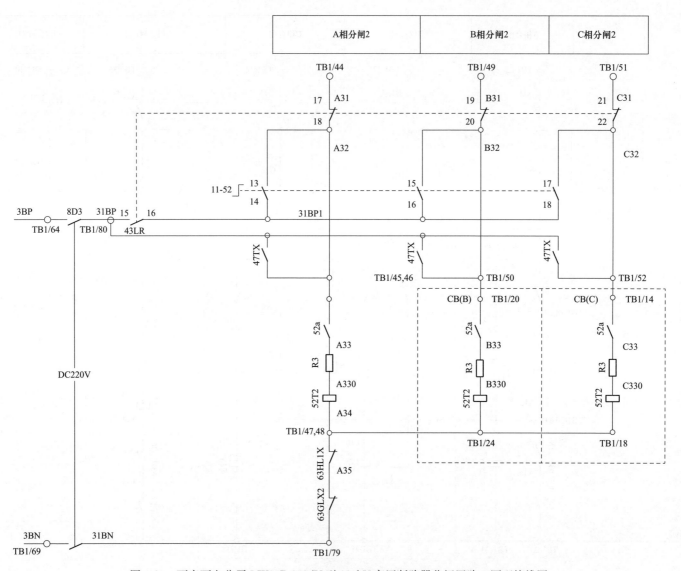

图 3-84　西安西电公司 LW15B-252/Y 型 220kV 高压断路器分闸回路 2 原理接线图

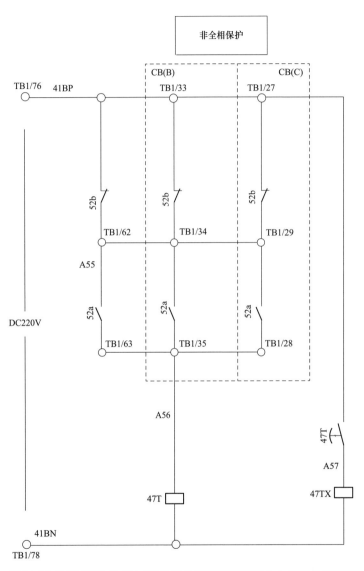

图 3-85　西安西电公司 LW15B-252/Y 型 220kV 高压断路器非全相保护回路原理接线图

5. 闭锁继电器回路原理接线图

西安西电公司 LW15B-252/Y 型 220kV 高压断路器闭锁继电器回路原理接线图见图 3-87。

6. 电机驱动、加热器、照明等辅助回路原理接线图

西安西电公司 LW15B-252/Y 型 220kV 高压断路器电机驱动、加热器、照明等辅助回路原理接线图见图 3-88。

7. 信号回路二次接线图

西安西电公司 LW15B-252/Y 型 220kV 高压断路器信号回路二次接线图见图 3-89。

8. 辅助触点图

西安西电公司 LW15B-252/Y 型 220kV 高压断路器辅助触点图见图 3-90。

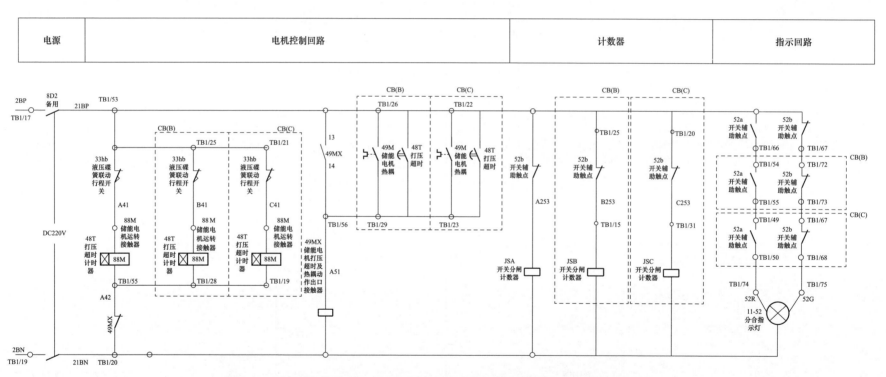

图 3-86　西安西电公司 LW15B-252/Y 型 220kV 高压断路器储能电机回路原理接线图

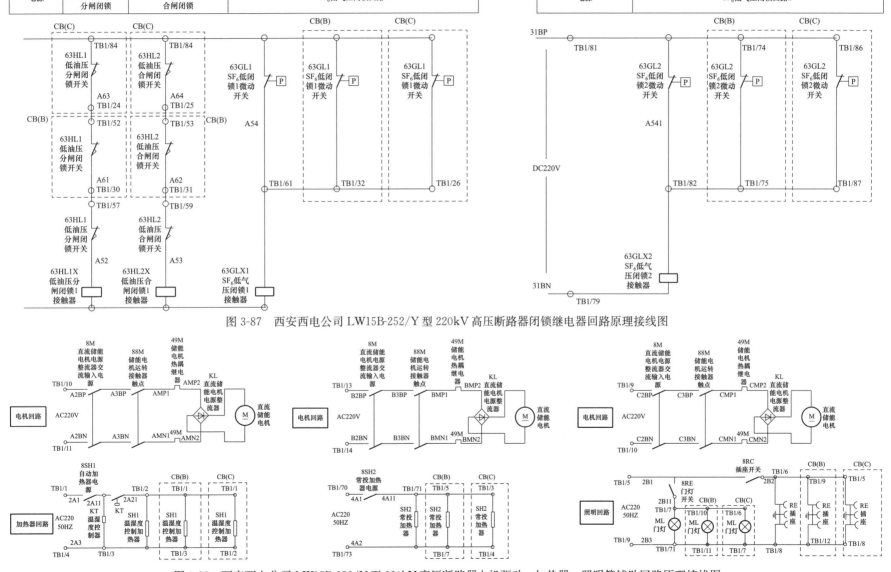

图 3-87 西安西电公司 LW15B-252/Y 型 220kV 高压断路器闭锁继电器回路原理接线图

图 3-88 西安西电公司 LW15B-252/Y 型 220kV 高压断路器电机驱动、加热器、照明等辅助回路原理接线图

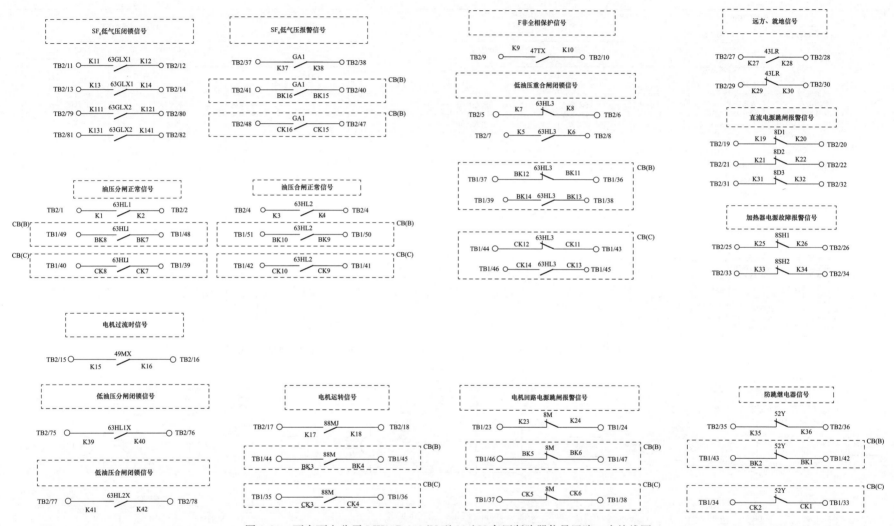

图 3-89 西安西电公司 LW15B-252/Y 型 220kV 高压断路器信号回路二次接线图

382

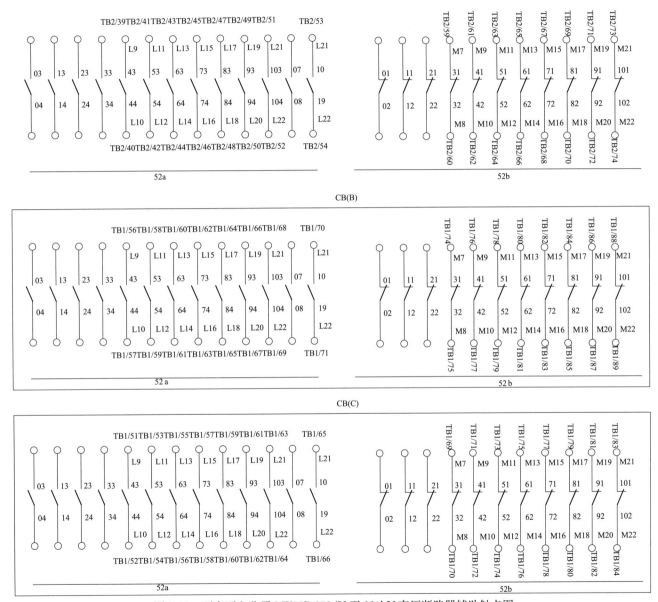

图 3-90　西安西电公司 LW15B-252/Y 型 220kV 高压断路器辅助触点图

二、断路器二次回路功能模块化分解辨识

断路器二次回路功能模块化分解辨识见表 3-19。

表 3-19   **断路器二次回路功能模块化分解辨识**

序号	模块名称	分解辨识
1	合闸公共回路	对应相防跳接触器 52Y 动断触点 31-32（A 相对应回路为 A12-A13；B 相对应回路为 B12-B13；C 相对应回路为 C12-C13）→对应相断路器辅助触点 52b 动断触点 01-02（A 相对应回路为 A13-A14；B 相对应回路为 B13-B14；C 相对应回路为 C13-C14）→对应相合闸线圈 52C→回路 A15→低油压合闸闭锁接触器 63HL2X 动断触点 31（A 相 TB1：31）-32→SF$_6$ 低闭锁分合闸 1 接触器 63GLX1 动断触点 31-32→控制 I 负电源（K102/11BN/A 相 TB1：23）
2	分闸 1 公共回路	对应相断路器辅助触点 52a 动合触点 04-03（A 相对应回路为 A22-A23；B 相对应回路为 B22-B23；C 相对应回路为 C22-C23）→对应相分闸线圈 52T1→回路 A24→低油压分闸闭锁接触器 63HL1X 动断触点 22（A 相 TB1：39)-21→SF$_6$ 低闭锁分合闸 1 接触器 63GLX1 动断触点 61-62→控制 I 负电源（K102/11BN/A 相 TB1：24）
3	分闸 2 公共回路	对应相断路器辅助触点 52a 动合触点 14-13（A 相对应回路为 A32-A33；B 相对应回路为 B32-B33；C 相对应回路为 C32-C33）→对应相分闸线圈 52T2→回路 A24→低油压分闸闭锁接触器 63HL1X 动断触点 32（A 相 TB1：48)-31→SF$_6$ 低闭锁分合闸 2 接触器 63GLX2 动断触点 71-72→控制 II 负电源（K202/31BN/A 相 TB1：79）
4	远方合闸回路	控制 I 正电源（K101）→操作箱手合继电器的动合触点或操作箱内重合闸重动继电器的动合触点→远方合闸回路（A 相对应 A 相机构箱 7A/TB1：25、B 相对应 A 相机构箱 7B/TB1：32、C 相对应 A 相机构 7C/TB1：34）→A 相断路器机构箱内远方/就地把手 43LR 供远方合闸的 3 对触点（A 相对应触点为 1-2；B 相对应触点为 3-4；C 相对应触点为 5-6)→合闸公共回路
5	就地合闸回路	控制 I 正电源（K101）→YBJ 五防电编码锁 1-2（YK1-YK3)→(K101S/TB1：85)→A 相断路器机构 43LR 就地触点 7-8→A 相断路器机构箱内就地分合闸把手 11-52 的 3 对合闸触点（沟通 A 相的触点为 8-7；沟通 B 相的触点为 10-9；沟通 C 相的触点为 12-11)→合闸公共回路
6	远方分闸 1 回路	控制 I 正电源（K101）→操作箱内对应相手跳继电器的动合触点或操作箱内第一组手跳继电器（一般由线路保护 1 经三跳压板后启动）的动合触点或操作箱内第一组永跳继电器（一般由母差/失灵保护经永跳压板后启动）的动合触点或本线保护 1 分相跳闸令经分相跳闸压板→远方分闸 1 回路（A 相对应回路 137A；B 相对应回路 137B；C 相对应回路 137C)→A 相断路器机构箱内远方/就地把手 43LR 的供远方分闸 1 的 3 对触点（A 相对应触点为 9-10；B 相对应触点为 11-12；C 相对应触点为 13-14)→分闸 1 公共回路
7	非全相分闸 1 回路	控制 I 正电源（K101/11BP/TB1：18)→非全相强迫直跳接触器 47TX 的 3 对动合触点（A 相对应 83-84；B 相对应 73-74；C 相对应 63-64)→分闸 1 公共回路
8	就地分闸 1 回路	控制 I 正电源（K101）→YBJ 五防电编码锁 1-2（YK1-YK3)→(K101S/TB1：85)→A 相断路器机构 43LR 就地触点 7-8→A 相断路器机构箱内就地分合闸把手 11-52 的 3 对分闸触点（A 相对应触点为 2-1；B 相对应触点为 4-3；C 相对应触点为 6-5)→分闸 1 公共回路
9	远方分闸 2 回路	控制 II 正电源（K201）→操作箱内对应相手跳继电器的动合触点或操作箱内第二组手跳继电器（一般由线路保护 2 经三跳压板后启动）的动合触点或操作箱内第二组永跳继电器（一般由母差/失灵保护经永跳压板后启动）的动合触点或本线保护 2 分相跳闸令经分相跳闸压板→远方分闸 2 回路（A 相对应回路 237A；B 相对应回路 237B；C 相对应回路 237C)→A 相断路器机构箱内远方/就地把手 43LR 供远方分闸 2 的 3 对触点（A 相对应触点为 17-18；B 相对应触点为 19-20；C 相对应触点为 21-22)→分闸 2 公共回路
10	非全相分闸 2 回路	控制 II 正电源（K201/31BP/TB1：80)→非全相强迫直跳接触器 47TX 的 3 对动合触点（A 相对应 53-54；B 相对应 43-44；C 相对应 33-34)→分闸 2 公共回路

三、二次回路元器件辨识及其异动说明

二次回路元器件辨识及其异动说明见表 3-20。

表 3-20 二次回路元器件辨识及其异动说明

序号	元器件名称编号	原始状态	元器件异动说明	元器件异动后果	元器件异动触发光字牌信号	
					断路器合闸状态	断路器分闸状态
1	低油压分闸闭锁接触器 63HL1X	正常时不励磁，长凹形橙色吸纽及供信号用的方形橙色吸纽为平置状态；动作后上述 2 个吸纽为吸入状态	当发生诸如断路器机构箱内任一相液压系统油压下降至分闸闭锁压力带动机芯带至 33.5mm 位置时，行程开关 63HL1 的低通触点 02-01 闭合，沟通低油压分闸闭锁接触器 63HL1X 励磁，其动断触点断开两组分闸回路	63HL1X 接触器励磁后： (1) 其动断触点 22-21（TB1：39-A25/63GLX1：61）、32-31（TB1：48-A35/63GLX2：71）断开并分别使分闸 1 回路、分闸 2 回路闭锁； (2) 其动合触点 44-43（TB2：75-TB2：76）沟通测控装置内对应的信号光耦后发出"低油压分闸闭锁"光字牌	(1) 光字牌情况： 1) 低油压分闸闭锁； 2) 第一组控制回路断线。 (2) 其他信号： 1) 操作箱上两组 6 盏 OP 灯灭； 2) 线路保护屏上重合闸充电灯灭； 3) 测控柜上红绿灯均灭	(1) 光字牌情况：低油压分闸闭锁； (2) 其他信号：63HL2X 接触器也动作时测控柜上红绿灯均灭
2	低油压合闸闭锁接触器 63HL2X	正常时不励磁，长凹形橙色吸纽及供信号用的方形橙色吸纽为平置状态；动作后上述 2 个吸纽为吸入状态	当发生诸如断路器机构箱内任一相液压系统油压下降至合闸闭锁压力带动机芯带至 47mm 位置时，行程开关 63HL2 的低通触点 21-22 闭合，沟通低油压合闸闭锁接触器 63HL2X 励磁，其动断触点断开合闸回路	63HL2X 接触器励磁后： (1) 其动断触点 31-32（TB1：31-A16/63GLX1：31）断开使合闸回路闭锁； (2) 其动合触点 44-43（TB2：77-TB2：78）沟通测控装置内对应的信号光耦，并发出"低油压合闸闭锁"光字牌	(1) 光字牌情况：低油压合闸闭锁。 (2) 其他信号：线路保护屏上重合闸充电灯灭	(1) 光字牌情况： 1) 第一组控制回路断线； 2) 第二组控制回路断线； 3) 低油压合闸闭锁。 (2) 其他信号：测控柜上红绿灯均灭
3	重合闸操作闭锁行程开关 63HL3	压力低通行程开关	当发生诸如断路器机构箱内任一相液压系统油压下降至重合闸闭锁压力带动机芯带至 77.5mm 时位置，行程开关 63HL3 的动断触点 42-41 闭合后使保护操作箱内压力降低禁止重合闸继电器短接，压力禁止重合闸继电器失磁后输出的 1 对动断触点沟通保护重合闸放电逻辑，另 1 对动断触点沟通测控装置对应光耦后发出"低油压禁止重合闸"报文	任一相 63HL3 的动断触点 42-41 闭合后使保护操作箱内压力降低禁止重合闸继电器短接，压力禁止重合闸继电器失磁输出两对触点，1 对动断触点沟通保护重合闸放电逻辑，另 1 对动断触点沟通测控装置对应光耦后发出"低油压禁止重合闸"光字牌	(1) 光字牌情况：低油压禁止重合闸。 (2) 其他信号：线路保护屏上重合闸充电灯灭	光字牌情况：低油压禁止重合闸

385

序号	元器件名称编号	原始状态	元器件异动说明	元器件异动后果	元器件异动触发光字牌信号	
					断路器合闸状态	断路器分闸状态
4	SF$_6$ 低气压闭锁 1 接触器 63GLX1	正常时不励磁，供信号用的灰色方形旁吸组为平置状态；动作后旁吸组为吸入状态	当任一相断路器本体内 SF$_6$ 气体发生泄漏，压力降至 0.50MPa 时，SF$_6$ 低气压微动开关 63GL1 低通触点 C2-L2 通，使 SF$_6$ 低气压闭锁 1 接触器 63GLX1 励磁	63GLX1 励磁后： （1）其两对动断触点 31-32（A16/63HL2X；32-11BN/TB1：23）、61-62（A25/63HL1X；21-11BN/TB1：15）断开后分别切断合闸及分闸 1 回路； （2）其动合触点 14-13（TB2：11-TB2：12）闭合沟通测控装置内对应的信号光耦，并发出"SF$_6$ 低气压闭锁"光字牌	（1）光字牌情况： 1）SF$_6$ 低气压闭锁； 2）第一组控制回路断线。 （2）其他信号：操作箱上第一组 3 盏 OP 灯灭	（1）光字牌情况： 1）SF$_6$ 低气压闭锁； 2）第一组控制回路断线； 3）第二组控制回路断线。 （2）其他信号：测控柜上红绿灯均灭
5	SF$_6$ 低气压闭锁 2 接触器 63GLX2	正常时不励磁，长凹形橙色吸组及供信号用的方形橙色吸组为平置状态；动作后上述 2 个吸组为吸入状态	当任一相断路器本体内 SF$_6$ 气体发生泄漏，压力降至 0.50MPa 时，SF$_6$ 低气压微动断器 63GL2 低通触点 C3-L3 通，使 SF$_6$ 低气压闭锁 2 接触器 63GLX2 励磁	63GLX2 励磁后： （1）其动断触点 71-72（A35/63HL1X；31-31BN/TB1：79）断开后切断分闸 2 回路； （2）其动合触点 54-53（TB2：79-TB2/80）闭合沟通测控装置内对应的信号光耦，并发出"SF$_6$ 低气压闭锁"光字牌	（1）光字牌情况： 1）SF$_6$ 低气压闭锁； 2）第二组控制回路断线。 （2）其他信号： 1）操作箱上第二组 3 盏 OP 灯灭； 2）SF$_6$ 下降至闭锁值时操作箱上第一组 3 盏 OP 灯也会灭	（1）光字牌情况：SF$_6$ 低气压闭锁。 （2）其他信号：SF$_6$ 下降至闭锁值时测控柜上红绿灯均灭
6	SF$_6$ 低报警微动开关 63GA（三个）	压力低通触点	当任一相断路器本体内 SF$_6$ 气体发生泄漏，压力降至 0.55MPa 时，SF$_6$ 低气压微动开关 63GA 低通触点 C1-L1 闭合沟通测控装置内对应的信号光耦	当任一相断路器本体内 SF$_6$ 气体发生泄漏，压力降至 0.55MPa 时，SF$_6$ 低气压微动开关 63GA 低通触点 C1-L1 闭合沟通测控装置内对应的信号光耦后发出"SF$_6$ 低气压报警"光字牌	光字牌情况：SF$_6$ 低气压告警	光字牌情况：SF$_6$ 低气压告警
7	防跳接触器 52Y（3 个）	正常时不励磁	断路器合闸后，为防止断路器跳开后却因合闸脉冲又较长时出现多次合闸，厂家设计了一旦断路器合闸到位后，对应相断路器的动合辅助触点闭合，此时只要其合闸回路（不论远控近控）仍存在合闸脉冲，对应相 52Y 接触器励磁并通过其动合触点自保持	对应相 52Y 接触器励磁后： （1）通过其动合触点实现该相防跳接触器 52Y 自保持； （2）其串入对应相合闸回路的 52Y 的动断触点将回路断开，闭锁合闸回路	无	（1）光字牌情况： 1）第一组控制回路断线； 2）第二组控制回路断线。 （2）其他信号：测控柜上红绿灯均灭

序号	元器件名称编号	原始状态	元器件异动说明	元器件异动后果	元器件异动触发光字牌信号	
					断路器合闸状态	断路器分闸状态
8	非全相启动直跳时间接触器47T	正常时不励磁,47T接触器前端的深蓝竖片为顶出状态;断路器非全相运行时,47T长凹形橙色吸纽即吸入并沟拉计时器上深蓝色竖片开始时,超2.5s后计时器输出1触点沟通47TX励磁,断路器跳闸后自动返回	断路器发生非全相运行时沟通非全相启动直跳时间接触器47T励磁并开始计时	47T励磁并经设定时间延时后,其动合触点闭合沟通非全相强迫直跳接触器47TX励磁,并通过47TX各提供6对动合触点分别去沟通各相断路器第一、二组跳闸线圈跳闸,47TX动作后还提供1对动合触点发出"非全相保护动作"光字牌	光字牌情况:非全相保护动作(机构箱)	光字牌情况:非全相保护动作(机构箱)
9	非全相强迫直跳接触器47TX	正常时不励磁,方形灰色旁吸纽为平置状态;断路器非全相运行2.5s后47TX接触器上供信号用的方形灰色旁吸纽为吸入状态,断路器跳闸后自动返回	断路器发生非全相运行时,非全相启动直跳时间接触器47T励磁,其延时闭合触点67-68闭合后沟通47TX励磁	47TX励磁后: (1)由47TX三对动合触点83-84(1I/11BP/TB1;18-TB1;37)、73-74(1I/11BP/TB1;18-TB1;41)、63-64(1I/11BP/TB1;18-TB1;43)分别沟通A、B、C对应相断路器第1组跳闸线圈跳闸; (2)由47TX另外三对动合触点33-34(1II/31BP/TB1;80-TB1;45)、43-44(1II/31BP/TB1;80-TB1;50)、53-54(1II/31BP/TB1;80-TB1;52)分别沟通A、B、C对应相断路器第2组跳闸线圈跳闸; (3)另提供1对动合触点24-23(TB2;9-TB2;10)沟通测控装置内对应的信号光耦后发出"非全相保护动作"光字牌	光字牌情况:非全相保护动作(机构箱)	光字牌情况:非全相保护动作(机构箱)
10	储能电机热耦继电器49M(3个)	正常时不励磁,TRIP/TEST红色沟针半凸;过载动作后TRIP红色沟针全凸并自保持,须用该继电器上的圆形橙色RESET按钮复归	当电机运转时,其动力电源回路就有电流流过,49M接触器内的热耦衔铁开始预热,直至达到设定发热动作值使自身携带的红色钩针顶出后并由钩针闭合1对动合触点去沟通49MX励磁,49MX动作后使电机运转接触器失磁从而切断储能电机动力电源回路	电机非全相运行或卡涩运转导致电机过载时,49M接触器内的热耦衔铁开始预热,当达到设定发热动作值时,其自身携带的红色钩针被顶出后由钩针闭合1对动合触点97-98(TB1;53-TB1;56)去沟通49MX励磁,49MX动作后使电机运转接触器88M失磁从而切断储能电机动力电源回路的同时并沟通测控柜对应信号光耦发出"断路器电机打压超时或电机故障"光字牌	光字牌情况:断路器电机打压超时或电机故障	光字牌情况:断路器电机打压超时或电机故障

序号	元器件名称编号	原始状态	元器件异动说明	元器件异动后果	元器件异动触发光字牌信号	
					断路器合闸状态	断路器分闸状态
11	储能电机打压超时及热耦动作出口接触器 49MX	正常时不励磁，长凹形橙色吸纽及共信号用的方形橙色旁吸纽为平置状态；动作后上述 2 个吸纽为吸入状态并自保持，须现场按压机构箱内"电机回路复归按钮"复归	当电机热耦继电器 49M 或打压超时接触器 48T 动作后，沟通 49MX 励磁回路	49MX 励磁后： （1）其动合触点 13-14（21BP/TB1：53-A51/TB1：56）沟通本接触器自保持； （2）其动断触点 32-31（A42/TB1：55-21BP/63HL1X 的 A2）切断储能电机控制回路； （3）另提供 1 对动合触点 44-43（TB2：15-TB2：16）沟通测控柜相应的信号光耦，发出"断路器电机打压超时或电机故障"光字牌	光字牌情况：断路器电机打压超时或电机故障	光字牌情况：断路器电机打压超时或电机故障
12	打压超时计时器 48T（3 个）	正常时不励磁，88M 接触器前端计时器的深蓝竖片为顶出状态；启动打压时，88M 长凹形橙色吸纽即吸入并沟拉计时器上深蓝色竖片开始计时，计时超 180s 后输出 1 对触点沟通沟通 49MX 励磁	当任一相液压储能系统压力低于启动打压值时，该相液压系统限位开关 33hb 低通触点 72-71 接通，沟通该相电机储能电机运转接触器 88M 励磁，此时 88M 长凹形橙色吸纽即时吸入并沟拉计时器 48T 上深蓝色竖片使 48T 开始计时	48T 计时超 180s 后输出 1 对延时动合触点 67-68 沟通 49MX 励磁由 49MX 动断触点切断电机运转接触器 88M 的控制回路	光字牌情况：断路器电机打压超时或电机故障	光字牌情况：断路器电机打压超时或电机故障
13	储能电机运转接触器 88M（3 个）	正常时不励磁，长凹形橙色吸纽及供信号用的方形橙色吸纽为平置状态；动作后上述 2 个吸纽为吸入状态	当任一相液压储能系统压力低于启动打压值时，该相液压系统限位开关 33hb 低通触点 72-71 接通，沟通该相电机储能电机运转接触器 88M 励磁	88M 励磁后： （1）提供 2 对动合触点（L1-T1）、（L2-T2）沟通该相储能电机动力电源回路，使储能电机运转打压； （2）另提供 1 对动合触点 T3-L3 沟通测控柜相应的信号光耦，发出"电机运转"报文	报文：电机运转	报文：电机运转

序号	元器件名称编号	原始状态	元器件异动说明	元器件异动后果	元器件异动触发光字牌信号	
					断路器合闸状态	断路器分闸状态
14	就地/远方转换开关43LR	远方	在汇控箱操作断路器时切换至就地位置	43LR切换至就地位置后，就地触通触点23-24（TB2/27-TB2/28）闭合沟通测控柜对应光耦发"就地信号"报文	(1) 光字牌情况： 1) 第一组控制回路断线； 2) 第二组控制回路断线。 (2) 其他信号： 1) 测控柜上红绿灯均灭； 2) 操作箱上两组6盏OP灯均灭	(1) 光字牌情况： 1) 第一组控制回路断线； 2) 第二组控制回路断线。 (2) 其他信号：测控柜上红绿灯均灭
15	手动分合闸操作把手11-52（带分合位置指示灯）	停	无	在五防满足的情况下，可以实现就地分合闸，但规程规定为防止断路器非同期合闸，严禁就地合断路器（检修或试验除外）	无	无
16	就地直流控制开关8D1、8D2、8D3	断开	无	无	无	无
17	储能电机电源空开8M（3个）	合上	所接回路短路或过流将引起8M自动跳闸脱扣（手动拉开该电源空开时，其用于发"电机回路电源故障报警信号"光字牌的脱扣辅助触点也会接通）	断开各相机构箱内8M空开或8M所接回路短路、过流等故障引起8M自动跳闸脱扣后，8M的OFF触点［A相对应A相机构箱内（TB2/23-TB2/24）；B相对应B相机构箱内（TB1/46-TB1/47）；C相对应C相机构箱内（TB1/37-TB1/38）］将沟通测控柜内对应信号光耦发"储能电机回路电源故障"光字牌	光字牌情况：储能电机电源消失	光字牌情况：储能电机电源消失
18	自动投入加热器电源空开8SH1	合上	当天气潮湿或环境温度低于5℃时，自动投入各相断路器机构箱内的加热器SH1，高于15℃时自动退出	在气候潮湿情况下，有可能引起一些对环境要求较高的元器件绝缘降低，如SF₆密度表计内敏感度较高的SF₆压力微动开关触点极易因绝缘降低而导致控制Ⅰ/控制Ⅱ直流互串	报文："加热器电源跳闸报警"	报文："加热器电源跳闸报警"
19	手动投入加热器电源空开8SH2	断开	当环境温度低于-25℃时，人工合上8SH2空开，使各相断路器机构箱内的加热器SH2运行，高于20℃时应及时断开8SH2空开	无	无	无

第十一节 西安三菱公司 LW15-220 型 220kV 高压断路器二次回路辨识

一、二次回路功能模块化分解原理图

1. 合闸回路原理接线图

西安三菱公司 LW15-220 型 220kV 高压断路器合闸回路原理接线图见图 3-91。

电源	A相合闸	B相合闸	C相合闸	A相跳闸	B相跳闸	C相跳闸		空气低气压闭锁	SF$_6$低气压闭锁

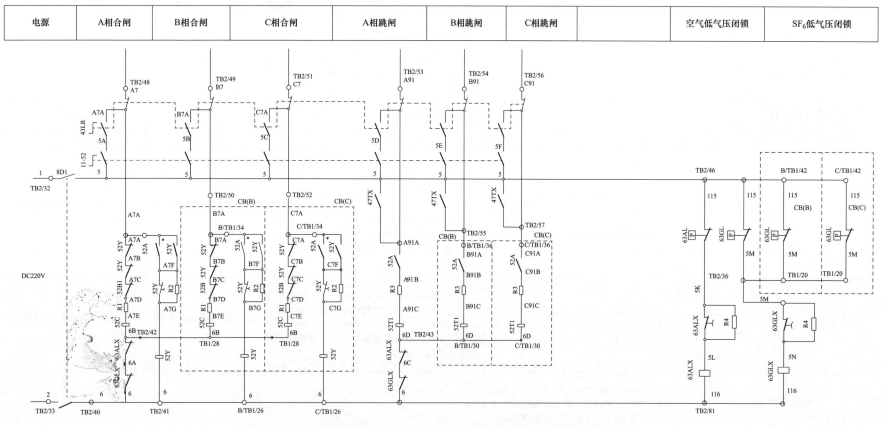

图 3-91 西安三菱公司 LW15-220 型 220kV 高压断路器合闸回路原理接线图

2. 分闸回路 2 及非全相回路原理接线图

西安三菱公司 LW15-220 型 220kV 高压断路器分闸回路 2 及非全相回路原理接线图见图 3-92。

电源	A相跳闸	B相跳闸	C相跳闸	非全相保护

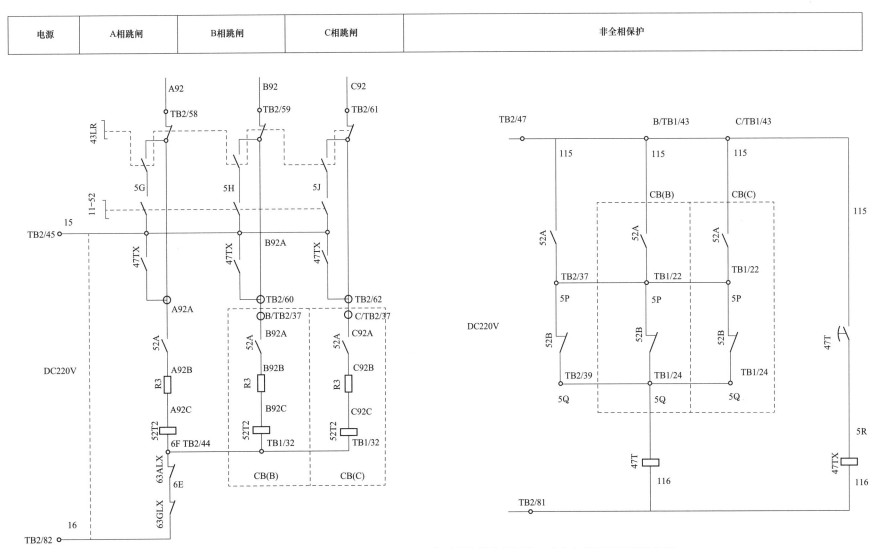

图 3-92　西安三菱公司 LW15-220 型 220kV 高压断路器分闸回路 2 及非全相回路原理接线图

3. 电机储能回路原理接线图

西安三菱公司 LW15-220 型 220kV 高压断路器电机储能回路原理接线图见图 3-93。

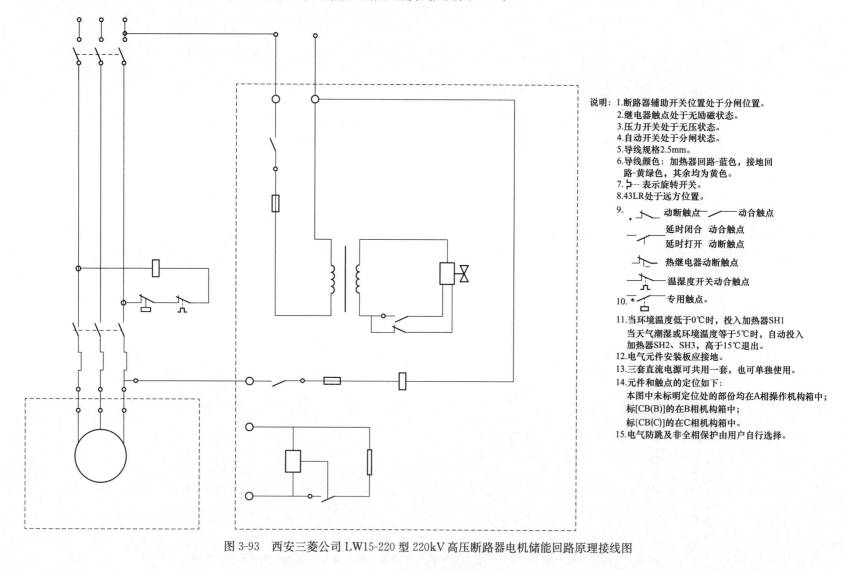

说明：1.断路器辅助开关位置处于分闸位置。
　　　2.继电器触点处于无励磁状态。
　　　3.压力开关处于无压状态。
　　　4.自动开关处于分闸状态。
　　　5.导线规格2.5mm。
　　　6.导线颜色：加热器回路-蓝色，接地回
　　　　路-黄绿色，其余均为黄色。
　　　7. 表示旋转开关。
　　　8.43LR处于远方位置。

　　　9. 　动断触点 　动合触点
　　　　　延时闭合 动合触点
　　　　　延时打开 动断触点
　　　　　热继电器动断触点
　　　　　温湿度开关动合触点

　　　10. * 　专用触点。

　　　11.当环境温度低于0℃时，投入加热器SH1
　　　　当天气潮湿或环境温度等于5℃时，自动投入
　　　　加热器SH2、SH3，高于15℃退出。
　　　12.电气元件安装板应接地。
　　　13.三套直流电源可共用一套，也可单独使用。
　　　14.元件和触点的定位如下：
　　　　本图中未标明定位处的部份均在A相操作机构箱中；
　　　　标[CB(B)]的在B相机构箱中；
　　　　标[CB(C)]的在C相机构箱中。
　　　15.电气防跳及非全相保护由用户自行选择。

图 3-93　西安三菱公司 LW15-220 型 220kV 高压断路器电机储能回路原理接线图

4. 加热器等辅助回路原理接线图

西安三菱公司 LW15-220 型 220kV 高压断路器加热器等辅助回路原理接线图见图 3-94。

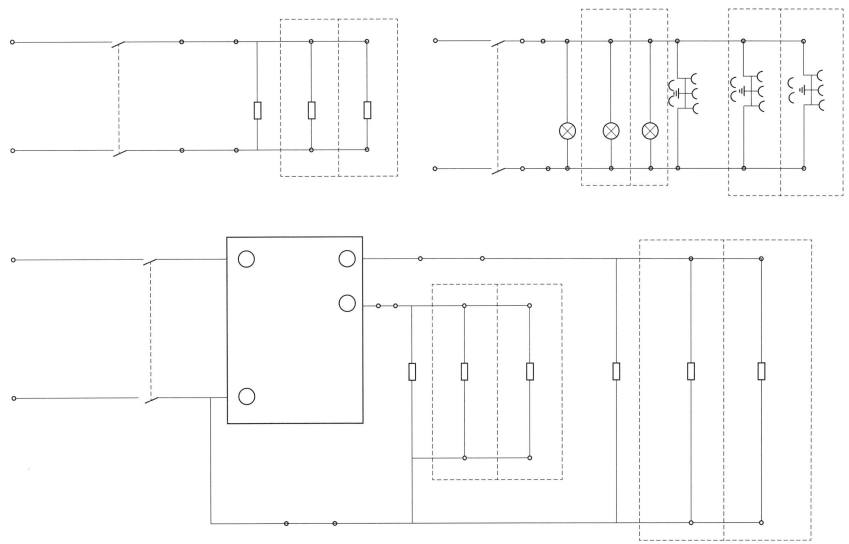

图 3-94　西安三菱公司 LW15-220 型 220kV 高压断路器加热器等辅助回路原理接线图

二、断路器二次回路功能模块化分解辨识

断路器二次回路功能模块化分解辨识见表 3-21。

表 3-21　　　　　　　　　　　　　　　　　　　　　　　断路器二次回路功能模块化分解辨识

序号	模块名称	分解辨识
1	合闸公共回路	对应相防跳接触器 52Y 动断触点 31-32（A 相对应厂家黄色线回路 A7A-A7B；B 相对应 A 相机构箱内 TB2：50/B 相机构箱内 TB1：34/厂家黄色线回路 B7A-B7B；C 相对应 A 相机构箱内 TB2：52/C 相机构箱内 TB1：34/厂家黄色线回路 C7A-C7B）→对应相防跳接触器 52Y 动断触点 62-61（A 相对应厂家黄色线回路 A7B-A7C；B 相对应厂家黄色线回路 B7B-B7C；C 相对应厂家黄色线回路 C7B-C7C）→对应相开关辅助触点 52B1 动断触点 31-32（A 相对应厂家黄色线回路 A7C-A7D；B 相对应厂家黄色线回路 B7C-B7D；C 相对应厂家黄色线回路 C7C-C7D）→对应相合闸电阻 R1（A 相对应厂家黄色线回路 A7D-A7E；B 相对应厂家黄色线回路 B7D-B7E；C 相对应厂家黄色线回路 C7D-C7E）→对应相合闸线圈 52C（A 相对应厂家黄色线回路 A7E-6B/63ALX 的触点 52；B 相对应厂家黄色线回路 B7E-6B/B 相机构箱内 TB1：28；C 相对应厂家黄色线回路 C7E-6B/C 相机构箱内 TB1：28/B 相机构箱内 TB1：29）→厂家黄色线回路 6B/A 相机构箱内 TB2：42→空气气压低总闭锁接触器 63ALX 动断触点 52-51→厂家黄色线回路 6A→SF₆ 气压低总闭锁接触器 63GLX 动断触点 52-51→厂家黄色线回路 6→63GLX 的触点 61→52Y 的 A2→控制 I 负电源（K102/A 相机构箱内 TB2：41）
2	分闸 1 公共回路	对应相开关辅助触点 52A2 动合触点 04-03（A 相对应厂家黄色线回路 A91A-A91B；B 相对应 A 相机构箱内 TB2：55/B 相机构箱内 TB1：36/厂家黄色线回路 B91A-B91B；C 相对应 A 相机构箱内 TB2：57/C 相机构箱内 TB1：36/厂家黄色线回路 C91A-C91B）→对应相分闸电阻 R3（A 相对应厂家黄色线回路 A91B-A91C；B 相对应厂家黄色线回路 B91B-B91C；C 相对应厂家黄色线回路 C91B-C91C）→对应相分闸线圈 52T1（A 相对应厂家黄色线回路 A91C-6D/63ALX 的触点 62；B 相对应厂家黄色线回路 B91C-6D/B 相机构箱内 TB1：30；C 相对应厂家黄色线回路 C91C-6D/C 相机构箱内 TB1：30/B 相机构箱内 TB1：31）→厂家黄色线回路 6D/A 相机构箱内 TB2：43→空气气压低总闭锁接触器 63ALX 动断触点 62-61→厂家黄色线回路 6C→SF₆ 气压低总闭锁接触器 63GLX 动断触点 62-61→厂家黄色线回路 6→52Y 的 A2→控制 I 负电源（K102/A 相机构箱内 TB2：41）
3	分闸 2 公共回路	对应相开关辅助触点 52A1 动合触点 33-34（A 相对应厂家黄色线回路 A92A-A92B；B 相对应 A 相机构箱内 TB2：60/B 相机构箱内 TB1：37/厂家黄色线回路 B92A-B92B；C 相对应 A 相机构箱内 TB2：62/C 相机构箱内 TB1：37/厂家黄色线回路 C92A-C92B）→对应相分闸电阻 R3（A 相对应厂家黄色线回路 A92B-A92C；B 相对应厂家黄色线回路 B92B-B92C；C 相对应厂家黄色线回路 C92B-C92C）→对应相分闸线圈 52T2（A 相对应厂家黄色线回路 A92C-6F/63ALX 的触点 72；B 相对应厂家黄色线回路 B92C-6F/B 相机构箱内 TB1：32；C 相对应厂家黄色线回路 C92C-6F/C 相机构箱内 TB1：32/B 相机构箱内 TB1：33）→厂家黄色线回路 6F/A 相机构箱内 TB2：44→空气气压低总闭锁接触器 63ALX 动断触点 72-71→厂家黄色线回路 6E→SF₆ 气压低总闭锁接触器 63GLX 动断触点 72-71→厂家黄色线回路 16→控制 II 负电源（K202/A 相机构箱内 TB2：82）
4	远方合闸回路	控制 I 正电源（K101）→操作箱手合继电器的动合触点或操作箱内重合闸重动继电器的动合触点→远方合闸回路（A 相对应 A 相机构箱内设计院回路 7A/TB2：48/厂家黄色线回路 A7、B 相对应 A 相机构箱内设计院回路 7B/TB2：49/厂家黄色线回路 B7、C 相对应 A 相机构箱内设计院回路 7C/TB2：51/厂家黄色线回路 C7）→A 相开关机构箱内远方/就地把手 43LR 供远方合闸的 3 对触点［沟通 A 相的触点为 2-1；沟通 B 相的触点为 6-5；沟通 C 相的触点为 10-9］→合闸公共回路

序号	模块名称	分解辨识
5	就地合闸回路	控制 I 正电源（K101）→YBJ 五防电编码锁 1-2→设计院回路 K101S→A 相开关机构箱内 TB1：39/TB1：40/TB2：34→A 相开关机构箱内就地分合闸把手 11-52 的 3 对合闸触点（沟通 A 相的触点为 1-2；沟通 B 相的触点为 3-4；沟通 C 相的触点为 5-6）→A 相开关机构箱 43LR 就地触点［沟通 A 相的触点为 4-3（厂家黄色线回路 5A-A7A）；沟通 B 相的触点为 8-7（厂家黄色线回路 5B-B7A）；沟通 C 相的触点为 12-11（厂家黄色线回路 5C-C7A）］→合闸公共回路
6	远方分闸 1 回路	控制 I 正电源（K101）→操作箱内对应相手跳继电器的动合触点或操作箱内第一组三跳继电器（一般由线路保护 1 经三跳压板后启动）的动合触点或操作箱内第一组永跳继电器（一般由母差/失灵保护经永跳压板后启动）的动合触点或本线保护 1 分相跳闸令经分相跳闸压板→远方分闸 1 回路（A 相对应 A 相机构箱内设计院回路 137A/TB2：53/厂家黄色线回路 A91、B 相对应 A 相机构箱内设计院回路 137B/TB2：54/厂家黄色线回路 B91、C 相对应 A 相机构箱内设计院回路 137C/TB2：56/厂家黄色线回路 C91）→A 相开关机构箱内远方/就地把手 43LR 的供远方分闸 1 的 3 对触点［沟通 A 相的触点为 14-13（厂家黄色线回路 A91-A91A）；沟通 B 相的触点为 18-17（厂家黄色线回路 B91-B91A）；沟通 C 相的触点为 22-21（厂家黄色线回路 C91-C91A）］→分闸 1 公共回路
7	非全相分闸 1 回路	非全相分闸 1 回路：控制 I 正电源（K101）→A 相机构箱内 TB2：35→厂家黄色线回路 5→非全相强迫直跳接触器 47TX 的 3 对动合触点［A 相对应 23-24（厂家黄色线回路 5-A91A）；B 相对应 33-34（厂家黄色线回路 5-B91A）；C 相对应 43-44（厂家黄色线回路 5-C91A）］→分闸 1 公共回路
8	就地分闸 1 回路	控制 I 正电源（K101）→YBJ 五防电编码锁 1-2（YK1-YK3）→设计院回路 K101S→A 相开关机构箱内 TB1：39/TB1：40/TB2：34→A 相开关机构箱内就地分合闸把手 11-52 的 3 对分闸触点（沟通 A 相的触点为 7-8；沟通 B 相的触点为 9-10；沟通 C 相的触点为 11-12）→A 相开关机构箱 43LR 就地触点［沟通 A 相的触点为 16-15（厂家黄色线回路 5D-A91A）；沟通 B 相的触点为 20-19（厂家黄色线回路 5E-B91A）；沟通 C 相的触点为 24-23（厂家黄色线回路 5F-C91A）］→分闸 1 公共回路
9	远方分闸 2 回路	控制 II 正电源（K201）→操作箱内对应相手跳继电器的动合触点或操作箱内第二组三跳继电器（一般由线路保护 2 经三跳压板后启动）的动合触点或操作箱内第二组永跳继电器（一般由母差/失灵保护经永跳压板后启动）的动合触点或本线保护 2 分相跳闸令经分相跳闸压板→远方分闸 2 回路（A 相对应 A 相机构箱内设计院回路 237A/TB2：58/厂家黄色线回路 A92、B 相对应 A 相机构箱内设计院回路 237B/TB2：59/厂家黄色线回路 B92、C 相对应 A 相机构箱内设计院回路 237C/TB2：61/厂家黄色线回路 C92）→A 相开关机构箱内远方/就地把手 43LR 供远方分闸 2 的 3 对触点［沟通 A 相的触点为 26-25（厂家黄色线回路 A92-A92A）；沟通 B 相的触点为 30-29（厂家黄色线回路 B92-B92A）；沟通 C 相的触点为 34-33（厂家黄色线回路 C92-C92A）］→分闸 2 公共回路
10	非全相分闸 2 回路	控制 II 正电源（K201）→A 相机构箱内 TB2：45→厂家黄色线回路 15→非全相强迫直跳接触器 47TX 的 3 对动合触点［A 相对应 53-54（厂家黄色线回路 15-A92A）；B 相对应 63-64（厂家黄色线回路 15-B92A）；C 相对应 73-74（厂家黄色线回路 15-C92A）］→分闸 2 公共回路

三、二次回路元器件辨识及其异动说明

二次回路元器件辨识及其异动说明见表 3-22。

表 3-22 二次回路元器件辨识及其异动说明

序号	元器件名称编号	原始状态	元器件异动说明	元器件异动后果	元器件异动触发光字牌信号	
					断路器合闸状态	断路器分闸状态
1	空气气压低总闭锁接触器 63ALX	正常时不励磁	当发生诸如开关储气筒内空气压力下降至闭锁分合闸压力值 1.20MPa 时，空气气压低总闭锁压力开关 63AL 低通动合触点 C-L 闭合，启动沟通空气气压低总闭锁接触器 63ALX 励磁	63ALX 接触器励磁后： （1）其 1 对延时动断触点 22、21 断开后仍可通过延时动断触点保护电阻 R4 实现 63ALX 自保持； （2）其另外 3 对动断触点 52-51、62-61、72-71 分别闭锁合闸、分闸 1 回路和分闸 2 回路； （3）其动合触点 44-43 沟通测控装置内对应的信号光耦后发出"操作气压低"光字牌	（1）光字牌情况： 1）压力降低闭锁重合闸； 2）操作气压低； 3）第一组控制回路断线； 4）第二组控制回路断。 （2）其他信号： 1）测控柜上红绿灯均灭； 2）线路保护屏上重合闸充电灯灭； 3）操作箱上两组 6 盏 OP 灯灭	（1）光字牌情况： 1）压力降低闭锁重合闸； 2）操作气压低； 3）第一组控制回路断线； 4）第二组控制回路断。 （2）其他信号：测控柜上红绿灯均灭
2	SF$_6$ 低总闭锁接触器 63GLX	正常时不励磁	当任一相开关本体内 SF$_6$ 压力降低 0.50MPa 时，SF$_6$ 气压低总闭锁压力开关 63GL 低通动合触点 C2-L2 闭合，启动沟通 SF$_6$ 气压低总闭锁接触器 63GLX 励磁	63GLX 接触器励磁后： （1）1 对延时动断触点 22-21 断开后仍可通过延时动断触点保护电阻 R4 实现 63GLX 自保持； （2）另外 3 对动断触点 52-51、62-61、72-71 分别闭锁合闸、分闸 1 回路和分闸 2 回路； （3）并通过 63GLX 接触器动合触点 44-43 沟通测控装置内对应的信号光耦后发出"SF$_6$ 气压降低"光字牌	（1）光字牌情况： 1）SF$_6$ 气压降低； 2）第一组控制回路断线； 3）第二组控制回路断。 （2）其他信号： 1）操作箱上两组 6 盏 OP 灯灭； 2）测控柜上红绿灯均灭	（1）光字牌情况： 1）SF$_6$ 气压降低； 2）第一组控制回路断线； 3）第二组控制回路断。 （2）其他信号：测控柜上红绿灯均灭
3	重合闸闭锁压力开关 63AR	压力低通动合触点，正常时不导通	当发生诸如开关储气筒内气压下降至重合闸闭锁压力值 1.43MPa 时，63AR 的低通动断触点 L-C 闭合后使保护操作箱内压力降低禁止重合闸继电器短接，压力降低禁止重合闸继电器失磁后输出两对触点，1 对动断触点沟通保护重合闸放电逻辑，另 1 对动断触点沟通测控装置内对应光耦后发出"压力降低闭锁重合闸"光字牌，当储气筒内空气压力升至 1.46MPa 后，63AR 的低通动断触点 L-C 断开，操作箱内压力降低禁止重合闸继电器继续励磁，"压力降低闭锁重合闸"光字牌复归	63AR 的低通动断触点 L-C 闭合后短接操作箱内压力降低禁止重合闸继电器使其失磁，压力降低禁止重合闸继电器输出的 1 对动断触点沟通保护重合闸放电逻辑，另 1 对动断触点沟通测控装置内对应光耦后发出"压力降低闭锁重合闸"光字牌，当储气筒内空气压力升至 1.46MPa 后，63AR 的低通动断触点 L-C 断开，操作箱内压力降低禁止重合闸继电器继续励磁，"压力降低闭锁重合闸"光字牌复归	（1）光字牌情况：压力低闭锁重合闸； （2）其他信号：线路保护屏上重合闸充电灯灭	光字牌情况：压力降低闭锁重合闸

序号	元器件名称编号	原始状态	元器件异动说明	元器件异动后果	元器件异动触发光字牌信号	
					断路器合闸状态	断路器分闸状态
4	SF$_6$ 低报警微动开关 63GA（三个）	压力低通动合触点，正常时不导通	当任一相开关本体内 SF$_6$ 气体发生泄漏，压力降至 0.55MPa 时，SF$_6$ 低气压微动开关 63GA 低通触点 C1-L1 闭合沟通测控装置内对应的信号光耦	当任一相开关本体内 SF$_6$ 气体发生泄漏，压力降至 0.55MPa 时，SF$_6$ 低气压微动开关 63GA 低通触点 C1-L1 闭合沟通测控装置内对应的信号光耦后发出"SF$_6$ 气压降低"光字牌	光字牌情况：SF$_6$ 气压降低	光字牌情况：SF$_6$ 气压降低
5	防跳接触器 52Y（3个）	正常时不励磁	断路器合闸后，为防止断路器跳开后却因合闸脉冲又较长时出现多次合闸，厂家设计了一旦断路器合闸到位后，对应相断路器的动合辅助触点闭合，此时只要其合闸回路（不论远控近控）仍存在合闸脉冲，对应相 52Y 接触器励磁并通过其动合触点自保持	对应相 52Y 接触器励磁后： (1) 通过其动合触点实现该相防跳接触器 52Y 自保持； (2) 其串入对应相合闸回路的 52Y 的动断触点将回路断开，闭锁合闸回路	无	(1) 光字牌情况： 1) 第一组控制回路断线； 2) 第二组控制回路断线。 (2) 其他信号：测控柜上红绿灯均灭
6	非全相启动直跳时间接触器 47T	正常时不励磁；开关非全相运行时励磁，断路器跳闸后自动返回	断路器发生非全相运行时，非全相启动直跳时间接触器 47T 励磁，其延时闭合触点 67-68 闭合后沟通 47TX 励磁	47T 励磁并经设定时间延时后，其动合触点闭合沟通非全相强迫直跳接触器 47TX 励磁，并通过 47TX 各提供 6 对动合触点分别去沟通各相断路器第一、二组跳闸线圈跳闸，47TX 动作后还提供 1 对动合触点发出"非全相保护动作"光字牌	光字牌情况：非全相保护动作（机构箱）	光字牌情况：非全相保护动作（机构箱）
7	非全相强迫直跳接触器 47TX	正常时不励磁；开关非全相运行时励磁，断路器跳闸后自动返回	断路器发生非全相运行时，非全相启动直跳时间接触器 47T 励磁，其延时闭合触点 67-68 闭合后沟通 47TX 励磁	47TX 励磁后： (1) 由 47TX 三对动合触点 23-24、33-34、43-44 分别沟通各相断路器第一组跳闸线圈跳闸； (2) 由 47TX 另外三对动合触点 53-54、63-64、73-74 分别沟通各相断路器第二组跳闸线圈跳闸； (3) 另提供 1 对动合触点 83-84 沟通测控装置内对应的信号光耦后发出"非全相保护动作"光字牌	光字牌情况：非全相保护动作（机构箱）	光字牌情况：非全相保护动作（机构箱）

序号	元器件名称编号	原始状态	元器件异动说明	元器件异动后果	元器件异动触发光字牌信号	
					断路器合闸状态	断路器分闸状态
8	储能电机热耦接触器 49M	正常时不励磁	当电机运转时，其动力电源回路就有电流流过，49M 接触器内的热耦衔铁开始预热，直至达到设定发热动作值后由自身携带的红色钩针将闭合的动断触点 95-96 顶开从而切断电机运转接触器 88ACM 励磁控制回路使其失磁，实现储能电机异常运转时自动停止运转	储能电机非全相运行或卡涩运转导致电机过载时，49M 接触器的动断触点 95-96 自动切断 88ACM 励磁回路，停止打压储能。动作后须人工复归	无	无
9	储能电机运转交流接触器 88ACM	正常时不励磁	当开关机构箱内储气筒压力低于储能电机启动停止压力开关 63AG 启动值 1.45MPa 时，63AG 低通触点 C-L 闭合沟通 88ACM 励磁回路；打压一段时间后，储气筒压力达到储能电机启动停止压力开关 63AG 停止值 1.55MPa 时，63AG 低通触点 C-L 断开切断 88ACM 励磁回路，停止打压储能	储能电机运转接触器 88ACM 动作后，输出 4 对动合触点： (1) 其 3 对动合触点 1-2、3-4、5-6 闭合后分别引入 8A 的 A、B、C 交流电源驱使储能电机打压； (2) 动合触点 13-14 沟通测控装置内对应的信号光耦后发出"开关气泵运转"光字牌	光字牌情况：开关气泵运转	光字牌情况：开关气泵运转
10	就地/远方转换开关 43LR	远方位置	在断路器机构箱操作断路器时切换至就地位置	43LR 切换至就地位置后，就地触通触点闭合沟通测控柜对应光耦发"就地信号"报文	(1) 光字牌情况： 1) 第一组控制回路断线； 2) 第二组控制回路断。 (2) 其他信号： 1) 操作箱上两组 6 盏 OP 灯灭； 2) 测控柜上红绿灯均灭	(1) 光字牌情况： 1) 第一组控制回路断线； 2) 第二组控制回路断。 (2) 其他信号：测控柜上红绿灯均灭
11	手动分合闸操作把手 11-52	中间位置	无	在五防满足的情况下，可以实现就地分合闸，但规程规定为防止开关非同期合闸，严禁就地合开关（检修或试验除外）	无	无

序号	元器件名称编号	原始状态	元器件异动说明	元器件异动后果	元器件异动触发光字牌信号	
					断路器合闸状态	断路器分闸状态
12	就地直流控制空开 8D1	合闸	无	8D1 所接回路短路、过流等故障引起 8D1 自动跳闸脱扣后，8D1 的 OFF 触点 91-94 沟通测控装置内对应的信号光耦后发"操作电源消失"光字牌	光字牌情况：操作电源消失	光字牌情况：操作电源消失
13	储能电机交流电源空开 8A	合闸	所接回路短路或过流将引起 8A 自动跳闸脱扣（手动拉开该电源空开时，其用于发"操作电源消失"光字牌的脱扣辅助触点也会接通）	8A 所接回路短路、过流等故障引起 8A 自动跳闸脱扣后，8A 的 OFF 触点 91-94 沟通测控装置内对应的信号光耦后发"操作电源消失"光字牌（手动拉开该开关时，其用于发"操作电源消失"光字牌的脱扣辅助触点不接通）	光字牌情况：操作电源消失	光字牌情况：操作电源消失
14	手动投入加热器电源空开 8SH1	断开	当环境温度低于 0℃时，人工合上 8SH1 空开，使各相开关机构箱内的加热器 SH1 运行，高于 20℃时应及时断开 8SH1 空开	无	无	无
15	自动投入加热器电源空开 8SH2	合上	当天气潮湿或环境温度等于 5℃时，自动投入各相开关机构箱内的加热器 SH2、SH3，高于 15℃时自动退出	在气候潮湿情况下，有可能引起一些对环境要求较高的元器件绝缘降低，如 SF$_6$ 密度表计内敏感度较高的 SF$_6$ 压力微动开关触点极易因绝缘降低而导致控制Ⅰ/控制Ⅱ直流互串	无	无
16	空气净化装置电动球阀 QSL 内 DQF	正常时自动关闭	当控制继电器 PR41 动作时，输出动合触点开通电动球阀 DQF；反之，控制继电器 PR41 失磁时，输出动断触点关闭电动球阀 DQF	电动球阀失灵后，由于储气筒内的湿气及油气杂质无法及时排除，在早晚温差较厉害时气泵将频繁打压（空气净化装置正常情况下，一般 4～5 天打压一次）	无	无
17	电动球阀控制继电器 QSL 内 PR41	正常时不励磁	当控制继电器 PR41 动作时，输出动合触点开通电动球阀 DQF；反之，控制继电器 PR41 失磁时，输出动断触点关闭电动球阀 DQF	电动球阀失灵后，由于储气筒内的湿气及油气杂质无法及时排除，在早晚温差较厉害时气泵将频繁打压（空气净化装置正常情况下，一般 4～5 天打压一次）	无	无

第一节　杭州西门子公司 3AQ1-EG 型 35kV 高压断路器二次回路辨识

一、二次回路功能模块化分解原理图

1. 合闸回路原理接线图

杭州西门子公司 3AQ1-EG 型 35kV 断路器合闸回路原理接线图见图 4-1。

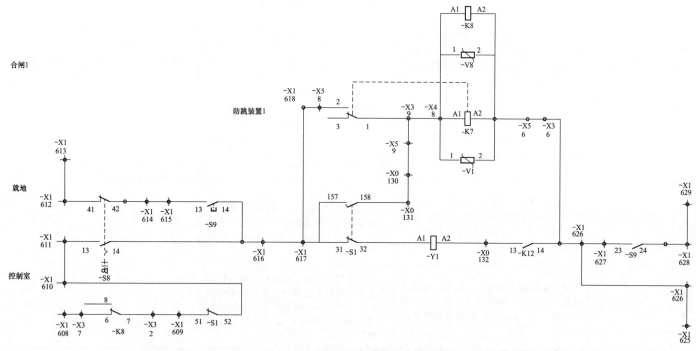

图 4-1　杭州西门子 3AQ1-EG，型 35kV 高压断路器合闸回路原理接线图

2. 分闸回路 1、2 及同步分闸回路原理接线图

杭州西门子公司 3AQ1-EG 型 35kV 高压断路器分闸回路 1、2 及同步分闸回路原理接线图见图 4-2。

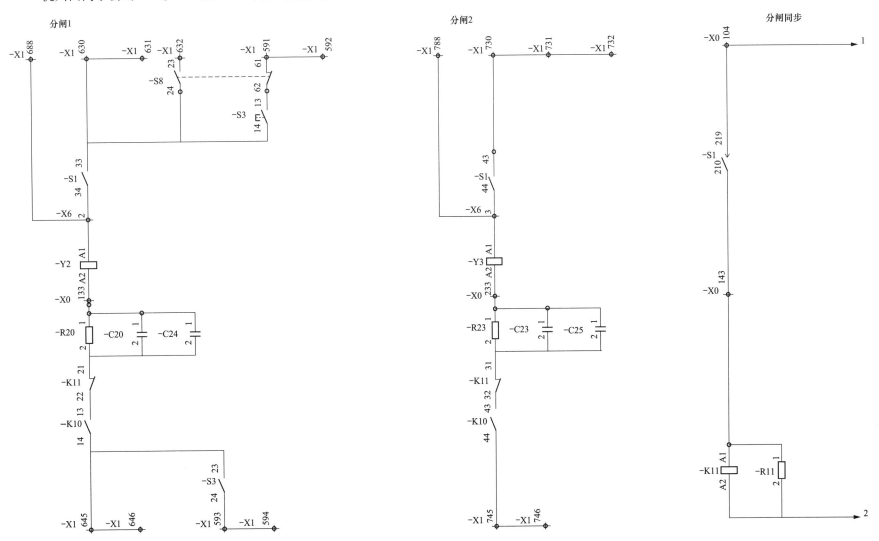

图 4-2　杭州西门子公司 3AQ1-EG 型 35kV 高压断路器分闸回路 1、2 及同步分闸回路原理接线图

3. 闭锁继电器回路 1 原理接线图

杭州西门子公司 3AQ1-EG 型 35kV 高压断路器闭锁继电器回路 1 原理接线图见图 4-3。

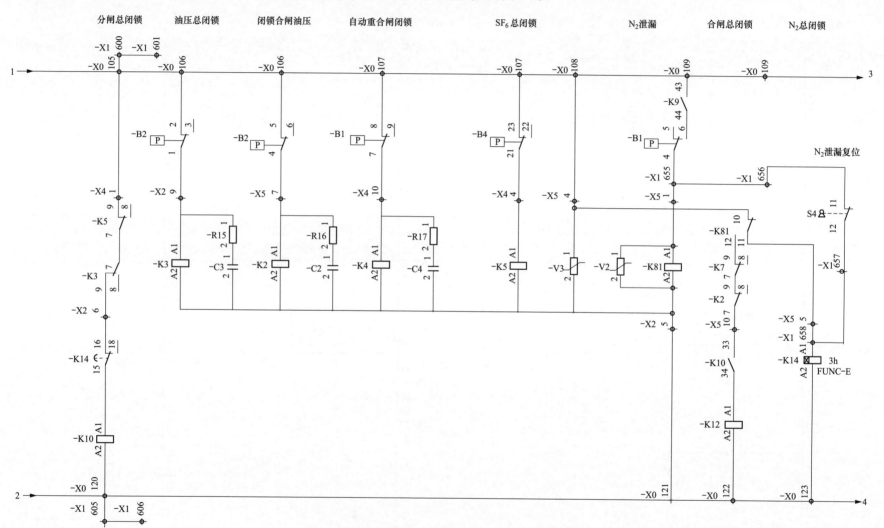

图 4-3　杭州西门子公司 3AQ1-EG 型 35kV 高压断路器闭锁继电器回路 1 原理接线图

4. 储能电机回路及加热器等辅助回路原理接线图

杭州西门子公司 3AQ1-EG 型 35kV 高压断路器储能电机回路及加热器等辅助回路原理接线图见图 4-4。

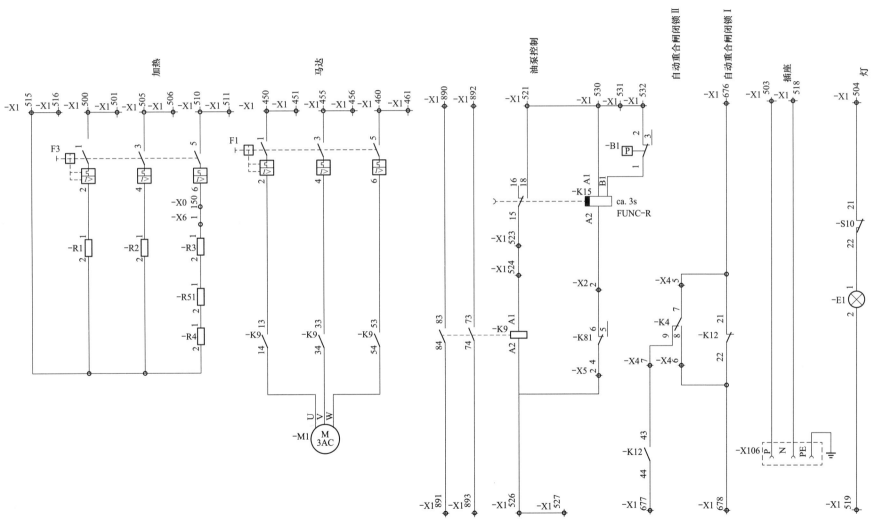

图 4-4 杭州西门子公司 3AQ1-EG 型 35kV 高压断路器储能电机回路及加热器等辅助回路原理接线图

5. 信号回路原理接线图

杭州西门子公司 3AQ1-EG 型 35kV 高压断路器信号回路原理图见图 4-5。

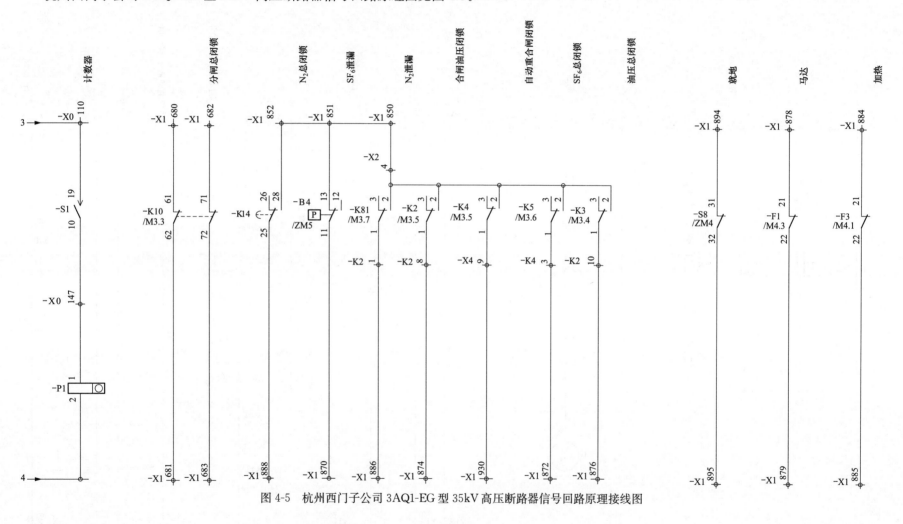

图 4-5　杭州西门子公司 3AQ1-EG 型 35kV 高压断路器信号回路原理接线图

6. 备用辅助触点图

杭州西门子公司 3AQ1-EG 型 35kV 高压断路器备用辅助触点图见图 4-6。

备用辅助开关触点

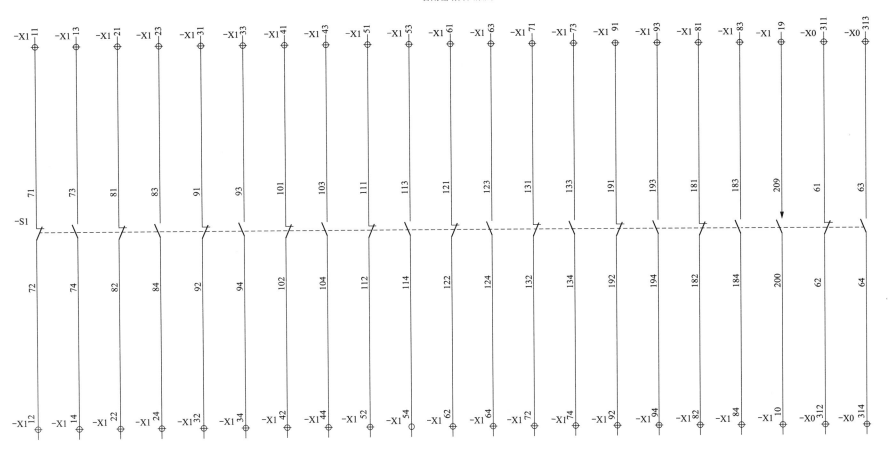

图 4-6   杭州西门子公司 3AQ1-EG 型 35kV 高压断路器备用辅助触点图

二、断路器二次回路功能模块化分解辨识

断路器二次回路功能模块化分解辨识见表 4-1。

表 4-1   **断路器二次回路功能模块化分解辨识**

序号	模块名称	分解辨识
1	合闸公共回路	断路器动断辅助触点 S1 的 31 (X1：617)-32→三相合闸线圈 Y1 的 A1-A2 (X0：132)→三相合闸总闭锁接触器 K12 动合触点 13-14 (X0：132-X1：626)→控制负电源 (K102/X1：626)
2	分闸 1 公共回路	断路器动断辅助触点 S1 的 33-34 (X1：630-X6：2)→三相分闸线圈 Y2 的 A1-A2 (X6：2/X1：688-X0：133)→三相分闸总闭锁接触器 K10 动合触点 13-14→控制负电源 (K102/X1：645)
3	分闸 2 公共回路	电气设计时未给原理图接线外电源，在 35kV 系统断路器控制回路中起不了作用（变压器 35kV 侧断路器除外）
4	远方合闸回路	控制 I 正电源 K101→［由后台下发给保护测控装置的遥合脉冲］或［YBJ 五防电编码锁 1-2→回路 K101S→保护测控柜上手合操作令］→远方合闸回路 (7/X1：611)→串接远方合闸回路的远方/就地把手 S8 的远方触点 13-14 (X1：611-X1：616)→合闸公共回路
5	合闸就地回路	控制正电源 K101→YBJ 五防电编码锁 1-2→K101S/X1：612→远方/就地把手 S8 就地位置触点 41-42 (X1：612-X1：614)→S9 就地三相合闸按钮 13-14 (X1：615-X1：616)→合闸公共回路
6	远方分闸 1 回路	控制正电源 K101→保护测控装置内手跳继电器动合触点或保护测控装置保护跳闸出口触点串接跳闸出口压板→远方分闸 1 回路 (137/X1：632)→串接远方分闸 1 回路的远方/就地把手 S8 的远方触点 23-24 (X1：632-X1：630/X1：631)→分闸 1 公共回路
7	分闸就地回路	控制正电源 K101→YBJ 五防电编码锁 1-2→K101S/X1：591→远方/就地把手 S8 就地位置触点 61 (X1：591)-62→S3 就地三相分闸按钮 13-14 (X1：630)→分闸 1 公共回路
8	远方分闸 2 回路	电气设计时未给原理图接线外电源，在 35kV 断路器控制回路中起不了作用

三、二次回路元器件辨识及其异动说明

二次回路元器件辨识及其异动说明见表 4-2。

表 4-2   **二次回路元器件辨识及其异动说明**

序号	元器件名称编号	原始状态	元器件异动说明	元器件异动后果	元器件异动触发光字牌信号	
					断路器合闸状态	断路器分闸状态
1	分闸总闭锁接触器 K10	正常时励磁，为吸入状态；失磁后为顶出状态	当发生诸如断路器机构箱内液压系统油压下降至 25.3MPa（此时 K3 励磁，其触点 7-9 断开）或断路器本体内 SF$_6$ 气体压力降至 0.5MPa 时（此时 K5 励磁，其触点 9-7 断开）或储压筒氮气发生泄漏发出报警达 3h（当发生 N$_2$ 泄漏时，将引起储能电机打压，此时 K81、K14 通电动作，K14 动断触点 16-15 延时 3h 后断开）时，均会使得分闸总闭锁接触器 K10 失电而复归	K10 接触器复归后： (1) 其动合触点 13-14 (X0：133-X1：645) 断开使分闸 1 回路闭锁； (2) 其动合触点 33-34 断开使合闸总闭锁接触器 K12 失电复归； (3) 通过其动断触点 71-72 (X1：682-X1：683) 沟通测控装置内对应的信号光耦后发出"断路器总闭锁"光字牌	(1) 光字牌情况： 1) 断路器总闭锁； 2) 控制回路断线。 (2) 其他信号： 1) 保护测控装置上运行/告警绿灯变红灯； 2) 测控柜上红绿灯均灭	(1) 光字牌情况： 1) 断路器总闭锁； 2) 控制回路断线。 (2) 其他信号： 1) 保护测控装置上运行/告警绿灯变红灯； 2) 测控柜上红绿灯均灭

序号	元器件名称编号	原始状态	元器件异动说明	元器件异动后果	元器件异动触发光字牌信号	
					断路器合闸状态	断路器分闸状态
2	合闸总闭锁接触器 K12	正常时励磁，为吸入状态；失磁后为顶出状态	当发生诸如断路器机构箱内储压筒氮气发生泄漏引起储能电机打压至 35.5MPa（此时 K81 励磁，K81 动断触点 10-12 断开）或液压系统油压下降至 27.3MPa（此时 K2 励磁，其触点 9-7 断开）或断路器本体内 SF₆ 气体压力降至 0.5MPa 时（此时 K5 励磁并引起 K10 复归，K10 动合触点 33-34 断开）时，均会使得合闸总闭锁接触器 K12 失电而复归	K12 接触器复归后，K12 动合触点 13-14（X0：132-X1：626）断开各相合闸回路负电源，使断路器无法合闸	光字牌情况： （1）若为油压下降闭锁合闸时将报"断路器总闭锁"； （2）若是 N₂ 泄漏将报"SF₆、N₂ 泄漏"	（1）光字牌情况： 1）控制回路断线； 2）若为油压下降闭锁合闸：还会报"断路器总闭锁"； 3）若是 N₂ 泄漏还会报"SF₆、N₂ 泄漏"。 （2）其他信号： 1）保护测控装置上运行/告警绿灯变红灯； 2）测控柜上红绿灯均灭
3	油压低合闸闭锁继电器 K2	正常时不励磁，触点上顶；动作后触点下压	由于某种原因，当断路器机构箱内液压系统油压下降至 27.3MPa 时，B2 的油压低合闸闭锁微动开关 5-4 触点通，使得油压低合闸闭锁继电器 K2 励磁	K2 励磁后： （1）其动断触点 9-7 断开，使合闸总闭锁接触器 K12 失磁，切断合闸回路负电源； （2）其动合触点 2-1（X2：4-X2：8）沟通测控装置内对应的信号光耦后发出"断路器总闭锁"光字牌	光字牌情况：断路器总闭锁	（1）光字牌情况： 1）断路器总闭锁； 2）控制回路断线。 （2）其他信号： 1）保护测控装置上运行/告警绿灯变红灯； 2）测控柜上红绿灯均灭
4	油压低总闭锁继电器 K3	正常时不励磁，触点上顶；动作后触点下压	由于某种原因，当断路器机构箱内液压系统油压下降至 25.3MPa 时，B2 的油压低总闭锁微动开关低通触点 2-1 通，使得油压低总闭锁继电器 K3 励磁	K3 励磁后： （1）其动断触点 7-9 断开，使分闸总闭锁接触器 K10 失磁，切断分闸 1 回路；同时由于 K10 失磁，K10 的 33-34 动合触点断开，使得合闸总闭锁接触器 K12 失磁，其动合触点切断合闸回路负电源； （2）其动合触点 2-1（X2：4-X2：10）沟通测测控装置内对应的信号光耦后发出"断路器总闭锁"光字牌	（1）光字牌情况： 1）断路器总闭锁； 2）控制回路断线。 （2）其他信号： 1）保护测控装置上运行/告警绿灯变红灯； 2）测控柜上红绿灯均灭	（1）光字牌情况： 1）断路器总闭锁； 2）控制回路断线。 （2）其他信号： 1）保护测控装置上运行/告警绿灯变红灯； 2）测控柜上红绿灯均灭
5	SF₆ 低总闭锁继电器 K5	正常时不励磁，触点上顶；动作后触点下压	当断路器本体内 SF₆ 气体发生泄漏，压力降至 0.5MPa 时，SF₆ 密度继电器 B4 低通触点 23-21 通，使 SF₆ 低总闭锁继电器 K5 励磁	K5 励磁后： （1）其动断触点 9-7 断开，使分闸总闭锁接触器 K10 失磁，切断分闸 1 回路；同时由于 K10 失磁，K10 的 33-34 动合触点断开，使得合闸总闭锁接触器 K12 失磁，切断合闸回路负电源； （2）其动合触点 2-1（X2：4-X4：3）沟通测控装置内对应的信号光耦后发出"断路器总闭锁"光字牌	（1）光字牌情况： 1）SF₆、N₂ 泄漏； 2）断路器总闭锁； 3）控制回路断线。 （2）其他信号： 1）保护测控装置上运行/告警绿灯变红灯； 2）测控柜上红绿灯均灭	（1）光字牌情况： 1）SF₆、N₂ 泄漏； 2）断路器总闭锁； 3）控制回路断线。 （2）其他信号： 1）保护测控装置上运行/告警绿灯变红灯； 2）测控柜上红绿灯均灭

序号	元器件名称编号	原始状态	元器件异动说明	元器件异动后果	元器件异动触发光字牌信号	
					断路器合闸状态	断路器分闸状态
6	SF₆ 低报警微动开关 B4	动合压力触点	当断路器机构箱内 SF₆ 压力低于 SF₆ 低气压报警接通值 0.52MPa 时，B4 微动开关低通触点 13-11 触通，沟通测控装置对应的信号光耦	当断路器机构箱内 SF₆ 密度继电器 B4 的压力低于 SF₆ 泄漏告警接通值 0.52MPa 时，B4 的 SF₆ 低报警微动开关 13-11 触点接通保护测控装置内信号光耦后发出"SF₆、N₂泄漏"光字牌	光字牌情况：SF₆、N₂泄漏	光字牌情况：SF₆、N₂泄漏
7	油压低重合闸闭锁继电器 K4	正常时不励磁，触点上顶；动作后触点下压	由于某种原因，当断路器机构箱内液压系统油压下降至 30.8MPa 时，B1 的重合闸闭锁微动开关低通触点 8-7 通，使得油压低重合闸闭锁继电器 K4 励磁	K4 励磁后，其动合触点 7-8（X4：5-X4：6）开入保护自动重合闸联锁 Ⅰ 回路，动合触点 2-1（X2：4-X1；930）用于发自动重合闸闭锁光字信号（注：上述两回路均未与外部的保护或测控装置连接，故其作用无法体现）	无	无
8	漏 N₂ 闭锁合闸继电器 K81	正常时不励磁，触点上顶；动作后触点下压	当储压筒氮气发生泄漏时，压力立即很快的降至液压系统 B1 的储能电机启动微动开关 1-2 接通值（低于 32.0MPa 时 1-2 通），此时，储能电机运转接触器 K9 励磁，启动油泵打压的同时 K9 动合触点 43-44 闭合，活塞移动到止当管的位置，压力急剧上升，但由于电机储能后打压延时返回继电器 K15 的延时打压时间是固定的，在 3s 内，压力极快的上升而超过压力值 35.5MPa，B1 的 N₂ 泄漏报警微动开关高通触点 6-4 闭合，沟通漏 N₂ 闭锁合闸继电器 K81 励磁	K81 继电器励磁后： （1）其动断触点 10（X5：4）-12 断开，使合闸总闭锁接触器 K12 失电而复归，合闸回路闭锁； （2）其动合触点 10-11（X5：4-X5：5）闭合，实现 K81 自保持，并启动 N₂ 泄漏 3h 后闭锁分闸继电器 K14 开始计时； （3）其动断触点 6-4（X2：2-X5：2）断开，切断断路器储能电机控制回路内 K15 继电器负电源； （4）通过其动合触点 2-1（X2：4-X2：1）沟通测控装置内对应的信号光耦后发出"SF₆、N₂泄漏"光字牌	光字牌情况：SF₆、N₂泄漏	（1）光字牌情况： 1）SF₆、N₂泄漏； 2）控制回路断线。 （2）其他信号： 1）保护测控装置上运行/告警绿灯变红灯； 2）测控柜上红绿灯均灭
9	N₂泄漏 3h 后闭锁分闸继电器 K14	正常时失磁，U/t 绿灯及 R 黄灯均灭	当储压筒氮气发生泄漏时，压力立即很快的降至液压系统 B1 的储能电机启动微动开关 1-2 接通值（低于 32.0MPa 时 1-2 通），此时，储能电机运转接触器 K9 励磁，启动油泵打压的同时 K9 动合触点 43-44 闭合，活塞移动到止当管的位置，压力急剧上升，但由于电机储能后打压延时返回继电器 K15 的延时打压时间是固定的，在 3s 内，压力极快的上升而超过压力值 35.5MPa，B1 的 N₂泄漏报警微动开关高通触点 6-4 闭合，沟通 N₂ 泄漏 3h 后闭锁分闸继电器 K14 励磁	K14 继电器励磁后即开始计时，直至 3h 后输出延时触点： （1）其动断触点 16（X2：6）-15 断开，使分闸总闭锁接触器 K10 失电而复归，分闸 1 回路闭锁，K10 失电后，其动合触点断开使得合闸总闭锁接触器 K12 失电复归，合闸回路随之闭锁； （2）通过其动合触点 28-25（X1：852-X1：888）沟通测控装置内对应的信号光耦后发出"断路器总闭锁"光字牌	（1）光字牌情况： 1）SF₆、N₂泄漏； 2）断路器总闭锁； 3）控制回路断线。 （2）其他信号： 1）保护测控装置上运行/告警绿灯变红灯； 2）测控柜上红绿灯均灭	（1）光字牌情况： 1）SF₆、N₂泄漏； 2）断路器总闭锁； 3）控制回路断线。 （2）其他信号： 1）保护测控装置上运行/告警绿灯变红灯； 2）测控柜上红绿灯均灭

序号	元器件名称编号	原始状态	元器件异动说明	元器件异动后果	元器件异动触发光字牌信号	
					断路器合闸状态	断路器分闸状态
10	防跳继电器K7	正常时不励磁，为顶出状态；励磁后为吸入状态	断路器合闸后，为防止断路器跳开后却因合闸脉冲又较长时出现多次合闸，厂家设计了一旦断路器合闸到位后，其断路器的动合辅助触点闭合，此时只要其合闸回路（不论远控近控）仍存在合闸脉冲，K7继电器励磁并通过其动合触点自保持	K7继电器励磁后： （1）通过其动合触点的1-2触点实现断路器防跳接触器K7自保持； （2）合闸总闭锁回路中K7动断触点9-7断开，合闸总闭锁接触器K12失磁，于是串入断路器合闸回路的K12的动合触点13-14断开，闭锁合闸回路	无	（1）光字牌情况： 1）第一组控制回路断线； 2）第二组控制回路断线。 （2）其他信号：测控柜上红绿灯均灭
11	遥合回路防跳继电器K8	正常时不励磁，为顶出状态；励磁后为吸入状态	断路器合闸后，为防止断路器跳开后却因合闸脉冲又较长时出现多次合闸，厂家设计了一旦断路器合闸到位后，其断路器的动合辅助触点闭合，此时只要其合闸回路（不论远控近控）仍存在合闸脉冲，K8继电器励磁	K8继电器励磁后，通过其动断触点9-7触点断开，切断断路器遥合回路正电源。为避免接入合闸回路的该继电器触点或远控把手触点接线松动导致拒合，一般情况下设计的遥合回路正电源直接跳过此触点回路	无	无
12	同步分闸接触器K11	正常时不励磁，为顶出状态；就地分闸时励磁，为吸入状态，分闸后返回	为了避免断路器手合于故障时因断路器未完全合闸到位即又立即受令分闸导致断路器机械部分产生较大冲击以及分闸时断路器灭弧室有足够的灭弧开断距离，这就要求断路器必须在完全合闸到位后，方才可以进行下一步的分闸操作。所以西门子断路器厂家在控制回路设计中引用了同步分闸接触器来控制断路器的分合闸回路，即当断路器合闸时，在断路器动合动断2对辅助触点状态切换前输出1对闭合滑动触头去沟通同步分闸接触器K11励磁从而保证在断路器合闸过程中分闸回路是断开的，直到断路器快合闸到位时原闭合的滑动触头再自行断开K11励磁回路使其失电从而保证断路器惯性合闸到位瞬间分闸回路恢复导通，即在电气回路设计上保证了断路器在完全合闸到位情况下方可进行分闸操作	当断路器合闸时，在断路器动合动断2对辅助触点状态切换前输出1对闭合滑动触头去沟通同步分闸接触器K11励磁，K11励磁后输出两对动断触点（21-22、31-32）并分别切断断路器的第一组、第二组分闸回路从而保证在断路器合闸过程中分闸回路是断开的，直到断路器快合闸到位时原闭合的滑动触头再自行断开K11励磁回路使其失电从而保证断路器惯性合闸到位瞬间分闸回路恢复导通，即在电气回路设计上保证了断路器在完全合闸到位情况下方可进行分闸操作	无	无

序号	元器件名称编号	原始状态	元器件异动说明	元器件异动后果	元器件异动触发光字牌信号	
					断路器合闸状态	断路器分闸状态
13	电机储能后打压延时返回继电器 K15	正常时 U/t 绿灯亮，继电器不励磁；液压系统 B1 的储能电机启动低通触点 1-2 接通时励磁（且 R 黄灯亮），当 B1 低通触点 1-2 返回并延时 3s 后 R 黄灯灭	当储压筒油压降至 32.0MPa 时，该相液压系统 B1 的储能电机启动微动开关 1-2 接通，沟通该相电机储能后打压延时返回继电器 K15 励磁	K15 继电器励磁后，其延时返回动合触点沟通储能电机运转接触器 K9 励磁，使储能电机打压储能（即储能电机打压至 32.0MPa 后，储压筒内 B1 储能电机启动微动开关低通触点 2-1 返回切断 K15 励磁回路，但其延时返回动合触点 18-15 仍能保持 3s 接通状态，使储能电机继续运转打压 3s）	无	无
14	储能电机运转接触器 K9	正常时不励磁，为顶出状态；储能电机运转时为吸入状态	当储压筒油压降至 32.0MPa 时，液压系统 B1 的储能电机启动微动开关 2-1 接通，沟通电机储能后打压延时返回继电器 K15 励磁，K15 励磁后，由其延时返回动合触点 18-15 沟通 K9 励磁	K9 接触器励磁后，共输出 5 对动合触点： （1）其动合触点 13-14、33-34、53-54（对应 F1 的 2、4、6 及电机 U、V、W）分别接入储能电机交流 A、B、C 相动力电源回路，驱使储能电机打压； （2）其动合触点 43（X0：109）-44 串接入漏 N_2 闭锁合闸继电器 K81 启动回路，用于储能电机运转打压且油压极快上升至 35.5MPa 时启动 K81 励磁用； （3）其动合触点 84-83（X1：891-X1：890）沟通测控装置内对应的信号光耦后发出"断路器电机运转"光字牌	光字牌情况：断路器电机运转	光字牌情况：断路器电机运转
15	断路器分合计数器 P1	正常时不励磁，断路器位置突变时进行一次＋1 计数	不管断路器是合闸还是分闸，在断路器到位前，其滑动触头均会短时闭合，沟通断路器分合计数器励磁进行一次＋1 计数，当断路器分合到位后，该对短时闭合的滑动触头已提前断开，实现了断路器分闸次数的准确计数	无	无	无

序号	元器件名称编号	原始状态	元器件异动说明	元器件异动后果	元器件异动触发光字牌信号	
					断路器合闸状态	断路器分闸状态
16	储能电机电源空开 F1	合上	空开跳开后，将发出"电机及加热器空开跳开"光字牌	空开跳开后，通过储能电机电源空开 F1 的 21-22（X1：878-X1：879）沟通测控装置内对应的信号光耦后发出"电机及加热器空开跳开"光字牌。若不及时复位，将可能引起无法保持合适的油压	光字牌情况：电机及加热器空开跳开	光字牌情况：电机及加热器空开跳开
17	加热器电源空开 F3	合上	无	空开跳开后，通过加热器电源空开 F3 的 21-22（X1：884-X1：885）沟通测控装置内对应的信号光耦后发出"电机及加热器空开跳开"光字牌；在气候潮湿情况下，有可能引起一些对环境要求较高的元器件绝缘降低，如 SF_6 密度继电器	光字牌情况：电机及加热器空开跳开	光字牌情况：电机及加热器空开跳开
18	漏 N_2 复位转换空开 S4	0 位置	无	漏 N_2 发生时 K81、K14、K12 继电器复位用	无	无
19	远方/就地转换空开 S8	远方位置	无	无	（1）光字牌情况：控制回路断线； （2）其他信号： 1）保护测控装置上运行/告警绿灯变红灯； 2）测控柜上红绿灯均灭	（1）光字牌情况：控制回路断线； （2）其他信号： 1）保护测控装置上运行/告警绿灯变红灯； 2）测控柜上红绿灯均灭
20	就地分闸按钮 S3	无	无	无	无	无
21	就地合闸按钮 S9	无	无	无	无	无

第二节 杭州西门子公司 3AP1-FG 型 35kV 高压断路器二次回路辨识

一、二次回路功能模块化分解原理图

1. 合闸回路原理接线图

杭州西门子公司 3AP1-FG 型 35kV 高压断路器合闸回路原理接线图见图 4-7。

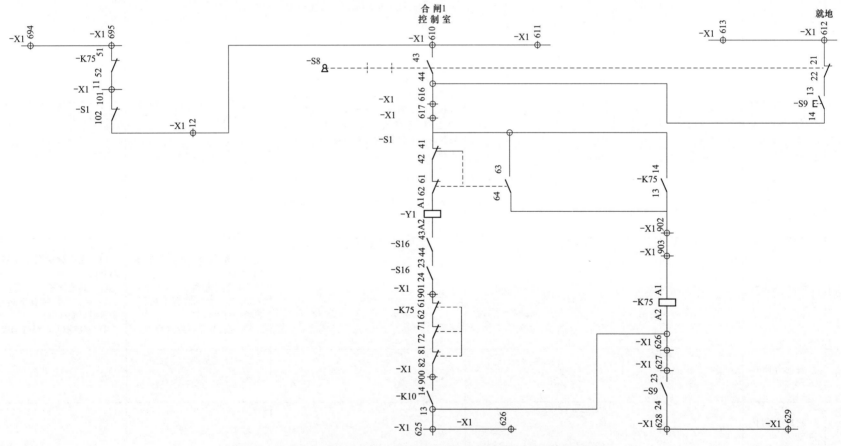

图 4-7 杭州西门子公司 3AP1-FG 型 35kV 高压断路器合闸回路原理接线图

2. 分闸回路 1、2 原理接线图

杭州西门子 3AP1-FG 型 35kV 高压断路器分闸回路 1、2 原理接线图见图 4-8。

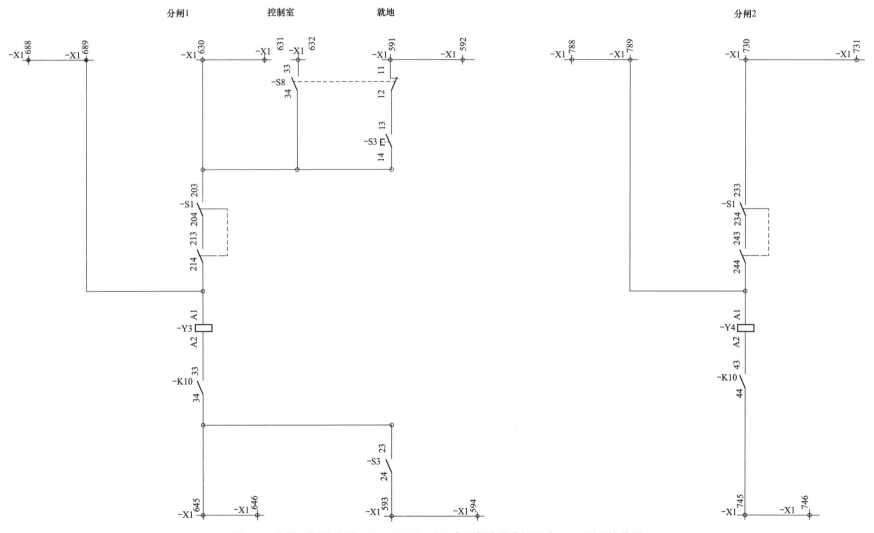

图 4-8　杭州西门子公司 3AP1-FG 型 35kV 高压断路器分闸回路 1、2 原理接线图

3. 信号回路原理接线图

杭州西门子公司 3AP1-FG 型 35kV 高压断路器信号回路原理接线图见图 4-9。

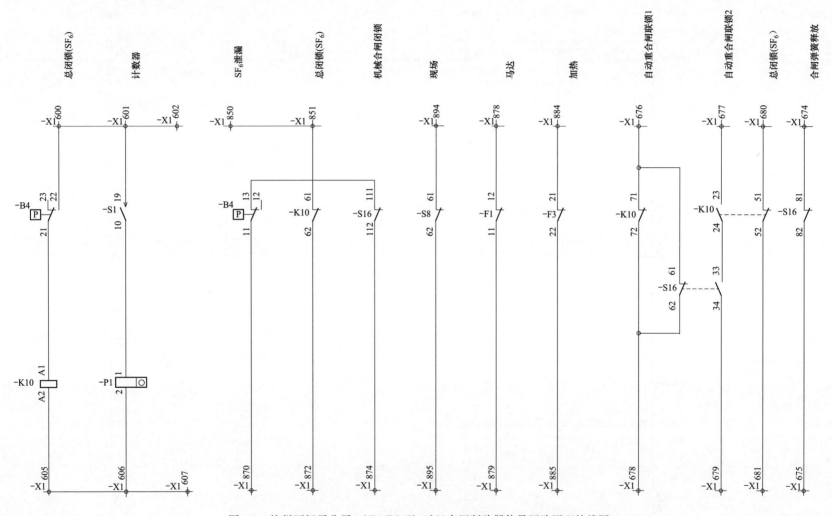

图 4-9 杭州西门子公司 3AP1-FG 型 35kV 高压断路器信号回路原理接线图

4. 储能电机回路及加热器等辅助回路原理接线图

杭州西门子公司 3AP1-FG 型 35kV 高压断路器储能电机回路及加热器等辅助回路原理接线图见图 4-10。

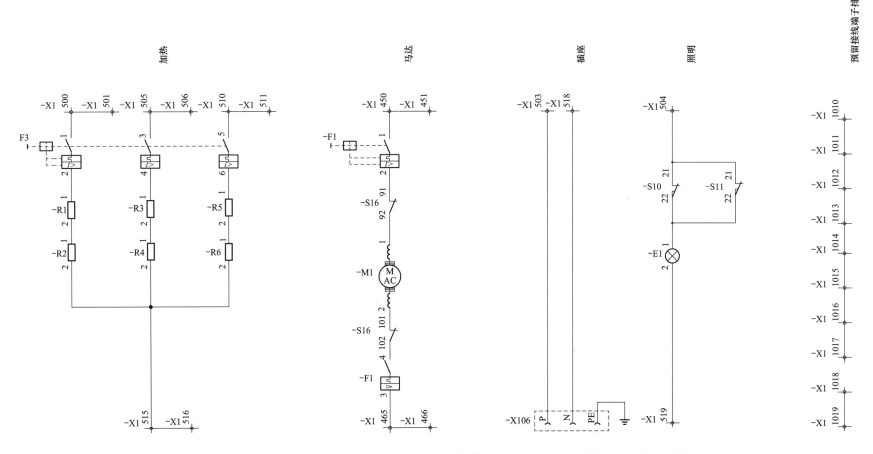

图 4-10　杭州西门子公司 3AP1-FG 型 35kV 高压断路器储能电机回路及加热器等辅助回路原理接线图

5. 备用辅助触点图

杭州西门子公司 3AP1-FG 型 35kV 高压断路器备用辅助触点图见图 4-11。

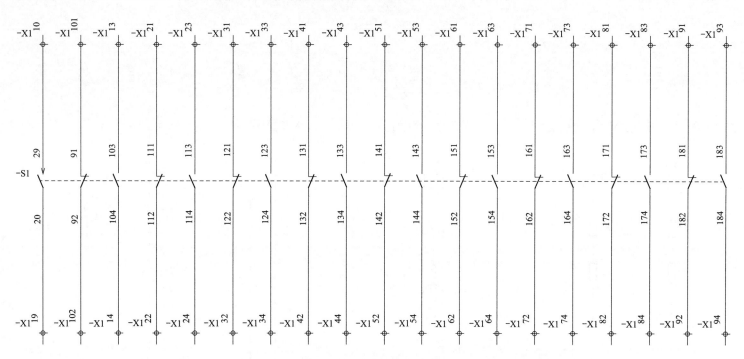

图 4-11　杭州西门子公司 3AP1-FG 型 35kV 高压断路器备用辅助触点图

二、断路器二次回路功能模块化分解辨识

断路器二次回路功能模块化分解辨识见表 4-3。

表 4-3　　　　　　　　　　　　　　　　　　　断路器二次回路功能模块化分解辨识

序号	模块名称	分解辨识
1	合闸公共回路	X1：616/X1：617→串接的两对断路器动断辅助触点 S1 的 41-42、61-62→三相合闸线圈 Y1 的 A1-A2→S16 的两对弹簧已储能闭合触点串 43-44、23-24→X1：901→防跳接触器 K75 的三对动断触点串 61-62、71-72、81-82→X1：900→SF6 总闭锁接触器 K10 的动合触点 14-13→控制负电源（K102/X1：626/X1：625）

416

序号	模块名称	分解辨识
2	分闸1公共回路	X1：630/X1：631→串接的两对断路器动合辅助触点S1的203-204、213-214→三相分闸线圈Y3的A1-A2→SF6总闭锁接触器K10动合触点33-34→控制负电源（K102/X1：645/X1：646）
3	分闸2公共回路	电气设计时未给原理图接外电源，在35kV系统断路器控制回路中起不了作用（变压器35kV侧断路器除外）
4	远方合闸1回路	控制Ⅰ正电源K101→[由后台下发给保护测控装置的遥合脉冲] 或 [YBJ五防电编码锁1-2→回路K101S→保护测控柜上手合操作令]→远方合闸回路（7/X1：610/X1：611）→串接远方合闸回路的远方/就地把手S8的远方触点43-44→合闸公共回路
5	就地合闸1回路	控制正电源K101→YBJ五防电编码锁1-2→K101S/X1：612→远方/就地把手S8就地位置触点21-22→S9就地三相合闸按钮13-14→合闸公共回路
6	远方分闸1回路	控制正电源K101→保护测控装置内手跳继电器动合触点或保护测控装置保护跳闸出口触点串跳闸出口压板→远方分闸1回路（137/X1：632）→串接远方分闸1回路的远方/就地把手S8的远方触点33-34→X1：630/X1：631→分闸1公共回路
7	就地分闸1回路	控制正电源K101→YBJ五防电编码锁1-2→K101S/X1：591→远方/就地把手S8就地位置触点11-12→S3就地三相分闸按钮13-14→X1：630→分闸1公共回路
8	远方分闸2回路	电气设计时未给原理图接线外电源，在35kV断路器控制回路中起不了作用（变压器35kV侧断路器除外）

三、二次回路元器件辨识及其异动说明

二次回路元器件辨识及其异动说明见表4-4。

表4-4   二次回路元器件辨识及其异动说明

序号	元器件名称编号	原始状态	元器件异动说明	元器件异动后果	元器件异动触发光字牌信号	
					断路器合闸状态	断路器分闸状态
1	SF₆压力低微动开关B4	低通压力触点，正常时断开	当断路器机构箱内SF₆压力低于SF₆低气压报警接通值0.52MPa时，B4微动开关低通触点11-13触点通，沟通测控保护装置对应的信号光耦	当断路器机构箱内SF₆微动开关B4的压力低于SF₆泄漏告警接通值0.52MPa时，B4的SF₆低报警微动开关11-13触点通，沟通测控装置内对应的信号光耦直接发出"断路器SF₆泄漏"光字牌	光字牌情况：断路器SF₆泄漏	光字牌情况：断路器SF₆泄漏

序号	元器件名称编号	原始状态	元器件异动说明	元器件异动后果	元器件异动触发光字牌信号	
					断路器合闸状态	断路器分闸状态
2	SF₆总闭锁接触器K10	正常时励磁，为吸入状态；失磁后为顶出状态	当断路器本体内SF₆气体发生泄漏，压力降至0.50MPa时，SF₆微动开关B4高通触点22-21动作，使得分闸总闭锁接触器K10失电而复归	K10接触器复归后： (1)其动合触点33-34断开使分闸回路闭锁； (2)其动合触点13-14（X1：625-X1：900）断开使合闸回路闭锁； (3)通过其断触点61-62（X1：851-X1：817）沟通测控装置内对应的信号光耦，并发出"断路器SF₆总闭锁"光字牌	(1)光字牌情况： 1)断路器SF₆泄漏； 2)断路器SF₆总闭锁； 3)控制回路断线。 (2)其他信号： 1)保护测控装置上运行/告警绿灯变红灯； 2)测控柜上红绿灯均灭	(1)光字牌情况： 1)断路器SF₆泄漏； 2)断路器SF₆总闭锁； 3)控制回路断线。 (2)其他信号： 1)保护测控装置上运行/告警绿灯变红灯； 2)测控柜上红绿灯均灭
3	防跳接触器K75	正常时不励磁，为顶出状态；励磁后为吸入状态	断路器合闸后，为防止断路器跳开后却因合闸脉冲又较长时出现多次合闸，厂家设计了一旦断路器合闸到位后，断路器的动合辅助触点闭合，此时只要其合闸回路（不论远控近控）仍存在合闸脉冲，K75接触器励磁并通过其动合触点自保持	K75接触器励磁后： (1)通过其动合触点的13-14触点实现防跳继电器自保持； (2)其串入合闸回路的防跳接触器的三对动断触点串断开（即改相合闸负电源回路上的防跳继电器动断触点61-62、71-72、81-82断开），闭锁合闸回路	无	(1)光字牌情况：控制回路断线； (2)其他信号： 1)保护测控装置上运行/告警绿灯变红灯； 2)测控柜上红绿灯均灭
4	弹簧储能微动开关S16	未储能时动断触点闭合，储能到位后动合触点闭合	当断路器机构箱内弹簧未储能时，会即时发出"断路器机械合闸闭锁"信号，一般情况下经储能电机运转拉伸至已储能位置时，信号会自动消失，但若储能电机未能自动启动运转拉伸弹簧，此时将通过串接于合闸回路中的S16的两对弹簧位置触点（已储能时闭合，未储能时断开）断开切断三相合闸回路	当断路器机构箱内弹簧未储能时，会即时发出"断路器机械合闸闭锁"信号，一般情况下经储能电机运转拉伸至已储能位置时，信号会自动消失，但若储能电机未能自动启动打压拉伸弹簧，此时将通过串接于合闸回路中的S16的两对弹簧位置触点（已储能时闭合，未储能时断开）断开切断三相合闸回路	未储能时光字牌情况：断路器机械合闸闭锁	(1)未储能时光字牌情况： 1)断路器机械合闸闭锁； 2)控制回路断线； (2)未储能时其他信号：测控柜上红绿灯均灭

序号	元器件名称编号	原始状态	元器件异动说明	元器件异动后果	元器件异动触发光字牌信号	
					断路器合闸状态	断路器分闸状态
5	储能电机电源空开 F1	合上	当断路器机构箱内弹簧未储能时，除了即时发出"断路器机械合闸闭锁"信号外，一般情况下会自动启动储能电机运转拉伸弹簧至已储能位置	空开跳开后，通过储能电机电源空开 F1 的 12-11（X1：878-X1：879）沟通保护测控装置内对应的信号光耦，发出"断路器电动机回路异常"光字牌，若不及时复位，当断路器弹簧未储能时将造成储能电机无法运转储能，导致断路器合闸回路被闭锁等影响	光字牌情况：断路器电动机回路异常	光字牌情况：断路器电动机回路异常
6	加热器电源空开 F3	合上	无	空开跳开后，通过加热器电源空开 F3 的 22-21（X1：885-X1：884）沟通保护测控装置内对应的信号光耦，发出"断路器加热器回路异常"光字牌；在气候潮湿情况下，有可能引起一些对环境要求较高的元器件绝缘降低，如 SF$_6$ 微动开关	光字牌情况：断路器加热器回路异常	光字牌情况：断路器加热器回路异常
7	远方/就地转换开关 S8	远方位置	无	将断路器机构箱内远方/就地转换开关 S8 切换至"就地"位置后，将引起保护及远控分合闸回路断线，当保护有出口或需紧急操作时造成保护拒动或远控操作失灵	（1）光字牌情况： 1）控制回路断线； 2）断路器机构箱就地位置。 （2）其他信号： 1）保护测控装置上运行/告警绿灯变红灯； 2）测控柜上红绿灯均灭	（1）光字牌情况： 1）控制回路断线； 2）断路器机构箱就地位置。 （2）其他信号： 1）保护测控装置上运行/告警绿灯变红灯； 2）测控柜上红绿灯均灭
8	就地分闸按钮 S3	无	无	在五防满足的情况下，可以实现就地分闸	无	无
9	就地合闸按钮 S9	无	无	在五防满足的情况下，可以实现就地分合闸，但规程规定为防止断路器非同期合闸，严禁就地合断路器（检修或试验除外）	无	无

第三节 德国西门子公司 3AQ1-EG 型 35kV 高压断路器二次回路辨识

一、二次回路功能模块化分解原理图

1. 合闸回路原理接线图

德国西门子公司 3AQ1-EG 型 35kV 高压断路器合闸回路原理接线图见图 4-12。

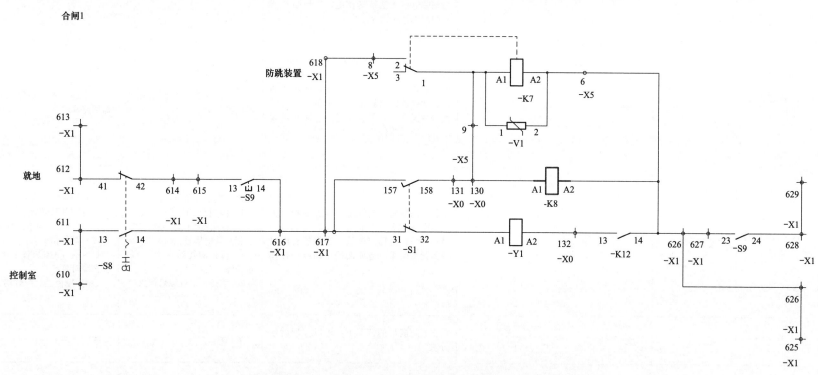

图 4-12　德国西门子公司 3AQ1-EG 型 35kV 高压断路器合闸回路原理接线图

2. 分闸回路原理接线图

德国西门子公司 3AQ1-EG 型 35kV 高压断路器分闸回路原理接线图见图 4-13。

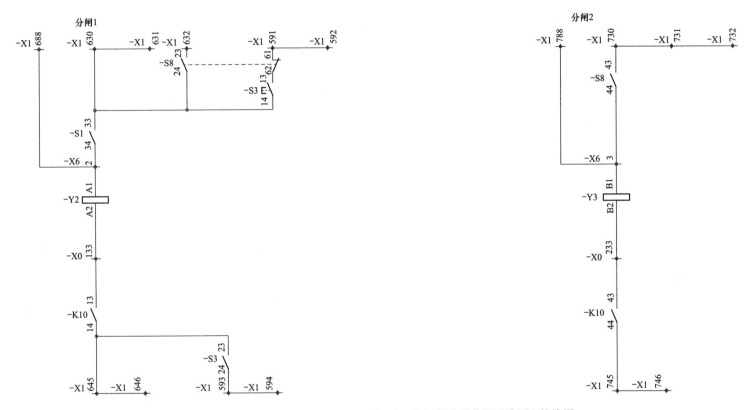

图 4-13　德国西门子公司 3AQ1-EG 型 35kV 高压断路器分闸回路原理接线图

3. 闭锁继电器回路 1 原理接线图

德国西门子公司 3AQ1-EG 型 35kV 高压断路器闭锁继电器回路 1 原理接线图见图 4-14。

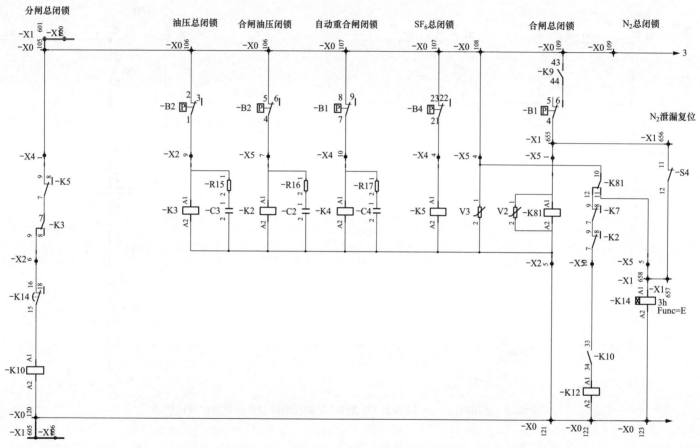

图 4-14　德国西门子公司 3AQ1-EG 型 35kV 高压断路器闭锁继电器回路 1 原理接线图

422

4. 储能电机回路及加热器等辅助回路原理接线图

德国西门子公司 3AQ1-EG 型 35kV 高压断路器储能电机回路及加热器等辅助回路原理接线图见图 4-15。

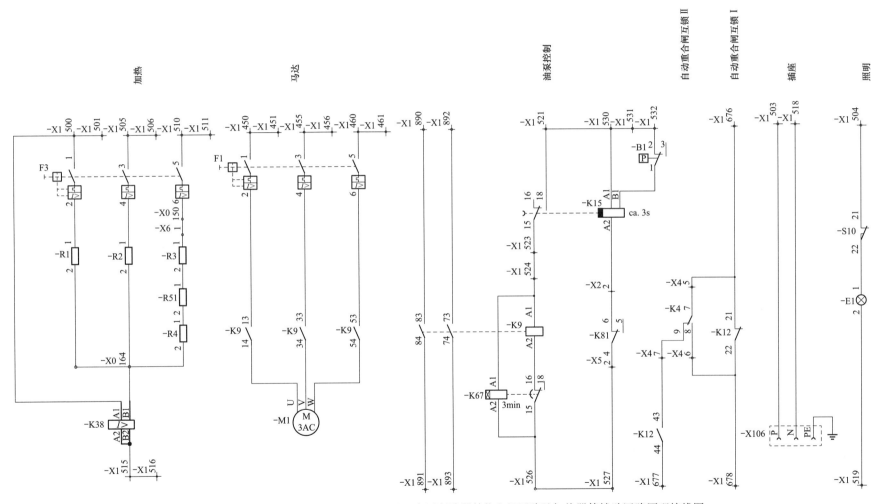

图 4-15　德国西门子公司 3AQ1-EG 型 35kV 高压断路器储能电机回路及加热器等辅助回路原理接线图

5. 信号回路原理接线图

德国西门子公司 3AQ1-EG 型 35kV 高压断路器信号回路原理接线图分别见图 4-16 及图 4-17。

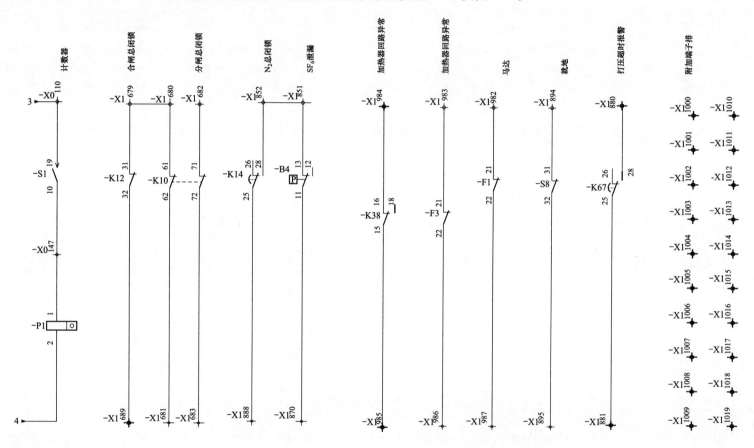

图 4-16　德国西门子公司 3AQ1-EG 型 35kV 高压断路器信号回路原理接线图 1

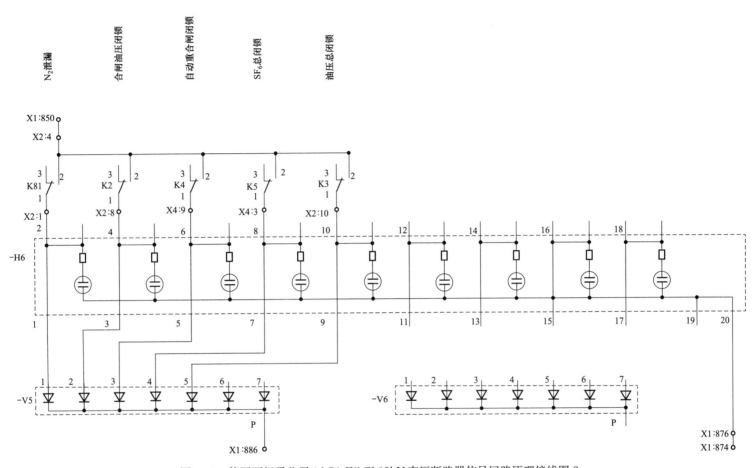

图 4-17 德国西门子公司 3AQ1-EG 型 35kV 高压断路器信号回路原理接线图 2

6. 备用辅助触点图

德国西门子公司 3AQ1-EG 型 35kV 高压断路器备用辅助触点图见图 4-18。

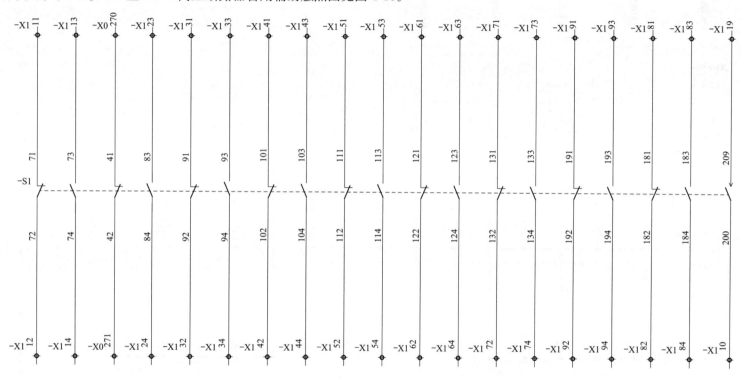

图 4-18 德国西门子公司 3AQ1-EG 型 35kV 高压断路器备用辅助触点图

二、断路器二次回路功能模块化分解辨识

断路器二次回路功能模块化分解辨识见表 4-5。

表 4-5   断路器二次回路功能模块分解辨识

序号	模块名称	分解辨识
1	合闸公共回路	断路器动断辅助触点 S1 的 31（X1：617)-32→三相合闸线圈 Y1 的 A1-A2（X0：132)→三相合闸总闭锁接触器 K12 动合触点 13-14（X0：132-X1：626)→控制负电源（K102/X1：626)

序号	模块名称	分解辨识
2	分闸1公共回路	断路器动断辅助触点 S1 的 33-34（X1：630-X6：2）→三相分闸线圈 Y2 的 A1-A2（X6：2/X1：688-X0：133）→三相分闸总闭锁接触器 K10 动合触点 13-14→控制负电源（K102/X1：645）
3	分闸2公共回路	电气设计时未给原理图接线外电源，在 35kV 系统断路器控制回路中起不了作用（变压器 35kV 侧断路器除外）
4	远方合闸回路	控制 I 正电源 K101→［由后台下发给保护测控装置的遥合脉冲］或［YBJ 五防电编码锁 1-2→回路 K101S→保护测控柜上手合操作令］→远方合闸回路（7/X1：611）→串接远方合闸回路的远方/就地把手 S8 的远方触点 13-14（X1：611-X1：616）→合闸公共回路
5	合闸就地回路	控制正电源 K101→YBJ 五防电编码锁 1-2→K101S/X1：612→远方/就地把手 S8 就地位置触点 41-42（X1：612-X1：614）→S9 就地三相合闸按钮 13-14（X1：615-X1：616）→合闸公共回路
6	远方分闸1回路	控制正电源 K101→保护测控装置内手跳继电器动合触点或保护测控装置保护跳闸出口触点串接跳闸出口压板→远方分闸1回路（137/X1：632）→串接远方分闸1回路的远方/就地把手 S8 的远方触点 23-24（X1：632-X1：630/X1：631）→分闸1公共回路
7	分闸就地回路	控制正电源 K101→YBJ 五防电编码锁 1-2→K101S/X1：591→远方/就地把手 S8 就地位置触点 61（X1：591)-62→S3 就地三相分闸按钮 13-14（X1：630)→分闸1公共回路
8	远方分闸2回路	电气设计时未给原理图接线外电源，在 35kV 断路器控制回路中起不了作用（变压器 35kV 侧断路器除外）

三、二次回路元器件辨识及其异动说明

二次回路元器件辨识及其异动说明见表 4-6。

表 4-6   二次回路元器件辨识及其异动说明

序号	元器件名称编号	原始状态	元器件异动说明	元器件异动后果	元器件异动触发光字牌信号	
					断路器合闸状态	断路器分闸状态
1	分闸总闭锁接触器 K10	正常时励磁，为吸入状态；失磁后为顶出状态	当发生诸如断路器机构箱内液压系统油压下降至 25.3MPa（此时 K3 励磁，其触点 7-9 断开）或断路器本体内 SF_6 气体压力降至 0.5MPa 时（此时 K5 励磁，其触点 9-7 断开）或储压筒氮气发生泄漏发出报警达 3h（当发生 N_2 泄漏时，将引起储能电机打压，此时 K81、K14 励磁，K14 动断触点 16-15 延时 3h 后断开）时，均会使得分闸总闭锁接触器 K10 失电而复归	K10 接触器复归后： (1) 其动合触点 13-14（X0：133-X1：645）断开使分闸1回路闭锁； (2) 其动合触点 33-34 断开使合闸总闭锁接触器 K12 失电复归； (3) 通过其动断触点 62-61（X1：681-X1：680）沟通测控装置内对应的信号光耦，并发出"断路器分闸总闭锁"光字牌	(1) 光字牌情况： 1) 断路器合闸总闭锁； 2) 断路器分闸总闭锁； 3) 控制回路断线。 (2) 其他信号： 1) 保护测控装置上运行/告警绿灯变红灯； 2) 测控柜上红绿灯均灭	(1) 光字牌情况： 1) 断路器合闸总闭锁； 2) 断路器分闸总闭锁； 3) 控制回路断线。 (2) 其他信号： 1) 保护测控装置上运行/告警绿灯变红灯； 2) 测控柜上红绿灯均灭

序号	元器件名称编号	原始状态	元器件异动说明	元器件异动后果	元器件异动触发光字牌信号	
					断路器合闸状态	断路器分闸状态
2	合闸总闭锁接触器K12	正常时励磁，为吸入状态；失磁后为顶出状态	当发生诸如断路器机构箱内储压筒氮气发生泄漏引起储能电机打压至35.5MPa（此时K81励磁动作，K81动断触点10-12断开）或液压系统油压下降至27.3MPa（此时K2励磁，其触点9-7断开）或断路器本体内SF$_6$气体压力降至0.5MPa时（此时K5励磁并引起K10复归，K10动合触点33-34断开）时，均会使得合闸总闭锁接触器K12失电而复归	K12接触器复归后： （1）K12动合触点13-14（X0：132-X1：626）断开合闸回路负电源，使断路器无法合闸； （2）通过其动断触点31-32（X1：689-X1：679）沟通测控装置内对应的信号光耦，并发出"断路器合闸总闭锁"光字牌	光字牌情况： （1）断路器合闸总闭锁； （2）若是N$_2$泄漏将报"SF$_6$、N$_2$泄漏"	（1）光字牌情况： 1）断路器合闸总闭锁； 2）控制回路断线； 3）若是N$_2$泄漏还会报"SF$_6$、N$_2$泄漏"。 （2）其他信号： 1）保护测控装置上运行/告警绿灯变红灯； 2）测控柜上红绿灯均灭
3	油压低合闸闭锁继电器K2	正常时不励磁，触点上顶；动作后触点下压	由于某种原因，当断路器机构箱内液压系统油压下降至27.3MPa时，B2的油压低合闸闭锁微动开关5-4触点通，使得油压低合闸闭锁继电器K2励磁	K2励磁后： （1）其动断触点9-7断开，使合闸总闭锁接触器K12失磁，切断合闸回路负电源； （2）其动合触点2-1（X2：4-X2：8）闭合点亮断路器机构箱内H6元件第2盏指示灯	光字牌情况：断路器合闸总闭锁	（1）光字牌情况： 1）断路器合闸总闭锁； 2）控制回路断线。 （2）其他信号： 1）保护测控装置上运行/告警绿灯变红灯； 2）测控柜上红绿灯均灭
4	油压低总闭锁继电器K3	正常时不励磁，触点上顶；动作后触点下压	由于某种原因，当断路器机构箱内液压系统油压下降至25.3MPa时，B2的油压低总闭锁微动开关低通触点2-1通，使油压低总闭锁继电器K3励磁	K3励磁后： （1）其动断触点7-9断开，使分闸总闭锁接触器K10失磁，切断分闸回路；同时由于K10失磁，K10的33-34动合触点断开，使得合闸总闭锁接触器K12失磁，其动合触点切断合闸回路负电源； （2）其动合触点2-1（X2：4-X2：10）闭合点亮断路器机构箱内H6元件第5盏指示灯	（1）光字牌情况： 1）断路器合闸总闭锁； 2）断路器分闸总闭锁； 3）控制回路断线。 （2）其他信号： 1）保护测控装置上运行/告警绿灯变红灯； 2）测控柜上红绿灯均灭	（1）光字牌情况： 1）断路器合闸总闭锁； 2）断路器分闸总闭锁； 3）控制回路断线。 （2）其他信号： 1）保护测控装置上运行/告警绿灯变红灯； 2）测控柜上红绿灯均灭
5	SF$_6$低总闭锁继电器K5	正常时不励磁，触点上顶；动作后触点下压	当断路器本体内SF$_6$气体发生泄漏，压力降至0.5MPa时，SF$_6$密度继电器B4低通触点23-21通，使SF$_6$低总闭锁继电器K5励磁	K5励磁后： （1）其动断触点9-7断开，使分闸总闭锁接触器K10失磁，切断分闸回路；同时由于K10失磁，K10的33-34动合触点断开，使得合闸总闭锁接触器K12失磁，切断合闸回路负电源； （2）K5动合触点2-1（X2：4-X4：3）闭合点亮断路器机构箱内H6元件第4盏指示灯	（1）光字牌情况： 1）SF$_6$、N$_2$泄漏； 2）断路器分闸总闭锁； 3）断路器合闸总闭锁； 4）控制回路断线。 （2）其他信号： 1）保护测控装置上运行/告警绿灯变红灯； 2）测控柜上红绿灯均灭	（1）光字牌情况： 1）SF$_6$、N$_2$泄漏； 2）断路器分闸总闭锁； 3）断路器合闸总闭锁； 4）控制回路断线。 （2）其他信号： 1）保护测控装置上运行/告警绿灯变红灯； 2）测控柜上红绿灯均灭

序号	元器件名称编号	原始状态	元器件异动说明	元器件异动后果	元器件异动触发光字牌信号	
					断路器合闸状态	断路器分闸状态
6	SF₆ 低报警微动开关 B4	动合压力触点	当断路器机构箱内 SF₆ 压力低于 SF₆ 低气压报警接通值 0.52MPa 时，B4 微动开关低通触点 11-13 触点通，沟通测控保护装置对应的信号光耦	当断路器机构箱内 SF₆ 密度继电器 B4 的压力低于 SF₆ 泄漏告警接通值 0.52MPa 时，B4 的 SF₆ 低报警微动开关 11-13 触点通，经测控装置直接发出"SF₆、N₂泄漏"光字牌	光字牌情况：SF₆、N₂泄漏	光字牌情况：SF₆、N₂泄漏
7	油压低重合闸闭锁继电器 K4	正常时不励磁，触点上顶；动作后触点下压	由于某种原因，当断路器机构箱内液压系统油压下降至 30.8MPa 时，B1 的重合闸闭锁微动开关低通触点 8-7 通，使得油压低重合闸闭锁继电器 K4 励磁	K4 励磁后：(1) 其动合触点 7-8（X4：5-X4：6）开入保护自动重合闸联锁 I 回路用于发自动重合闸闭锁光字信号；(2) 动合触点 2-1-8（X2：4-X1：930）闭合点亮断路器机构箱内 H6 元件第 3 盏指示灯	无	无
8	漏 N₂ 闭锁合闸继电器 K81	正常时不励磁，触点上顶；动作后触点下压	当储压筒氮气发生泄漏时，压力立即很快的降至液压系统 B1 的储能电机启动微动开关 1-2 接通值（低于 32.0MPa 时 1-2 通），此时，储能电机运转接触器 K9 励磁，启动油泵打压的同时 K9 动合触点 43-44 闭合，活塞移动到止当管的位置，压力急剧上升，但由于电机储能后打压延时返回继电器 K15 的延时打压时间是固定的，在 3s 内，压力极快的上升而超过压力值 35.5MPa，B1 的 N₂ 泄漏报警微动开关高通触点 6-4 闭合，沟通漏 N₂ 闭锁合闸继电器 K81 励磁	K81 继电器励磁后：(1) 其动断触点 10（X5：4）-12 断开，使合闸总闭锁接触器 K12 失电而复归，合闸回路闭锁；(2) 其动合触点 10-11（X5：4-X5：5）闭合，实现 K81 自保持，并启动 N₂ 泄漏 3h 后闭锁分闸继电器 K14 开始计时；(3) 其动断触点 6-4（X2：2-X5：2）断开，切断断路器储能电机控制回路内 K15 继电器负电源；(4) 通过其动合触点 2-1（X2：4-X2：1）闭合点亮断路器机构箱内 H6 元件第 1 盏指示灯	光字牌情况：断路器合闸总闭锁	(1) 光字牌情况：1) 断路器合闸总闭锁；2) 控制回路断线。(2) 其他信号：1) 保护测控装置上运行/告警绿灯变红灯；2) 测控柜上红绿灯均灭
9	N₂泄漏 3h 后闭锁分闸继电器 K14	正常时失磁，继电器黄灯及触点黄灯均灭；漏 N₂ 后继电器黄灯亮，当达到延时设定值后输出动作触点并燃亮触点黄灯	当储压筒氮气发生泄漏时，压力立即很快的降至液压系统 B1 的储能电机启动微动开关 1-2 接通值（低于 32.0MPa 时 1-2 通），此时，储能电机运转接触器 K9 励磁，启动油泵打压的同时 K9 动合触点 43-44 闭合，活塞移动到止当管的位置，压力急剧上升，但由于电机储能后打压延时返回继电器 K15 的延时打压时间是固定的，在 3s 内，压力极快的上升而超过压力值 35.5MPa，B1 的 N₂ 泄漏报警微动开关高通触点 6-4 闭合，沟通 N₂ 泄漏 3h 后闭锁分闸继电器 K14 励磁	K14 继电器励磁后即开始计时，直至 3h 后输出延时触点：(1) 其动断触点 16（X2：6）-15 断开，使分闸总闭锁接触器 K10 失电而复归，分闸回路闭锁，K10 失电后，其动合触点断开使得合闸总闭锁接触器 K12 失电复归，合闸回路随之闭锁；(2) 通过其动合触点 25-28（X1：888-X1：852）沟通保护测控装置内对应的信号光耦，并发出"SF₆、N₂泄漏"光字牌	(1) 光字牌情况：1) SF₆、N₂泄漏；2) 断路器分闸总闭锁；3) 断路器合闸总闭锁；4) 控制回路断线。(2) 其他信号：1) 保护测控装置上运行/告警绿灯变红灯；2) 测控柜上红绿灯均灭	(1) 光字牌情况：1) SF₆、N₂泄漏；2) 断路器分闸总闭锁；3) 断路器合闸总闭锁；4) 控制回路断线。(2) 其他信号：1) 保护测控装置上运行/告警绿灯变红灯；2) 测控柜上红绿灯均灭

序号	元器件名称编号	原始状态	元器件异动说明	元器件异动后果	元器件异动触发光字牌信号	
					断路器合闸状态	断路器分闸状态
10	"N₂泄漏及各种闭锁"信号指示灯发生器H6的二极管集成保护盒P/V5	"N₂泄漏及各种闭锁"信号指示灯发生器H6的二极管集成保护盒公共接线端P/X1；886未接电源	由于无外接负电源，二极管正常情况下是不沟通的；只有当某二极管击穿后，若断路器运行中发生K81、K2、K4、K5、K3继电器中任一对动合触点闭合，该动合触点在引入正电源点亮信号指示灯发生器H6内对应信号指示灯的同时，还将使与该动合触点相连的对应二极管导通后穿越击穿二极管沟通与该击穿二极管相连的信号指示灯发生器H6内对应信号指示灯	由于无外接负电源，二极管正常情况下是不沟通的；只有当某二极管击穿后，若断路器运行中发生K81、K2、K4、K5、K3继电器中任一对动合触点闭合，该动合触点在引入正电源点亮信号指示灯发生器H6内对应信号指示灯的同时，还将使与该动合触点相连的对应二极管导通后穿越击穿二极管沟通与该击穿二极管相连的信号指示灯发光，误导检查人员对异常断路器的准确判断	无	无
11	"N₂泄漏及各种闭锁"信号指示灯发生器H6	5盏有接线的信号指示灯从左到右分别对应K81、K2、K4、K5、K3动作，正常时灭	当储压筒氮气发生泄漏导致储能电机启动打压并快速达到漏N₂报警压力值35.5MPa使得漏N₂闭锁合闸继电器K81动作时或储压筒油压低至27.3MPa后使得油压低合闸闭锁继电器K2动作时或储压筒油压低至30.8MPa后使得油压低重合闸闭锁继电器K4动作时或断路器本体SF₆压力低至0.5MPa后使得SF₆低总闭锁继电器K5动作时或储压筒油压低至25.3MPa后使得油压低总闭锁继电器K2动作时，均会点亮H6内与相应动作继电器对应的动合触点相连的信号指示灯	与相应K81、K2、K4、K5、K3继电器中对应的任一对动合触点闭合，均会点亮H6内对应信号指示灯使其发桔黄色灯	无	无
12	防跳继电器K7	正常时不励磁	断路器合闸后，为防止断路器跳开后却因合闸脉冲又较长时出现多次合闸，厂家设计了一旦断路器合闸到位后，其动合辅助触点闭合，此时只要其合闸回路（不论远控近控）仍存在合闸脉冲，K7继电器励磁并通过其动合触点自保持	K7继电器励磁后： (1) 通过其动合触点的1-2触点自保持； (2) 其动断触点9-7断开，使合闸总闭锁接触器K12失磁，切断合闸回路负电源	无	光字牌情况： (1) 断路器合闸总闭锁； (2) 控制回路断线

序号	元器件名称编号	原始状态	元器件异动说明	元器件异动后果	元器件异动触发光字牌信号	
					断路器合闸状态	断路器分闸状态
13	储能电机打压超时继电器（3min）K67	正常时继电器黄灯及触点黄灯均灭，继电器处于不励磁状态；储能电机打压时继电器黄灯亮，当打压超3min时其触点黄灯也亮，并切断储能电机K9控制回路	当储压筒油压降至32.0MPa时，液压系统B1的储能电机启动微动开关2-1接通，沟通电机储能后打压延时返回继电器K15励磁后，由K15的18-15动合触点沟通储能电机打压超时继电器K67励磁并开始计时	K67继电器励磁后，将输出1对延时动合触点，1对延时动断触点：（1）延时动断触点16-15（K102/X1：526）切断储能电机运转接触器K9回路，使K9接触器失磁，电机停止打压；（2）延时动合动合触点25-28（X1：881-X1：880）沟通保护测控装置内对应的信号光耦，并发出"加热器电机回路异常"光字牌	光字牌情况：加热器电机回路异常	光字牌情况：加热器电机回路异常
14	电机储能后打压延时返回继电器K15	正常时继电器黄灯常亮，触点黄灯灭，继电器处于不励磁状态；液压系统压力开关B1的储能电机启动低通触点2-1接通时励磁，此时触点黄灯也亮，当B1低通触点2-1返回并延时3s后触点黄灯灭	当储压筒油压降至32.0MPa时，液压系统B1的储能电机启动微动开关1-2接通，沟通电机储能后打压延时返回继电器K15励磁	K15继电器励磁后，其延时返回动合触点沟通储能电机运转接触器K9励磁，使储能电机打压储能（即储能电机运转打压至32.0MPa后，储压筒内B1储能电机启动微动开关低通触点2-1返回切断K15励磁回路，但其延时返回动合触点18-15仍能保持3s接通状态，使储能电机继续运转打压3s）	无	无
15	储能电机运转接触器K9	正常时不励磁，为顶出状态；储能电机运转时为吸入状态	当储压筒油压降至32.0MPa时，液压系统B1的储能电机启动微动开关2-1接通，沟通电机储能后打压延时返回继电器K15励磁，K15励磁后，由其延时返回动合触点18-15沟通K9励磁	K9接触器励磁后，共输出5对动合触点：（1）其动合触点13-14，33-34，53-54（F1的2-4-6，电机U-V-W）分别接入储能电机交流A、B、C相动力电源回路，驱使储能电机打压；（2）其动合触点43（X0：109）-44串接入漏N₂闭锁合闸继电器K81启动回路，用于储能电机运转打压且油压极快上升至35.5MPa时启动K81励磁用	无	无

431

序号	元器件名称编号	原始状态	元器件异动说明	元器件异动后果	元器件异动触发光字牌信号	
					断路器合闸状态	断路器分闸状态
16	加热器电源异常监视继电器 K38	正常时励磁，继电器绿灯亮，触点红灯亮；加热器电源空开 F3 断开后仍励磁，只有当 F3 的上一级电源 A 相断电后，不励磁，红绿灯均灭	无	加热器电源空开 F3 的上一级电源 A 相断电后，通过 K38 的动断触点 15-16（X1：985-X1：984）沟通保护测控装置内对应的信号光耦，发出"加热器电机回路异常"光字牌；在气候潮湿情况下，有可能引起一些对环境要求较高的元器件绝缘降低，如敏感度较高的 SF$_6$ 压力微动开关触点	光字牌情况：加热器电机回路异常	光字牌情况：加热器电机回路异常
17	储能电机电源空开 F1	合上	无	空开跳开后，通过储能电机电源断路器 F1 的 22-21（X1：987-X1：982）沟通保护测控装置内对应的信号光耦，发出"加热器电机回路异常"光字牌。若不及时复位，将可能引起无法保持合适的油压	光字牌情况：加热器电机回路异常	光字牌情况：加热器电机回路异常
18	加热器电源空开 F3	合上	无	空开跳开后，通过加热器电源空开 F3 的 22-21（X1：986-X1：983）沟通保护测控装置内对应的信号光耦，发出"加热器电机回路异常"光字牌；在气候潮湿情况下，有可能引起一些对环境要求较高的元器件绝缘降低，如 SF$_6$ 密度继电器	光字牌情况：加热器电机回路异常	光字牌情况：加热器电机回路异常
19	漏 N$_2$ 复位转换开关 S4	0 位置	无	漏 N$_2$ 发生时 K81、K14、K12 继电器复位用	无	无
20	远方/就地转换开关 S8	远方位置	无	无	（1）光字牌情况：控制回路断线。（2）其他信号：1）保护测控装置上运行/告警绿灯变红灯；2）测控柜上红绿灯均灭	（1）光字牌情况：控制回路断线。（2）其他信号：1）保护测控装置上运行/告警绿灯变红灯；2）测控柜上红绿灯均灭
21	就地分闸按钮 S3	无	无	无	无	无
22	就地合闸按钮 S9	无	无	无	无	无

第四节　北京 ABB 公司 HPL72.5B1/3P 型 35kV 高压断路器二次回路辨识

一、二次回路功能模块化分解原理图

1. 合闸回路原理接线图

北京 ABB 公司 HPL72.5B1/3P 型 35kV 高压断路器合闸回路原理接线图见图 4-19。

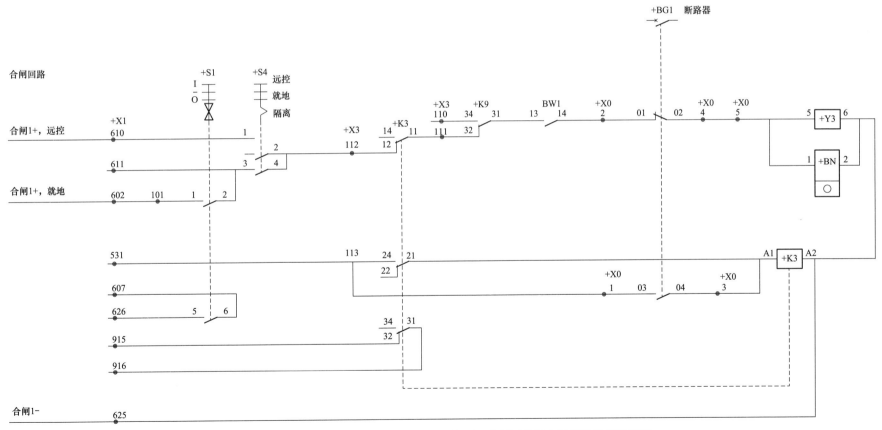

图 4-19　北京 ABB 公司 HPL72.5B1/3P 型 35kV 高压断路器合闸回路原理接线图

2. 分闸回路1原理接线图

北京 ABB 公司 HPL72.5B1/3P 型 35kV 高压断路器分闸回路 1 原理接线图见图 4-20。

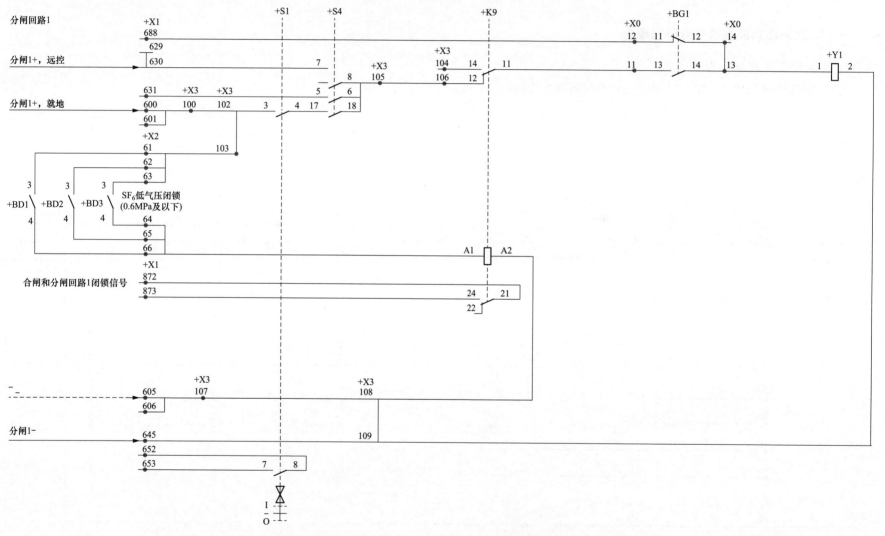

图 4-20　北京 ABB 公司 HPL72.5B1/3P 型 35kV 高压断路器分闸回路 1 原理接线图

434

3. 分闸回路 2 原理接线图

北京 ABB 公司 HPL72.5B1/3P 型 35kV 高压断路器分闸回路 2 原理接线图见图 4-21。

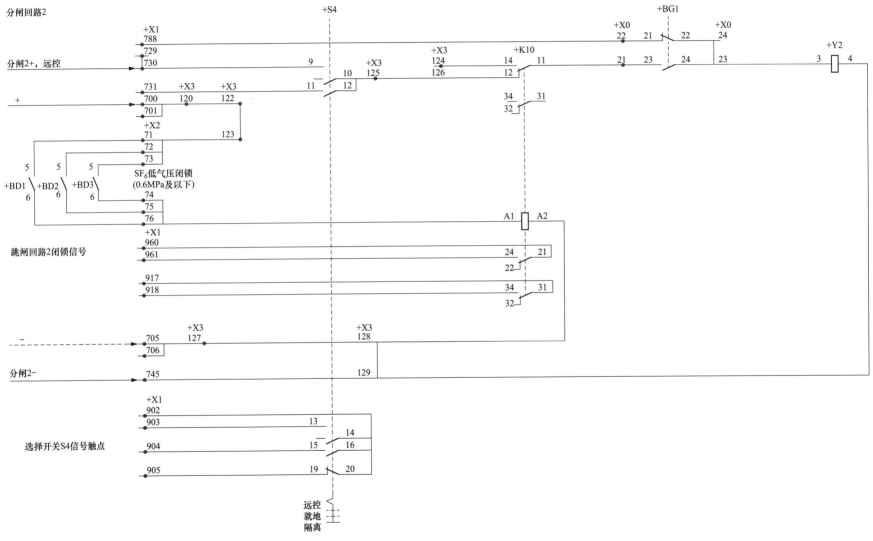

图 4-21　北京 ABB 公司 HPL72.5B1/3P 型 35kV 高压断路器分闸回路 2 原理接线图

4. SF₆ 报警触点、BW1 及 BW2 信号触点接线图

北京 ABB 公司 HPL72.5B1/3P 型 35kV 高压断路器 SF₆ 报警触点、BW1 及 BW2 信号触点接线图见图 4-22。

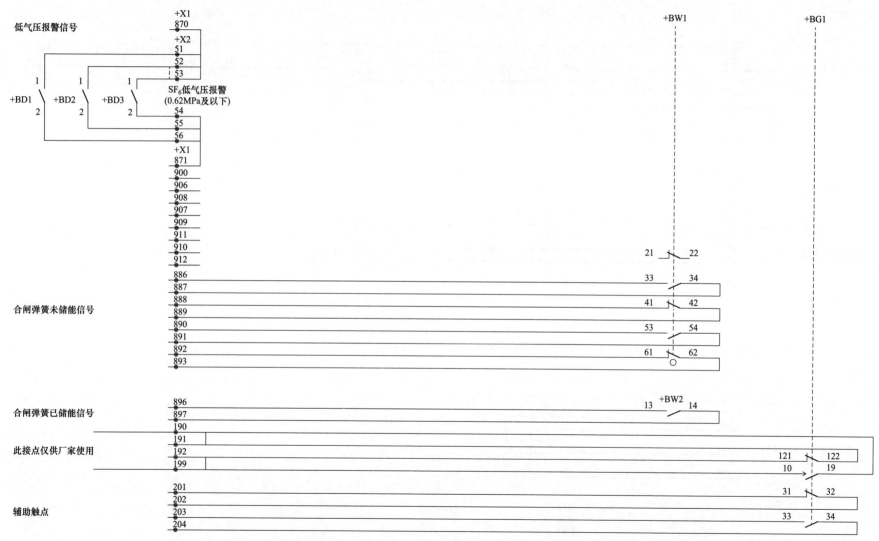

图 4-22 北京 ABB 公司 HPL72.5B1/3P 型 35kV 高压断路器 SF₆ 报警触点、BW1 及 BW2 信号触点接线图

436

5. 指示灯及 BG1 辅助触点原理接线图

北京 ABB 公司 HPL72.5B1/3P 型 35kV 高压断路器指示灯及 BG1 辅助触点原理接线图见图 4-23。

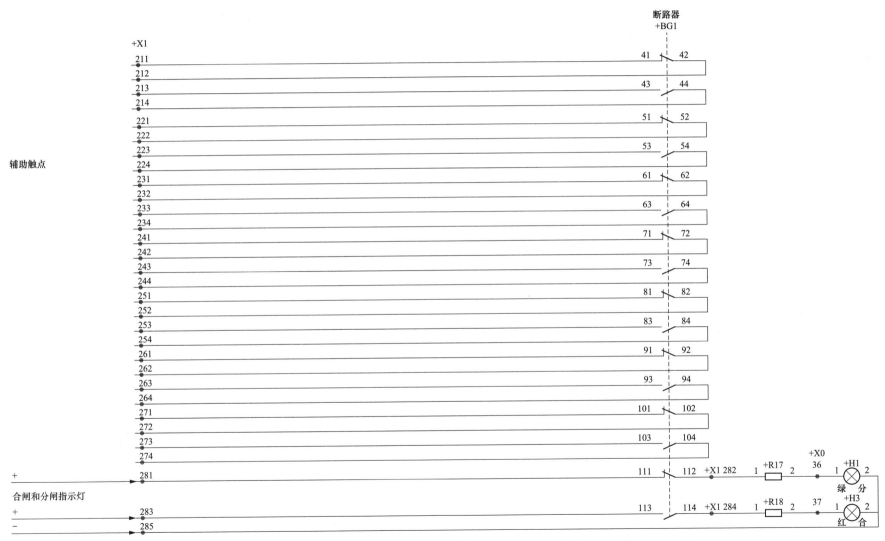

图 4-23　北京 ABB 公司 HPL72.5B1/3P 型 35kV 高压断路器指示灯及 BG1 辅助触点原理接线图

6. BG2 辅助触点接线图

北京 ABB 公司 HPL72.5B1/3P 型 35kV 高压断路器 BG2 辅助触点接线图见图 4-24。

图 4-24　北京 ABB 公司 HPL72.5B1/3P 型 35kV 高压断路器 BG2 辅助触点接线图

7. 储能电机及加热器回路原理接线图

北京 ABB 公司 HPL72.5B1/3P 型 35kV 高压断路器储能电机及加热器回路原理接线图见图 4-25。

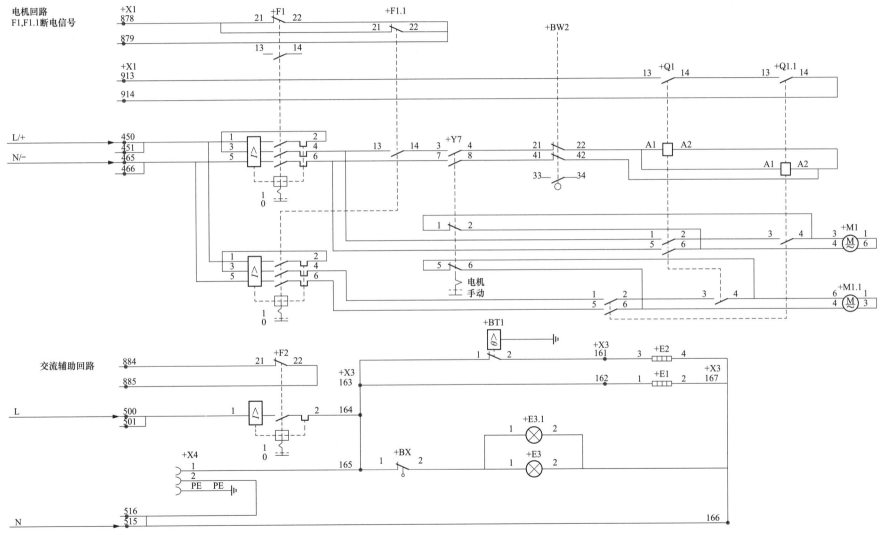

图 4-25　北京 ABB 公司 HPL72.5B1/3P 型 35kV 高压断路器储能电机及加热器回路原理接线图

二、断路器二次回路功能模块化分解辨识

断路器二次回路功能模块化分解辨识见表4-7。

表4-7 断路器二次回路功能模块化分解辨识

序号	模块名称	分解辨识
1	合闸公共回路	X3：112→防跳接触器K3动断触点12-11→X3：111→SF₆低总闭锁1接触器K9动断触点32-31→弹簧储能行程开关BW1已储能触点13-14→X0：2→断路器动断辅助触点BG1的01-02→X0：4/X0：5→三相合闸线圈Y3的（5-6）或合闸计数器BN的（1-2）→控制I负电源（K102/X1：625）
2	分闸1公共回路	X3：105/X3：106→SF6低总闭锁1接触器K9动断触点12-11→X0：11→断路器动合辅助触点BG1的13-14→X0：13→三相跳闸1线圈Y1的（1-2）→控制I负电源（K102/X1：645/X3：109）
3	分闸2公共回路	电气设计时未给原理图接外电源，在35kV系统断路器控制回路中起不了作用（变压器35kV侧断路器除外）
4	远方合闸1回路	控制I正电源K101→（由后台下发给保护测控装置的遥合脉冲）或（YBJ五防电编码锁1-2→回路K101S→保护测控柜上远方就地切换把手KSH→保护测控柜上手合KK把手）→保护测控装置内合闸保持继电器HBJ→三相远方合闸回路（机构箱7/X1：610）→远方/就地把手S4供远方合闸的1-2触点→合闸公共回路
5	就地合闸1回路	控制I正电源（K101）→YBJ五防电编码锁1-2→K101S/X1：602/X3：101→就地分合闸操作把手S1供就地合闸的1-2触点→X1：611→远方/就地把手S4供就地合闸的3-4触点→合闸公共回路
6	远方分闸1回路	控制正电源K101→保护测控装置内手跳继电器动合触点或保护测控装置保护跳闸出口触点串接跳闸出口压板→远方分闸回路（机构箱137/X1：630/X1：629）→远方/就地把手S4供远方跳闸1的7-8触点→分闸1公共回路
7	就地分闸1回路	控制I正电源（K101）→YBJ五防电编码锁1-2→机构箱内K101S/X1：600/X1：601/X3：100/X3：102→就地分合闸操作把手S1供就地分闸1的3-4触点→远方/就地把手S4供就地分闸1的17-18触点→分闸1公共回路
8	远方分闸2回路	电气设计时未给原理图接线外电源，在35kV断路器控制回路中起不了作用（变压器35kV侧断路器除外）

三、二次回路元器件辨识及其异动说明

二次回路元器件辨识及其异动说明见表4-8。

表4-8 二次回路元器件辨识及其异动说明

序号	元器件名称编号	原始状态	元器件异动说明	元器件异动后果	元器件异动触发光字牌信号	
					断路器合闸状态	断路器分闸状态
1	SF₆密度继电器的微动开关BD1、BD2、BD3	低通压力触点，正常时断开	任一相断路器本体内SF₆压力低于SF₆低气压报警接通值0.62MPa时，对应相SF₆密度继电器内低通触点1-2触点通，沟通测装置对应的信号光耦	任一相断路器本体内SF₆压力低于SF₆低气压报警接通值0.62MPa时，对应相SF₆密度继电器内低通触点1-2触点通，经测控装置对应信号光耦后发出"断路器SF₆泄漏"光字牌	光字牌情况：断路器SF₆泄漏	光字牌情况：断路器SF₆泄漏

序号	元器件名称编号	原始状态	元器件异动说明	元器件异动后果	元器件异动触发光字牌信号	
					断路器合闸状态	断路器分闸状态
2	SF₆低总闭锁1接触器K9	正常时不励磁，触点上顶；动作后触点下压并掉桔黄色指示牌	任一相断路器本体内 SF₆ 压力低于 SF₆ 总闭锁 1 接通值 0.60MPa 时，对应相 SF₆ 密度继电器内低通触点 3-4 通，沟通 SF₆ 低总闭锁 1 接触器 K9 励磁	K9 接触器励磁后，其原来闭合的两对动断触点 32-31（X3：111-X0：2）、12-11（X3：106-X0：11）断开并分别闭锁三相合闸和分闸 1 回路，同时通过 K9 接触器动合触点 21-24（X1：872-X1：873）沟通测控装置内对应的信号光耦，发出"断路器 SF₆ 总闭锁"光字牌	(1) 光字牌情况： 1) 断路器 SF₆ 泄漏； 2) 断路器 SF₆ 总闭锁； 3) 控制回路断线。 (2) 其他信号： 1) 保护测控装置上运行/告警绿灯变红灯； 2) 测控柜上红绿灯均灭	(1) 光字牌情况： 1) 断路器 SF₆ 泄漏； 2) 断路器 SF₆ 总闭锁； 3) 控制回路断线。 (2) 其他信号： 1) 保护测控装置上运行/告警绿灯变红灯； 2) 测控柜上红绿灯均灭
3	SF₆低总闭锁2接触器K10	未接入	任一相断路器本体内 SF₆ 压力低于 SF₆ 总闭锁 2 接通值 0.60MPa 时，对应相 SF₆ 密度继电器内低通触点 5-6 通，沟通 SF₆ 低总闭锁 2 接触器 K10 励磁	K10 接触器动作后，其动断触点 12-11（X3：126-X0：21）断开并闭锁分闸 2 回路，动合触点 21-24（X1：960-X1：961）沟通测控装置内对应的信号光耦，并发出"断路器 SF₆ 总闭锁 2"光字牌	无	无
4	防跳接触器K3	正常时不励磁	断路器合闸后，为防止断路器跳开后却因合闸脉冲又较长时出现多次合闸，厂家设计了一旦断路器合闸到位后，断路器的动合辅助触点闭合，此时只要合闸回路（不论远控近控）仍存在合闸脉冲，防跳接触器 K3 励磁并通过其动合触点自保持	K3 接触器励磁后： (1) 通过其动合触点 24-21 实现 K3 接触器自保持； (2) 串入合闸回路的防跳接触器 K3 的动断触点 12-11 断开，闭锁合闸回路	无	(1) 光字牌情况：控制回路断线。 (2) 其他信号： 1) 保护测控装置上运行/告警绿灯变红灯； 2) 测控柜上红绿灯均灭。 灯均灭
5	弹簧储能行程开关 BW1、BW2	未储能时动断触点闭合，储能到位后动合触点闭合	当断路器机构箱内弹簧未储能时，会及时发出信号，一般情况下经储能电机储能至已储能位置时，信号会自动消失，但若储能电机未能自动启动运转拉伸弹簧，此时通过串接于合闸回路中的弹簧储能行程开关 BW1 的已储能位置触点断开，切断三相合闸回路	当断路器机构箱内弹簧未储能时，会即时发出"断路器弹簧未储能"信号，一般情况下经储能电机运转拉伸至已储能位置时，信号会自动消失，但若储能电机未能自动启动打压拉伸弹簧，此时将通过串接于合闸回路中的弹簧储能行程开关 BW1 的已储能位置触点断开，切断三相合闸回路	光字牌情况：断路器弹簧未储能。	(1) 光字牌情况： 1) 断路器弹簧未储能； 2) 控制回路断线。 (2) 其他信号： 1) 保护测控装置上运行/告警绿灯变红灯； 2) 测控柜上红绿灯均灭

序号	元器件名称编号	原始状态	元器件异动说明	元器件异动后果	元器件异动触发光字牌信号	
					断路器合闸状态	断路器分闸状态
6	储能电机手动/电动选择开关Y7	电动	当断路器机构箱内弹簧未储能时，一般情况下储能电机会自动运转拉伸合闸弹簧至已储能位置，但若Y7被切换至手动位置，两台储能电机的电源空开F1及F1.1均将被Y7的手动触点短接跳开，导致储能电机交流控制回路及其驱动回路因失去电源而无法自动启动电机，此时串接于合闸回路中的弹簧储能行程开关BW1的已储能位置触点断开，切断三相合闸回路	切换至手动位置后，若碰巧又遇上跳闸，合闸弹簧因分闸脱扣释放能量导致弹簧储能不足时无法即时恢复储能，可能造成断路器无法合闸	无	无
7	储能电机运转接触器1Q1	正常时不励磁，长凹形吸组为平置状态；动作后吸组为吸入状态	当合闸弹簧因分闸脱扣释放能量导致弹簧储能不足时，弹簧储能行程开关BW2的弹簧未储能闭合触点21-22、41-42闭合，沟通两台储能电机运转接触器Q1、Q1.1励磁，使两台电机启动拉伸合闸弹簧储能，当合闸弹簧拉伸至已储能位置时，BW2的21-22、41-42触点自动切断储能电机控制回路停止储能	储能电机运转接触器Q1励磁后，输出4对动合触点：（1）其两对动合触点1-2、5-6及Q1.1的3-4触点接通储能电机M1电源使M1运转；（2）其1对动合触点3-4串入储能电机M1.1驱动回路；（3）其1对动合触点13-14与储能电机运转交流接触器Q1.1的动合触点13-14串接后经X1：913-X1：914沟通测控装置内对应的信号光耦后发出"断路器储能电机运转"光字牌	光字牌情况：断路器储能电机运转	光字牌情况：断路器储能电机运转
8	储能电机运转接触器2Q1.1	正常时不励磁，长凹形吸组为平置状态；动作后吸组为吸入状态	当合闸弹簧因分闸脱扣释放能量导致弹簧储能不足时，弹簧储能行程开关BW2的弹簧未储能闭合触点21-22、41-42闭合，沟通两台储能电机运转接触器Q1、Q1.1励磁，使两台电机启动拉伸合闸弹簧储能，当合闸弹簧拉伸至已储能位置时，BW2的21-22、41-42触点自动切断储能电机控制回路停止储能	储能电机运转接触器Q1.1励磁后，输出4对动合触点：（1）其两对动合触点1-2、5-6及Q1的3-4触点接通储能电机M1电源使M1运转；（2）其1对动合触点3-4串入储能电机M1驱动回路；（3）其1对动合触点13-14与储能电机运转交流接触器Q1的动合触点13-14串接后经X1：913-X1：914沟通测控装置内对应的信号光耦后发出"断路器储能电机运转"光字牌	光字牌情况：断路器储能电机运转	光字牌情况：断路器储能电机运转

序号	元器件名称编号	原始状态	元器件异动说明	元器件异动后果	元器件异动触发光字牌信号	
					断路器合闸状态	断路器分闸状态
9	储能电机控制及 M1 驱动电源空开 F1	合闸	当合闸弹簧因分闸脱扣释放能量导致弹簧储能不足时,弹簧储能行程开关 BW2 的弹簧未储能闭合触点 21-22、41-42 闭合,沟通两台储能电机运转接触器 Q1、Q1.1 励磁,使两台电机启动拉伸合闸弹簧储能,当合闸弹簧拉伸至已储能位置时,BW2 的 21-22、41-42 触点自动切断储能电机控制回路停止储能	空开跳开后,合闸弹簧储能电机运转接触器 Q1、Q1.1 将失去控制电源,合闸弹簧储能电机 M1 将失去动力电源,若短时间内不及时修复,当弹簧能量在运行中耗损后将引起合闸闭锁	光字牌情况:断路器电机电源空开跳开	光字牌情况:断路器电机电源空开跳开
10	储能电机 M1.1 驱动电源空开 F1.1	合闸	当合闸弹簧因分闸脱扣释放能量导致弹簧储能不足时,弹簧储能行程开关 BW2 的弹簧未储能闭合触点 21-22、41-42 闭合,沟通两台储能电机运转接触器 Q1、Q1.1 励磁,使两台电机启动拉伸合闸弹簧储能,当合闸弹簧拉伸至已储能位置时,BW2 的 21-22、41-42 触点自动切断储能电机控制回路停止储能	空开跳开后,合闸弹簧储能电机运转接触器 Q1、Q1.1 将无法励磁,合闸弹簧储能电机 M1.1 将失去动力电源,若短时间内不及时修复,当弹簧能量在运行中耗损后将引起合闸闭锁	光字牌情况:断路器电机空开跳开	光字牌情况:断路器电机空开跳开
11	加热器及门灯电源空开 F2	合闸	正常情况下,常投加热器电源空开 F2,启动加热器 E1 加热,当气温或湿度达到温湿度传感器设定值时,温控器输出触点自动启动加热器 E2 加热	F2 空开跳开后,通过 F2 的 21-22(X1:884-X1:885)沟通测控装置内对应的信号光耦后发出"断路器加热器空开跳开"信号;在气候潮湿情况下,有可能引起一些对环境要求较高的元器件绝缘降低	光字牌情况:断路器加热器空开跳开	光字牌情况:断路器加热器空开跳开
12	就地/远方转换开关 S4	远方	无	将断路器机构箱内远方/就地转换开关 S4 切换至"就地"位置后,将引起保护及远控分闸回路断线,当保护有出口或需紧急操作时造成保护拒动或远控操作失灵	(1)光字牌情况: 1)控制回路断线; 2)断路器机构箱就地位置。 (2)其他信号: 1)保护测控装置上运行/告警绿灯变红灯; 2)测控柜上红绿灯均灭	(1)光字牌情况: 1)控制回路断线; 2)断路器机构箱就地位置。 (2)其他信号: 1)保护测控装置上运行/告警绿灯变红灯; 2)测控柜上红绿灯均灭
13	就地分合闸操作把手 S1	中间位置	无	在五防满足的情况下,可以实现就地分合闸,但规程规定为防止断路器非同期合闸,严禁就地合断路器(检修或试验除外)	无	无

第五节　北京 ABB 公司 LTB72.5E1/3P 型 35kV 高压断路器二次回路辨识

一、二次回路功能模块化分解原理图

1. 合闸回路原理接线图

北京 ABB 公司 LTB72.5E1/3P 型 35kV 高压断路器合闸回路原理接线图见图 4-26。

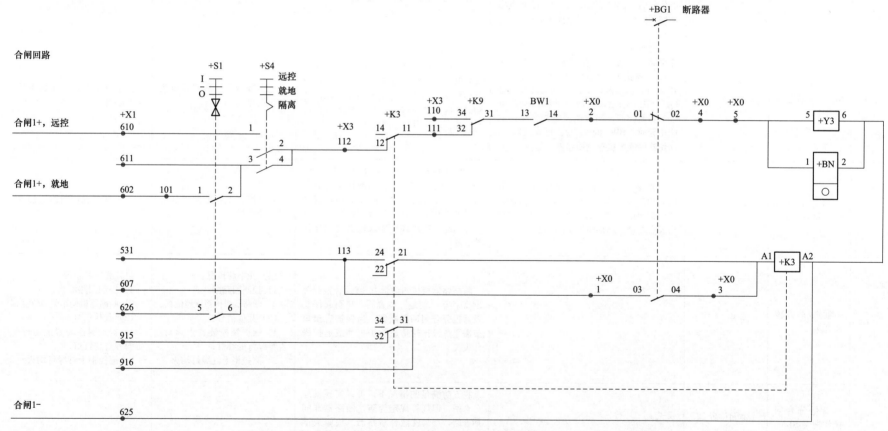

图 4-26　北京 ABB 公司 LTB72.5E1/3P 型 35kV 高压断路器合闸回路原理接线图

2. 分闸回路 1 原理接线图

北京 ABB 公司 LTB72.5E1/3P 型 35kV 高压断路器分闸回路 1 原理接线图见图 4-27。

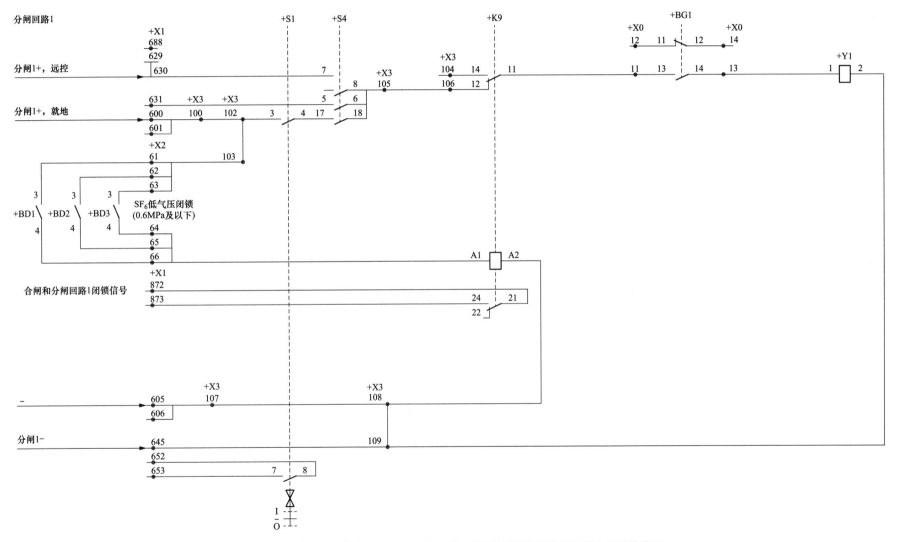

图 4-27　北京 ABB 公司 LTB72.5E1/3P 型 35kV 高压断路器分闸回路 1 原理接线图

3. 分闸回路 2 原理接线图

北京 ABB 公司 LTB72.5E1/3P 型 35kV 高压断路器分闸回路 2 原理接线图见图 4-28。

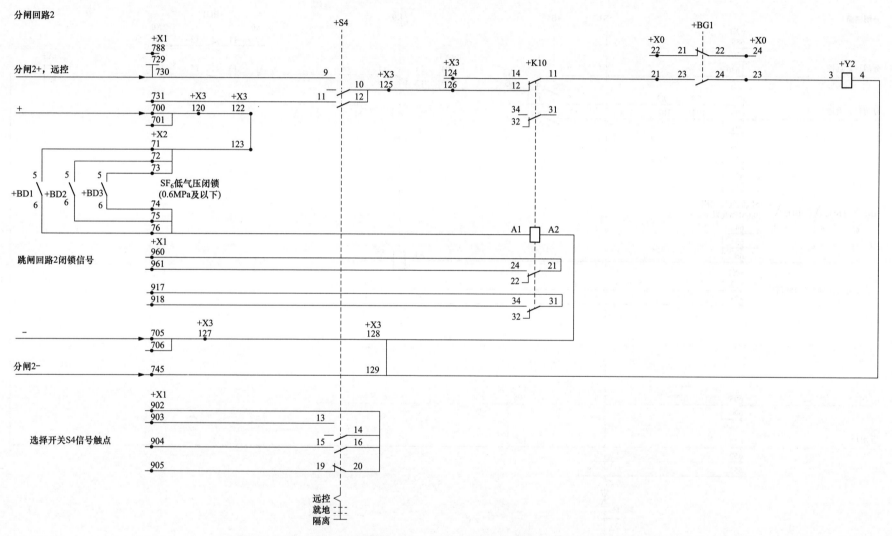

图 4-28 北京 ABB 公司 LTB72.5E1/3P 型 35kV 高压断路器分闸回路 2 原理接线图

446

4. SF$_6$ 报警触点、BW1 及 BW2 信号触点接线图

北京 ABB 公司 LTB72.5E1/3P 型 35kV 高压断路器 SF$_6$ 报警触点、BW1 及 BW2 信号触点接线图见图 4-29。

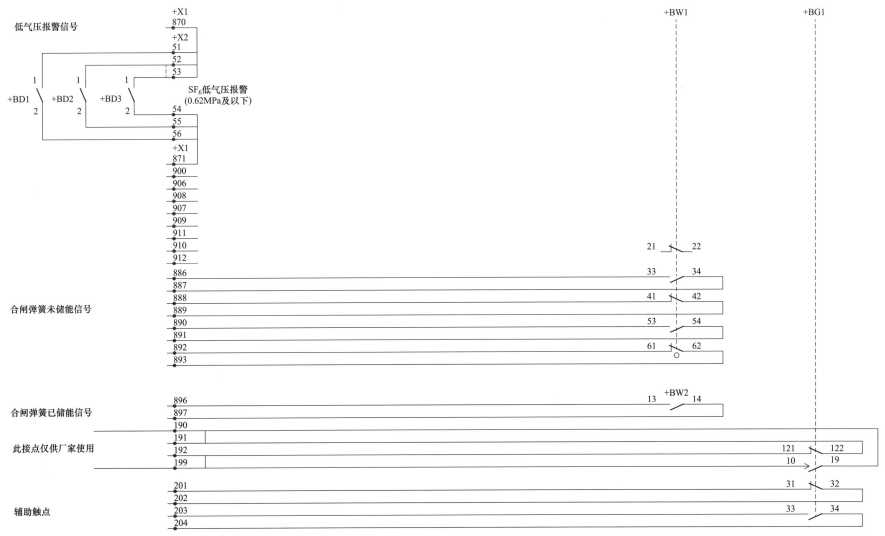

图 4-29　北京 ABB 公司 LTB72.5E1/3P 型 35kV 高压断路器 SF$_6$ 报警触点、BW1 及 BW2 信号触点接线图

5. 指示灯及 BG1 辅助触点原理接线图

北京 ABB 公司 LTB72.5E1/3P 型 35kV 高压断路器指示灯及 BG1 辅助触点原理接线图见图 4-30。

图 4-30　北京 ABB 公司 LTB72.5E1/3P 型 35kV 高压断路器指示灯及 BG1 辅助触点原理接线图

6. BG2 辅助触点接线图

北京 ABB 公司 LTB72.5E1/3P 型 35kV 高压断路器 BG2 辅助触点接线图见图 4-31。

图 4-31　北京 ABB 公司 LTB72.5E1/3P 型 35kV 高压断路器 BG2 辅助触点接线图

7. 储能电机及加热器回路原理接线图

北京 ABB 公司 LTB72.5E1/3P 型 35kV 高压断路器储能电机及加热器回路原理接线图见图 4-32。

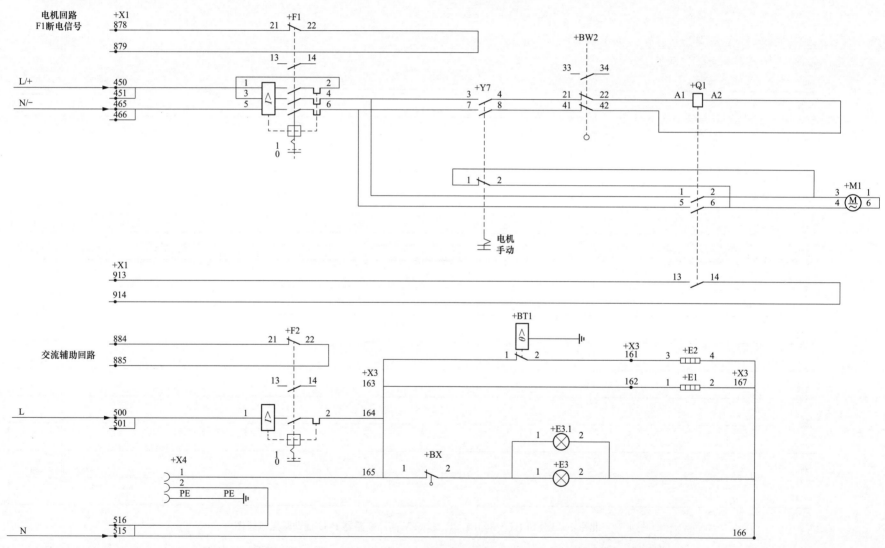

图 4-32 北京 ABB 公司 LTB72.5E1/3P 型 35kV 高压断路器储能电机及加热器回路原理接线图

二、断路器二次回路功能模块化分解辨识

断路器二次回路功能模块化分解辨识见表 4-9。

表 4-9　　　　　　　　　　　　　　**断路器二次回路功能模块化分解辨识**

序号	模块名称	分解辨识
1	合闸公共回路	X3：112→防跳接触器 K3 动断触点 12-11→X3：111→SF6 低总闭锁 1 接触器 K9 动断触点 32-31→弹簧储能行程开关 BW1 已储能触点 13-14→X0：2→断路器动断辅助触点 BG1 的 01-02→X0：4/X0：5→三相合闸线圈 Y3 的（5-6）或合闸计数器 BN 的（1-2）→控制I负电源（K102/X1：625）
2	分闸 1 公共回路	X3：105/X3：106→SF6 低总闭锁 1 接触器 K9 动断触点 12-11→X0：11→断路器动合辅助触点 BG1 的 13-14→X0：13→三相跳闸 1 线圈 Y1 的（1-2）→控制I负电源（K102/X1：645/X3：109）
3	分闸 2 公共回路	电气设计时未给原理图接外电源，在 35kV 系统断路器控制回路中起不了作用（变压器 35kV 侧断路器除外）
4	远方合闸 1 回路	控制I正电源 K101→（由后台下发给保护测控装置的遥合脉冲）或（YBJ 五防电编码锁 1-2→回路 K101S→保护测控柜上远方就地切换把手 KSH→保护测控柜上手合 KK 把手）→保护测控装置内合闸保持继电器 HBJ→三相远方合闸回路（机构箱 7/X1：610）→远方/就地把手 S4 供远方合闸的 1-2 触点→合闸公共回路
5	就地合闸 1 回路	控制 I 正电源（K101）→YBJ 五防电编码锁 1-2→K101S/X1：602/X3：101→就地分合闸操作把手 S1 供就地合闸的 1-2 触点→X1：611→远方/就地把手 S4 供就地合闸的 3-4 触点→合闸公共回路
6	远方分闸 1 回路	控制正电源 K101→保护测控装置内手跳继电器动合触点或保护测控装置保护跳闸出口触点串接跳闸出口压板→远方分闸回路（机构箱 137/X1：630/X1：629）→远方/就地把手 S4 供远方跳闸 1 的 7-8 触点→分闸 1 公共回路
7	就地分闸 1 回路	控制 I 正电源（K101）→YBJ 五防电编码锁 1-2→机构箱内 K101S/X1：600/X1：601/X3：100/X3：102→就地分合闸操作把手 S1 供就地分闸 1 的 3-4 触点→远方/就地把手 S4 供就地分闸 1 的 17-18 触点→分闸 1 公共回路
8	远方分闸 2 回路	电气设计时未给原理图接线外电源，在 35kV 断路器控制回路中起不了作用（变压器 35kV 侧断路器除外）

三、二次回路元器件辨识及其异动说明

二次回路元器件辨识及其异动说明见表 4-10。

表 4-10　　　　　　　　　　　　　　**二次回路元器件辨识及其异动说明**

序号	元器件名称编号	原始状态	元器件异动说明	元器件异动后果	元器件异动触发光字牌信号	
					断路器合闸状态	断路器分闸状态
1	SF6 密度继电器的微动开关 BD1、BD2、BD3	低通压力触点，正常时断开	任一相断路器本体内 SF6 压力低于 SF6 低气压报警接通值 0.62MPa 时，对应相 SF6 密度继电器内低通触点 1-2 触点通，沟通测控装置对应的信号光耦	任一相断路器本体内 SF6 压力低于 SF6 低气压报警接通值 0.62MPa 时，对应相 SF6 密度继电器内低通触点 1-2 触点通，经测控装置对应信号光耦后发出"断路器 SF6 泄漏"光字牌	光字牌情况：断路器 SF6 泄漏	光字牌情况：断路器 SF6 泄漏

序号	元器件名称编号	原始状态	元器件异动说明	元器件异动后果	元器件异动触发光字牌信号	
					断路器合闸状态	断路器分闸状态
2	SF$_6$ 低总闭锁 1 接触器 K9	正常时不励磁，触点上顶；动作后触点下压并掉桔黄色指示牌	任一相断路器本体内 SF$_6$ 压力低于 SF$_6$ 总闭锁 1 接通值 0.60MPa 时，对应相 SF$_6$ 密度继电器内低通触点 3-4 通，沟通 SF$_6$ 低总闭锁 1 接触器 K9 励磁	K9 接触器励磁后，其原来闭合的两对动断触点 32-31（X3：111-X0：2）、12-11（X3：106-X0：11）断开并分别闭锁三相合闸和分闸 1 回路，同时通过 K9 接触器动合触点 21-24（X1：872-X1：873）沟通测控装置内对应的信号光耦，发出"断路器 SF$_6$ 总闭锁"光字牌	（1）光字牌情况： 1）断路器 SF$_6$ 泄漏； 2）断路器 SF$_6$ 总闭锁； 3）控制回路断线。 （2）其他信号： 1）保护测控装置上运行/告警绿灯变红灯； 2）测控柜上红绿灯均灭	（1）光字牌情况： 1）断路器 SF$_6$ 泄漏； 2）断路器 SF$_6$ 总闭锁； 3）控制回路断线。 （2）其他信号： 1）保护测控装置上运行/告警绿灯变红灯； 2）测控柜上红绿灯均灭
3	SF$_6$ 低总闭锁 2 接触器 K10	未接入	任一相断路器本体内 SF$_6$ 压力低于 SF$_6$ 总闭锁 2 接通值 0.60MPa 时，对应相 SF$_6$ 密度继电器内低通触点 5-6 通，沟通 SF$_6$ 低总闭锁 2 接触器 K10 励磁	K10 接触器励磁后，其动断触点 12-11（X3：126-X0：21）断开并闭锁分闸 2 回路，动合触点 21-24（X1：960-X1：961）沟通测控装置内对应的信号光耦，并发出"断路器 SF$_6$ 总闭锁 2"光字牌	无	无
4	防跳接触器 K3	正常时不励磁	断路器合闸后，为防止断路器跳开后却因合闸脉冲又较长时出现多次合闸，厂家设计了一旦断路器合闸到位后，断路器的动合辅助触点闭合，此时只要合闸回路（不论远控近控）仍存在合闸脉冲，防跳接触器 K3 励磁并通过其动合触点自保持	K3 接触器励磁后： （1）通过其动合触点 24-21 实现 K3 接触器自保持； （2）串入合闸回路的防跳接触器 K3 的动断触点 12-11 断开，闭锁合闸回路	无	（1）光字牌情况：控制回路断线。 （2）其他信号： 1）保护测控装置上运行/告警绿灯变红灯； 2）测控柜上红绿灯均灭
5	弹簧储能行程开关 BW1、BW2	未储能时动断触点闭合，储能到位后动合触点闭合	当断路器机构箱内弹簧未储能时，会即时发出"断路器弹簧未储能"信号，一般情况下经储能电机储能至已储能位置时，信号会自动消失，但若储能电机未能自动启动运转拉伸弹簧，此时将通过串接于合闸回路中的弹簧储能行程开关 BW1 的已储能位置触点断开，切断三相合闸回路	当断路器机构箱内弹簧未储能时，会即时发出"断路器弹簧未储能"信号，一般情况下经储能电机运转拉伸至已储能位置时，信号会自动消失，但若储能电机未能自动启动拉伸弹簧，此时将通过串接于合闸回路中的弹簧储能行程开关 BW1 的已储能位置触点断开，切断三相合闸回路	光字牌情况：断路器弹簧未储能	（1）光字牌情况： 1）断路器弹簧未储能； 2）控制回路断线。 （2）其他信号： 1）保护测控装置上运行/告警绿灯变红灯； 2）测控柜上红绿灯均灭
6	储能电机手动/电动选择开关 Y7	电动	当断路器机构箱内弹簧未储能时，一般情况下储能电机会自动运转拉伸合闸弹簧至已储能位置，但若 Y7 被切换至手动位置，储能电机的电源空开 F1 将被 Y7 的手动触点短接跳开，导致储能电机交流控制回路及其驱动回路因失去电源而无法自动启动电机，此时串接于合闸回路中的弹簧储能行程开关 BW1 的已储能位置触点断开，切断三相合闸回路	切换至手动位置后，若碰巧又遇上跳闸，合闸弹簧因分闸脱扣释放能量导致弹簧储能不足时无法即时恢复储能，可能造成断路器无法合闸	无	无

452

序号	元器件名称编号	原始状态	元器件异动说明	元器件异动后果	元器件异动触发光字牌信号	
					断路器合闸状态	断路器分闸状态
7	储能电机运转接触器 Q1	正常时不励磁，长凹形吸纽为平置状态；动作后吸纽为吸入状态	当合闸弹簧因分闸脱扣释放能量导致弹簧储能不足时，弹簧储能行程开关 BW2 的弹簧未储能闭合触点 21-22、41-42 闭合，沟通储能电机运转接触器 Q1 励磁，使电机启动拉伸合闸弹簧储能，当合闸弹簧拉伸至已储能位置时，BW2 的 21-22、41-42 触点自动切断储能电机控制回路停止储能	储能电机运转接触器 Q1 励磁后，输出 4 对动合触点：(1) 两对动合触点 1-2、5-6 接通储能电机 M1 电源使 M1 运转；(2) 1 对动合触点 13-14 经 X1：913-X1：914 沟通测控装置内对应的信号光耦发出"断路器储能电机运转"光字牌	光字牌情况：断路器储能电机运转	光字牌情况：断路器储能电机运转
8	储能电机控制及驱动电源空开 F1	合闸	当合闸弹簧因分闸脱扣释放能量导致弹簧储能不足时，弹簧储能行程开关 BW2 的弹簧未储能闭合触点 21-22、41-42 闭合，沟通储能电机运转接触器 Q1 励磁，使电机启动拉伸合闸弹簧储能，当合闸弹簧拉伸至已储能位置时，BW2 的 21-22、41-42 触点自动切断储能电机控制回路停止储能	空开跳开后，合闸弹簧储能电机运转接触器 Q1 将失去控制电源，合闸弹簧储能电机 M1 将失去动力电源，同时通过 F1 的 21-22 (X1：878-X1：879) 沟通测控装置内对应的信号光耦后发出"断路器电机电源空开跳开"信号，若短时间内不及时修复，当弹簧能量在运行中耗损后将引起合闸闭锁	光字牌情况：断路器电机电源空开跳开	光字牌情况：断路器电机电源空开跳开
9	加热器及门灯电源空开 F2	合闸	正常情况下，常投加热器电源空开 F2，启动加热器 E1 加热，当气温或湿度达到温湿度传感器设定值时，温控器输出触点自动启动加热器 E2 加热	F2 空开跳开后，通过 F2 的 21-22 (X1：884-X1：885) 沟通测控装置内对应的信号光耦后发出"断路器加热器空开跳开"信号；在气候潮湿情况下，有可能引起一些对环境要求较高的元器件绝缘降低	光字牌情况：断路器加热器空开跳开	光字牌情况：断路器加热器空开跳开
10	就地/远方转换开关 S4	远方	无	将断路器机构箱内远方/就地转换开关 S4 切换至"就地"位置后，将引起保护及远控分闸回路断线，当保护有出口或需紧急操作时造成保护拒动或远控操作失灵	(1) 光字牌情况：1) 控制回路断线；2) 断路器机构箱就地位置。(2) 其他信号：1) 保护测控装置上运行/告警绿灯变红灯；2) 测控柜上红绿灯均灭	(1) 光字牌情况：1) 控制回路断线；2) 断路器机构箱就地位置。(2) 其他信号：1) 保护测控装置上运行/告警绿灯变红灯；2) 测控柜上红绿灯均灭
11	就地分合闸操作把手 S1	中间位置	无	在五防满足的情况下，可以实现就地分合闸，但规程规定为防止断路器非同期合闸，严禁就地合断路器（检修或试验除外）	无	无

第六节　江苏如高公司 LW36-126 型 35kV 高压断路器二次回路辨识

一、二次回路功能模块化分解原理图

1. 原理接线图

江苏如高公司 LW36-126 型 35kV 高压断路器原理接线图见图 4-33。

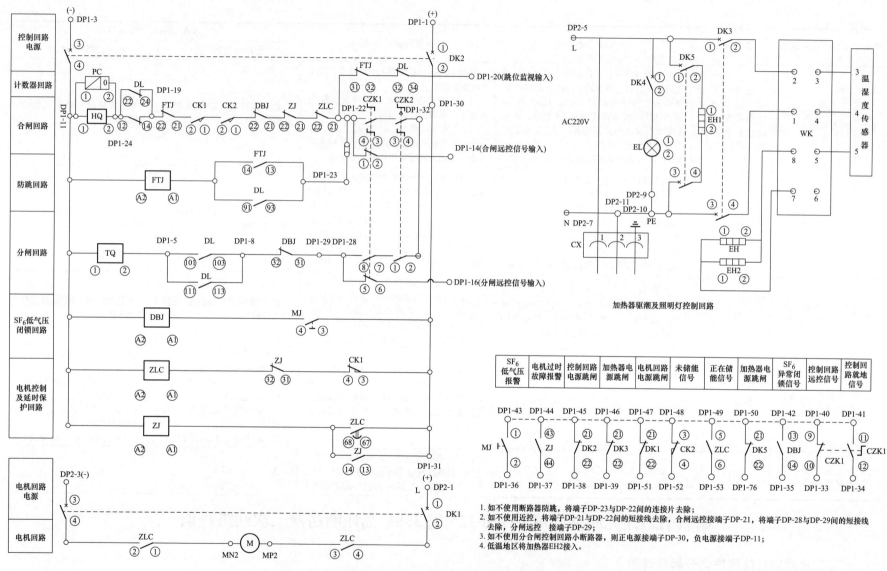

图 4-33 江苏如高公司 LW36-126 型 35kV 高压断路器原理接线图

1. 如不使用断路器防跳,将端子 DP-23 与 DP-22 间的连接片去除;
2. 如不使用近控,将端子 DP-21 与 DP-22 间的短接线去除,合闸远控接端子 DP-21,将端子 DP-28 与 DP-29 间的短接线去除,分闸远控 接端子 DP-29;
3. 如不使用分合闸控制回路小断路器,则正电源接端子 DP-30,负电源接端子 DP-11;
4. 低温地区将加热器 EH2 接入。

454

二、断路器二次回路功能模块化分解辨识

断路器二次回路功能模块化分解辨识见表 4-11。

表 4-11   断路器二次回路功能模块化解辨识

序号	模块名称	分解辨识
1	合闸公共回路	机构箱内端子排（DP1：22）→打压运转计时接触器 ZLC 动断触点 21-22→打压超时停转继电器 ZJ 动断触点 21-22→SF₆ 低气压闭锁继电器 DBJ 动断触点 21-22→CK1 及 CK2 的已储能触点（1-2）→防跳继电器 FTJ 动断触点 21-22→DP1：19→两对并接的断路器动断辅助触点 14-12、24-22→DP1：24→断路器三相合闸线圈 HQ 的 2-1 输入端（或断路器合闸计数器 PC 的 2-1 输入端）→控制负电源（K102/DP1：11）
2	分闸公共回路	机构箱内端子排（DP1：28/DP1：29）→SF₆ 低气压闭锁继电器 DBJ 动断触点 31-32→DP1：8→两对并接的断路器动合辅助触点 103-101、113-111→DP1：5→断路器三相分闸线圈 TQ 的 2-1 输入端→控制负电源（K102/DP1：11）
3	远方合闸回路	控制I正电源 K101→（由后台下发给保护测控装置的遥合脉冲）或（YBJ 五防电编码锁 1-2→回路 K101S→保护测控柜上远方就地切换把手 KSH→保护测控柜上手合 KK 把手）→远方合闸回路（7/DP1：14）→机构箱内串接远方合闸回路的远方/就地把手 CZK1 的远方触点 2-1→DP1：22→合闸公共回路
4	合闸就地回路	控制正电源 K101→YBJ 五防电编码锁→五防后正电源（K101S/DP1：32）→就地分合闸把手 CZK2 就地位置触点 4-3→远方/就地把手 CZK1 的就地触点 3-4→DP1：22→合闸公共回路
5	远方分闸回路	控制正电源 K101→保护测控装置内手跳继电器动合触点或保护测控装置保护跳闸出口触点串接跳闸出口压板→远方分闸回路（137/DP1：16）→机构箱内串接远方合闸回路的远方/就地把手 CZK1 的远方触点 6-5→机构箱内端子排（DP1：28/DP1：29）→分闸公共回路
6	分闸就地回路	控制正电源 K101→YBJ 五防电编码锁→五防后正电源 K101S/DP1：32→就地分合闸把手 CZK2 就地位置触点 2-1→远方/就地把手 CZK2 就地位置触点 7-8→DP1：28/DP1：29→分闸公共回路

三、二次回路元器件辨识及其异动说明

二次回路元器件辨识及其异动说明见表 4-12。

表 4-12   二次回路元器件辨识及其异动说明

序号	元器件名称编号	原始状态	元器件异动说明	元器件异动后果	元器件异动触发光字牌信号	
					断路器合闸状态	断路器分闸状态
1	SF₆ 密度继电器的微动开关 MJ	两对压力低通触点 1-2、3-4 正常时断开	当断路器机构箱内 SF₆ 压力低于 SF₆ 低气压报警接通值 0.55MPa 时，SF₆ 气体压力继电器 MJ 低通触点 1-2 触通，沟通测控装置对应的信号光耦	当断路器机构箱内 SF₆ 压力低于 SF₆ 低气压报警接通值 0.55MPa 时，SF₆ 气体压力继电器 MJ 低通触点 1-2 触通，沟通测控装置对应的信号光耦后发出"断路器 SF₆ 气压降低"光字牌	光字牌情况：断路器 SF₆ 气压降低	光字牌情况：断路器 SF₆ 气压降低

序号	元器件名称编号	原始状态	元器件异动说明	元器件异动后果	元器件异动触发光字牌信号	
					断路器合闸状态	断路器分闸状态
2	SF₆ 低气压闭锁继电器 DBJ	正常时不励磁，励磁后励磁指示灯亮	当发生诸如断路器本体内 SF₆ 气体压力降至 0.5MPa 时，MJ 低通触点 3-4 闭合，此时 DBJ 励磁	DBJ 继电器励磁后： （1）其动断触点 21-22 断开使合闸回路闭锁； （2）其动断触点 31-32（DP1：29-DP1：8）断开使分闸回路闭锁； （3）通过其动合触点 13-14（DP1：42-DP1：35）沟通测控装置内对应的信号光耦后发出"断路器 SF₆ 异常闭锁"光字牌	（1）光字牌情况： 1）断路器 SF₆ 气压降低； 2）断路器 SF₆ 异常闭锁； 3）控制回路断线。 （2）其他信号： 1）保护测控装置上运行/告警绿灯变红灯； 2）测控柜上红绿灯均灭	（1）光字牌情况： 1）断路器 SF₆ 气压降低； 2）断路器 SF₆ 异常闭锁； 3）控制回路断线。 （2）其他信号： 1）保护测控装置上运行/告警绿灯变红灯； 2）测控柜上红绿灯均灭
3	防跳继电器 FTJ	正常时不励磁，励磁后励磁指示灯亮	断路器合闸后，为防止断路器跳开后却因合闸脉冲又较长时出现多次合闸，厂家设计了一旦断路器合闸到位后，其动合辅助触点闭合，此时只要其合闸回路（不论远控近控）仍存在合闸脉冲，FTJ 继电器励磁并通过其动合触点自保持	FTJ 继电器励磁后： （1）通过其动合触点 13-14 触点自保持； （2）其串接在跳位监视回路中的动断触点 32-31 断开，将跳位输入监视电源回路断开； （3）其串接在合闸回路中的动断触点 21-22 断开，闭锁合闸回路	无	（1）光字牌情况：控制回路断线。 （2）其他信号： 1）保护测控装置上运行/告警绿灯变红灯； 2）测控柜上红绿灯均灭
4	打压超时停转继电器 ZJ	正常时不励磁，励磁后励磁指示灯亮	断路器未储能时，断路器弹簧储能行程开关 CK1 未储能触点 3-4 闭合使电机打压运转超时接触器 ZLC 励磁并开始计时，当其持续励磁达整定延时后其延时闭合触点 67-68 闭合，沟通打压超时停转继电器 ZJ 励磁并保持	ZJ 继电器励磁后： （1）其动断触点 21-22 断开，切断合闸回路； （2）其动断触点 31-32 断开，切断弹簧打压运转计时接触器 ZLC 控制回路，使 ZLC 接触器失磁，ZLC 串接在电机交流驱动回路中的两副动合触点 1-2 及 4-3 断开，使电机停止运转； （3）其动合触点 43-44 通过机构箱内端子排（DP1：44-DP1：37）闭合，沟通测控装置内对应的信号光耦后发出"电机打压超时"光字牌	光字牌情况： （1）断路器弹簧未储能； （2）断路器打压超时	（1）光字牌情况： 1）断路器弹簧未储能； 2）断路器电机打压超时； 3）控制回路断线。 （2）其他信号： 1）保护测控装置上运行/告警绿灯变红灯； 2）测控柜上红绿灯均灭

序号	元器件名称编号	原始状态	元器件异动说明	元器件异动后果	元器件异动触发光字牌信号	
					断路器合闸状态	断路器分闸状态
5	打压运转计时接触器 ZLC	正常时不吸合，弹簧未储能启动打压时吸合并拉动接触器上的计时器开始计时，当其持续励磁达整定延时后，计时器旁的吸钮随即吸合，自动切断 ZLC 控制回路，使 ZLC 失磁返回	断路器未储能时，断路器弹簧储能行程开关 CK1 未储能触点 3-4 闭合，使电机打压运转超时接触器 ZLC 励磁并开始计时，当其持续励磁达整定延时后，打压超时停转继电器 ZJ 的动断触点 31-32 自动切断 ZLC 励磁回路	ZLC 励磁后： （1）其两对动合触点 1-2 及 4-3 闭合，接通电机交流打压回路，启动打压的同时，通过 ZLC 动断触点 21-22 切断断路器合闸回路，确保在储能未到位情况下闭锁断路器合闸； （2）达整定延时后其延时动合触点 67-68 闭合，接通电机控制及延时保护回路中打压超时停转继电器 ZJ 励磁，ZJ 的动断触点 31-32 自动切断 ZLC 励磁回路； （3）其动合触点 5-6（DP1：49-DP1：53）闭合，沟通至对应信号光耦发"断路器电机运转"信号	光字牌情况：断路器电机运转	（1）光字牌情况： 1）断路器电机运转； 2）控制回路断线（储能电机停止后自动恢复）。 （2）其他信号： 1）保护测控装置上运行/告警绿灯变红灯（储能电机停止后自动恢复）； 2）测控柜上红绿灯均灭（储能电机停止后自动恢复）
6	弹簧储能行程开关 CK1、CK2	两组弹簧储能行程开关（CK1、CK2）各有一对已储能触点（1-2），1 对未储能触点（3-4）	断路器未储能时，通过弹簧储能行程开关 CK2 未储能触点 3-4（DP1：48-DP1：52）发出"断路器弹簧未储能"信号的同时，弹簧储能行程开关 CK1 未储能触点 3-4 闭合，使电机打压运转计时接触器 ZLC 励磁后驱动电机运转拉伸弹簧储能，当弹簧储能到位后，使得串于断路器合闸回路的 CK1、CK2 的已储能触点（1-2）闭合，保证断路器在弹簧已储能状态下方可合闸	（1）CK1 及 CK2 的已储能触点（1-2）串接后作用于断路器合闸回路，在储能未到位情况下闭锁断路器合闸； （2）断路器未储能时，通过弹簧储能行程开关 CK2 未储能触点（3-4）发出"断路器弹簧未储能"信号的同时，弹簧储能行程开关 CK1 未储能触点（3-4）闭合使电机打压运转超时接触器 ZLC 励磁后驱动电机运转拉伸弹簧储能	未储能时光字牌情况： （1）断路器电机运转； （2）断路器打压超时； （3）断路器弹簧未储能	（1）未储能时光字牌情况： 1）断路器电机运转； 2）断路器打压超时； 3）控制回路断线； 4）断路器弹簧未储能。 （2）未储能其他信号： 1）保护测控装置上运行/告警绿灯变红灯； 2）测控柜上红绿灯均灭
7	断路器合闸计数器 PC	正常时不励磁，就地手合或远方合闸时进行一次+1 计数	每次断路器发一次合闸脉冲，合闸线圈启动带同时 PC 启动计数，加一次动作次数	无	无	无
8	储能电机电源开关 DK1	合上	断路器未储能时，断路器弹簧储能行程开关 CK1 未储能触点 3-4 闭合使电机打压运转超时接触器 ZLC 励磁并开始计时的同时，ZLC 的两对动合触点 1-2 及 4-3 闭合，接通电机交流打压回路，启动打压	空开跳开后，将发出"断路器储能电机电源消失"光字牌，若不及时复位，当断路器弹簧储能未到位时将造成储能电机无法运转储能，导致断路器合闸回路被闭锁等影响	光字牌情况： （1）断路器储能电机电源消失； （2）断路器打压超时（应储能未储能时）	（1）光字牌情况： 1）断路器储能电机电源消失； 2）断路器电机打压超时（应储能未储能时）； 3）控制回路断线（应储能未储能时）。

序号	元器件名称编号	原始状态	元器件异动说明	元器件异动后果	元器件异动触发光字牌信号	
					断路器合闸状态	断路器分闸状态
8	储能电机电源空开 DK1	合上				(2) 其他信号： 1) 保护测控装置上运行/告警绿灯变红灯（应储能未储能时）； 2) 测控柜上红绿灯均灭（应储能未储能时）
9	断路器控制电源空开 DK2	已拆除接线。断开	无	无	无	无
10	温控器电源空开 DK3	合上	在低温地区或潮湿天气，应及时投入温控器电源空开 DK3，当气温或湿度达到温湿度传感器设定值时，温控器输出触点自动启动加热器 EH 及 EH2 加热	DK3 空开跳开后，通过 DK3 的 21-22（DP1：46-DP1：39）沟通测控装置内对应的信号光耦后发出"加热器空开跳开"信号；在气候潮湿情况下，有可能引起一些对环境要求较高的元器件绝缘降低	光字牌情况：加热器空开跳开	光字牌情况：加热器空开跳开
11	加热器电源空开 DK5	合上	正常情况下，应及时投入常投加热器电源空开 DK5，启动加热器 EH1 加热	DK5 空开跳开后，通过 DK5 的 21-22（DP1：50-DP1：76）沟通测控装置内对应的信号光耦后发出"加热器空开跳开"信号；在气候潮湿情况下，有可能引起一些对环境要求较高的元器件绝缘降低	光字牌情况：加热器空开跳开	光字牌情况：加热器空开跳开
12	远方/就地转换空开 CZK2	远方位置	无	将断路器机构箱内远方/就地转换空开 CZK2 切换至"就地"位置后，将引起保护及远控分合闸回路断线，当保护有出口或需紧急操作时造成保护拒动或远控操作失灵	(1) 光字牌情况： 1) 控制回路断线； 2) 断路器机构箱就地位置。 (2) 其他信号： 1) 保护测控装置上运行/告警绿灯变红灯； 2) 测控柜上红绿灯均灭	光字牌情况：断路器机构箱就地位置
13	就地分/合闸把手 CZK1	0	无	在五防满足的情况下，可以实现就地分合闸，但规程规定为防止断路器非同期合闸，严禁就地合断路器（检修或试验除外）	无	无

第七节　江苏如高公司 LW36-40.5W 型 35kV 高压断路器二次回路辨识

一、二次回路功能模块化分解原理图

江苏如高公司 LW36-40.5W 型 35kV 高压断路器原理接线图见图 3-34。

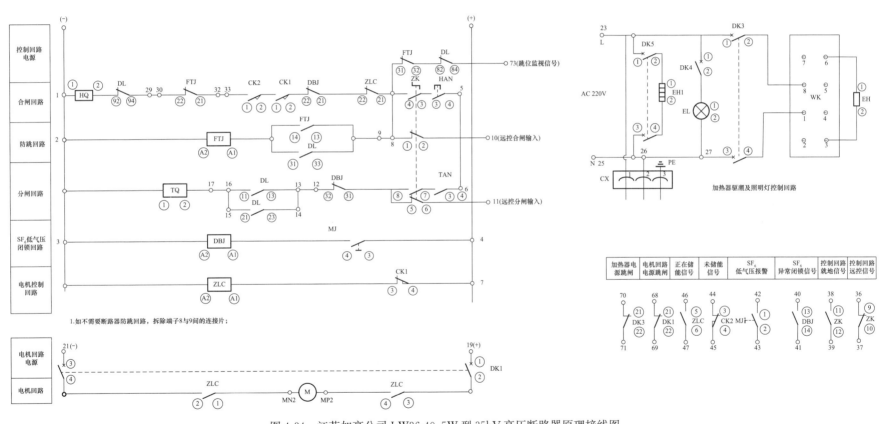

图 4-34　江苏如高公司 LW36-40.5W 型 35kV 高压断路器原理接线图

二、断路器二次回路功能模块化分解辨识

断路器二次回路功能模块化分解辨识见表 4-13。

表 4-13   **断路器二次回路功能模块化分解辨识**

序号	模块名称	分解辨识
1	合闸公共回路	机构箱内端子排（DP：8）→打压运转接触器 ZLC 动断触点 21-22→SF₆ 低气压闭锁继电器 DBJ 动断触点 21-22→CK1 及 CK2 的已储能触点（2-1）→DP：33/DP：32→防跳继电器 FTJ 动断触点 21-22→DP：30/DP：29→断路器动断辅助触点 94-92→断路器三相合闸线圈 HQ 的 2-1 输入端→控制负电源（K102/DP：1/DP：2/DP：3）
2	分闸公共回路	SF₆ 低气压闭锁继电器 DBJ 动断触点 31-32→DP：12/DP：13/DP：14→两对并接的断路器动合辅助触点 13-11、23-21→DP：15/DP：16/DP：17→断路器三相分闸线圈 TQ 的 2-1 输入端→控制负电源（K102/DP：2/DP：1/DP：3）
3	远方合闸回路	控制I正电源 K101→（由后台下发给保护测控装置的遥合脉冲）或（YBJ 五防电编码锁 1-2→回路 K101S→保护测控柜上远方就地切换把手 KSH→保护测控柜上手合 KK 把手）→远方合闸回路（7/DP：10）→机构箱内串接远方合闸回路的远方/就地把手 ZK 的远方触点 2-1→DP：8→合闸公共回路
4	合闸就地回路	控制正电源 K101→YBJ 五防电编码锁→五防后正电源（K101S/DP：5）→就地合闸按钮 HAN 的触点 4-3→机构箱内串接就地回路的远方/就地把手 ZK 的就地触点 3-4→DP：8→合闸公共回路
5	远方分闸回路	控制正电源 K101→保护测控装置内手跳继电器动合触点或保护测控装置保护跳闸出口触点串接跳闸出口压板→远方分闸回路（137/DP：11）→机构箱内串接远方合闸回路的远方/就地把手 ZK 的远方触点 6-5→分闸公共回路
6	分闸就地回路	控制正电源 K101→YBJ 五防电编码锁→五防后正电源 K101S/DP：6→就地分闸按钮 TAN 的触点 4-3→远方/就地把手 ZK 就地位置触点 7-8→分闸公共回路

三、二次回路元器件辨识及其异动说明

二次回路元器件辨识及其异动说明见表 4-14。

表 4-14   **二次回路元器件辨识及其异动说明**

序号	元器件名称编号	原始状态	元器件异动说明	元器件异动后果	元器件异动触发光字牌信号	
					断路器合闸状态	断路器分闸状态
1	SF₆ 密度继电器的微动开关 MJ	两对压力低通触点 1-2、3-4 正常时断开	当断路器机构箱内 SF₆ 压力低于 SF₆ 低气压报警接通值 0.45MPa 时，SF₆ 气体压力继电器 MJ 低通触点 1-2 触通，沟通测控装置对应的信号光耦	当断路器机构箱内 SF₆ 压力低于 SF₆ 低气压报警接通值 0.45MPa 时，SF₆ 气体压力继电器 MJ 低通触点 1-2 触通，沟通测控装置对应的信号光耦后发出"断路器 SF₆ 气压降低"光字牌	光字牌情况：断路器 SF₆ 气压降低	光字牌情况：断路器 SF₆ 气压降低

序号	元器件名称编号	原始状态	元器件异动说明	元器件异动后果	元器件异动触发光字牌信号	
					断路器合闸状态	断路器分闸状态
2	SF$_6$低气压闭锁继电器DBJ	正常时不励磁，励磁后励磁指示灯亮	当发生诸如断路器本体内SF$_6$气体压力降至0.42MPa时，MJ低通触点3-4闭合，此时DBJ励磁	DBJ励磁后： (1) 其动断触点21-22断开使合闸回路闭锁； (2) 其动断触点31-32（DP：12）断开使分闸回路闭锁； (3) 通过其动合触点13-14（DP：40-DP：41）沟通对应的信号光耦后发出"断路器SF$_6$异常闭锁"光字牌	(1) 光字牌情况： 1) 断路器SF$_6$气压降低； 2) 断路器SF$_6$异常闭锁； 3) 控制回路断线。 (2) 其他信号： 1) 保护测控装置上运行/告警绿灯变红灯； 2) 测控柜上红绿灯均灭	(1) 光字牌情况： 1) 断路器SF$_6$气压降低； 2) 断路器SF$_6$异常闭锁； 3) 控制回路断线。 (2) 其他信号： 1) 保护测控装置上运行/告警绿灯变红灯； 2) 测控柜上红绿灯均灭
3	防跳继电器FTJ	正常时不励磁，励磁后励磁指示灯亮	断路器合闸后，为防止断路器跳开后却因合闸脉冲又较长时出现多次合闸，厂家设计了一旦断路器合闸到位后，其动合辅助触点闭合，此时只要其合闸回路（不论远控近控）仍存在合闸脉冲，FTJ继电器励磁并通过其动合触点自保持	FTJ继电器励磁后： (1) 通过其动合触点的13-14触点自保持； (2) 其串接在跳位监视回路中的动断触点32-31断开，将跳位输入监视电源回路断开； (3) 其串接在合闸回路中的动断触点21-22断开，闭锁合闸回路	无	(1) 光字牌情况：控制回路断线。 (2) 其他信号： 1) 保护测控装置上运行/告警绿灯变红灯； 2) 测控柜上红绿灯均灭
4	打压运转接触器ZLC	正常时不吸合，弹簧未储能时吸合	断路器未储能时，断路器弹簧储能行程开关CK1未储能触点3-4闭合使电机打压运转接触器ZLC励磁	ZLC励磁后： (1) 其两对动合触点1-2及4-3闭合，接通电机交流打压回路，启动打压的同时，通过ZLC动断触点21-22切断断路器合闸回路，确保在储能未到位情况下闭锁断路器合闸； (2) 其动合触点5-6（DP：46-DP：47）闭合，沟通对应信号光耦发"断路器电机运转"信号	光字牌情况：断路器电机运转	(1) 光字牌情况： 1) 断路器电机运转； 2) 控制回路断线（储能电机停止后自动恢复）。 (2) 其他信号： 1) 保护测控装置上运行/告警绿灯变红灯（储能电机停止后自动恢复）； 2) 测控柜上红绿灯均灭（储能电机停止后自动恢复）
5	弹簧储能行程开关CK1、CK2	两组弹簧储能行程开关（CK1、CK2）各有一对已储能触点（1-2），1对未储能触点（3-4）	断路器未储能时，通过弹簧储能行程开关CK2未储能触点3-4（DP：44-DP：45）发出"断路器弹簧未储能"信号的同时，弹簧储能行程开关CK1未储能触点3-4闭合使电机打压运转接触器ZLC励磁后驱动电机运转拉伸弹簧储能，当弹簧储能到位后，使得串接于断路器合闸回路的CK1、CK2的已储能触点（1-2）闭合，保证断路器在弹簧已储能状态下方可合闸	(1) CK1及CK2的已储能触点（1-2）串接后作用于断路器合闸回路，在储能未到位情况下闭锁断路器合闸； (2) 断路器未储能时，通过弹簧储能行程开关CK2未储能触点（3-4）发出"断路器弹簧未储能"信号的同时，弹簧储能行程开关CK1未储能触点3-4闭合使电机打压运转接触器ZLC励磁后，驱动电机运转拉伸弹簧储能	未储能时光字牌情况： (1) 断路器电机运转； (2) 断路器弹簧未储能	(1) 未储能时光字牌情况： 1) 断路器电机运转； 2) 控制回路断线； 3) 断路器弹簧未储能。 (2) 未储能其他信号： 1) 保护测控装置上运行/告警绿灯变红灯； 2) 测控柜上红绿灯均灭

序号	元器件名称编号	原始状态	元器件异动说明	元器件异动后果	元器件异动触发光字牌信号	
					断路器合闸状态	断路器分闸状态
6	储能电机电源空开 DK1	合上	断路器未储能时，断路器弹簧储能行程开关 CK1 未储能触点 3-4 闭合使电机打压运转接触器 ZLC 励磁，ZLC 的两对动合触点 1-2 及 4-3 闭合，接通电机交流打压回路，启动打压	空开跳开后，将发出"断路器储能电机电源消失"光字牌，若不及时复位，当断路器弹簧储能未到位时将造成储能电机无法运转储能，导致断路器合闸回路被闭锁等影响	光字牌情况：断路器储能电机电源消失	(1) 光字牌情况： 1) 断路器储能电机电源消失； 2) 控制回路断线（应储能未储能时）。 (2) 其他信号： 1) 保护测控装置上运行/告警绿灯变红灯（应储能未储能时）； 2) 测控柜上红绿灯均灭（应储能未储能时）
7	温控器电源空开	合上	在低温地区或潮湿天气，应及时投入温控器电源空开 DK3，当气温或湿度达到温湿度传感器设定值时，温控器输出触点自动启动加热器 EH 加热	DK3 空开跳开后，通过 DK3 的 21-22（DP：70-DP：71）沟通测控装置内对应的信号光耦后发出"加热器空开跳开"信号；在气候潮湿情况下，有可能引起一些对环境要求较高的元器件绝缘降低	光字牌情况：加热器空开跳开	光字牌情况：加热器空开跳开
8	加热器电源空开 DK5	合上	正常情况下，应及时投入常投加热器电源空开 DK5，启动加热器 EH1 加热	DK5 空开跳开后，在气候潮湿情况下，有可能引起一些对环境要求较高的元器件绝缘降低	无	无
9	远方/就地转换空开 ZK	远方位置	无	将断路器机构箱内远方/就地转换开关 ZK 切换至"就地"位置后，将引起保护及远控分合闸回路断线，当保护有出口或需紧急操作时造成保护拒动或远控操作失灵	(1) 光字牌情况： 1) 控制回路断线； 2) 断路器机构箱就地位置。 (2) 其他信号： 1) 保护测控装置上运行/告警绿灯变红灯； 2) 测控柜上红绿灯均灭	光字牌情况：断路器机构箱就地位置
10	就地合闸按钮、就地分闸按钮 HAN、TAN	0	无	在五防满足的情况下，可以实现就地分合闸，但规程规定为防止断路器非同期合闸，严禁就地合断路器（检修或试验除外）	无	无